Politik in der Wissenschaft:
Zur Evaluierung von „NS-Belastung“ in wissenschaftlichen Kontexten

Abhandlungen der Deutschen Akademie der Naturforscher Leopoldina

Herausgegeben von
Diethard Tautz, *Director Ephemeridum* der Akademie

Reihe:

NAL-historica
vormals Acta Historica Leopoldina

Reihenherausgeber: Christina Brandt, Mitglied der Akademie, Heiner Fangerau, Mitglied der Akademie, und Christoph Meinel, Mitglied der Akademie

Nummer 86 2024

Politik in der Wissenschaft: Zur Evaluierung von „NS-Belastung“ in wissenschaftlichen Kontexten

Herausgegeben von:

Volker Roelcke (Gießen)
Mitglied der Akademie

in Kooperation mit dem Zentrum für Wissenschaftsforschung der Leopoldina

Deutsche Akademie der Naturforscher Leopoldina –
Nationale Akademie der Wissenschaften, Halle (Saale) 2024
Wissenschaftliche Verlagsgesellschaft Stuttgart

Redaktion: Dr. Michael KAASCH und Dr. Joachim KAASCH

Die Schriftenreihe *NAL-historica* erscheint bei der Wissenschaftlichen Verlagsgesellschaft Stuttgart, Maybachstraße 8, 70469 Stuttgart, Bundesrepublik Deutschland.

Die Schriftenreihe wird gefördert durch das Bundesministerium für Bildung und Forschung sowie das Ministerium für Wissenschaft, Energie, Klimaschutz und Umwelt des Landes Sachsen-Anhalt.

Einbandbild:
Festakt zum 250. Universitätsjubiläum am 1. 7. 1944 in Halle (Saale). Rede des Rektors Prof. Dr. Johannes WEIGELT. UAHW, Rep. 40VII-A, Nr. 571. Mit freundlicher Genehmigung des Universitätsarchivs der Martin-Luther-Universität Halle-Wittenberg.

Bitte zu beachten:
Die *NAL-historica* bilden bibliographisch die Fortsetzung von: *Acta Historica Leopoldina* Nr. 1–81.

Bibliografische Information der Deutschen Nationalbibliothek
Die Deutsche Nationalbibliothek verzeichnet diese Publikation in der Deutschen Nationalbibliografie; detaillierte bibliografische Daten sind im Internet über https://portal.dnb.de abrufbar.

Die Abkürzung ML hinter dem Namen der Autoren steht für Mitglied der Deutschen Akademie der Naturforscher Leopoldina – Nationale Akademie der Wissenschaften.

Postadresse: Jägerberg 1, 06108 Halle (Saale), Postfachadresse: 110543, 06019 Halle (Saale)
Hausadresse der Redaktion: Emil-Abderhalden-Straße 37, 06108 Halle (Saale)
Tel.: +49 345 47239134, Fax: +49 345 47239139
Herausgeber der Abhandlungen der Leopoldina: Diethard TAUTZ ML, *Director Ephemeridum* der Akademie (Plön)
Herausgeber der Reihe *NAL-historica*: Christina BRANDT ML (Jena), Heiner FANGERAU ML (Düsseldorf) und Christoph MEINEL ML (Regensburg)
Printed in Germany 2024
Gesamtherstellung: Druck-Zuck GmbH Halle (Saale)
doi:10.26164/leopoldina_10_01229
ISBN: 978-3-8047-4544-5
ISSN: 2940-6897

Gedruckt auf chlorfrei gebleichtem Papier.

Inhalt

Zu Leopoldina-Mitgliedern im Nationalsozialismus: Exemplarische Biografien

NAL-historica Nr. *86*, 7–15 (2024), doi: 10.26164/leopoldina_10_01230

Politik in der Wissenschaft: Zur Frage einer „NS-Belastung“ bei Mitgliedern der Leopoldina

Einleitung

Volker ROELCKE ML (Gießen)

Seit Mitte der 1990er Jahre der damalige Bundesaußenminister eine unabhängige Historikerkommission mit der Erforschung der NS-Vergangenheit des Auswärtigen Amtes beauftragte, erlebt die Aufarbeitung der „NS-Belastung“ von Bundes- und Landesbehörden, aber auch von Unternehmen und nicht zuletzt von wissenschaftlichen Institutionen eine beispiellose Konjunktur.[1] So gab etwa 2014 das Bundesministerium des Inneren die bis dahin wohl umfangreichste Studie dieser Art für öffentliche Behörden in Auftrag, bei der die frühe Nachkriegsgeschichte der Innenministerien sowohl in der Bundesrepublik als auch in der DDR hinsichtlich möglicher personeller und sachlicher Kontinuitäten zur Zeit des Nationalsozialismus vergleichend in den Blick genommen wurde (BÖSCH und WIRSCHING 2018). In den von Fachhistorikern oder Politikwissenschaftlern vorgelegten Abschlussberichten und Publikationen, jedoch noch mehr in der breiteren medialen Rezeption dieser Studien spielte der Begriff der „NS-Belastung“ der historischen Akteure eine zentrale Rolle.[2]

Im letzten Jahrzehnt ist das Konzept der politischen „Belastung“ allerdings zunehmend kritisch diskutiert worden.[3] Als Grund hierfür wurde etwa sein tendenziell formaler Charakter angeführt, wenn nämlich – wie es häufig geschieht – die „Belastung“ von individuellen Akteuren mit Umfang, Zeitpunkt und Dauer der Mitgliedschaft in NS-Organisationen gleichgesetzt wird, oder die „Belastung“ von Institutionen mit dem Prozentsatz entsprechend „belasteter“ Mitarbeiterinnen und Mitarbeiter. Die Kritik an dem auf diese Weise reduzierten Verständnis des Begriffs hat in der Folge zur Unterscheidung zwischen „formaler“ und „materialer“ Belastung geführt.[4]

1 Für einen Überblick zu den Studien über öffentliche Behörden, vgl. etwa MENTEL und WEISE 2016, CREUZBERGER und GEPPERT 2018. Im Feld wissenschaftlicher Institutionen haben u. a. die Max-Planck-Gesellschaft, die Deutsche Forschungsgemeinschaft (DFG) sowie das Robert-Koch-Institut entsprechende, mehr oder weniger umfangreiche Untersuchungen in Auftrag gegeben, daneben einige Wissenschaftsakademien, eine Reihe von Universitäten, Fakultäten und Fachgesellschaften vor allem aus der Medizin, die in besonderer Weise in Unrecht und Verbrechen im Nationalsozialismus involviert war; vgl. zu diesen Studien etwa ASH 2010, KRISCHEL et al. 2016, SACHSE 2018a, als Beispiele für medizinischen Fachgesellschaften, vgl. SCHMUHL 2016, FORSBACH und HOFER 2018; für eine Wissenschaftsakademie SCHAUZ 2022.

2 RIGOLL 2014, BÖSCH und WIRSCHING 2015; als Beispiele aus den Medien, vgl. KELLERHOFF 2017; *ASR* 2021; ebenso die Pressemitteilung des *Bundesministeriums für Bildung und Forschung* 2022.

3 BÖSCH und WIRSCHING 2015, S. 7–8; BAJOHR und HÜRTER 2016; BÖSCH und WIRSCHING 2018, S. 20; MENTEL 2020; HOLZHAUSER 2022.

4 BÖSCH und WIRSCHING 2015, S. 7–8.

Ein weiterer Aspekt der Kritik ist der Umstand, dass die Frage nach der politischen „Belastung" den Blick tendenziell auf individuelle Haltungen und Verhaltensweisen lenkt und dabei die strukturellen Bedingungen, die Zwänge und Handlungsspielräume, in denen die betroffenen Akteure sich bewegten, marginalisiert oder völlig ausblendet. Ein dritter zentraler Punkt der kritischen Reflexion ist die historische Wandelbarkeit des Begriffs „Belastung": Welche Personengruppen in einem spezifischen Kontext aus welchem Grund als wie schwer belastet galten und welche Schlussfolgerungen sich daraus für den Umgang mit ihnen ergaben, ist jeweils das Ergebnis komplexer Aushandlungs- und Zuschreibungsprozesse, die sich über die Zeit ändern und in denen es keineswegs nur um individuelle Verantwortlichkeiten geht, sondern um kollektive Fragen der Auseinandersetzung mit der Vergangenheit und des künftigen Zusammenlebens.[5] Was etwa im Kontext der „Entnazifizierungs"-Prozeduren in den westdeutschen Besatzungszonen als „Belastung" galt, und welche Konsequenzen mit einer solchen Bewertung verbunden waren, unterscheidet sich vom Verständnis des Begriffs und den Implikationen in der sowjetischen Besatzungszone oder in der frühen DDR, beides wiederum vom Umgang mit „Belastung" seit den 1990er Jahren.

Diese allgemeine Kritik am Konzept der „Belastung" gilt prinzipiell auch für dessen Anwendung auf die Sphäre der Wissenschaft. Allerdings ergibt sich hier eine zusätzliche Besonderheit: Von Wissenschaftlern selbst und ebenso in der öffentlichen Wahrnehmung wird Wissenschaft oft als eigenständige, von der Politik quasi unabhängige und dieser gegenüber stehende Sphäre konstruiert. Übliche Zuschreibungen zur Charakterisierung von Wissenschaft wie Autonomie oder Objektivität, ebenso auch Formeln wie die von „Wissenschaft und Politik als Ressourcen füreinander" implizieren genau eine solche Trennung der beiden Sphären.[6] Diese Sphären können demnach zwar miteinander interagieren und sich unter bestimmten Bedingungen auch gegenseitig nutzen bzw. ausnützen, sie existieren aber primär doch unabhängig voneinander, mit der Wissenschaft als Produktionsraum für eine epistemisch privilegierte, politisch eben nicht kontaminierte Form des Wissens. Die Diagnose der „Belastung" eines Wissenschaftlers würde in dieser Perspektive bedeuten, dass der Betroffene einen Grundkonsens von Wissenschaft – nämlich nicht „politisch" zu sein – zumindest für den zeitlichen Kontext, für den die Diagnose gestellt wurde, verlassen hat. Komplementär kann der Verweis auf die Wissenschaftlichkeit einer Tätigkeit in dieser Logik auch benutzt werden, um den dann schlüssigen Anspruch erheben zu können, nicht politisch tätig, also nicht „belastet" gewesen zu sein. Die verbreitete Denkfigur von der Separierung und Unabhängigkeit von Wissenschaft und Politik bietet damit eine argumentative Ressource in Aushandlungsprozessen über die Zuschreibung von politischer „Belastung", die tatsächlich in der Zeit nach dem Nationalsozialismus breit genutzt wurde.[7]

Im Kontrast zu dieser Denkfigur dokumentiert allerdings die Wissenschaftsforschung der letzten Jahrzehnte, dass wissenschaftliches Handeln eine intrinsisch politische Dimension hat: Die Forschungen etwa zum Klimawandel oder im Kontext der Covid-19-Pandemie, ebenso eine Vielzahl von Beispielen aus der Wissenschaftsgeschichte illustrieren anschau-

5 Holzhauser 2022, S. 10–11; hier auch der Verweis auf Elster 1998, S. 17–22.

6 Ash (2002) spricht in seinem breit rezipierten Aufsatz über „Wissenschaft und Politik als Ressourcen füreinander" allerdings nicht von einer politikfreien Wissenschaft, vielmehr bezieht sich seine Formel auf die Institutionen von Wissenschaft und Politik und deren Handeln. Zur Kritik einer Auffassung von Wissenschaft(en) als einer prinzipiell von der Politik separaten Sphäre und damit verbunden der Idee von einer „autonomen" Wissenschaft, vgl. Roelcke 2010.

7 Für Beispiele aus dem Kontext der Medizin, vgl. Oehler-Klein und Roelcke 2008.

lich einen Befund, der zumindest für die Zeit seit dem ausgehenden 19. Jahrhundert wohl verallgemeinerbar ist: dass nämlich die Priorisierung und Auswahl von Forschungsthemen und Fragestellungen, damit auch die Prozesse der Wissensproduktion und die Interpretationen der Resultate nicht in einem politikfreien Raum stattfinden. Vielmehr folgen solche Prozesse den Problemwahrnehmungen und Problemdefinitionen, die in öffentlichen Debatten verhandelt werden, die also in einer spezifischen historischen, politischen und kulturellen Situation relevant sind und über entsprechend verfügbare Ressourcen, wie etwa Institutionen der Forschungsförderung, in Forschungsprogramme und verfügbare Fördergelder übersetzt und kanalisiert werden (Roelcke 2010). Fallstudien aus der Wissenschaftsforschung dokumentieren in vielfältiger Weise, wie etablierte Forscher bereits existierende Interessenfelder und Experimentalsysteme so justieren, dass sie auf neue Ressourcenkonstellationen reagieren, und wie ambitionierte Nachwuchswissenschaftler sich an den verfügbaren Karriereressourcen orientieren. Dies gilt nicht nur für anwendungsnahe Wissenschaftsfelder wie etwa die Medizin oder die Klimaforschung, sondern auch für „Grundlagenwissenschaften" wie die Mathematik, die Teilchenphysik oder die Molekularbiologie.[8] Auch wenn in Rechnung gestellt wird, dass – einer Formulierung von Hans-Jörg Rheinberger folgend – Systeme der Datenproduktion („Experimentalsysteme") Arrangements zur kontrollierten Herstellung von Unvorhergesehenem sind (Rheinberger 2003): Solche Arrangements zur Wissensproduktion sind bereits auf bestimmte (möglicherweise vage, aber eben nicht beliebige) Zielsetzungen hin ausgerichtet, und auch die Selektion und Interpretation von Daten, die in solchen Arrangements produziert werden, folgen einem der Wissensproduktion vorgelagerten Interessenfokus und Deutungsfundus.[9]

Der hier kurz skizzierte Forschungsstand zur intrinsischen politischen Dimension in der Wissenschaft weist darauf hin, dass die Frage, wie ein konkreter Wissenschaftler sich gegenüber einem konkreten, möglicherweise verbrecherischen politischen System verhalten hat, nur dann angemessen beantwortet werden kann, wenn jenseits des Blicks auf die Mitgliedschaft in Parteiorganisationen eine Reihe von weiteren Aspekten systematisch in den Blick genommen wird: 1. die spezifischen politischen Strukturen selbst, in denen dieser Akteur tätig war, zusammen mit den situativ wechselnden, mehr oder weniger ausgeprägten Handlungsspielräumen, die sich in diesem Kontext ergeben konnten; 2. die Mechanismen und Dynamiken von Ressourcenflüssen zwischen politischen Instanzen, Institutionen der Forschungsförderung, aber auch nicht-staatlichen Geldgebern (etwa der Rüstungsindustrie) auf der einen Seite, und wissenschaftlichen Akteuren andererseits; sowie schließlich 3. das konkrete Handeln von Wissenschaftlern in Forschung, Lehre und organisatorisch-administrativen Kontexten, ebenso gegenüber Kolleginnen und Kollegen sowie politischen und militärischen Instanzen. Für die Zeit des Nationalsozialismus impliziert das, dass die dort existierenden spezifischen politischen, sozialen und kulturellen Rahmenbedingungen einer autokratischen, auf Rassismus und Antisemitismus gebauten Politik und die damit verbundene Kultur von Diskriminierung, Segregation und Verfolgung in ihren Auswirkungen auf das Handeln von

8 Vgl. etwa Pinch 1986, Fujimura 1988, Epple und Remmert 2000, Collins 2004, Gradmann 2005, Roelcke 2006, Brandt 2009; zur Historizität und Problematik des Begriffs „Grundlagenwissenschaft", vgl. Schauz 2014, Schauz und Kaldewey 2018; exemplarisch illustriert etwa in Oreskes 2003, Douglas 2014, Sachse 2018b.

9 Vgl. hierzu und allgemeiner zur intrinsisch politischen Dimension auch im Zustandekommen und der Dynamik von Experimentalsystemen Roelcke 2010.

Wissenschaftlern in Rechnung gestellt werden muss, gleichzeitig aber die auch in diesem Kontext existierenden Handlungsspielräume.[10]

Der vorliegende Band ist das Ergebnis einer Tagung, in welcher die hier umrissenen Fragen in ihrer Bedeutung für die Frage nach dem Handeln und der Haltung von Mitgliedern der Leopoldina, die im Nationalsozialismus wissenschaftlich tätig waren, diskutiert wurden.[11] Im ersten Teil des Bandes werden allgemeinere Frage zu zentralen Begriffen („Belastung“, „Entnazifizierung“), zur historischen Genese von juristischen und anderen Formen der Bewertung von Schuld und Verantwortung im Nationalsozialismus sowie die Praxis der frühen juristischen Verfolgung von Straftaten im ost- und westdeutschen Kontext thematisiert.

Janosch Steuwer fokussiert in seinem Beitrag „Fallstricke, Sackgassen, Auswege: NS-Belastungsforschung jenseits der ‚Individualisierung des Faschismusproblems‘“ die Möglichkeiten und Grenzen des Belastungskonzepts. Er argumentiert, dass das Konzept die spezifischen Bedingungen politischen Verhaltens in der NS-Diktatur ausblendet und – ganz im Gegensatz zum kritischen Anspruch der Belastungsforschung – ein im Kern apologetisches Geschichtsbild tradiert, das dem aktuellen Forschungsstand zum Nationalsozialismus nicht gerecht wird. Besonders relevant sind in diesem Kontext jüngere Befunde zur Unschärfe der NS-Weltanschauung sowie zu den spezifischen Bedingungen der Öffentlichkeit im Nationalsozialismus. Der Beitrag mündet in Überlegungen, wie die NS-Vergangenheit von Individuen durch eine Analyse von deren konkretem Handeln und unter Berücksichtigung der Bedingungen von Verhalten im politischen Raum rekonstruiert werden kann.

Annette Weinke konstatiert nach einem kurzen Überblick zur Forschungsgeschichte der „Entnazifizierung“, dass ein Großteil der deutschsprachigen Arbeiten eine Tendenz zeige, einige der zeitgenössisch verbreiteten Missverständnisse über die Hintergründe der alliierten Konfrontationspolitik, insbesondere auch deren Bezugnahme auf die Menschenrechte und das Völkerstrafrecht, zu reproduzieren. Weinke plädiert für eine Ergänzung solcher Interpretationen unter Berücksichtigung von transnationalen Wechselwirkungen, Verflechtungen und Interaktionen, die sie für den Zeitraum von 1935 bis 1950 rekonstruiert. Hierbei wird die Bedeutung von zeitgenössischen Prozessen der Verwissenschaftlichung und Verrechtlichung bei der Bewertung von Handeln im Nationalsozialismus sichtbar, deren Wurzeln teilweise schon in der Zeit vor dem Zweiten Weltkrieg liegen. Das Verhältnis von individueller Schuld und Verantwortung sowie strukturellen Dynamiken wurde, wie sie zeigt, bereits in der damaligen Zeit kontrovers diskutiert.

Edith Raim vergleicht die frühe Verfolgung von NS-Verbrechen in der ost- und westdeutschen Justiz. Sie skizziert den Wiederaufbau der Justizverwaltungen in Ost- und Westdeutschland, wo jeweils bereits ab 1945 NS-Verbrecher vor Gericht gestellt wurden. Dabei warf die Entnazifizierung des Justizpersonals erhebliche Probleme auf, da sie drohte, den Wiederaufbau der Justiz mangels unbelasteter Richter und Staatsanwälte zu unterminieren – eine Konstellation, auf die in Ost und West unterschiedlich reagiert wurde. Auch ein Blick auf die verfolgten NS-Straftaten zeigt deutliche Unterschiede zwischen Ost und West: Während

---

10 Vgl. für die Handlungsspielräume von Medizinern im Nationalsozialismus z. B. Ley 2004, Roelcke 2008; zum Vorhandensein von Handlungsspielräumen selbst für Häftlingsärzte im extremen Kontext des nationalsozialistischen Lagersystems, vgl. Siegel 2021; für eine ähnliche Herangehensweise zur Betrachtung von „NS-Belastung“ in der Medizin Fangerau et al. 2020.

11 Der Band von Gerstengarbe et al. (2016) bietet eine Geschichte der Leopoldina als Institution vor, im und nach dem Nationalsoziaismus, jedoch – abgesehen von einigen wenigen exponierten Mitgliedern – keine Analyse des Handelns individueller Mitglieder der Akademie.

in Ostdeutschland Denunziationen und Straftaten gegen Fremdarbeiter im Vordergrund der Ahndung standen, wurden in Westdeutschland stärker zunächst das Pogrom von 1938, später Straftaten in Konzentrationslagern oder Massenvernichtungen verhandelt. Generell waren die Strafen sowohl in Ost als auch in West mild, mit nur wenigen Ausnahmen von lebenslangen Haftstrafen.

Im zweiten Teil des Bandes werden Handlungsmöglichkeiten und Rechtfertigungsmuster von Wissenschaftlerinnen und Wissenschaftlern im Kontext des Nationalsozialismus genauer betrachtet. Moritz Epple leitet seinen Beitrag mit einigen grundsätzlichen Überlegungen zur moralischen Dimension der (Wissenschafts-) Historiografie ein. Er geht davon aus, dass es eine empirisch-historische Pluralität von unterschiedlichen Formen der Moral gibt, verstanden als Systeme von (durch Individuen) akzeptierten Verhaltensnormen. Eine Aufgabe der Wissenschaftsgeschichte etwa für die Zeit des Nationalsozialismus sieht er darin, die sich über die Zeit verändernden geschriebenen, d. h. rechtlich kodierten, und die ungeschriebenen handlungsleitenden Normen, denen konkrete Akteure folgten und folgen, zu rekonstruieren. Als analytisches Werkzeug für eine solche Rekonstruktion benutzt Epple das Konzept der Handlungsspielräume. Dieses erlaubt es, nach einer Auslotung der Handlungsmöglichkeiten, die jeweils konkreten historischen Akteuren in spezifischen Kontexten offenstanden, die moralischen Entscheidungen und dahinterstehenden Wertehierarchien zu analysieren, welche für die Akteure in diesen Situationen handlungsleitend waren. Im Weiteren identifiziert Epple acht für die Zeit des Nationalsozialismus charakteristische Handlungskonstellationen für Wissenschaftlerinnen und Wissenschaftler, wie etwa die Reaktionen auf die Vertreibung von jüdischen und anderen politisch verfolgten Kollegen, das Verhalten gegenüber Kritik am nationalsozialistischen Staat (z. B. durch ausländische Kollegen bei internationalen Kongressen), oder die wissenschaftliche Arbeit für Instanzen des nationalsozialistischen Staates, des Militärs oder für die Rüstungsindustrie. Für jede dieser Konstellationen führt Epple konkrete Beispiele an, die nochmals spezifisch kontextualisiert sind, in einer Reihe von Fällen auch nachträgliche Handlungsrechtfertigungen (nach Kriegsende). Der Beitrag wird ergänzt durch eine Liste von Mathematikern in der Leopoldina, die für das Thema relevant sind.

Der Beitrag von Heinz-Peter Schmiedebach fokussiert die Handlungsmöglichkeiten von Medizinern im Nationalsozialismus. Sein besonderer Fokus ist auf die Frage gerichtet, ob und in welcher Weise informelle Gruppenbildungen („Vernetzungen“) neue Handlungsspielräume für Distanzierungen bis hin zu widerständigem Verhalten gegenüber Erwartungen oder Vorgaben des Regimes ermöglicht haben, andererseits aber auch die Mobilisierung von Ressourcen für Unrechtshandlungen bis hin zur erzwungenen Forschung und Ermordung von Patientinnen und Patienten. Die sich aus den theoretischen Überlegungen ergebenden Konsequenzen für konkretes Verhalten und Verantwortlichkeit werden von Schmiedebach an einer Reihe von Fallbeispielen illustriert, wie dem Pharmakologen und Leopoldina-Mitglied Wolfgang Heubner (1877–1957), dem Psychiater Hans Roemer (1878–1947) oder dem Hygieniker, Bakteriologen und Leopoldina-Mitglied Paul Uhlenhuth (1870–1957).

Alexander von Schwerin wendet sich in seinem Beitrag der konkreten Praxis von biowissenschaftlicher Forschung im Nationalsozialismus zu. Er analysiert die Dynamik, die sich aus jeweils spezifischen Forschungslogiken und Experimentalsystemen beim Übergang vom Tierversuch zum Experiment am Menschen ergibt, und fokussiert dazu zwei exemplarische Kasuistiken: einerseits die Versuche zur Klärung der Bedeutung von Sauerstoffmangel für die Auslösung von Krampfanfällen, die von dem Genetiker Hans Nachtsheim (1890–1979) an psychiatrischen Patienten durchgeführt wurden und im Sinne einer *Dual-use*-Anwendung auch für militärische Kontexte (U-Boot-Besatzungen, Jagdbomber-Piloten) relevant waren; und andererseits die Experimente des Biophysikers und Leopoldina-Mitglieds Boris RAJEWSKY (1893–1974), der die – ebenfalls kriegsrelevante – Auswirkung von radioaktiver Strahlung auf tierische und menschliche Organismen untersuchte. Diese exemplarischen Kasuistiken machen deutlich, wie Interventionen zunächst am Tier, dann am Menschen durch eine Serie von kleineren, der jeweiligen Forschungslogik inhärenten Neujustierungen des Experimentalarrangements zunehmend den Bereich der noch im Weimarer Kontext kodifizierten Verhaltensnormen für die Forschung am Menschen verließen – eine Entwicklung, die durch die politisch-organisatorischen Rahmenbedingungen und Normverschiebungen im Nationalsozialismus begünstigt wurde, aber für diesen Kontext – so VON SCHWERIN – nicht spezifisch ist. Abschließend skizziert der Autor Hinweise für strukturell ähnlich gelagerte Konstellationen in der jüngeren Geschichte der biowissenschaftlichen Forschung.

Im dritten Teil des Bandes wird die Frage nach einer „NS-Belastung“ auf ganze Gruppen von Wissenschaftlern in Akademiekontexten gerichtet. Maike ROTZOLL betrachtet die Mitglieder der Psychiatrisch-Neurologischen Sektion der Leopoldina und analysiert deren (Neu-) Ausrichtung am politischen Koordinatensystem des nationalsozialistischen Staates. Sie rekonstruiert verschiedene Muster von Reaktionen auf die Bedingungen und Möglichkeiten, die sich durch diesen spezifischen Kontext ergaben. Dazu unterscheidet sie verschiedene Typen (u. a. „Nestoren“, „Pragmatiker“, „Spezialisten“), die verbunden sind mit Abstufungen in Kooperation mit den Instanzen des Regimes und der Verantwortung für Unrecht. Auf diese Weise entwirft sie ein mehrdimensionales Bild vom Verhalten der betrachteten Leopoldina-Mitglieder im Feld zwischen den Polen von Wissenschaft und Politik, das sich einer einfachen Hierarchisierung oder gar Quantifizierung von „NS-Belastung“ entzieht.

Demgegenüber fokussieren Johannes FEICHTINGER und Sandra KLOS in ihrem Kapitel speziell die NSDAP-Mitgliedschaft für die Mitglieder der verschiedenen im „Verband wissenschaftlicher Körperschaften“ („Kartell“) zusammengeschlossenen Wissenschaftsakademien (in Berlin, Göttingen, Heidelberg, Leipzig, München, Wien, ab 1940 Prag). Dieser konzeptuell reduzierte Zugang zur Frage der „NS-Belastung“ entspricht dem formalistischen Vorgehen in frühen Phasen der „Entnazifizierung“, er erlaubt auch einen quantitativen Vergleich zur Frage der Häufigkeit von Parteimitgliedschaften zwischen den verschiedenen Akademien unter Einbeziehung des annektierten Österreich. Einschränkend halten FEICHTINGER und KLOS jedoch fest, dass die verschiedenen Wissenschaftsakademien sich hinsichtlich ihrer Aufgaben und Funktionen deutlich unterschieden: So war etwa diejenige in Wien nicht nur Gelehrtengesellschaft, sondern zugleich auch der einzige außeruniversitäre Forschungsförderer und Forschungsträger in Österreich. Diese Differenzen implizierten unterschiedliche Ressourcenkonstellationen und damit auch Handlungsoptionen und Anreize für die jeweiligen Mitglieder, was zumindest potenziell Auswirkungen auf die Bereitschaft, sich in der NSDAP zu engagieren, gehabt haben könnte und damit die Vergleichbarkeit der jeweiligen Prozentsätze (verstanden als Indikatoren für „NS-Belastung“) wiederum einschränkt.

Im abschließenden Teil des Bandes werden drei konkrete Biographien von Leopoldina-Mitgliedern vorgestellt: Paul WEINDLING präsentiert vielfältige Facetten aus dem wissenschaftlichen Werdegang des Hygienikers, Bakteriologen und Virologen Eugen HAAGEN (1898–1972), der nach einer mehrjährigen Tätigkeit am Rockefeller-Institute in New York seit der Frühphase des nationalsozialistischen Regimes Mitarbeiter des Reichsgesundheitsamts und des Robert-Koch-Instituts, dann ab 1941 ordentlicher Professor für Hygiene an der Reichsuniversität Straßburg war. WEINDLING fokussiert insbesondere HAAGENS Tätigkeit in Straßburg und seine während dieser Zeit im Kriegsgefangenenlager Schirmeck sowie im Konzentrationslager Natzweiler durchgeführten Gelbfieber-, Hepatitis- und Fleckfieberforschungen, bei denen die Versuchspersonen bewusst geschädigt wurden und teilweise zu Tode kamen.

Lisa Stolz analysiert das Verhalten des Physik-Nobelpreisträgers Johannes Stark (1874–1957) und die unter Physikern geführten, teilweise heftigen Kontroversen zu seiner Person vor und im Nationalsozialismus sowie in der Nachkriegszeit. Stark war ein Protagonist der völkischen und antisemitischen „Deutschen Physik". Nach Professuren an der Technischen Hochschule Aachen und an der Universität Würzburg wurde Stark 1933 zum Präsidenten der Physikalisch-Technischen Reichsanstalt ernannt, von 1934 bis 1936 leitete er auch die Notgemeinschaft der Deutschen Wissenschaft, die Vorgängerorganisation der Deutschen Forschungsgemeinschaft. Stolz zeigt, wie Stark in unterschiedlichen Kontexten und insbesondere Konfliktsituationen politische oder wissenschaftliche Argumente als Ressourcen benutzte, um sich als Unterstützer des Regimes und seiner Wissenschaftspolitik oder auch – in der Nachkriegszeit – als Vertreter „reiner Wissenschaft" zu positionieren.

Im Mittelpunkt des Beitrags von Volker Roelcke steht der Internist Richard Siebeck (1883–1965), ab 1934 Ordinarius für Innere Medizin in Berlin, ab 1941 in Heidelberg, der verschiedentlich auch als einer der Begründer der Psychosomatik gesehen wird. Der Beitrag zeigt, dass Siebeck in kein einfaches Täter-Opfer-Raster passt und sich in verschiedenen Handlungskontexten durchaus unterschiedlich zu den Erwartungen der verschiedenen Machtinstanzen des nationalsozialistischen Regimes, zu dessen Herrschaftspraxis und zu den damit verbundenen Wertehierarchien verhielt. Der genaue Blick auf das Beispiel von Siebeck im Nationalsozialismus illustriert, dass die Einstellungen, konkreten Verhaltensweisen und auch Handlungsbegründungen von wissenschaftlichen Akteuren in diesem zeitlichen Rahmen nicht pauschal durch Kategorien wie „Täter", „Mitläufer", „Opfer" oder „Gegner" charakterisiert werden können und sich somit auch nicht durch eine Bewertung von „Belastung" abbilden lassen. Vielmehr muss eine angemessene Beschreibung sowohl unterschiedliche spezifische Handlungskontexte (z. B. Forschung, Lehre, Hochschulpolitik, Verhalten gegenüber politischen Instanzen und Militär) als auch Veränderungen über die Zeit zwischen 1933 und 1945 berücksichtigen.

Insgesamt ermöglicht der Band einen viel-dimensionalen Blick auf unterschiedlichste Formen der Präsenz des Politischen in der Haltung und im Handeln von Wissenschaftlern im Nationalsozialismus. Gleichzeitig verdeutlicht er einmal mehr, dass die Annahme von einer politikfreien Sphäre der Wissenschaft im Nationalsozialismus, aber letztlich auch darüber hinaus, der empirisch fassbaren Realität nicht gerecht wird.

Literatur

Ash, Mitchell: Wissenschaft und Politik als Ressourcen füreinander. In: vom Bruch, Rüdiger, und Kaderas, Brigitte (Hrsg.): Wissenschaften und Wissenschaftspolitik. Bestandsaufnahmen zu Formationen, Brüchen und Kontinuitäten im Deutschland des 20. Jahrhunderts. S. 32–51. Stuttgart: Franz Steiner 2002

Ash, Mitchell: Die Kaiser-Wilhelm-Gesellschaft im Nationalsozialismus [Sammelrezension]. In: NTM – Zeitschrift für Geschichte der Wissenschaften, Technik und Medizin N. S. *18*, 79–118 (2010)

ASR: „Erdrückende Belastung" – neue Studie zum NS-Erbe der Bundesanwaltschaft. Jüdische Allgemeine vom 17. 11. 2021
https://www.juedische-allgemeine.de/politik/erdrueckende-belastung-studie-zum-ns-erbe-der-bundesanwaltschaft/ <29.7.2023>

BAJOHR, Frank, und HÜRTER, Johannes: Auftragsforschung ‚NS-Belastung'. Bemerkungen zu einer Konjunktur. In: BAJOHR, Frank, DOERING-MANTEUFFEL, Anselm, KEMPER, Claudia, und SIEGFRIED, Detlef (Hrsg.): Mehr als eine Erzählung. Zeitgeschichtliche Perspektiven auf die Bundesrepublik. S. 221–233. Göttingen: Wallstein 2016

BÖSCH, Frank, und WIRSCHING, Andreas: Die Nachkriegsgeschichte des Bundesministeriums des Inneren (BMI) und des Ministeriums des Inneren der DDR (MdI) hinsichtlich möglicher personeller und sachlicher Kontinuitäten zur Zeit des Nationalsozialismus. Potsdam, München: Zentrum für Zeithistorische Forschung/Institut für Zeitgeschichte 2015

BÖSCH, Frank, und WIRSCHING, Andreas: Einleitung. In: BÖSCH, Frank, und WIRSCHING, Andreas (Hrsg.): Hüter der Ordnung: Die Innenministerien in Bonn und Ost-Berlin nach dem Nationalsozialismus. S. 13–26. Göttingen: Wallstein 2018

BRANDT, Christina: Die zwei (und mehr) Kulturen des „Klons". Utopie und Fiktion im biowissenschaftlichen Diskurs der Nachkriegszeit. NTM – Zeitschrift für Geschichte der Wissenschaften, Technik und Medizin *17*, 243–275 (2009)

Bundesministerium für Bildung und Forschung: BMBF stellt sich seiner Vergangenheit. Studie zur NS-Belastung seiner Vorgängerinstitution veröffentlicht. Pressemitteilung vom 2. 1. 2022 https://www.bmbf.de/bmbf/shareddocs/pressemitteilungen/de/2022/11/021122-NS.html <29.7.2023>

COLLINS, Harry: Gravity's Shadow. The Search for Gravitational Waves. Chicago: University of Chicago Press 2004

CREUZBERGER, Stefan, und GEPPERT, Dominik (Hrsg.): Die Ämter und ihre Vergangenheit. Ministerien und Behörden im geteilten Deutschland 1949–1972. Paderborn: Ferdinand Schöningh 2018

DOUGLAS, Heather: Pure science and the problem of progress. Studies in History and Philosophy of Science Part A *46*, 55–63 (2014)

ELSTER, Jon: Coming to terms with the past. A framework for the study of justice in the transition to democracy. European Journal of Sociology *39*, 7–48 (1998)

EPPLE, Moritz und REMMERT, Volker: „Eine ungeahnte Synthese zwischen reiner und angewandter Mathematik." In: KAUFMANN, Doris (Hrsg.): Geschichte der Kaiser-Wilhelm-Gesellschaft im Nationalsozialismus. Bestandsaufnahme und Perspektiven der Forschung. S. 258–295. Göttingen: Wallstein 2000

FANGERAU, Heiner, MARTIN, Michael, und KARENBERG, Axel: Neurologen und Neurowissenschaftler: Wer war ein Nazi? Zum Umgang mit der NS-Belastung in der Geschichte der deutschen Medizin. Der Nervenarzt *91*, Suppl. 1, S3–S12 (2020)

FORSBACH, Ralf, und HOFER, Hans-Georg: Internisten in Diktatur und junger Demokratie. Die Deutsche Gesellschaft für Innere Medizin 1933–1970. Berlin: Medizinisch Wissenschaftliche Verlagsgesellschaft 2018

FUJIMURA, Joan: The molecular biological bandwagon in cancer research: where social worlds meet. Social Problems *35*, 261–283 (1988)

GERSTENGARBE, Sybille, THIEL, Jens, und VOM BRUCH, Rüdiger (Hrsg.): Die Leopoldina: Die Deutsche Akademie der Naturforscher zwischen Kaiserreich und früher DDR. Berlin: be:bra 2016

GRADMANN, Christoph: Krankheit im Labor. Robert Koch und die medizinische Bakteriologie. Göttingen: Wallstein 2005

HOLZHAUSER, Thorsten: Demokratie, Nation, Belastung. Kollaboration und Belastung als Nachkriegsdiskurs in Frankreich, Österreich und Westdeutschland. München: De Gruyter 2022

KELLERHOFF, Sven Felix: So braun war Schleswig-Holstein nach 1945 wirklich. WELT vom 9. Januar 2017 https://www.welt.de/geschichte/zweiter-weltkrieg/article161006931/So-braun-war-Schleswig-Holstein-nach-1945-wirklich.html <29.7.2023>

KRISCHEL, Matthis, SCHMIDT, Mathias, und GROSS, Dominik (Hrsg.): Fachgesellschaften im Nationalsozialismus: Bestandsaufnahme und Perspektiven. Münster: LIT 2016

LEY, Astrid: Zwangssterilisation und Ärzteschaft. Hintergründe und Ziele ärztlichen Handelns, 1934–1945. Frankfurt (Main): Campus 2004

MENTEL, Christian: Der kritische Blick auf sich selbst. Zur Verantwortung der historischen Zunft in der Behördenforschung. In: BÖICK, Marcus, und SCHMEER, Marcel (Hrsg.): Im Kreuzfeuer der Kritik. Umstrittene Organisationen im 20. Jahrhundert. S. 139–161. Frankfurt (Main): Campus 2020

MENTEL, Christian, und WEISE, Niels: Die zentralen deutschen Behörden und der Nationalsozialismus. Stand und Perspektiven der Forschung. Hrsg. von Frank BÖSCH, Martin SABROW und Andreas WIRSCHING. München, Potsdam: Institut für Zeitgeschichte/Zentrum für Zeithistorische Forschung 2016

OEHLER-KLEIN, Sigrid, und ROELCKE, Volker (Hrsg.): Vergangenheitspolitik in der universitären Medizin: Institutionelle und individuelle Strategien im Umgang mit dem Nationalsozialismus. Stuttgart: Franz Steiner 2008

ORESKES, Naomi: A context of motivation: U. S. Navy oceanographic research and the discovery of sea-floor hydrothermal vents. Social Studies of Science *33*, 697–742 (2003)

PINCH, Trevor: Confronting Nature. The Sociology of Solar Neutrino Detection. Dordrecht: Reidel 1986

Rheinberger, Hans-Jörg: Experimentalsysteme und epistemische Dinge. Eine Geschichte der Proteinsynthese im Reagenzglas. Göttingen: Wallstein 2003

Rigoll, Dominik: Grenzen des Sagbaren. NS-Belastung und NS-Verfolgungserfahrung bei Bundestagsabgeordneten. Zeitschrift für Parlamentsfragen *45*, 128–140 (2014)

Roelcke, Volker: Funding the scientific foundations of race policies: Ernst Rüdin and the impact of career resources on psychiatric genetics, ca. 1910–1945. In: Eckart, Wolfgang U. (Ed.): Man, Medicine, and the State: The Human Body as an Object of Government Sponsored Medical Research in the 20th Century; pp. 73–87. Stuttgart: Franz Steiner 2006

Roelcke, Volker: Politische Zwänge und individuelle Handlungsspielräume: Karl Bonhoeffer und Maximilian de Crinis im Kontext der Psychiatrie im Nationalsozialismus. In: Schagen, Udo, und Schleiermacher, Sabine (Hrsg.): Die Charité im Dritten Reich. Zur Dienstbarkeit medizinischer Wissenschaft im Nationalsozialismus. S. 67–84. Paderborn: Schöningh 2008

Roelcke, Volker: Auf der Suche nach der Politik in der Wissensproduktion: Plädoyer für eine historisch-politische Epistemologie. Berichte zur Wissenschaftsgeschichte *33*, 176–192 (2010)

Roelcke, Volker: „Täterschaft“ und Täter in der Medizin zur Zeit des Nationalsozialismus: Umrisse einer Typologie unter Berücksichtigung konkreter Handlungskontexte. In: Rauh, Philipp, Voggenreiter, Marion, Ude-Koeller, Susanne, und Leven, Karl-Heinz (Hrsg.): Medizintäter. Ärzte und Ärztinnen im Spiegel der NS-Täterforschung. S. 135–164. Köln: Böhlau 2022

Sachse, Carola: Niedergang und Aufstieg der Leopoldina: Rezension über Jens Thiel, Rüdiger vom Bruch und Sybille Gerstengarbe Die Leopoldina: Die Deutsche Akademie der Naturforscher zwischen Kaiserreich und früher DDR. Berlin: be.bra wissenschaft verlag, 2016. Neue Politische Literatur *63*, 107–110 (2018a)

Sachse, Carola: Basic research in the Max Planck Society: science policy in the Federal Republic of Germany, 1945–1970. In: Schauz, Désirée, and Kaldewey, David (Eds.): Basic and Applied Science. The Language of Science Policy in the Twentieth Century; pp. 163–186. New York: Berghahn 2018b

Schauz, Désirée: What is basic research? Insights from historical semantics. Minerva *52*, 273–328 (2014)

Schauz, Désirée: Umkämpfte Identitäten: die Göttinger Akademie der Wissenschaften und ihre Mitglieder 1914–1965. Göttingen: Wallstein 2022

Schauz, Désirée, and Kaldewey, David: Introduction: Why do concepts matter in science policy? In: Schauz, Désirée, and Kaldewey, David (Eds.): Basic and Applied Science. The Language of Science Policy in the Twentieth Century; pp. 1–32. New York: Berghahn 2018

Schmuhl, Hans-Walter: Die Gesellschaft Deutscher Neurologen und Psychiater im Nationalsozialismus. Berlin, Heidelberg: Springer 2016

Siegel, Sari J.: The coercion-resistance spectrum: analyzing prisoner-functionary behaviour in Nazi camps. Journal of Genocide Research *23*, 17–36 (2021)

Prof. Dr. Volker Roelcke
Justus-Liebig-Universität Gießen
Institut für Geschichte, Theorie und Ethik der Medizin
Leihgesterner Weg 52
35392 Gießen
Bundesrepublik Deutschland
Tel.: +49 641 9947700
E-Mail: volker.roelcke@histor.med.uni-giessen.de

Konzeptionelle und juristische Dimensionen

NAL-historica Nr. *86*, 19–29 (2024), doi: 10.26164/leopoldina_10_01231

Fallstricke, Sackgassen, Auswege. NS-Belastungsforschung jenseits der „Individualisierung des Faschismusproblems"

Janosch Steuwer (Köln)

Zusammenfassung

Der Beitrag legt die Fallstricke und Sackgassen einer Erforschung der „politischen Verstrickung" der bundesrepublikanischen Eliten im Nationalsozialismus frei, die sich auf den Begriff der „Belastung" stützt. Obgleich der Begriff die öffentliche wie wissenschaftliche Auseinandersetzung mit dem Nationalsozialismus maßgeblich anleitet, besteht über seine Definition kein Konsens. Der Beitrag zeigt, dass sich dahinter ein grundsätzliches Problem verbirgt, das in der Unschärfe der NS-Weltanschauung sowie den spezifischen Bedingungen der nationalsozialistischen Öffentlichkeit begründet ist. In paradoxer Weise erweist es sich damit als unmöglich, eindeutige Kriterien festzulegen, an denen sich nationalsozialistisch überzeugte Personen verlässlich identifizieren ließen, obgleich sich in den Jahren zwischen 1933 und 1945 fraglos so viele Deutsche zum Nationalsozialismus bekannten, wie niemals zuvor und danach. Der Belastungsbegriff scheitert aber nicht nur am eigenen Anspruch. Er befördert trotz seiner aufklärerischen Intention zugleich eine „Individualisierung des Faschismusproblems" (Lutz Niethammer), die Historikerinnen und Historiker an den Entnazifizierungsverfahren der frühen Nachkriegszeit selbst scharf kritisieren und die dem heutigen Wissenstand zur Funktionsweise der NS-Gesellschaft nicht standhalten kann. Vor diesem Hintergrund skizziert der Beitrag Möglichkeiten einer Analyse individueller NS-Vergangenheiten jenseits des Belastungskonzeptes, die gleichermaßen die Bedingungen politischen Verhaltens im Nationalsozialismus wie das Handeln konkreter Personen zu dieser Zeit aufzuklären vermag.

Abstract

This article exposes the pitfalls and dead ends of research into the "political entanglement" of post-war elites in National Socialism, which is based on the concept of "Belastung". Although the term has been a major factor in the public and academic debate on National Socialism, there has been no consensus on its definition to date. The article shows that a fundamental problem lies behind this, which is rooted in the blurriness of the Nazi worldview as well as the specific conditions of the National Socialist public sphere. Paradoxically, it proves impossible to establish distinct criteria by which National Socialist convicts could be reliably identified, although in the years between 1933 and 1945 more Germans unquestionably professed National Socialism than ever before or since. However, the concept of incrimination does not only fail in its own claim. Despite its enlightening intention, it also promotes an "individualisation of the problem of fascism" (Lutz Niethammer), which historians themselves sharply criticise in the denazification procedures of the early post-war period and which cannot stand up to today's knowledge of how Nazi society functioned. Against this backdrop, the article concludes by outlining possibilities for analysing individual Nazi pasts beyond the concept of incrimination, which can equally focus on the conditions of political behaviour under National Socialism and the actions of concrete individuals.

Untersuchungen, welche die „politischen Verstrickungen" des Personals bundesdeutscher Ministerien, Behörden und anderen Einrichtungen aufklären, haben seit inzwischen fast zwei Jahrzehnten Konjunktur.[1] NS-Belastungsforschung ist mit der Einsetzung der Unab-

1 Als Überblick siehe Creuzberger und Geppert 2018 sowie Mentel und Weise 2016.

hängigen Historikerkommission zur Geschichte des Auswärtigen Amtes im Sommer 2005 als ebenso wissenschaftliches wie öffentliches Projekt zum zentralen Modus geworden, mit dem im frühen 21. Jahrhundert zahllose Institutionen ihre Vergangenheit aufzuklären suchen und kritisches historisches Bewusstsein zeigen. Eine schonungslose Auseinandersetzung mit der eigenen Geschichte soll dabei für „Gegenwart und Zukunft lernen“ lassen. Das ist eine erfreuliche Entwicklung und Ausdruck einer gesellschaftlichen Verbreitung kritischer Geschichtsperspektiven, deren Ausmaß für Historikerinnen und Geschichtsaktivisten lange Zeit undenkbar war.

Zugleich zeigt sich in der NS-Belastungsforschung aber auch eine Routinisierung der historischen Auseinandersetzung mit der NS-Vergangenheit, die die Gefahr mit sich bringt, die Beschäftigung mit dem Nationalsozialismus zu einem öffentlichen Ritual werden zu lassen. In der Folge könnte es sein, dass sie den eigenen Anspruch einer kritischen Vergangenheitsauseinandersetzung nicht mehr erfüllt, und dass sie stattdessen droht, apologetische Vorstellungen über den Nationalsozialismus zu tradieren. Beobachten lässt sich dies vor allem an der öffentlichen Aufmerksamkeit, die den Prozentzahlen darüber zuteilwird, wie groß der Anteil „belasteter Personen“ im Personal einzelner Ministerien, Behörden und anderer Institutionen der jungen Bundesrepublik war. Diese Zahlen werden als überraschende Neuigkeiten in Nachrichtensendungen und Pressemeldungen verbreitet, und die Ergebnisse mehrjähriger Forschungsarbeiten so auf die Feststellung reduziert, dass 60, 70 oder 80 % des (leitenden) Personals der jeweiligen Institution „Nazis waren“.[2] Andere Erkenntnisse aus den stets voluminösen Abschlussberichten der entsprechenden Forschungsprojekte treten dahinter zurück und bleiben vielfach gänzlich der historischen Fachdebatte vorbehalten.

Dies ist ebenso schade wie unfair. Zugleich bündelt sich im „Nazi-Zählen“ aber auch die spezifische Forschungsperspektive, auf der die NS-Belastungsforschung gründet. Ihre Tragweite scheint mir bislang nur unzureichend reflektiert. So erfreulich die intensiven Bemühungen um Aufarbeitung sind, so bedauerlich ist, dass in ihrem Kontext methodische Reflexionen dazu, inwieweit das Konzept der „Belastung“ und die daran geknüpfte Perspektive diesen Anspruch auch einzulösen vermögen, bislang nur wenig Aufmerksamkeit gefunden haben.[3] Dabei legt ein genaueres Nachdenken über den Belastungsbegriff schnell eine ganze Reihe von Fallstricken und Sackgassen frei, um die sich die meisten Projekte zur NS-Belastungsgeschichte bislang eher herummogeln. Ich möchte im Folgenden einige dieser Probleme aufzeigen, die mir zentral erscheinen, und nach Wegen suchen, die identifizierten Fallstricke und Sackgassen zu umgehen. Dabei scheint mir, um dies vorwegzunehmen, „Belastung“ kein hilfreiches Konzept, um über die Rolle von Individuen im Nationalsozialismus zu sprechen. Es übergeht die spezifischen Bedingungen politischen Verhaltens in der NS-Diktatur und halst sich damit nicht nur eine unlösbare definitorische Aufgabe auf. Es tradiert vielmehr, ganz im Gegensatz zum kritischen Anspruch der Belastungsforschung, ein im Kern apologetisches Geschichtsbild, das aktuellen Interpretationen des Nationalsozialismus nicht gerecht wird. Insofern braucht es aus meiner Sicht eine andere Perspektive auf individuelle NS-Vergangenheiten als jene, die sich mit diesem Begriff verbindet, um dem Anspruch kritischer Geschichtsbetrachtung gerecht zu werden: aus einem kritischen historischen Bewusstsein etwas für die Gegenwart zu lernen.

---

2 Siehe etwa Ronen Steinke 2016, *N. N.* 2020.

3 Siehe vor allem die Überlegungen von Bajohr und Hürter 2016 sowie Mentel 2020.

1. Fallstricke des Belastungsbegriffs

Fangen wir bei der definitorischen Herausforderung an, für die sich der Belastungsbegriff als Lösung anbietet. Sein Versprechen ist es, Kriterien bereitzustellen, mit denen Personen mit – allgemein gesprochen – „problematischen“ NS-Vergangenheiten von anderen Personen unterschieden werden können; und dies so trennscharf, dass die „Problemfälle“ zählbar werden. Dafür braucht es eindeutige und systematisch bestimmbare Indikatoren. „Belastung“ wird insofern vor allem an den Mitgliedschaften von Personen in „nationalsozialistischen Organisationen“ festgemacht, die sich vergleichsweise leicht rekonstruieren und verlässlich zählen lassen. Als belastend für die Bundesrepublik gilt eine Mitgliedschaft in der NSDAP oder in einer ihrer zahlreichen Vorfeldorganisationen dabei deshalb, weil von der organisatorischen Zugehörigkeit auf eine besondere Überzeugtheit vom Nationalsozialismus geschlossen wird. Diese Überzeugtheit hätten die betreffenden Personen nach 1945 nicht einfach abgelegt, was sie für den Aufbau der demokratischen Nachkriegsordnung zur Last gemacht habe. Mit dem Blick auf die Verbreitung von „Belastungsmerkmalen“ im Personal der jungen Demokratie, so die Hoffnung, lasse sich das Fortleben nationalsozialistischer Ideologie in der Bundesrepublik erkennen.

Doch diese Hoffnung trügt. Das Problem bei dem Versuch, von Belastungsmerkmalen wie Mitgliedschaften auf eine „nationalsozialistische Überzeugung“ zu schließen, ist ein doppeltes: *Erstens* weiß die Ideengeschichte des Nationalsozialismus schon lange, dass sich bereits für die Zeit vor 1933 so etwas wie eine „nationalsozialistische Weltanschauung“ im Sinne eines eindeutigen Denksystems in den Quellen nicht ausmachen lässt.[4] Nichts von dem weltanschaulichen Denken der NS-Bewegung war exklusiv für diese, oder in ihr erfunden worden, sondern weit verbreitet in der nationalistischen Rechten der Weimarer Republik. Und zugleich wies dieses Denken in so viele unterschiedliche Richtungen, dass es sich nicht zu einer Einheit zusammenfügt. Das weltanschauliche Denken des Nationalsozialismus war nicht durch ein strukturiertes Set an Ideen bestimmt, sondern durch schlagworthafte Unschärfe. Erst mit ihr konnte die NSDAP zum Sammelbecken für ganz unterschiedliche Wählergruppen aufsteigen, was ihren Weg zur Macht entscheidend förderte.

Während der Weimarer Republik rätselten politische Beobachter deshalb intensiv darüber, was „die Nationalsozialisten“ eigentlich wollten. Doch trotz ihrer Bemühungen bekamen sie diese nicht an ihrem Denken zu fassen, wohl aber an ihrem Auftreten. So unscharf ihre „Weltanschauung“ blieb, so eindeutig war die Symbolsprache der NS-Bewegung: die Hakenkreuzfahne, die Nazis aus ihren Fenstern hängten; politische Praktiken wie die sogenannten „Propagandamärsche“, mit denen die NS-Bewegung eine eigene Demonstrationsform erfand; die Slogans und Schlagwörter ihrer Veröffentlichungen; insbesondere die braunen Uniformen, die die Mitgliedschaft in SA oder NSDAP anzeigten. An ihren Symbolen waren „Nationalsozialisten“ unzweifelhaft zu erkennen; ein Umstand, den der Historiker Per Leo (*1972) auf die einprägsame Wendung gebracht hat: „Nationalsozialist sein hieß, sich als ‚Nazi‘ zeigen“.[5]

Diese Konstellation war schon vor 1933 unbefriedigend, weil sich von der offensichtlichen Identifikation einer Person als „Nationalsozialist“ nur diffus auf ihr politisches Denken schließen ließ. Doch sie erlaubte Orientierung: Auch wenn unklar blieb, was genau sie dach-

4 Zusammenführend und ausführlich hierzu Steuwer 2016.
5 Leo 2016, S. 37.

ten, waren die Nationalsozialisten leicht zu erkennen. Doch mit Beginn der nationalsozialistischen Diktatur – das ist der *zweite* Punkt – und der tiefgreifenden Veränderung öffentlicher politischer Kommunikation durch die neuen Machthaber, veränderte sich diese Konstellation in rasantem Tempo grundlegend.[6] Der grenzenlose Herrschaftsanspruch des NS-Regimes duldete auf der einen Seite keine anderen politischen Positionen mehr neben sich, auf der anderen Seite forderte er von allen Deutschen Unterstützung ein: Am individuellen Bekenntnis zum Nationalsozialismus sollte sich von nun an entscheiden, wer noch gesellschaftliche Zugehörigkeit beanspruchen konnte und wer nicht. Der Nationalsozialismus bildete damit nach 1933 nicht mehr eine politische Position unter anderen. Er wurde zur Norm für dasjenige, was öffentlich gesagt und gezeigt werden durfte. Die Symbole der NS-Bewegung wandelten damit ihren Charakter: Sie wurden von Zeichen, die während der pluralistischen Weimarer Demokratie Orientierung erlaubt und die Differenz zu anderen politischen Akteuren markiert hatten, zu Staatssymbolen: „Symbolen der völkischen Einheit und Gesamtheit“, wie es ein Staatsrechtler in den 1930er Jahren fasste.[7] Mit ihnen sollten alle Deutschen ihre persönliche Unterstützung des neuen Regimes zeigen. Wer sich ihrer nicht bediente, dem drohte Gewalt und Ausgrenzung.

Dies galt in besonderem Maße für Staatsdiener, denen vor allem die zahlreichen Entlassungen von jüdischen und aus anderen Gründen politisch missliebigen Staatsangestellten und Beamten am Beginn der NS-Herrschaft die besonderen Loyalitätserwartungen vor Augen führten, die die neue Regierung ihnen gegenüber erhob. Dies ist einer der Gründe dafür, warum Angehörige des öffentlichen Dienstes zwischen 1933 und 1945 überproportional stark in den Organisationen der NSDAP vertreten waren. Ein anderer war die Transformation der NSDAP selbst, die sich nach 1933 von der Bewegungspartei der Weimarer Republik in ein weitausgreifendes Netz an Herrschaftsinstanzen wandelte, das sich parallel zur staatlichen Verwaltung ausdehnte. Parteistellen und staatliche Verwaltung gingen dabei vielerlei Verflechtungen ein, die sich ebenso in den besonders zahlreichen Mitgliedschaften der Beamten und Angestellten des öffentlichen Dienstes in der NSDAP oder ihr zugehörigen Organisationen niederschlug.

Die hohen Anteilswerte an Mitgliedern der NSDAP und anderer NS-Organisationen in den Behörden und Institutionen der Bundesrepublik der 1950er und 1960er Jahre erscheinen vor diesem Hintergrund nicht nur deshalb weit weniger überraschend, als es öffentlich den Anschein hat, weil die personellen Kontinuitäten zwischen Nationalsozialismus und Bundesrepublik seit den 1990er Jahren gut erforscht sind.[8] Sie sind auch insofern erwartbar, als die NS-Belastungsforschung ihren Blick auf das leitende Personal der jeweiligen Institution konzentriert und damit auf Mitarbeiter im mittleren bis höheren Alter, die bereits vor 1945 im öffentlichen Dienst gearbeitet haben. Die hohe Anzahl früherer Parteimitglieder innerhalb des leitenden Personals der jungen Bundesrepublik verweist insofern zurück auf die Umgestaltung öffentlicher Verwaltung im Nationalsozialismus, in der Parteimitgliedschaften und -ämter zum Bestandteil von Berufslaufbahnen und Karrierehoffnungen wurden. Herrschaftliche Ansprüche und Verpflichtungen trieben dies ebenso voran wie der Opportunismus, das Karrierestreben und der Geltungsdrang einzelner Angestellter.

6 Für eine genauere Entwicklung dieser Argumentation siehe Steuwer und Lessau 2014, Leo 2016.

7 Hubert 1939, S. 188. Ausführlich zum Wandel der Symbolik des Nationalsozialismus nach 1933 Steuwer 2017, S. 137–140.

8 Siehe als Überblick etwa Frei 2001.

In diesem Feld zeigt sich damit besonders deutlich, was für den Nationalsozialismus insgesamt galt: Die NS-Symbole, an denen sich die Identifikation von „Nationalsozialisten" während der Weimarer Republik festgemacht hatte, verloren ihre Unterscheidungskraft. Weil alle dazu aufgefordert waren, sich als Nationalsozialisten zu zeigen, wenn sie ihre berufliche und soziale Stellung nicht verlieren wollten, ließ sich aus dem Gebrauch der NS-Symbole nicht mehr eine bestimmte politische Position schließen. Nicht nur die konkreten politischen Überzeugungen einer Person blieben diffus, sondern die grundsätzliche Frage, ob diese Person überhaupt ein „Nationalsozialist" war: sie sich also tatsächlich selbst so verstand. Für den Eintritt in die NSDAP, aber auch für das Hissen der Hakenkreuzflagge, das Grüßen mit dem „Deutschen Gruß", den Gebrauch nationalsozialistischer Schlagwörter usw. konnte es immer auch andere Gründe als die politische Überzeugung der betreffenden Personen geben. Der an den Symbolen des Nationalsozialismus orientierte Belastungsbegriff erlaubt insofern keine Annäherung an eine differenziertere Betrachtung politischer „Haltungen" von Personen, sondern lenkt den Blick auf ein diffuses Feld karrieristischer, opportunistischer und weltanschaulicher Motivationen, das als solches als Teil nationalsozialistischer Staatlichkeit verstanden werden muss.[9] Es ist ein Paradox, vor dem wir bei der Betrachtung personeller NS-Vergangenheiten stehen: Auch wenn sich in den Jahren zwischen 1933 und 1945 so viele Deutsche wie nie zuvor zum Nationalsozialismus bekannten, sind die „Nationalsozialisten" unter ihnen in jenen Jahren nicht verlässlich identifizierbar.

2. Die Suche nach „Belasteten" als Sackgasse

Mit dem Belastungsbegriff stellen sich Historikerinnen und Historiker damit heute eine unlösbare Aufgabe, die der Begriff, das sei zu seiner Ehrenrettung gesagt, historisch gar nicht beantworten wollte. Als die Alliierten das Konzept in den letzten Kriegsmonaten erfanden, ging es ihnen nicht darum, jenes Instrument zur differenzierten Bewertung individueller NS-Vergangenheiten zu schaffen, als das der Begriff heute dienen soll. Sie suchten vor allem ein praktikables Vorgehen, um durch eine politische Überprüfung der Deutschen jene Personen von den Schlüsselstellen des demokratischen Wiederaufbaus fernzuhalten, die diesem gefährlich werden konnten. Dass die dafür festgelegten „Belastungskriterien" – eben vor allem Organisationsmitgliedschaften und politische Ämter, die noch immer den Kern der Definitionen des „Belastungsbegriffes" bilden – ein recht grobes Netz auswarfen, dessen Maschen auch einige „dicke Fische" hindurchließen, vor allem aber einen gewaltigen Beifang an eigentlich „unproblematischen" Fällen aussiebte, war den alliierten Planern bewusst. Für eine praktikable Lösung zur Sicherung des demokratischen Aufbaus in der unübersichtlichen Lage des Nachkriegs nahm man diese Ungenauigkeiten in Kauf.[10]

Ein genauerer Blick auf die historische Genealogie des Belastungsbegriffs und seine Effekte in der Nachkriegszeit, wie ihn jüngst etwa Hanne Lessau (*1984) in ihrer Studie zur Entnazifizierung vorgeführt hat, ist insofern auch für das Verständnis seiner heutigen Verwendung hilfreich. Vor allem lässt sich dabei erkennen, dass seine Auswirkungen auf die Aufarbeitung der NS-Vergangenheit zweischneidig bleiben. Auf der einen Seite trieb das Belastungskonzept schon in den Entnazifizierungsverfahren der späten 1940er Jahre eine

9 Siehe hierzu auch Hachtmann 2007.
10 Ausführlich hierzu Lessau 2020, insbesondere S. 58–78.

Konkretisierung der abstrakten Debatten um die nationalsozialistische Vergangenheit voran und machte die politische Personalüberprüfung zu einem Ort, an dem intensiv über die „Haltung“ einzelner Personen zum Nationalsozialismus gestritten wurde.[11] Gleiches galt für die folgenden Jahrzehnte, in denen der Blick auf NS-Mitgliedschaften maßgeblich dazu beitrug, die Auseinandersetzung mit der NS-Vergangenheit im Streit über einzelne Personen zu konkretisieren. Im Kontext dieses Bandes sei nur an die Aktivitäten von Rolf Seeliger (1925–1995) erinnert, der in den 1960er Jahren Professoren in der ganzen Bundesrepublik mit ihrer „belasteten“ Vergangenheit konfrontierte und zur Stellungnahme zu ihrer eigenen Rolle im Nationalsozialismus herausforderte.[12]

Zugleich trug diese Suche nach den Nazis in der bundesrepublikanischen Gegenwart auf der anderen Seite aber auch ein Geschichtsbild weiter, das für „den Nationalsozialismus“ eben „die Nazis“ verantwortlich machte. An der Entstehung dieses Geschichtsbilds im Übergang von Krieg zu Nachkrieg hatten alliierte Debatten und Perspektiven entscheidenden Anteil.[13] Seine Pointe wurde aber gerade von zahlreichen Deutschen geschätzt: Wer kein „Nazi“ gewesen war, hatte sich in diesem Bild auch nichts vorzuwerfen. Insofern kreisten auch apologetische Vergangenheitsdeutungen der 1950er und 1960er Jahren um Erklärungen für Mitgliedschaften und Ämter in NS-Organisationen, mit denen nach den formalen Kriterien der Alliierten „belastete“ Personen zu versichern suchten, dass sich in ihrem Gebrauch der nationalsozialistischen Symbole keine politische „Haltung“ ausgedrückt habe.[14] In der Suche nach „den Nationalsozialisten“ wiederholten auch kritische Akteure damit jene „Individualisierung des Faschismusproblems“, das der Historiker Lutz Niethammer (*1939) bereits in den 1970er Jahren als Grundfehler der Entnazifizierung benannt hat,[15] und welcher die NS-Belastungsforschung noch immer prägt: Eigentlich ist es doch erstaunlich, dass Ministerien, Behörden und andere Einrichtungen heute glauben, gerade mit Studien zu den NS-Mitgliedschaften ihres Personals kritisches historisches Bewusstsein zeigen zu können. Denn „Belastungen“ werden damit vornehmlich bei einzelnen, „nationalsozialistischen“ Mitarbeitern festgemacht, nicht aber in den Institutionen selbst. Was sich aus einer solchen Perspektive und zu einem Zeitpunkt, da alle „belasteten“ Personen schon lange nicht mehr auf ihren Positionen arbeiten, für „Gegenwart und Zukunft lernen“ lassen soll, ist nicht wirklich zu erkennen.

Vor allem weiß es die historische Forschung eigentlich schon seit langem besser, nicht zuletzt aus den Arbeiten zur NS-Wissenschaftsgeschichte. Vor ihrem Hintergrund hat Lutz Raphael (*1955) bereits vor zwei Jahrzehnten gefordert, den klassischen Interpretationsrahmen einer ideologischen Durchdringung des Wissenschaftssystems durch „die Nationalsozialisten“ zu überdenken.[16] Stattdessen sei die breite „Selbstmobilisierung“ der Wissenschaft und das „Engagement“ zahlloser Forscher in den Mittelpunkt zu stellen, mit dem wissenschaftliche Forschung und politische Betätigung, so die Pointe von Raphaels Überlegungen, nicht mehr zwei getrennte Bereiche bildeten. Gerade die Verbreitung ideologischer Kategorien durch das NS-Regime, die älteren Forschungen als Beleg für die Beeinflussungen

11 Ebenda, S. 269–397.
12 Seeliger 1964–1968.
13 Siehe hierzu Föllmer 2013, S. 189–195.
14 Vergleiche dazu die zahllosen Beispiele in den Antworten deutscher Professoren in Seeliger 1964–1968.
15 Niethammer 1972, S. 154.
16 Raphael 2001. Besonders pointiert und über das Feld der Wissenschaftsgeschichte hinaus entwickelt, findet sich diese Argumentation auch in Raphael 2014.

„von oben“ galt, habe tatsächlich eine umfassende Mobilisierung „von unten“, d. h. aus den Wissenschaften selbst, vorangetrieben. Weltanschauliche Begriffe des Nationalsozialismus, wie „Volk“ oder „Rasse“, seien in ihrer Bedeutung so unbestimmt gewesen, dass sie Intellektuelle als Aufforderung begriffen, sie mit eigenen Gedanken zu füllen. Die Verbreitung der „nationalsozialistischen Weltanschauung“ habe so ein Diskussionsfeld geöffnet, mit dem wissenschaftliche Forschung aktiviert und zum Teil politischer Ideologieproduktion gemacht worden sei – unabhängig davon, welchen NS-Organisationen einzelne Wissenschaftler angehörten oder nicht.

Gleiches betont die allgemeine NS-Geschichtsschreibung in ihren Gesamtdeutungen des Nationalsozialismus ebenfalls schon lange.[17] Deutungen, die von einem Konflikt zwischen Herrschaft und Gesellschaft, zwischen „den Nationalsozialisten“ und den Deutschen ausgingen, sind abgelöst von Interpretationen, die die mobilisierende Kraft des NS-Regimes und die Selbstmobilisierung ganz unterschiedlicher Teile der deutschen Gesellschaft ins Zentrum stellen. Damit begreift die historische Forschung die NS-Herrschaft als „Zustimmungs-“ oder „Beteiligungsdiktatur“, die durch zahlreiche Akteure, nicht nur „Nationalsozialisten“ oder Partei- und Herrschaftsorganisationen, geprägt und geformt wurde. In einer Mischung von „Zustimmung und Zwang“, deren genaues Verhältnis inzwischen in das Zentrum der NS-Gesellschaftsgeschichte gerückt ist, lösten sich klassische Grenzen des Politischen auf. In der „Zustimmungsdiktatur“ des Nationalsozialismus, so hat es Frank Bajohr (*1961) gefasst, wurde die Gesellschaft selbst zu einem „unmittelbaren Bestandteil der NS-Herrschaft“.[18] Auch hier verpasst der Versuch, mit dem Begriff der „Belastung“ klare Schneisen schlagen zu wollen, durch seinen individualisierenden Blick den spezifischen Charakter dieses politischen Systems.

3. Auswege zu einer (Nach-)Geschichte politischen Verhaltens im Nationalsozialismus

Was folgt aus diesen unterschiedlichen Schwierigkeiten des Belastungskonzeptes? Sollte mit ihnen die Frage, ob einzelne Personen den Nationalsozialismus unterstützten, besser als aussichtslos beiseitegelegt werden? Oder zwingen die Probleme des Belastungsbegriffs dazu, mit stärker pauschalisierenden Konzepten wie „Kollektivschuld“ und „Tätergesellschaft“ zu operieren, die über die Spezifik von Einzelfällen und Unterschiede im politischen Verhalten der Deutschen hinweggehen? Weder noch. Sich der Probleme des Belastungskonzeptes systematisch bewusst zu werden, öffnet den Blick für einen Ausweg aus seinen Sackgassen und Fallstricken, der in der Drehung der Perspektive besteht: Statt weiterhin klären zu wollen, wie „belastet“, wie „nationalsozialistisch“ eine Person war, wäre besser die Art und Weise zu untersuchen, in der Einzelne sich zum Nationalsozialismus verhielten und in der sie Anteil an seiner Politik nahmen. Gefordert ist damit statt der Suche nach „Belastungen“ eine Geschichte und Nachgeschichte politischen Verhaltens im Nationalsozialismus, die die spezifischen Bedingungen dieses Gesellschaftssystems nicht übergeht, sondern sie ins Zentrum der Analyse stellt.

17 Als Überblick hierzu Steuwer 2013.
18 Bajohr 2005, S. 111.

Zentral für eine solche Geschichte wären drei Dinge. *Erstens* wäre in ihr der Pluralität individueller politischer Denkweisen auch während des Nationalsozialismus nachzugehen, die der Anspruch auf symbolische Zuordnung nach 1933 systematisch verschleierte. Mit Hilfe von Tagebüchern gewöhnlicher Zeitgenossen habe ich dies für die Vorkriegsjahre der nationalsozialistischen Herrschaft genauer untersucht.[19] Vor allem für ihren Beginn in den Jahren 1933/34 finden sich ausgesprochen explizite und häufig ausführliche Reflexionen in Tagebüchern darüber, wie sich ihre Autorinnen und Autoren persönlich und öffentlich zum neuen Regime positionieren sollten. Die schriftlichen Erörterungen dieser Frage eröffnen tiefgreifende Einsichten in eigensinnige Argumentationen und unterschiedliche Auslegungen der diffusen Begriffe der NS-Weltanschauung, die für ihre Autorinnen und Autoren die Basis ihrer öffentlichen Zuordnungen zum NS-Regime bildeten. Vor allem auf die Frage, was eigentlich „nationalsozialistisch“ sei, fanden sie sehr unterschiedliche Antworten.

Hinter dem symbolischen Ausweis von Unterstützung etwa durch organisatorische Mitgliedschaften standen damit verschiedene Motivationen und Überlegungen. Ein Eintritt in den Stahlhelm 1933 konnte so etwa für den einen ein Weg sein, die vom neuen Regime erhobene Verpflichtung auf Unterstützung mit dem kleinsten Übel zu erfüllen und zugleich seiner Ablehnung „der Nationalsozialisten“ Ausdruck zu verleihen. Andere wurden hier Mitglied, weil der Weg in NSDAP und SA nach dem Frühjahr 1933 durch Aufnahmebeschränkungen außerordentlich schwierig geworden war und für sie der Stahlhelm gleichberechtigter Teil des „nationalen Aufbruchs“ war, als den sie den Beginn der nationalsozialistischen Herrschaft betrachteten. Und wieder andere wählten den Stahlhelm, weil sie mit ihrem Eintritt gezielt diesen Teil der ja 1933 als Koalitionsregierung gebildeten Reichsspitze unterstützen wollten. Solche Unterschiede lassen sich nicht zählen oder kategorisieren. Sie brauchen biografische Studien, die sich auf die unterschiedlichen Sichtweisen und Lebenswege im Einzelfall einlassen können. In ihnen wird es möglich, die Symbole des Nationalsozialismus nicht als vermeintliche Fingerzeige für eine politische Haltung zu lesen, sondern als Momente zu begreifen, an denen Zeitgenossen ihr Verhältnis zum Nationalsozialismus festlegten. Und wie sie dies taten, sollte das Zentrum historischer Fragen bilden. Zu klären wäre also nicht, ob jemand in bestimmte Organisationen eintrat, zu den erforderlichen Anlässen sein Haus mit Fahnen beflaggte usw., sondern die Bedeutungen, die Einzelne den Symbolen zuschrieben und die Art und Weise, wie sie diese nutzten, um ihre Position zum Nationalsozialismus zu bestimmen. Statt um objektive Einordnungen von Personen ginge es um die Rekonstruktion der durchaus komplizierten Suche nach einer eigenen Position im Kontext des herrschaftlichen Anspruchs auf Unterstützung und Zuordnung.

Ein solches Vorgehen ist auf aussagekräftige Quellen angewiesen, die sich im Feld der Wissenschaftsgeschichte allerdings durchaus ausfindig machen lassen können. So wie einfache Angestellte, Hausfrauen, Industriearbeiter und kleine Gewerbetreibende in den 1930er Jahren in ihren Tagebüchern über ihr Verhältnis zum Nationalsozialismus nachdachten, so taten dies auch zahlreiche in schriftlicher Erörterung weit geschultere Wissenschaftlerinnen und Wissenschaftler und Intellektuelle. Auch für sie sind ihre Gedanken über das neue politische System in Briefen, Tagebüchern und anderen Aufzeichnungen in vielen Fällen greifbar. Wo dies nicht der Fall ist, sollten Einschätzungen personeller NS-Vergangenheiten zumindest in Rechnung stellen, dass die politischen und biografischen Selbstvorstellungen und Positionsbestimmungen der Zeitgenossen komplexer waren, als es die symbolischen Zuordnungspraktiken des Nationalsozialismus erscheinen lassen.

---

19 Steuwer 2017, insbesondere S. 90–122.

Eine historische Analyse kann beim Nachvollzug der Selbstbilder der Zeitgenossen natürlich nicht stehen bleiben. Ebenso wichtig wie die Frage individueller Positionierungen ist *zweitens* nach dem praktischen Anteil zu fragen, den einzelne Personen an der Herrschaft des Nationalsozialismus hatten: In welcher Weise unterstützten sie nationalsozialistische Politik – als Privatperson oder mit ihrer Arbeit? Antworten auf diese Fragen ergeben sich eben keineswegs daraus, ob und in welcher Weise sich jemand als „Nationalsozialist" bzw. als Unterstützer des NS-Regimes verstand oder auch nicht. Ganz im Gegenteil gründete der Erfolg dieses politischen Systems insbesondere darauf, dass seine politische Praxis unterschiedliche Denkweisen und Selbstbeschreibungen problemlos integrieren konnte, wenn sie durch den Gebrauch der deutungsoffenen NS-Symbole unsichtbar geworden waren.[20] Auch Wissenschaftler, die sich etwa von der NSDAP fernhielten und sich nicht als „Nationalsozialisten" verstanden, lehrten und forschten in den 1930er und 1940er Jahren in einem Kontext, in dem ihre Ergebnisse politische Effekte besaßen. Sie arbeiteten notwendigerweise mit Begriffen und Konzepten, die weltanschauliche Bedeutungen hatten, und konnten mit ihren Forschungen ganz unabhängig von ihrer persönlichen Positionierung zu ideologischen Debatten und zur Realisierung nationalsozialistischer Politik beitragen – bis hin zu den Verbrechen des Nationalsozialismus.

Drittens müsste eine solche Perspektive die Folgen und Nachwirkungen politischer Positionsbestimmungen und praktischer Anteilnahme am Nationalsozialismus in der Bundesrepublik selbst empirisch bestimmen, statt solche mit dem Begriff der „Belastung" *per se* zur Last für die neue Demokratie zu erklären. Auch an dieser Vorstellung haben biografische Studien Zweifel genährt: Sie haben „belastete Vergangenheiten" auch bei Richtern, Intellektuellen und führenden Beamten aufgedeckt, die nach 1945 die Liberalisierung der Bundesrepublik engagiert vorantrieben.[21] Politische Verstrickungen während des Nationalsozialismus konnten in der jungen Bundesrepublik verschwiegen, geleugnet, unbewusst fortbestehen oder mit heimlicher Freude aktiv tradiert werden. Aber sie konnten ebenso Anlass zu Selbstbefragen, Reflexion und dem Bemühen geben, es nun anders machen zu wollen. Solche Umgangsweisen mit dem eigenen politischen Verhalten während des Nationalsozialismus schlossen sich nicht notwendigerweise gegenseitig aus. Sie eröffnen vielmehr Einsichten in einen verwickelteren Übergang von Nationalsozialismus zur Bundesrepublik, die grundsätzliche Fragen an unsere Vorstellungen von der Transition aus der Diktatur in die Demokratie stellen. Sichtbar werden Übergangsprozesse, die der schematischen Gegenüberstellung von belasteten und unbelasteten Personen verborgen bleiben müssen, mit denen die junge Demokratie nicht gegen, sondern auch auf der Grundlage politischer Erfahrungen aus dem Nationalsozialismus gegründet wurde.[22] In dieser Weise könnten die derzeit unter dem Schlagwort der NS-Belastungsforschung betriebenen institutionellen Aufarbeitungsprojekte unsere Vorstellungen vom Übergang zwischen Nationalsozialismus und bundesrepublikanischer Demokratie nicht nur dort vertiefen, wo die groben Züge der Elitenkontinuität über 1945 hinweg bereits bekannt sind. Sie könnten zu grundlegend neuen, komplexeren Vorstellungen dieses Übergangs und der Belastung der jungen Bundesrepublik durch ihre Vergangenheit beitragen.

Zusammengenommen würde eine so verstandene Geschichte und Nachgeschichte politischen Verhaltens im Nationalsozialismus also analytisch auseinanderhalten, was im Be-

20 Siehe hierzu auch Bajohr 2014.

21 Siehe als ein besonders eindrucksvolles Beispiel Michl 2022.

22 Siehe hierzu auch die Überlegungen zur Bedeutung von kritischen und nicht-kritischen Vergangenheitsdeutungen nach 1945 bei Lessau 2020, S. 455–473.

griff der „Belastung“ diffus verschwimmt: die politische Positionierung einer Person zum Nationalsozialismus, ihr praktischer Anteil an dessen Herrschaft und die langfristigen Effekte dieser beiden Seiten politischen Verhaltens im Nationalsozialismus in der jungen Bundesrepublik. Eine Bewertung individueller NS-Vergangenheiten, auf die der Begriff der Belastung immer auch zielt, wird damit keineswegs verhindert. Diese Perspektive fordert nur dazu auf, solche Urteile präziser zu formulieren. Sie lassen sich nicht mehr auf eine pauschalisierende Einschätzung darüber reduzieren, wer „Nazi“ gewesen ist, sondern müssen sich präziser darauf stützen, was einzelne Personen im Nationalsozialismus taten und wie sie nach dessen Ende damit umgingen. Dies wäre zugleich ein Weg, auch öffentlich dem strukturell apologetischen Geschichtsbild einer „Individualisierung des Faschismusproblems“ entgegenzuwirken, nachdem es „die Nazis“ waren, die „den Nationalsozialismus“ machten. Das Sprechen über personelle Kontinuitäten würde so Verständnis für die spezifischen Bedingungen politischen Verhaltens im Nationalsozialismus vertiefen, wo der Belastungsbegriff nur individuelles Fehlverhalten erkennen kann. Sichtbar werden damit Mischungen aus Zwang und sozialem Druck, aus institutionellen Prägungen und Abläufen, aus Begeisterung, karrieristischen Hoffnungen und politischen Überzeugungen, mit denen sich dann auch Fragen an gegenwärtiges Handeln in Ministerien, Behörden, Universitäten und anderen Institutionen sowie deren Selbstorganisation stellen. Daraus ließe sich tatsächlich auch etwas für die Gegenwart lernen.

Literatur

Bajohr, Frank: „Community of Action“ and diversity of attitudes: reflections on mechanisms of social integration in National Socialist Germany, 1933–45. In: Steber, Martina, and Gotto, Bernhard (Eds.): Visions of Community in Nazi Germany. Social Engineering and Private Lives; pp. 187–199. Oxford: Oxford University Press 2014

Bajohr, Frank: Die Zustimmungsdiktatur. Grundzüge nationalsozialistischer Herrschaft in Hamburg. In: *Forschungsstelle für Zeitgeschichte in Hamburg* (Hrsg.): Hamburg im „Dritten Reich“. S. 69–121. Göttingen: Wallstein 2005

Bajohr, Frank, und Hürter, Johannes: Auftragsforschung ‚NS-Belastung‘. Bemerkungen zu einer Konjunktur. In: Bajohr, Frank, Doering-Manteuffel, Anselm, Kemper, Claudia, und Siegfried, Detlef (Hrsg.): Mehr als eine Erzählung. Zeitgeschichtliche Perspektiven auf die Bundesrepublik. S. 221–233. Göttingen: Wallstein 2016

Creuzberger, Stefan, und Geppert, Dominik (Hrsg.): Die Ämter und ihre Vergangenheit. Ministerien und Behörden im geteilten Deutschland 1949–1972. Paderborn: Ferdinand Schöningh 2018

Föllmer, Moritz: Individuality in Berlin. Self and Society from Weimar to the Wall. Cambridge: Cambridge University Press 2013

Frei, Norbert (Hrsg.): Karrieren im Zwielicht. Hitlers Eliten nach 1945. Frankfurt (Main), New York: Campus Verlag 2001

Hachtmann, Rüdiger: „Neue Staatlichkeit“. Überlegungen zu einer systematischen Theorie des NS-Herrschaftssystems und ihrer Anwendung auf die mittlere Ebene der Gaue. In: John, Jürgen, Möller, Horst, und Schaarschmidt, Thomas (Hrsg.): Die NS-Gaue. Regionale Mittelinstanzen im zentralistischen „Führerstaat“? München: Oldenbourg 2007

Hubert, Ernst Rudolf: Verfassungsrecht des Großdeutschen Reiches, 2., stark erw. Aufl. Hamburg: Hanseatische Verlagsanstalt 1939

Lessau, Hanne: Entnazifizierungsgeschichten. Die Auseinandersetzung mit der eigenen NS-Vergangenheit in der frühen Nachkriegszeit. Göttingen: Wallstein 2020

Leo, Per: Über Nationalsozialismus sprechen. Ein Verkomplizierungsversuch. Merkur. Deutsche Zeitschrift europäischen Denkens *804*, 29–41 (2016)

Mentel, Christian: Der kritische Blick auf sich selbst. Zur Verantwortung der historischen Zunft in der Behördenforschung. In: Böick, Marcus, und Schmeer, Marcel (Hrsg.): Im Kreuzfeuer der Kritik. Umstrittene Organisationen im 20. Jahrhundert. S. 139–161. Frankfurt (Main): Campus Verlag 2020

Mentel, Christian, und Weise, Niels: Die zentralen deutschen Behörden und der Nationalsozialismus. Stand und Perspektiven der Forschung. München: Institut für Zeitgeschichte 2016

MICHL, Fabian: Wiltraut Rupp-von Brünneck (1912–1977). Juristin, Spitzenbeamtin, Verfassungsrichterin. Frankfurt (Main): Campus Verlag 2022

NIETHAMMER, Lutz: Entnazifizierung in Bayern. Säuberung und Rehabilitation unter amerikanischer Besatzung. Frankfurt (Main): S. Fischer 1972

N. N.: Historiker über Professoren nach 1945: „70 Prozent waren Nazis“. Tageszeitung vom 21. November 2020 (2020)

RAPHAEL, Lutz: Radikales Ordnungsdenken und die Organisation totalitärer Herrschaft. Weltanschauungseliten und Humanwissenschaftler im NS-Regime. Geschichte und Gesellschaft *27*/1, 5–40 (2001)

RAPHAEL, Lutz: Pluralities of national socialist ideology. New perspectives on the production and diffusion of national socialist Weltanschauung. In: STEBER, Martina, and GOTTO, Bernhard (Eds.): Visions of Community in Nazi Germany. Social Engineering and Private Lives; pp. 73–86. Oxford: Oxford University Press 2014

SEELIGER, Rolf: Die braune Universität. Deutsche Hochschullehrer gestern und heute. Eine Dokumentation. 6 Bde. München: Seeliger 1964–1968

STEINKE, Ronen: Im Bonner Justizministerium arbeiteten besonders viele Nazis. Süddeutsche Zeitung vom 9. Oktober 2016 (2016)

STEUWER, Janosch: Was meint und nützt das Sprechen von der „Volksgemeinschaft“? Neuere Literatur zur Gesellschaftsgeschichte des Nationalsozialismus. Archiv für Sozialgeschichte *53*, 487–534 (2013)

STEUWER, Janosch: Jenseits von „Mein Kampf“. Zur Ideengeschichte des Nationalsozialismus. Zeitschrift für Ideengeschichte *10*/3, 97–106 (2016)

STEUWER, Janosch: „Ein Drittes Reich, wie ich es auffasse“. Politik, Gesellschaft und privates Leben in Tagebüchern 1933–1939. Göttingen: Wallstein 2017

STEUWER, Janosch, und LESSAU, Hanne: „Wer ist ein Nazi? Woran erkennt man ihn?“ Zur Unterscheidung von Nationalsozialisten und anderen Deutschen. Mittelweg 36 *23*/1, 30–51 (2014)

Dr. Janosch STEUWER
Universität zu Köln
Historisches Institut
Abteilung für Neuere Geschichte
Albertus-Magnus-Platz
50923 Köln
Bundesrepublik Deutschland
Tel.: +49 221 4704450
Fax: +49 221 4705148
E-Mail: janosch.steuwer@uni-koeln.de

NAL-historica Nr. *86*, 31–45 (2024), doi: 10.26164/leopoldina_10_01233

Taxonomien der Schuld: Zur historischen Bedeutung (straf-)rechtlicher und quasi-rechtlicher Kategorien im Umgang mit NS-‚Belastungen' in wissenschaftlichen Kontexten, 1935–1950

Annette WEINKE (Jena)

Zusammenfassung

In dem Maße, in dem die Geschichtswissenschaft die Dimensionen und Facetten des Verhältnisses von Wissenschaft und Nationalsozialismus in den letzten drei Jahrzehnten genauer ausgeleuchtet hat, vertiefte und schärfte sich zuletzt auch das Verständnis über die multivalenten Bedeutungsgehalte von ‚Belastungen' in wissenschaftlichen Zusammenhängen. Eine Gemeinsamkeit vieler jüngerer Arbeiten zum Thema ist, dass sie dazu neigen, die Problematik überwiegend aus einer (west-) deutschen Perspektive und von ihrem Ende her zu betrachten. Erkennbar ist zudem die Tendenz, einige der zeitgenössisch verbreiteten Missverständnisse über die Hintergründe der alliierten Konfrontationspolitik, insbesondere auch deren Bezugnahme auf die Menschenrechte und das Völkerstrafrecht, zu reproduzieren. Unberücksichtigt bleibt dabei, dass die Entwicklungen als größerer Prozess verstanden werden müssen, der durch transnationale Wechselwirkungen, Verflechtungen und Interaktionen gekennzeichnet war. Auch wenn sich die menschenrechtliche Konjunktur gegen Ende der 1940er Jahre spürbar abschwächte, hinterließen die diskursiven und performativen Strategien der Verrechtlichung und Verwissenschaftlichung, die von den Westalliierten bereits in der letzten Kriegsphase angestoßen worden waren, auch über die Zeit von 1945 hinaus Spuren. Aus diesem Grund sollte sich die Zeitgeschichte stärker als bisher damit auseinandersetzen, dass die enge Verzahnung (quasi-)rechtlicher, historisch-politischer und ethisch-moralischer Kategorien ein wesentliches Merkmal wissenschaftlicher Selbstverständigungsdiskurse im Zeitalter der „Cold War Science" blieb.

Abstract

To the extent that in the last three decades, historical scholarship has illuminated the dimensions and facets of the relationship between science and National Socialism, the understanding of the multivalent meanings of the concept of *Belastung* in scientific contexts has become more profound and precise. A common feature of many recent works on the topic is that they tend to view the problem predominantly from a (West) German perspective and from its end. There is also a recognizable tendency to reproduce some of the contemporaneous misunderstandings about the background of Allied confrontation policy, especially its reference to human rights and international criminal law. What remains unconsidered, however, is that the historical developments must be understood as a larger process that was characterized by transnational interactions, entanglements, and interactions. Even if the so-called human rights revolution did noticeably peter out toward the end of the 1940s, the discursive and performative strategies of juridification and scientification, already initiated by the Western Allies in the last phase of the war, left their mark even beyond 1945. Against this backdrop, contemporary history should pay more attention to the fact that the close interlocking of (quasi-)legal, historical-political, and ethical-moral categories remained an essential feature of scientific discourses of self-understanding in the age of "Cold War Science."

1. Deutungsvormacht der Mandarine? Engführungen eines Forschungsdiskurses

Die Forschungsdiskussionen zur Problematik von NS-‚Belastungen' in wissenschaftlichen Kontexten haben in den letzten drei bis vier Jahrzehnten verschiedene Phasen und Konjunkturen durchlaufen.[1] In dem Maße, in dem die Geschichtswissenschaft die Dimensionen und Facetten des Verhältnisses von Wissenschaft und Nationalsozialismus genauer ausleuchten konnte, vertiefte und schärfte sich zuletzt das Verständnis zu den multivalenten Bedeutungsgehalten von ‚Belastungen' in wissenschaftlichen Zusammenhängen. Aus heutiger Sicht fällt ins Auge, dass sowohl die Erforschung des alliierten und (west-)deutschen Umgangs mit NS-belastetem wissenschaftlichem Personal als auch der akademischen Vergangenheitspolitiken einzelner bundesdeutscher Institutionen und Akteure insgesamt erst relativ spät einsetzte. Dafür waren hauptsächlich drei Faktoren verantwortlich. *Erstens* war die verzögerte Thematisierung, die sich in ähnlicher Form auch auf anderen Feldern nachweisen lässt, das Ergebnis einer jahrzehntelang erfolgreich behaupteten kollektiven Deutungsvormacht von Angehörigen einer älteren bundesrepublikanischen Akademikergeneration.[2] Diese hatten nach 1933 als Vertreter von Eugenik und Rassenhygiene, Raumplanung und Raumordnung, Volksgeschichte und Volkskunde in vielfältiger, nicht selten widersprüchlicher Weise mit dem Nationalsozialismus kollaboriert, ohne die „prekäre[n] Arrangement[s]", die jener Zusammenarbeit zu Grunde lagen, nach dem Zusammenbruch des ‚Dritten Reichs' auch nur ansatzweise zu reflektieren.[3] Wie Carola SACHSE (*1951) in Bezug auf die frühere Führung der Max-Planck-Gesellschaft (MPG) pointiert festhielt, hintertrieben die Wissenschaftler „um des Zusammenhalts ihrer wissenschaftlichen Zunft willen die Aufklärung der historischen Wahrheit" und pflegten eine Politik des „Ausblendens, Abschwächens und Umdeutens".[4]

Der sich selbst zugewiesene Exklusivanspruch, als beteiligte Zeitgenossen sowohl über die Evidenz der historischen Fakten als auch über das konkrete Verhalten einzelner Gruppen und Personen in objektiver Weise urteilen zu können, wurde – ungeachtet der sich damals allmählich entwickelnden kritischen Gedenk- und Erinnerungskultur – noch im letzten Jahrzehnt der alten Bundesrepublik mit aller Vehemenz aufrechterhalten und durchgesetzt. Als der Kölner Molekulargenetiker und Wissenschaftshistoriker Benno MÜLLER-HILL (1933–2018) Anfang der 1980er Jahre die Recherchen für sein späteres Buch *Tödliche Wissenschaft* aufnahm, indem er Zeitzeugeninterviews mit älteren, oftmals schon emeritierten Fachkollegen führte, schlugen ihm nicht nur Unverständnis und Abwehr entgegen.[5] Vielmehr setzten sich damals Adolf BUTENANDT (1903–1995), der von MÜLLER-HILL in seiner Eigenschaft als Ehrenpräsident der Max-Planck-Gesellschaft (MPG) befragt worden war, und dessen früherer Assistent Gerhard RUHENSTROTH-BAUER (1913–2004) dafür ein, die geplante Veröffentlichung der Interviews und kompromittierenden Dokumente mit zivilrecht-

1 Stellvertretend für den stark angewachsenen Literaturkorpus: WEISBROD 2002a, DOLL et al. 2005, SCHÜRING 2006, UNGER 2007, ORTH und OBERKROME 2010, ROELCKE et al. 2014, FAHLBUSCH et al. 2007, SCHUMANN in Zusammenarbeit mit SCHAUZ 2020, WERNER 2022.

2 So hat TERHOEVEN in Bezug auf die Göttinger Hochschulelite von einem „ungebrochenen Anspruch auf Weltdeutungskompetenz" gesprochen; TERHOEVEN 2021, S. 10.

3 WEISBROD 2002b, S. 21; HERBERT 2021.

4 SACHSE 2002, S. 245.

5 MÜLLER-HILL 1984, 2000.

lichen Mitteln zu verhindern.[6] Noch kurz vor dem Erscheinungstermin suchte der greise BUTENANDT die erkennbar nervöse MPG-Generalverwaltung mit dem Hinweis zu beruhigen, es handele sich „um ein wirklich schlechtes Buch“. Da die Schrift „keinen Anspruch auf wissenschaftliche Qualität“ erheben könne, werde sie voraussichtlich nur wenige Leser finden.[7] Insofern erscheint es durchaus symptomatisch, dass erst mit BUTENANDTS Tod im Jahr 1995 eine systematische Erforschung der Mitwirkung der Kaiser-Wilhelm-Gesellschaft an Verbrechen des ‚Dritten Reichs‘ auf breiter Front in Gang kam.[8]

Ein *zweiter* ursächlicher Faktor für den gewandelten Blick auf NS-Belastungen der deutschen Wissenschaft kann zudem in den wissenschaftssoziologischen Umbrüchen nach dem Ende des Kalten Kriegs gesehen werden. Mehrere Aspekte spielten dabei eine Rolle. So eröffnete sich mit Ende des Ost-West-Konflikts zum einen die Möglichkeit, binäre Ordnungsvorstellungen und Interpretamente wie die einer angeblich nur im ‚Kommunismus‘ und in ‚totalitären‘ Systemen herrschenden Ideologisierung von Wissenschaft kritisch zu hinterfragen. Insbesondere die Einsicht, dass die nach 1945 von den Alliierten betriebene „Entflechtung“ der Wissenschaft vom NS-Staat zu einer sukzessiven „Neuverflechtung“ von Wissenschaft und Politik unter den Bedingungen des Kalten Kriegs geführt hatte,[9] regte die Geschichtswissenschaft zu allgemeineren Reflexionen über die Bedeutung von wissenschaftlichen Experten, Expertise und Expertenkulturen in den industrialisierten Staaten und Gesellschaften der Hochmoderne an.[10]

Schließlich, und damit ist ein *dritter* Faktor benannt, trat mit dem 1990 erfolgten Beitritt der DDR zur Bundesrepublik und den damit eingeleiteten strukturellen und personellen Umbrüchen innerhalb des DDR-Wissenschaftssystems vermehrt die Frage in den Blick, inwieweit die Erfahrungen, die im vereinten Deutschland im Umgang mit dem Personal ostdeutscher Universitäten und Akademien gesammelt worden waren, eine Neubewertung der Entnazifizierungspraxis und akademischen Vergangenheitspolitiken nach 1945 nahelegten. Vor diesem Hintergrund plädierte 1995 der Wissenschaftshistoriker Mitchell G. ASH (*1948) in einem programmatischen Aufsatz und in Anlehnung an die Überlegungen Mark WALKERS (*1959) dafür, den Quellenbegriff „Entnazifizierung“ zu übernehmen. Gleichzeitig gelte es aber, diesen analytisch so zu weiten, dass dadurch auch typische Aushandlungsprozesse zwischen Wissenschaft und Politik in Zeiten politischer Umbrüche und damit einhergehende Strategien gezielter „Ressourcenmobilisierung“ einbezogen würden.[11] Ähnlich argumentierte Hans-Walter SCHMUHL (*1957), wenn er zu Beginn der 2000er Jahre kritisierte, die personalisierende und moralische Perspektive des Nürnberger Ärzteprozesses habe eine Art „künstlicher Trennlinie“ zwischen „Normalpsychiatrie“ und „Psychiatrieverbrechen“ gezogen. Dadurch sei der Blick auf Kontinuitäten des Wissenschaftswandels über die Epochenwende 1945 hinweg lange Zeit eher verstellt worden, so sein Fazit.[12]

6 SACHSE 2002, S. 243.
7 Zitiert nach MÜLLER-HILL 2002, S. 498.
8 MÜLLER-HILL 2002, S. 497.
9 So ASH 1995, S. 904.
10 KOHLRAUSCH und TRISCHLER 2014, RAPHAEL 2018, DAFINGER 2020, DAYÉ 2020.
11 Statt den Begriff Entnazifizierung auf die nach 1945 getroffenen personalpolitischen Maßnahmen an deutschen akademischen Einrichtungen zu begrenzen, wollte ASH diesen für die Wissenschaftswandlungen, die Ausbeutung und den Transfer personeller und physischer Ressourcen durch die Alliierten sowie für die Umgestaltung von „Ressourcenkonstellationen“ verwendet wissen; ASH 1995, S. 905.
12 SCHMUHL 2001, S. 297.

Eine Gemeinsamkeit dieser und anderer Arbeiten zum Thema ist, dass sie dazu neigen, die Problematik überwiegend aus einer (west-)deutschen Perspektive und von ihrem Ende her zu betrachten. Erkennbar ist zudem die Tendenz, einige der zeitgenössisch verbreiteten Missverständnisse über die Hintergründe der alliierten Konfrontationspolitik, insbesondere auch deren Bezugnahme auf die Menschenrechte und das Völkerstrafrecht, zu reproduzieren. So wird auf eine im Ganzen erfolgreiche Strategie der „Selbstentnazifizierung" und Selbstplatzierung innerhalb der Wissenschaft verwiesen, die es ermöglicht habe, notwendige Transformationsprozesse durch die Beibehaltung oder geräuschlose Umwidmung traditioneller Selbstverständnisse und Denkstile zu bewerkstelligen.[13] Im Ergebnis habe dies zur Folge gehabt, dass nur sehr wenige Personen aus dem Prozess kollektiver Kontinuitätskonstruktionen „verdrängt" und herausgefallen seien, so die Feststellung SACHSES.[14]

Auch wenn damit wesentliche Charakteristika westdeutscher akademischer Vergangenheitspolitiken zutreffend beschrieben sein dürften, erscheint das gezeichnete Bild nichtsdestotrotz ergänzungsbedürftig. So kann man es als gewisse Schieflage des gegenwärtigen Forschungsdiskurses ansehen, dass zwar nicht die Bewertungsmaßstäbe, wohl aber der Blickwinkel der ehemaligen Mandarine beibehalten wird.[15] Unberücksichtigt bleibt dabei, dass die Entwicklungen als größerer Prozess verstanden werden müssen, der durch transnationale Wechselwirkungen, Verflechtungen und Interaktionen gekennzeichnet war. Auch ist die vielfach unreflektierte Übernahme zeitgenössischer Terminologien und Semantiken kritisch zu hinterfragen. So erschöpften sich die Aufarbeitungsbemühungen der Westalliierten mitnichten im schematischen Geschichtsbild einer „Nazifizierung", die nun nach 1945 im Zuge einer „Entnazifizierung" einfach rückgängig gemacht werden sollte. Vielmehr standen den zeitgenössischen Beobachtern die ambivalenten Verhältnisse in den Wissenschaftseinrichtungen des „Dritten Reichs" vielfach recht deutlich vor Augen. Auch waren sich alliierte Besatzungsoffiziere und politische Berater dessen bewusst, dass sich die vielschichtigen Kollaborationsbeziehungen zwischen Wissenschaft und NS-Staat nur schwer in rechtliche und quasi-rechtliche Kategorien und Verfahrensregeln übertragen lassen würden. Dessen ungeachtet hielten sie aber an dem Vorhaben fest, NS-Belastungen deutscher Wissenschaftler auf der Grundlage rationaler Kriterien und eines normativen Gerüsts beurteilen zu wollen, das zumeist der Sphäre des damals entstehenden, menschenrechtlich erweiterten Völkerstrafrechts entstammte. Auch wenn sich die menschenrechtliche Konjunktur gegen Ende der 1940er Jahre bereits wieder abschwächte, hinterließen die diskursiven und performativen Strategien der Verrechtlichung und Verwissenschaftlichung dennoch Spuren deutlich über 1945 hinaus. Langfristig, so die These dieses Beitrags, sollte die enge Verzahnung (quasi-)rechtlicher, historisch-politischer und ethisch-moralischer Kategorien daher ein wesentliches Merkmal wissenschaftlicher Selbstverständigungsdiskurse im Zeitalter der „Cold War Science" bleiben.[16]

---

13 RENKEN 2021.

14 SACHSE 2002, S. 218.

15 Der Begriff „Mandarinentum" geht ursprünglich auf Fritz RINGER (1934–2006) und seinen Klassiker *The Decline of German Mandarins* (RINGER 1969) zurück, der einen spezifischen Typus des deutschen Gelehrten im 19. und 20. Jahrhundert umschrieb.

16 UNGER 2006.

2. Paranoider Nationalcharakter versus totalitäres Elitenkartell? Interpretationen und Konzeptionen von Täterschaft in wissenschaftlichen Kontexten bis 1945

Die alliierten Konfrontationsstrategien gegenüber Deutschland fußten auf mehr oder weniger langfristigen Planungen, selbst wenn deren Umsetzung im Nachhinein oftmals ziellos und chaotisch wirkte.[17] In den letzten beiden Jahren vor Ende des Zweiten Weltkriegs hatten sich die Vorbereitungen für eine grundlegende Abrechnung mit dem Nationalsozialismus nochmals erheblich intensiviert.[18] Die Auseinandersetzung mit dem nationalsozialistischen Staat, seiner Gesellschaft und seinem Wissenschaftssystem ruhte seit den 1930er Jahren auf zwei Hauptsäulen. Zum ersten gründeten sich bereits kurz nach der NS-Machtübernahme akademische Hilfskomitees in Großbritannien, den USA und auf der Ebene des Völkerbunds, die sich vorwiegend für die Aufnahme und Unterbringung von Wissenschaftlern und Wissenschaftlerinnen einsetzten, die aus politischen, religiösen oder rassistischen Gründen Opfer nationalsozialistischer Verfolgungsmaßnahmen geworden waren.[19] Zum anderen erschienen in der Vorkriegszeit erste wissenschaftliche Untersuchungen und Abhandlungen, die nach dem Einfluss der nationalsozialistischen Politik auf das akademische Leben in Deutschland fragten.

So brach etwa der Harvard-Soziologe Edward Yarnall Hartshorne (1912–1946) mit finanzieller Unterstützung des New Yorker *Social Science Research Council* 1935 zu einer längeren Forschungsreise auf, um sich einen Eindruck von den Auswirkungen der ‚nationalsozialistischen Revolution' auf die verschiedenen Universitäten und außeruniversitären Forschungseinrichtungen des „Dritten Reichs" zu verschaffen. Selbst nicht völlig frei von einer gewissen Faszination für den radikalen Umbau des höheren Bildungswesens und damit einhergehender paternalistischer Denk- und Wahrnehmungsmuster, beschrieb Hartshorne in seiner später veröffentlichten Schrift die Eroberung der Universitäten als Kulminationspunkt einer nationalsozialistischen Eugenik- und Rassepolitik, die dem Aufbau einer neuen „rassischen" Elite dienen würde.[20] Eine Gemeinsamkeit der Hochschulpolitiken in Deutschland, Italien, Russland und Japan sah er darin, dass sie dem humanistischen Ideal des 19. Jahrhunderts abgeschworen hätten und stattdessen nach einer modernen Verwirklichung von „Plato's Commonwealth" streben würden, der auf den Gedanken des Dienstes an der Gemeinschaft und „gesellschaftlicher Tugendhaftigkeit" beruhe.[21] Nach dem Krieg war Hartshorne als leitender Beamter des *Psychological Warfare Branch* zeitweise maßgeblich für die Entnazifizierung deutscher Universitäten im amerikanischen Sektor verantwortlich. Diese Tätigkeit endete jedoch vorzeitig im Frühjahr 1946, als er auf der Autofahrt von Salzburg nach München von einem angetrunkenen Deutschen erschossen wurde.[22]

Hartshornes Publikation nahm eine ‚anti-totalitäre' Deutung des deutschen Wissenschaftsbetriebs vorweg, die sich spätestens nach dem Zustandekommen des Hitler-Stalin-Pakts im August 1939 im englischsprachigen Raum durchsetzen sollte. Gemäß dieser Interpretation waren die Wissenschaftssysteme im nationalsozialistischen Deutschland und in der Sowjetunion durch eine vergleichbare Wissenschaftsfeindlichkeit und einen gemeinsamen

17 Cornelia Rauh-Kühne lässt ihren Überblick zur Geschichte der Entnazifizierung mit der Direktive JCS 1067 beginnen und beschränkt sich auf ein enges Verständnis personalpolitischer Überprüfungen; Rauh-Kühne 2001.

18 Söllner 2006, Laudani 2013.

19 Löhr 2014.

20 Hartshorne 1937, S. 28.

21 Ebenda, S. 39.

22 Tent 1982, Remy 2002.

Hang zu pseudo-wissenschaftlichen Theorien verbunden. So sagte beispielsweise der amerikanische Wissenschaftshistoriker und bekannte Museumsfachmann Waldemar KAEMPFFERT (1877–1956) in der einflussreichen Zeitschrift *Foreign Affairs* 1941 den unaufhaltsamen Niedergang beider nationalen Wissenschaftskulturen voraus:

„It does not follow that under the Nazi or the Marx-Lenin dispensation there can be *no* science. What is likely to happen if totalitarianism prevails is revealed by the course of Egyptian art. In its earliest phase that art was fairly free, hence there was much experimenting, much striving for realistic modes of expression. When the priests took control of Egyptian life a dramatic change occurred. The ways of portraying the human being became stylized. For centuries the style hardly changed. Art had been frozen. And so it must be with research. There can be science and engineering under dictation, but it will be stylized science, engineering without progress."[23]

Im Zuge der Vorbereitungen für die Gründung der Vereinten Nationen fanden in den USA mit Unterstützung der Außen- und Kriegsministerien in der letzten Kriegsphase mehrere Fachtagungen statt, auf denen über den Beitrag der Medizin und Sozialwissenschaften bei der Überwindung des Nationalsozialismus für die Zeit nach der deutschen Niederlage beraten wurde.[24] Über zwei Drittel der Konferenzteilnehmer waren Psychiater, Neurologen und Psychoanalytiker, bei den übrigen handelte es sich um Philosophen, Soziologen und Erziehungswissenschaftler, darunter bekannte Persönlichkeiten wie Theodore ABEL (1896–1988), Franz ALEXANDER (1891–1964), Margaret MEAD (1901–1978), Erik ERIKSON (1902–1994), Erich FROMM (1900–1980) und Kurt LEWIN (1890–1947).[25]

Mitte November 1944 legte eine Forschergruppe unter Leitung des New Yorker Neuropsychologen Richard M. BRICKNER (1896–1959) ihren Bericht *Germany after the War* vor. Darin enthalten waren auch Empfehlungen und Handlungsrichtlinien zum künftigen Umgang mit Bildungseinrichtungen und Universitäten im befreiten Deutschland. Grundsätzlich seien diese, so hieß es in dem hundertseitigen Papier, von allen Personen und Lehrmaterial zu „säubern", die von der „Ideologie des Nationalsozialismus" durchdrungen seien.[26] Als kurzfristige Maßnahme schlug der Bericht überdies vor, nicht näher definierte „Nazis" zu entfernen und „deutsche Verbrechen" zu bestrafen.[27]

In gewissem Widerspruch dazu stand, dass die deutsche „Herrenvolk"-Ideologie und der „Rassekult" von einigen Teilnehmern als Ausdruck eines paranoiden deutschen „Nationalcharakters" und deformierter Persönlichkeitsstrukturen gedeutet wurden. Nach allgemeiner Auffassung handelte es sich beim „Faschismus" um ein tiefsitzendes kulturelles Problem, das sich überhaupt nur im Rahmen langfristiger institutioneller Umstrukturierungsprozesse lösen ließe.[28] Konkret veranschlagte der in Harvard lehrende Soziologe Talcott PARSONS (1902–1979), später einer der führenden Köpfe der amerikanischen Max-Weber-Rezeption, damals einen Zeitraum von etwa 40 bis 60 Jahren. Wie es außerdem an anderer Stelle hieß, bestünde die Gefahr, sich mit der Ausschaltung der „offensichtlichen Nazis" zufriedenzugeben und damit die eigentlichen Herausforderungen zu unterschätzen: „There is a consider-

23 KAEMPFFERT 1941, S. 441 (Hervorhebung im Originaltext), einer ähnlichen Rhetorik bedienten sich britische Beamte, die das NS-Wissenschaftssystem als Sekte charakterisierten, die von „Propheten" beherrscht werde, während die ‚Lebensraumpolitik' als Ausdruck eines irrationalen „spatial totalitarianism" begriffen wurde; zitiert nach WERNER 2022, S. 156.

24 Zusammenfassend zu den Diskussionen GERHARDT 1993, OLICK 2005, GERHARDT 2005.

25 *Germany after the war* 1945.

26 Zitiert nach GERHARDT 1997, S. 150.

27 Zitiert nach ebenda, S. 149.

28 Zitiert nach ebenda, S. 149.

able tendency to identify the Nazis as the villains of the play and to believe that the defeat and drastic punishment of them will settle the whole problem of the future“.[29]

Die Soziologin Uta GERHARDT (*1938), die sich intensiv mit den wissenschaftlichen Prämissen der alliierten Umerziehungsidee beschäftigt hat, deutet die Konferenzen als Auftakt zu einer sich verstärkenden „Medikalisierung“ der amerikanischen Deutschlandpolitik im Zeichen von politischer Psychiatrie und Reeducation. Der hohe Anteil von Experten aus den Fachgebieten der Psychoanalyse und Neuropsychiatrie wirft allerdings im Nachhinein die Frage auf, warum zwar der Massenmord an Juden und Kriegsgefangenen als „Barbareien“ in den wissenschaftlichen Diskussionen wiederholt und explizit angesprochen wurde,[30] die zahlreichen Medizinverbrechen und Praxis der Selektionen jedoch keine Erwähnung fanden.

Grundsätzlich hoben sich die amerikanischen Deutschlandplanungen dadurch von denen anderer späterer Besatzungsmächte ab, dass sie auf einer Verknüpfung von Strategien der Verwissenschaftlichung[31] und Verrechtlichung beruhten. Diese Tendenz setzte sich auch bei der Ausarbeitung von Handlungsrichtlinien für die spätere Straf- und Entnazifizierungspolitik in den westlichen Besatzungszonen fort. Es waren vor allem emigrierte Weimarer Staats- und Arbeitsrechtler, die sich im Auftrag des amerikanischen Geheimdienstes *Office of Strategic Services* (OSS) jener Aufgabe widmeten.[32] Der Denkansatz, der in den Expertisen des *Research & Analysis Central European Branch* (R&A) zum Ausdruck kam, beruhte auf dem gleichen soziostrukturellen Ansatz, der auch Franz L. NEUMANNS (1900–1954) berühmter, erstmals 1944 erschienener Schrift *Behemoth* zugrunde lag. Bekanntermaßen fassten NEUMANN und seine Mitstreiter den Nationalsozialismus als „totalitäres Elitenkartell“ auf. So hätten die vier Säulen von Partei, Staat, Wirtschaft und Militär bei der „terroristischen Durchsetzung nach innen und der Expansion nach außen“ miteinander kooperiert.[33]

Diese Konzeptualisierung zielte mithin nicht nur auf einen umfassenden Elitenaustausch, sondern setzte sich auch für eine radikale Ausweitung des positiven Kriegsvölkerrechts ein. Konkret ging es um eine Ausschaltung von geschätzten 220 000 Funktionsträgern und die Kriminalisierung von Akteuren ohne direkten Bezug zum Partei- und Staatsapparat, die in verschiedener Form an der praktischen Umsetzung eines militanten Antisemitismus und einer völkisch-bellizistischen Weltanschauung mitgewirkt hatten. Eine prominente Rolle wurde dabei insbesondere einer Kategorie von Personen zugesprochen, die in der Terminologie der R&A-Leitfäden als sogenannte „aktive Nazis“ bezeichnet wurden. Im Gegensatz zu den ebenfalls aufgeführten Angehörigen aus Partei- und Staatsbehörden handelte es sich dabei um Personen, die, so hieß es wörtlich in einem Papier vom 22. Juli 1944, auf den ersten Blick „neutral“ und damit unverdächtig erscheinen würden: „Viele der aktivsten Nazis werden von den oben definierten Kategorien nicht erfasst, und viele gesellschaftliche und wirtschaftliche Institutionen, die für den Aufstieg und den Fortbestand des Nazismus von entscheidender Bedeutung waren, erscheinen leicht als ‚neutrale‘ Einrichtungen außerhalb des Einflussbereichs der

29 Zitiert nach ebenda, S. 151.
30 Zitiert nach ebenda, S. 149, Fn. 50; vgl. dazu auch OLICK 2005, S. 64.
31 Zum Konzept der Verwissenschaftlichung vgl. WÜNSCHMANN 2013.
32 Vgl. dazu GREENBERG 2015.
33 Vgl. dazu WEINKE 2016, S. 132–134.

Nazi-Partei. Aktive Nazis, soweit sie nicht durch ihre offizielle Stellung als solche zu erkennen sind, zu entdecken, ist schwierig und kann wohl nur mit Hilfe der Bevölkerung gelingen.“[34]

Unter den Berufsgruppen, die von den R&A-Intellektuellen als potenziell verdächtig eingestuft wurden, fanden sich Lehrer, Schriftsteller, Verleger und Ärzte. Mit Ausnahme einiger NS-naher Rechtswissenschaftler blieben Universitätsprofessoren, Dozenten und Mitarbeiter von Forschungseinrichtungen hingegen in den Papieren und Publikationen weitgehend ausgespart. Über die Gründe für diese bemerkenswerte Leerstelle lässt sich im Nachhinein nur spekulieren. Vor 1933 hatten weder Neumann noch andere Vertreter der linken Weimarer Arbeitsrechtswissenschaft Lehrstühle an deutschen Universitäten erhalten. Gewerkschaftsnähe, ein anwendungsorientierter Zugang zum Arbeitsrecht und der frühe Zeitpunkt des Exils dürften somit nicht nur dazu beigetragen haben, dass die Beziehungen dieser Gruppe zum akademischen Leben in Deutschland im Ganzen eher kühl-distanziert geblieben waren, sondern es auch an genaueren Kenntnissen zu den Personalverhältnissen an deutschen Universitäten und Forschungseinrichtungen nach 1933 fehlte. Jedoch könnte die Zurückhaltung auch dadurch bedingt gewesen sein, dass sich die Angehörigen des wissenschaftlichen Exils die Möglichkeit eines beruflichen Wiedereinstiegs für die Zeit nach der militärischen Niederringung des ‚Dritten Reichs‘ nicht versperren wollten.[35]

3. „Pure Science“ or „Pseudo-Research“? NS-Wissenschaftler auf der Anklagebank

In den Sommermonaten des Jahres 1945 nahmen die alliierten Planungen für eine strafrechtliche Abrechnung Fahrt auf.[36] Dabei schälten sich in Bezug auf den Umgang mit NS-Wissenschaftsvertretern zwei konträre Auffassungen heraus. Während ein Teil der Juristen und Berater dafür eintrat, einige herausragende Symbolfiguren vor Gericht zu stellen, sprachen sich Vertreter einer anderen Gruppe dagegen aus. Letztere hielten Anklageerhebungen gegen Wissenschaftler für wenig erfolgsträchtig, weil deren übliche Beschäftigungen – akademische Lehre und Bücherschreiben – in Bereiche fielen, die nun einmal nicht justiziabel seien, so das Argument.[37] Jenseits des Atlantiks galt der Münchner Geograph Karl Haushofer (1869–1946) als bekanntester wissenschaftlicher Stichwortgeber der nationalsozialistischen Bewegung. Weil er schon in den 1920er Jahren für eine ‚geopolitische Flurbereinigung‘ und einen militanten „Grenzkampf“ eingetreten war, wurde er nach der deutschen Kapitulation von den Amerikanern als potenzieller Beschuldigter registriert, ungeachtet seiner zeitweiligen Gestapohaft. Ausschlaggebend dafür war, dass der polnisch-amerikanische Völkerrechtler Raphael Lemkin (1900–1959) im August 1945 einen umfassenden Bericht an den

34 Kriegsministerium, R&A, Leitfaden für die Zivilverwaltung. Die Auflösung der Nazi-Partei und der ihr angeschlossenen Organisationen, 22. Juli 1944, abgedruckt in: Söllner 1986, S. 156.

35 Neumanns *Behemoth* interpretierte biologistische Rassetheorien und den politischen Antisemitismus vorrangig als ideengeschichtliche Erscheinungen. Deren Ursprünge wurden im Deutschland des 19. Jahrhunderts lokalisiert und mit Gelehrten wie Heinrich von Treitschke (1834–1896), Friedrich von Schlegel (1772–1829) und Friedrich List (1789–1846) in Verbindung gebracht. Im Vergleich dazu setzte sich das Buch mit dem NS-Wissenschaftssystem nur oberflächlich auseinander, indem es auf einzelne bekannte, als NS-nah identifizierte Rechtsgelehrte wie Eduard Kohlrausch (1874–1948), Otto Rilk (1902–?), Victor Bruns (1884–1943), Carl Bilfinger (1879–1958), Günther Kraaz (1908–1996), Ernst Wolgast (1888–1959) und Carl Schmitt (1888–1985) verwies.

36 Weinke 2019.

37 Priemel 2016, S. 261.

designierten Chefankläger Robert H. JACKSON (1892–1954) geschickt hatte, in dem er sich dafür aussprach, HAUSHOFER nach dem von ihm entworfenen „Genozid"-Tatbestand anzuklagen.[38] HAUSHOFERS Vernehmer, der amerikanische Jesuitenpater Edmund Aloysius WALSH (1885–1956), konnte als ausgewiesener Experte auf dem Gebiet gelten, zählte er als Leiter der *Georgetown School of Foreign Service* doch zu den führenden amerikanischen Vertretern der Geopolitik. Aus diesem Grund hat Kim PRIEMEL (*1977) die Vermutung geäußert, WALSH sei es in Wirklichkeit nicht um Bestrafung, sondern um Diskreditierung und dauerhafte Ausgrenzung eines unliebsamen Konkurrenten gegangen.

So habe er den 76-jährigen HAUSHOFER als Repräsentanten einer deutschen, pseudo-wissenschaftlichen Variante der Geopolitik charakterisiert, der seine Ideen von Friedrich RATZELS (1844–1904) ‚Lebensraum'-Konzepten bezogen habe.[39] Die intensiven Verhöre HAUSHOFERS seien somit nur Mittel zum Zweck gewesen, um den Sieg „wahrer" Wissenschaft über ein degeneriertes, pseudo-wissenschaftliches Modell publikumswirksam in der US-Illustrierten *LIFE* zelebrieren zu können.[40] HAUSHOFER und seine Frau Martha (1877–1946), die während der letzten Kriegstage die Hinrichtung ihres Sohnes Albrecht (1903–1945) wegen vermuteter Widerstandsaktivitäten zu verkraften hatten, nahmen sich im März 1946 auf ihrem Hof am bayerischen Ammersee das Leben, noch bevor es zu einer Anklageerhebung gegen den Wissenschaftler kommen konnte.

Von allen vier Besatzungsmächten waren die Amerikaner diejenigen, die sich am längsten und systematischsten mit der Lage der Wissenschaft im „Dritten Reich" beschäftigt hatten. Wie hier beschrieben, hatten sich amerikanische Regierungsbehörden und zivilgesellschaftliche Organisationen darüber hinaus besonders intensiv um eine theoretisch-konzeptionelle Fundierung der Strafverfolgung und politischen Überprüfungen bemüht. Nichtsdestotrotz begann der amerikanische Geheimdienst *Counter Intelligence Corps* (CIC) in der ersten Jahreshälfte 1945 damit, Personen wie den Greifswalder Ökonomen und „Judenexperten" Peter-Heinz SERAPHIM (1902–1979) für die Zwecke der anti-kommunistischen Ostforschung zu rekrutieren.[41] Ausgehend von NEUMANNS institutionellem Ansatz und dem maßgeblich auf JACKSON zurückgehenden Konzept einer „Verschwörung" zur Ausführung eines übergeordneten „Nazi Plans" leitete die Anklagebehörde *Office of Chief of Counsel for War Crimes* (OCCWC) unter ihrem Chef Telford TAYLOR (1908–1998) nach dem Ende des Nürnberger Hauptkriegsverbrechertribunals (IMT) mehrere exemplarische Verfahren gegen Angehörige der deutschen Wissenschaftseliten ein. Neben dem sogenannten Ärzte-Prozess (Fall 1)[42] konnte das Verfahren gegen den Agrar- und Bevölkerungswissenschaftler Professor Konrad MEYER (1901–1973) als wichtiger Prüfstein für die Tragfähigkeit solcher Konzepte gegenüber Repräsentanten des NS-Wissenschaftssystems gelten.

Anders als der Angeklagte Wolfram SIEVERS (1905–1948) im Nürnberger Ärzteprozess, der als früherer Geschäftsführer des SS-Ahnenerbes über keine wissenschaftlichen Qualifikationen verfügte, hatte sich der 1901 geborene MEYER 1930 mit einer Arbeit zur Dürrere-

38 Vgl. dazu BARRETT 2010, S. 43; STILLER 2019.

39 PRIEMEL 2016, S. 245.

40 Ebenda, S. 244; wie Matthew MINGUS herausgearbeitet hat, waren auch die Briten darum bemüht, die eigenen raumwissenschaftlichen Forschungen als Teil einer westlich-rationalen bzw. christlich-jüdischen Wissenschaftstradition zu begreifen, von der sich die Deutschen mit ihrer auf RATZEL zurückgehenden Lebensraum-Ideologie angeblich entfernt hätten; MINGUS 2017, S. 39.

41 FAHLBUSCH et al. 2017, S. 765.

42 SCHMIDT 2004, WEINDLING 2004.

sistenz des Hafers an der Universität Göttingen habilitiert.[43] Nach seinem Eintritt in die SS im Jahr 1933 erhielt er im Frühjahr 1934 zunächst eine Professur für Acker- und Pflanzenbau an der Universität Jena. Wenige Monate später, im November 1934, berief ihn die Berliner Friedrich-Wilhelms-Universität als Ordinarius an das neugeschaffene Institut für Ackerbau und Landbaupolitik (ab 1940: Agrarwesen und Agrarpolitik). Seine wahre Berufung sah Meyer jedoch nicht in der wissenschaftlichen Forschung und Lehre, sondern in der Politikberatung und im Wissenschaftsmanagement. Kurz vor Kriegsbeginn war er als ordentliches Mitglied der Preußischen Akademie der Wissenschaften eine der „einflussreichsten Persönlichkeiten" im Bereich der nationalsozialistischen Agrar- und Raumforschung.[44]

1942/43 legte Meyer in seiner Funktion als Chef der Planungsstelle beim Reichskommissar für die Festigung des deutschen Volkstums (RKF) Heinrich Himmler (1900–1945) mehrere Ausarbeitungen für einen „Generalsiedlungsplan" vor, der die millionenfache Ansiedlung „germanischer Siedler" und die „Umvolkung" von „Fremdvölkischen" vorsah. 1948 wurde Meyer nach dreijähriger Internierungshaft im Verfahren gegen das Rasse- und Siedlungshauptamt (Fall 8) wegen Kriegsverbrechen, Organisationsverbrechen sowie Verbrechen gegen die Menschlichkeit angeklagt. Zur Last gelegt wurde ihm dabei u. a. seine Verantwortung für den sogenannten Generalplan Ost, dessen Entwurfsfassung dem Nürnberger Gericht als Beweisdokument vorlag.[45] Zudem war Meyer vom Höheren SS- und Polizeiführer Erich von dem Bach-Zelewski (1899–1972), einem der Kronzeugen der Anklage in dem Verfahren, als Urheber der Aussiedlungspläne benannt worden.[46]

Nach Auffassung der Historikerin Isabell Heinemann (*1971) wurde der Kenntnisstand, den die amerikanische Anklagebehörde OCCWC bereits Ende der 1940er Jahre zur genozidalen nationalsozialistischen Bevölkerungspolitik in Ost- und Ostmitteleuropa erarbeitet hatte, von der westdeutschen Geschichtswissenschaft erst ein gutes halbes Jahrhundert später erreicht.[47] Trotzdem ging aber der Plan, die wissenschaftlichen „Vordenker der Vernichtung"[48] für ihren intellektuellen Beitrag an der NS-Volkstumspolitik strafrechtlich zur Verantwortung zu ziehen, nur zum Teil auf. Als wichtiger Erfolg musste zweifelsohne gelten, dass das Gericht laut Urteil vom 10. März 1948 die Lemkinsche These eines genozidalen „Germanisierungs"-Plans anerkannte, mit dem Deutschland „auf Kosten besiegter Völker" versucht habe, sich „biologisch stärker zu machen".[49] Eine bedeutsame Innovation lag zudem in der Konzeptualisierung eines völkerstrafrechtlichen Teilnahmebegriffs, der sich vor dem Hintergrund heutiger Debatten über „(soziale) Tatherrschaft" und strafrechtliche Zuordnung in Organisationen erstaunlich modern ausnimmt.[50] So verwarfen die Richter übereinstimmend die Argumentation der Verteidiger, die mit Verweis auf die Distanz zwischen Dienstort und Tatgeschehen einen individuellen Tatbeitrag ihrer Mandanten abgestritten hatten. Stattdessen stellte das Gericht in seinem Urteil unmissverständlich klar, dass die

43 Kegler und Stiller 2017, S. 500.
44 Ebenda, S. 502.
45 Laut Sven Oliver Müller (*1968) lag der Generalplan Ost in insgesamt fünf Varianten vor, von denen vier aus der Planungsabteilung des RKF und eine aus dem Reichssicherheitshauptamt stammte; Müller 2022, S. 31.
46 Stiller 2008, S. 73.
47 Heinemann 2013, S. 126.
48 Aly und Heim 1991.
49 Zitiert nach Stiller 2008, S. 81.
50 Vgl. Schlösser 2018, S. 66.

Abzeichnung schriftlicher Befehle schwerer wiegen könne als die Verantwortung der Täter vor Ort.[51]

Einen herben Rückschlag musste die Anklagevertretung hingegen bei ihrem Versuch hinnehmen, eine Verbindungslinie zwischen MEYERS Rolle in der NS-Raumforschung, seiner Autorenschaft für den Generalplan Ost und der exzessiven Gewaltpolitik insbesondere gegenüber Juden und Polen herzustellen. So folgten die Richter weitgehend MEYERS Selbstdarstellung als „reiner Wissenschaftler“ und „landwirtschaftlicher Sachverständiger“, der auch außerhalb Deutschlands aufgrund seiner akademischen Verdienste hohes Ansehen genieße.[52] Untermauert werden konnte diese Argumentation unter anderem durch den Verweis auf amerikanische Praktiken des *social planning* und das Aufgebot prominenter Zeugen wie Ferdinand SAUERBRUCH (1875–1951) und Werner HEISENBERG (1901–1976). Am Ende erhielt MEYER nach 64 Verhandlungstagen nur eine milde dreijährige Strafe wegen Mitgliedschaft in der SS, die mit der Internierungshaft als verbüßt galt. Alexa STILLER (*1975) kommt deshalb in ihrer Analyse des Verfahrens zu dem Schluss, der Freispruch MEYERS in den Anklagepunkten Verbrechen gegen die Menschlichkeit und Kriegsverbrechen habe „quasi den Anfang einer gescheiterten Auseinandersetzung mit dem Beitrag deutscher Wissenschaftler am nationalsozialistischen Programm der ‚ethnischen Säuberung‘ in der frühen Bundesrepublik“ dargestellt.[53] Dieses leicht deterministisch klingende Urteil weist allerdings der amerikanischen Seite die Hauptverantwortung für die Straffreiheit zu und übersieht, dass bei vorhandenem politischen Willen eine Auseinandersetzung auf völkerstrafrechtlicher Grundlage auch in der Bundesrepublik zu einem späteren Zeitpunkt noch jederzeit möglich gewesen wäre.

4. Fazit

Anfang 1946 stellte Max WEINREICH (1894–1969), ein aus Goldingen/Kuldiga (Lettland) stammender Sprachforscher und Mitbegründer des *New Yorker Yiddish Research Institute* (YIVO), die Komplizenschaft der deutschen Wissenschaft am Massenmord an den Juden deutlich heraus:

> „This murder of a whole people was not perpetrated solely by a comparatively small gang of the Elite Guard or by the Gestapo, whom we have come to consider as criminals. [...] the entire ruling class of Germany was committed to the execution of this crime. But the actual murderers, and those who sent them out and applauded them, had accomplices. German scholarship provided the ideas and techniques which led to and justified this unparalleled slaughter.“[54]

WEINREICHS Anfang 1946 entstandene Schrift *Hitler's Professors. The Part of Scholarship in Germany's Crimes against the Jewish People* zählt mittlerweile zu den Klassikern der frühen Holocaust-Literatur. Ursprünglich auf Englisch für den noch laufenden Nürnberger Hauptkriegsverbrecherprozess verfasst, wurde das Buch noch im gleichen Jahr ins Jiddische übersetzt.[55] In ihrer Mischung aus wissenschaftlicher Dokumentation und namentlicher Her-

---

51 So hieß es in dem Urteil: „Kein Angeklagter kann sich mit der Behauptung verteidigen, dass er niemals Bevölkerungsgruppen verschleppt habe, wenn Befehle mit seiner eigenen Unterschrift vorliegen, in denen er die Durchführung der Verschleppung anordnet. [...] die Form seiner Teilnahme als ihr Urheber wiegt schwerer als die Täterschaft der Männer, die die Maßnahmen als ausführende Organe tatsächlich vollzogen haben“; zitiert nach STILLER 2008, S. 81.

52 Ebenda, S. 83.

53 Ebenda, S. 86.

54 WEINREICH 1946, S. 6.

55 WEISER 2018, WEISBROD 2008, S. 21.

vorhebung einzelner deutscher Akteure stand die Schrift in der Tradition einer im Krieg begründeten Literaturgattung „juridischer Geschichtsschreibung", mit der sich vor allem transnationale jüdische NGOs in die zeitgenössischen Debatten um die Themen Strafverfolgung, Entschädigung und Restitution einschalteten.[56] WEINREICHS Buch war daher wissenschaftliche Auseinandersetzung und Anklageschrift zugleich. Es zielte darauf ab, jene absehbare Repräsentationslücke zu füllen, die das Nürnberger Hauptkriegsverbrechertribunal der Alliierten (IMT) und die amerikanischen Nachfolgeprozesse bei der Behandlung der Shoah als Kriegsfolge und damit nichteigenständiges Verbrechen hinterlassen hatte.

In der deutschen *Scientific Community* stießen die Thesen von *Hitler's Professors* verständlicherweise auf wenig Resonanz, und bis heute fehlt es an einer deutschen Übersetzung des Buchs. Im Gegensatz dazu wurden WEINREICHS Thesen unter deutschen Exilantinnen und Exilanten umso intensiver diskutiert. So war es keine geringere als Hannah ARENDT (1906–1975), die 1946 in der konservativen Zeitschrift *Commentary* eine erste Besprechung verfasste.[57] Sollte sie tatsächlich verstanden haben, worum es WEINREICH in seiner Schrift ging, wusste sie es jedenfalls geschickt zu verbergen. So lobte ARENDT zwar ausdrücklich die wissenschaftliche Akribie des Autors, warf ihm aber zugleich vor, ein im Ganzen verzerrtes Bild der Wissenschaft im NS-Staat gezeichnet zu haben. Nicht nur habe WEINREICH zu große Aufmerksamkeit auf eine Auswahl zweitrangiger Forscher gelegt. Er habe auch nicht berücksichtigt, dass die deutsche akademische Forschung den Nationalsozialisten allenfalls einige „Techniken", keinesfalls aber wissenschaftliche „Ideen" geliefert hätte, so ARENDT. Ebenso wie unter dem Stalinismus sei es auch der NS-Führung darum gegangen, eine Atmosphäre effizienter „scientificality" („Wissenschaftlichkeit") zu schaffen. „Wahre" Wissenschaft habe im NS-System jedenfalls nicht gedeihen können.[58] Obwohl ARENDT das rechts- und gesellschaftspolitische Anliegen von WEINREICHS Buch bekannt gewesen sein dürfte, ging sie auf die dort aufgeworfene Frage nach strafrechtlicher Verantwortung ebenfalls nicht ein.

Resümierend ist festzuhalten, dass der alliierte Versuch einer juristischen Aufarbeitung der Beteiligung von Wissenschaftlern an NS-Verbrechen seinerzeit kaum zu Verurteilungen oder anderweitigen Sanktionen führte, obwohl das sich damals entwickelnde Völkerstrafrecht prinzipiell die Möglichkeiten dafür eröffnet hätte. Auf Seiten der amerikanischen Besatzungsoffiziere, darunter viele deutsch-jüdische Wissenschaftsemigranten, herrschten sehr klare Vorstellungen über die Herausforderung dieser Aufgabe. Der Historiker Walter L. DORN (1894–1961), der in Bayern die Entnazifizierung der Universitäten kontrollieren sollte, konstatierte nüchtern, dass man diesen Job überhaupt nur mit absolut hochkarätigen Leuten erledigen könne: „Otherwise we are merely playing marbles with the tightest clique in German society [...] the ‚guild' of German professors."[59]

Dass diese „engste Clique", wie DORN sie nannte, die ihr zur Verfügung stehenden Verbindungen und Ressourcen in maximaler Weise nutzte, um drohender Strafverfolgung zu entgehen und die Spruchkammern zu täuschen, kann im Nachhinein kaum verwundern. Wie andere Gruppen innerhalb der deutschen Eliten profitierten auch die Wissenschaftler vom

56 WEINKE 2016, passim; SIEMENS 2023.

57 ARENDT 1946.

58 Gleichzeitig sprach ARENDT die deutsche Wissenschaftselite von jeder Verantwortung für die nationalsozialistische Vernichtungspolitik frei: „But neither science, nor even ‚scientificality,' neither scholars nor charlatans, supplied the ideas and techniques that operated the death factories. The idea came from politicians who took power-politics seriously, and the techniques came from the modern mob-men who were not afraid of consistency." ARENDT 1946, S. 295.

59 Zitiert nach TENT 1982, S. 94.

aufkommenden Zeitalter des Kalten Kriegs und dem verbreiteten Glauben an die Überlegenheit westlich-rationaler Standards und Normen. Gleichzeitig bemühte man sich redlich darum, die Existenz eines neuen menschenrechtsgestützten Völkerstrafrechts zu leugnen und die Vorkriegs- und Kriegsdebatten über die Rolle der Wissenschaft im Nationalsozialismus auszublenden. Wie das Beispiel Hannah ARENDT zeigt, nahm auch die Gruppe der deutsch-jüdischen Emigrantenintellektuellen in Bezug auf den Umgang mit ehemaligen Vertretern des NS-Wissenschaftssystems eine ambivalente Haltung ein. Dies und die ohnehin rasch zu Ende gehende Menschenrechtskonjunktur der Nachkriegszeit erleichterte es der deutschen *Scientific Community*,[60] sich auf einen überaus vagen, juristisch unverbindlichen Belastungsbegriff zu verständigen, der in seiner Dehnbarkeit und Inhaltsleere geeignet war, den Status der gesamten Gruppe langfristig sogar zu stabilisieren.[61]

Literatur

ALY, Götz, und HEIM, Susanne: Vordenker der Vernichtung. Auschwitz und die deutschen Pläne für eine neue europäische Ordnung. Hamburg: Hoffmann und Campe 1991

ARENDT, Hannah: The Image of Hell. Commentary *2*/3 (September 1946), 291–295 (1946)

ASH, Mitchell G.: Verordnete Umbrüche – Konstruierte Kontinuitäten: Zur Entnazifizierung von Wissenschaftlern und Wissenschaften nach 1945. Zeitschrift für Geschichtswissenschaft *43*, 903–923 (1995)

BARRETT, John Q.: Lemkin and 'Genocide' at Nuremberg, 1945–1946. In: SAFFERLING, Christoph J. M., and CONZE, Eckart (Eds.): The Genocide Convention Sixty Years after its Adoption; pp. 35–54. The Hague: TMC Asser Press 2010

DAFINGER, Sophia: Die Lehren des Luftkriegs. Sozialwissenschaftliche Expertise in den USA vom Zweiten Weltkrieg bis Vietnam. Stuttgart: Steiner 2020

DAYÉ, Christian: Experts, Social Scientists, and Techniques of Prognosis in Cold War America. Cham: Palgrave Macmillan 2020

DOLL, Nikola, FUHRMEISTER, Christian, und SPRENGER, Michael H. (Hrsg.): Kunstgeschichte und Nationalsozialismus: Beiträge zur Geschichte einer Wissenschaft zwischen 1930 und 1950. Weimar: VDG 2005

FAHLBUSCH, Michael, HAAR, Ingo, und PINWINKLER, Alexander (Hrsg.): Handbuch der völkischen Wissenschaften. Bd. *1*: Akteure, Netzwerke, Forschungsprogramme. Berlin, Boston: de Gruyter Oldenbourg 2017

GERHARDT, Uta (Hrsg.): Talcott Parsons on National Socialism. New York: de Gruyter 1993

GERHARDT, Uta: The medical meaning of reeducation for Germany: Contemporary interpretation of cultural and institutional Change. Paedagogica Historica *33*, 135–155 (1997)

GERHARDT, Uta: Soziologie der Stunde Null. Zur Gesellschaftskonzeption des amerikanischen Besatzungsregimes in Deutschland 1944–1945/1946. Frankfurt (Main): Suhrkamp 2005

Germany after the war: Germany after the war. Round table – 1945. American Journal of Orthopsychiatry *15*, 381–441 (1945)

GREENBERG, Udi: The Weimar Century. German Émigrés and the Ideological Foundations of the Cold War. Princeton: Princeton University Press 2015

HARTSHORNE, Edward Y.: The German Universities and National Socialism. London: Allen & Unwin 1937

HEINEMANN, Isabell: Rasse, Lebensraum, Genozid: Die nationalsozialistische Volkstumspolitik im Fokus von Fall 8 der Nürnberger Militärtribunale. In: PRIEMEL, Kim C., und STILLER, Alexa (Hrsg.): NMT. Die Nürnberger Militärtribunale zwischen Geschichte, Gerechtigkeit und Rechtsschöpfung. S. 100–126. Hamburg: Hamburger Edition 2013

HERBERT, Ulrich: Wer waren die Nationalsozialisten? München: C. H. Beck 2021

KAEMPFFERT, Waldemar: Science in the totalitarian state. Foreign Affairs *19*, 433–441 (1941)

KEGLER, Karl R., und STILLER, Alexa: Konrad Meyer. In: FAHLBUSCH, Michael, HAAR, Ingo, und PINWINKLER, Alexander (Hrsg.): Handbuch der völkischen Wissenschaften. Bd. *2*: Forschungskonzepte – Institutionen – Organisationen. S. 500–508. Berlin, Boston: de Gruyter Oldenbourg 2017

60 WEINKE 2016.

61 Vgl. auch HERBERT 2021, S. 130.

Kohlrausch, Martin, and Trischler, Helmuth (Eds.): Building Europe on Expertise. Innovators, Organizers, Networkers. Basingstoke: Palgrave Macmillan 2014

Laudani, Raffaele: Secret Reports on Nazi Germany. The Frankfurt School Contribution to the War Effort. Princeton: Princeton University Press 2013

Löhr, Isabella: Solidarity and the academic community: the support networks for refugee scholars in the 1930s. In: Laqua, Daniel, and Alston, Charlotte (Eds.): Histories of Transnational Humanitarianism: Between Solidarity and Self-Interest. Journal of Modern European History (special issue) *12*, 231–246 (2014)

Mingus, Matthew: Remapping modern Germany after National Socialism, 1945–1961. Syracuse, NY: Syracuse University Press 2017

Müller, Sven Oliver: Wissenschaft plant Kriegsverbrechen: Der Umgang der Humboldt-Universität zu Berlin mit dem nationalsozialistischen Generalplan Ost. Berlin: Humboldt-Universität zu Berlin 2022

Müller-Hill, Benno: Tödliche Wissenschaft. Die Zeit vom 13. Juli 1984 (1984)

Müller-Hill, Benno: Das Blut von Auschwitz und das Schweigen der Gelehrten. In: Kaufmann, Doris (Hrsg.): Geschichte der Kaiser-Wilhelm-Gesellschaft im Nationalsozialismus. Bestandsaufnahme und Perspektiven der Forschung. S. 189–227. Göttingen: Wallstein 2000

Müller-Hill, Benno: Erinnerung und Ausblendung. Ein kritischer Blick in den Briefwechsel Adolf Butenandts, MPG Präsident 1960–1972. History and Philosophy of the Life Sciences *24*, 493–521 (2002)

Olick, Jeffrey K: In the House of the Hangman. The Agonies of German Defeat, 1943–1949. Chicago: Chicago University Press 2005

Orth, Karin, und Oberkrome, Willi (Hrsg.): Die Deutsche Forschungsgemeinschaft 1920–1970. Forschungsförderung im Spannungsfeld von Wissenschaft und Politik. Stuttgart: Steiner 2010

Priemel, Kim: The Betrayal. The Nuremberg Trials and German Divergence. Oxford: Oxford University Press 2016

Raphael, Lutz: Ordnungsmuster und Deutungskämpfe. Wissenspraktiken im Europa des 20. Jahrhunderts. Göttingen: Vandenhoeck & Ruprecht 2018

Rauh-Kühne, Cornelia: Wer spät kam, den belohnte das Leben: Entnazifizierung im Kalten Krieg. In: Junker, Detlef (Hrsg.): Die USA und Deutschland im Zeitalter des Kalten Kriegs 1945–1990. Ein Handbuch. Bd. *1*, S. 112–123. Stuttgart: DVA 2001

Remy, Steven: The Heidelberg Myth. Nazification and Denazification of a German University. Cambridge Mass.: Harvard University Press 2002

Renken, Jan: Hermann Heimpel und das „Historische Colloquium". Selbstentnazifizierung und demokratischer Aufbruch einer „historisch-politischen Arbeitsgemeinschaft". In: Terhoeven, Petra, und Schumann, Dirk (Hrsg.): Strategien der Selbstbehauptung. Vergangenheitspolitische Kommunikation an der Universität Göttingen. S. 142–234. Göttingen: Wallstein 2021

Ringer, Fritz: The Decline of German Mandarins. The German Academic Community, 1890–1933. Cambridge, Mass.: Harvard University Press 1969

Roelcke, Volker, Topp, Sascha, and Lepicard, Etienne (Eds.): Silence, Scapegoats, Self-reflection: The Shadow of Nazi Medical Crimes on Medicine and Bioethics. Göttingen: Vandenhoeck & Ruprecht Uni Press 2014

Sachse, Carola: „Persilscheinkultur". Zum Umgang mit der NS-Vergangenheit in der Kaiser-Wilhelm / Max-Planck-Gesellschaft. In: Weisbrod, Bernd (Hrsg.): Akademische Vergangenheitspolitik. Beiträge zur Wissenschaftskultur der Nachkriegszeit. S. 217–246. Göttingen: Wallstein 2002

Schlösser, Jan: Der strafjuristische Blick auf den Schreibtischtäter: Zugleich ein Beitrag zur Möglichkeit und Grenze des Brückenschlags zwischen Strafrechts- und Kulturwissenschaft. In: Van Laak, Dirk, und Rose, Dirk (Hrsg.): Schreibtischtäter: Begriff, Geschichte, Typologie. S. 59–72. Göttingen: Wallstein 2018

Schmidt, Ulf: Justice at Nuremberg. Leo Alexander and the Nazi Doctor's Trial. Basingstoke: Palgrave Macmillan 2004

Schmuhl, Hans-Walter: Die Patientenmorde. In: Ebbinghaus, Angelika, und Dörner, Klaus (Hrsg.): Vernichten und Heilen. Der Nürnberger Ärzteprozess und seine Folgen. S. 295–328. Berlin: Aufbau-Verlag 2001

Schüring, Michael: Minervas verstoßene Kinder. Vertriebene Wissenschaftler und die Vergangenheitspolitik der Max-Planck-Gesellschaft. Göttingen: Wallstein 2006

Schumann, Dirk (Hrsg.), unter Mitwirkung von Desirée Schauz: Forschen im „Zeitalter der Extreme". Akademien und andere Forschungseinrichtungen im Nationalsozialismus und nach 1945. Göttingen: Wallstein 2020

Siemens, Daniel: Lawyers writing history: The politics of the past of the United Restitution Organisation (URO) from 1948 to the 1980s. Journal of Modern European History *21*, 343–360 (2023)

Söllner, Alfons: Zur Archäologie der Demokratie in Deutschland. Bd. *1*: Analysen von politischen Emigranten im amerikanischen Geheimdienst 1943–1945. Frankfurt (Main): Suhrkamp 1986

Söllner, Alfons: Fluchtpunkte. Studien zur politischen Ideengeschichte des 20. Jahrhunderts. Baden-Baden: Nomos 2006

Stiller, Alexa: Die „Volkstumspolitik“ der SS vor Gericht. Strategien der Anklage und Verteidigung im Nürnberger „RuSHA-Prozess“. In: Leipzig – Nürnberg – Den Haag. Neue Fragestellungen und Forschungen zum Verhältnis von Menschenrechtsverbrechen, justizieller Säuberung und Völkerstrafrechts. Hrsg. von der Dokumentationsstelle des Justizministeriums Nordrhein-Westfalen. S. 66–86. Geldern: JVA 2008

Stiller, Alexa: The mass murder of the European Jews and the concept of 'genocide' in the Nuremberg Trials. Genocide Studies and Prevention *13*, 144–172 (2019)

Tent, James F.: Mission on the Rhine. "Reeducation" and Denazification in American-Occupied Germany. Chicago: University of Chicago Press 1982

Terhoeven, Petra: Strategien der Selbstbehauptung. Vergangenheitspolitische Verwandlungen Göttinger Gelehrter (1945–1965). Zur Einführung. In: Terhoeven, Petra, und Schumann, Dirk (Hrsg.): Strategien der Selbstbehauptung. Vergangenheitspolitische Kommunikation an der Universität Göttingen. S. 9–37. Göttingen: Wallstein 2021

Unger, Corinna R.: Cold War Science: Wissenschaft, Politik und Ideologie im Kalten Krieg. Neue Politische Literatur *51*, 49–68 (2006)

Unger, Corinna R.: Ostforschung in Westdeutschland: Die Erforschung des europäischen Ostens und die Deutsche Forschungsgemeinschaft, 1945–1975. Stuttgart: Steiner 2007

Weindling, Paul: Nazi Medicine and the Nuremberg Trials: From Medical War Crimes to Informed Consent. Basingstoke: Palgrave Macmillan 2004

Weinke, Annette: Gewalt, Geschichte, Gerechtigkeit. Transnationale Debatten über deutsche Staatsverbrechen im 20. Jahrhundert. Göttingen: Wallstein 2016

Weinke, Annette: Die Nürnberger Prozesse. 3. Aufl. München: C. H. Beck 2019

Weinreich, Max: Hitler's Professors. The part of Scholarship in Germany's Crimes Against the Jewish People. New York: YIVO 1946

Weisbrod, Bernd (Hrsg.): Akademische Vergangenheitspolitik. Beiträge zur Wissenschaftskultur der Nachkriegszeit. Göttingen: Wallstein 2002a

Weisbrod, Bernd: Dem wandelbaren Geist. Akademisches Ideal und wissenschaftliche Transformation in der Nachkriegszeit. In: Weisbrod, Bernd (Hrsg.): Akademische Vergangenheitspolitik. Beiträge zur Wissenschaftskultur der Nachkriegszeit. S. 11–35. Göttingen: Wallstein 2002b

Weisbrod, Bernd: Die „Vergangenheitsbewältigung“ der NS-Prozesse: Gerichtskultur und Öffentlichkeit. In: Schumann, Eva (Hrsg.): Kontinuitäten und Zäsuren. Rechtswissenschaft und Justiz im ‚Dritten Reich‘ und in der Nachkriegszeit. S. 247–270. Göttingen: Wallstein 2008

Weiser, Kalman: „One of Hitler's Professors“. Max Weinreich and Salomon Birnbaum confront Franz Beranek. Jewish Quarterly Review *108*, 106–124 (2018)

Werner, Oliver: Wissenschaft „in jedem Gewand“? Von der „Reichsarbeitsgemeinschaft für Raumforschung“ zur „Akademie für Raumforschung und Landesplanung“ 1935 bis 1955. Göttingen: Wallstein 2022

Wünschmann, Kim: The "Scientification" of the concentration camp. Early theories of terror and their reception by American academia. Leo Baeck Institute Year Book *58*, 111–126 (2013)

Prof. Dr. Annette Weinke
Historisches Institut, Neuere und Neueste Geschichte
Friedrich-Schiller-Universität Jena
Fürstengraben 13
07743 Jena
Bundesrepublik Deutschland
Tel.: +49 3641 944453
Fax: +49 3641 944452
E-Mail: annette.weinke@uni-jena.de

Wissenschaft in der Verlässlichkeitsfalle?
Praktiken der Konstruktion von Relevanz und Neutralität

NAL-historica Nr. 82
(vormals Abhandlungen der Deutschen Akademie der Naturforscher Leopoldina: Acta Historica Leopoldina)
Herausgegeben von: Stefan Böschen (Aachen), Alfred Nordmann (Darmstadt) und Carsten Reinhardt (Bielefeld)
(2023, 164 Seiten, 6 Abbildungen, 23,00 Euro, ISBN: 978-3-8047-4412-7)

Einerseits wird oft die Auffassung vertreten, die COVID19-Pandemie habe eine Krise der Wissenschaft aufgezeigt. Andererseits könnte es so sein, dass gerade die Corona-Pandemie die Wissenschaft als vertrauenswürdige Garantin verlässlichen Wissens erwiesen hat. Zeiten starker Verunsicherung verschärfen Diskussionen über Stellenwert und Verlässlichkeit wissenschaftlichen Wissens. Verlässlichkeit wird dabei nicht nur als epistemische Kategorie gesehen, sondern auch in ihren sozialen Aspekten betrachtet. Der Band versucht, in verschiedenen Perspektiven Standards der Verlässlichkeit konkurrierender Wissensbestände und Probleme der Glaubwürdigkeit vermeintlich sicheren Wissens zu analysieren. Für die aktuellen Herausforderungen hat wissenschaftliches Wissen eine herausragende Bedeutung, da mögliche Lösungen wissensintensive Ansätze erfordern. Die Beiträge greifen die Verlässlichkeit in der Vielfalt des wissenschaftlichen Wissens in interdisziplinären Zugängen und mannigfaltigen Kontexten auf.

Wissenschaftliche Verlagsgesellschaft Stuttgart

NAL-historica Nr. *86*, 47–74 (2024), doi: 10.26164/leopoldina_10_01234

Die justizielle Ahndung von NS-Verbrechen in Ost- und Westdeutschland seit 1945 Ein Überblick[1]

Edith Raim (Landsberg am Lech)

Zusammenfassung

Der Artikel vergleicht die west- und ostdeutsche Nachkriegsjustiz in Bezug auf die Ahndung von NS-Verbrechen. Während die Prozesse der Alliierten, insbesondere das Internationale Militärtribunal in Nürnberg, bekannt sind, sind Kenntnisse über die deutschen Bemühungen der unmittelbaren Nachkriegsjahre selbst in der Geschichtswissenschaft nicht weit verbreitet. Doch sowohl Ost- als auch Westdeutschland bauten ihre Justizverwaltungen wieder auf und stellten ab 1945 NS-Verbrecher vor Gericht. Die Entnazifizierung des Justizpersonals warf große Probleme auf, da sie den Wiederaufbau der Justiz mangels unbelasteter Richter und Staatsanwälte faktisch unterminierte. Ost- und Westdeutschland wählten unterschiedliche Wege, indem sie entweder auf der Säuberung bestanden und sich mit Laienrichtern begnügten oder auf die Entnazifizierung verzichteten. Die deutschen Gerichte wandten zunächst das (von NS-Verordnungen bereinigte) deutsche Strafrecht sowie das Kontrollratsgesetz Nr. 10 an, das aber in der amerikanischen Besatzungszone nicht und in Westdeutschland nur bis 1951 verwendet wurde. Ein genauer Blick auf die verfolgten NS-Straftaten zeigt deutliche Unterschiede zwischen Ost und West: In Ostdeutschland standen Denunziationen und Straftaten gegen Fremdarbeiter im Vordergrund der Ahndung, während in Westdeutschland das Pogrom von 1938, später Straftaten in Konzentrationslagern oder Massenvernichtungen verhandelt wurden. Die Wahrscheinlichkeit, verurteilt zu werden, war in Ostdeutschland deutlich höher, aber im Großen und Ganzen waren die Haftstrafen sowohl in Ost als auch in West mild, mit nur wenigen Ausnahmen von lebenslangen Haftstrafen.

Abstract

The article compares West and East German postwar judicial dealings concerning Nazi Crimes. While the Allied trials, especially the Nuremberg International Military Tribunal, are well known, even historians are not aware of the German efforts of the immediate postwar years. Yet, both East and West Germany rebuilt their administration of justice and tried Nazi criminals from 1945 onwards. Denazification of judicial personnel posed great problems, as it effectively subverted rebuilding the judicial system due to the lack of unencumbered judges and state attorneys. East and West Germany opted for different ways, by either insisting on the purge and settling for lay judges or sacrificing denazification. German courts started by applying penal law (purged of Nazi ordinances) and (apart from the American Zone of Occupation) also Control Council Law No. 10, in West Germany until 1951 only. A close look at the Nazi criminal acts prosecuted shows marked differences between East and West: in East Germany, denunciations and felonies against foreign workers were high on the agenda, while in West Germany, the pogrom of 1938, later criminal offences in concentration camps or mass extermination were adjudicated. The likelihood to be sentenced was markedly higher in East Germany, but on the whole, prison sentences were lenient in both East and West with only few exceptions of lifelong imprisonment.

1 Der Aufsatz beruht u. a. auf folgenden Publikationen der Autorin: Raim 2013, 2018, 2022. Weitere einschlägige Publikationen sind: Bästlein 2016, Pendas 2020 sowie Lahusen 2022.

1. Voraussetzungen

Gegen Kriegsende war der Terror, den die NS-Diktatur während des Zweiten Weltkrieges in ganz Europa verbreitet hatte, nach Hause zurückgekehrt: Durch viele deutsche Städte und Ortschaften schleppten sich Elendszüge kranker und ausgemergelter KZ-Häftlinge, bewacht von SS oder Wehrmachts-, Volkssturm- und HJ-Angehörigen. Das Wachpersonal verübte Massaker an wehrlosen Menschen nun auch auf dem Territorium des Reichs. Gefangene aus Justizvollzugsanstalten fielen diesen sinnlosen Tötungen gegen Kriegsende ebenfalls zum Opfer. Dazu kamen Zwangsarbeiterinnen und Zwangsarbeiter, die in den letzten Kriegsmonaten zum Entschärfen von Bomben und zu Aufräumungsarbeiten eingesetzt worden waren und dadurch deutlicher als je zuvor in der Öffentlichkeit sichtbar waren. Im letzten Kriegsjahr wandte sich die Gewaltherrschaft gegen die Deutschen selbst: Zahlreiche Kapitulationswillige bezahlten noch in den letzten Kriegstagen mit ihrem Leben.

Nach 1945 sollten sich viele Deutsche damit verteidigen, von den Verbrechen des NS-Regimes keine Kenntnisse gehabt zu haben. Individuelles Wissen oder Nichtwissen ist schwer nachzuweisen, allerdings war die nationalsozialistische Führung immer skrupelloser geworden und verwandte sukzessive kaum mehr Mühe darauf, die Verbrechen zu verschleiern. Als Beispiel dient hier ein Kurs aus dem Programm der nationalsozialistischen Münchner Volksbildungsstätte (ehemals Volkshochschule), welche die interessierte Öffentlichkeit für den 11. März 1944 in die Heil- und Pflegeanstalt Eglfing-Haar einlud. Seit 1939 waren von hier über 2000 Patienten im Rahmen der „Euthanasie"-„Aktion T4" in die Tötungsanstalten Grafeneck und Hadamar überstellt worden, Direktor Dr. Hermann Pfannmüller (1886–1961) hatte als Gutachter für die T4-Zentrale anhand von Meldebögen Tötungsempfehlungen ausgesprochen.[2] Zum Zeitpunkt der Besichtigung waren Tötungsaktionen durch Hungerkost bzw. Medikamentengabe an Hunderten von Kranken in Eglfing-Haar noch im Gang. Interessierte an dem Einblick in die Heilanstalt trafen sich vor dem Bahnhof Haar und entrichteten die Unkostengebühr von 50 Pfennig. „Den Führungen geht ein kurzer Einführungsvortrag voraus. Diese Führungen sind besonders für die Besucher unserer Vorträge und Vortragsreihen über Volksgesundheit, Vererbungslehre usw. gedacht. Auf jeden Fall kann zu diesen Führungen nur derjenige zugelassen werden, der sich ernsthaft mit diesen wichtigen Fragen befassen will. Es besteht keine Möglichkeit, Sensationen zu finden."[3]

Schon vor dem Einmarsch der Alliierten waren Ahndungsbestrebungen im Gang: Noch mitten im Krieg hatten die Alliierten erklärt, Schuldige zu bestrafen. Die bekannteste, wenngleich nicht erste Ankündigung, war die Moskauer Deklaration vom 30. Oktober 1943. Auf sowjetischem Territorium fanden bereits ab 1943 Kriegsverbrecherprozesse statt.[4] Mit dem Nürnberger Prozess 1945/46 vor dem Internationalen Militärtribunal und den Prozessen vor alliierten Militärgerichten setzten die Alliierten die angekündigte Ahndung von NS-Verbrechen um.[5] Dies betraf vor allem die völkerrechtlich relevanten Straftaten an alliierten Opfern, die meist während des Krieges begangen worden waren. Damit wurde ein großer Teil der NS-Verbrechen geahndet. Unberücksichtigt blieben dabei die deutschen und staatenlosen Opfer der NS-Diktatur. Parallel zu den alliierten Verfahren fanden daher bereits

2 Vgl. Cranach und Siemen 1999, Hintermayr 2010, S. 310–324.
3 Arbeitsplan der Volksbildungsstätte München für den Monat März 1944, S. 4.
4 Vgl. Ueberschär 2000, S. 240–261.
5 Einen soliden Überblick bietet Ueberschär 2000.

seit Sommer und Herbst 1945 erste Verfahren vor deutschen Gerichten statt. Die Demarkationslinie zwischen alliierten und deutschen Prozessen verlief im Regelfall entlang der Nationalität der Opfer: Alliierte Gerichte ahndeten Verbrechen an alliierten Opfern, deutsche Gerichte urteilten Verbrechen von Deutschen an anderen Deutschen ab. So betrafen etwa die amerikanischen Dachau-Prozesse das KZ Dachau und seine Außenlager während des Zweiten Weltkrieges, Ermittlungen und Prozesse der Staatsanwaltschaft München II fokussierten dagegen die Straftaten während der Vorkriegszeit im KZ Dachau. Eine Ausnahme hinsichtlich der Zuständigkeitsaufteilung war eine Handvoll Prozesse in der britischen Zone, wo die Ahndung von Straftaten an deutschen Opfern beispielhaft vor britischen Militärgerichten durchgeführt wurde, um den Landgerichten der britischen Zone Orientierung zu geben. Dies betraf u. a. ein „Reichskristallnacht"-Verfahren, ein Endphasenverbrechen und einen Prozess zum Ghetto Riga.[6]

2. Wiedereröffnung der Gerichte in West- und Ostdeutschland

Für die Jahre von 1945 bis 1949/50 ist von einer gewissen Parallelität der Entwicklung in West- und Ostdeutschland auszugehen. In West wie in Ost ordneten die Alliierten die Schließung der deutschen Gerichte an, nationalsozialistische Gesetze wurden für ungültig erklärt,[7] eine Rückkehr zum Strafgesetzbuch im Stand vor der „Machtergreifung" verkündet, NS-Gerichte, darunter Reichsgericht, Volksgerichtshof, Sondergerichte und Parteigerichte, sämtlich abgeschafft. Angehörige dieser Gerichte kamen wegen ihrer Parteizugehörigkeit und ihrer Tätigkeit an diesen Gerichten in automatischen Arrest. Angehörige der regulären Amts-, Land und Oberlandesgerichte waren als Beamte aber dazu angehalten, auf ihren Plätzen zu verharren, ohne ihre eigentliche Tätigkeit ausüben zu können, oft auch ohne eine Bezahlung zu erhalten. Vielfach war eine Amtsausübung durch die Gegebenheiten ohnedies schier unmöglich. Die materiellen Bedingungen waren außerordentlich schwierig. Von einigen Gerichtsgebäuden existierten nur noch Trümmer, intakte Gebäude, wie beispielsweise der Justizpalast Nürnberg, waren von alliierten Truppen beschlagnahmt, Akten ausgelagert oder vernichtet, Gesetzestexte und Kommentare, ja selbst Schreibmaschinen und Papier allerorten Mangelware.[8]

Der Wiederaufbau der deutschen Justizverwaltung war nicht leicht: Eine oberste Behörde in Form des Reichsministeriums der Justiz gab es nicht mehr. Der Justiz, vor dem „Dritten Reich" im wesentlichen Ländersache, fehlte aber auch die Länderebene: Landesjustizministerien entstanden zu unterschiedlichen Zeiten und deutlich später als die Gerichte. In West- und in Ostdeutschland nahmen zahlreiche deutsche Amts- und Landgerichte ihren Betrieb im Sommer 1945 wieder auf. In Hessen öffneten die Amtsgerichte in Limburg und Camberg am 4. Juni 1945 wieder ihre Pforten.[9] Das Amtsgericht Holzminden war bereits ab dem 30. Mai 1945 wieder für die Rechtspflege tätig.[10] In den von den Amerikanern besetzten Gebieten in Ostdeutschland wurden ab Mai 1945 deutsche Gerichte wiedereröffnet, darunter beispielswei-

6 Vgl. Raim 2013, S. 526–528.
7 Siehe etwa Gesetz Nr. 11: Aufhebung einzelner Bestimmungen des deutschen Strafrechts, Amtsblatt des Kontrollrates in Deutschland Nr. 3, 31. 1. 1946.
8 Vgl. Raim 2013, S. 150–203, 277–500.
9 Vgl. Emig und Frei 1994, S. 317–453, hier S. 388.
10 Vgl. Wrobel 1989, S. 108.

se Eisleben, Gera und Jena.[11] In Ostdeutschland entstanden in den ersten chaotischen Monaten nach Kriegsende auch Gerichte außerhalb des Gerichtssystems: So richteten Bürgermeister oder sowjetische Kommandanten eigene Gerichte ein und ernannten selbstständig das Personal. Dieser Sonderweg ist in der Mark Brandenburg und der Provinz Sachsen vermehrt sichtbar. Sowohl Gerichte als auch Personal entsprangen nicht der früheren Gerichtsorganisation bzw. Justizverwaltung, es handelte sich um Neugründungen bzw. Neuernennungen. Erst nach der Verkündung des Kontrollratsgesetzes Nr. 4 wurde in Ostdeutschland der reguläre dreistufige Gerichtszug mit Amts-, Land- und Oberlandesgerichten vollständig etabliert.[12] 1952 wurde dieser in Ostdeutschland zugunsten von Kreis- und Bezirksgerichten wieder abgeschafft. Kompliziert war die Situation in Berlin, wo die sowjetische Besatzungsmacht schon 1945 als erste Instanz 20 Bezirksgerichte einrichtete, zweite Instanz war das Berliner Stadtgericht. Auch hier trat eine Vereinheitlichung nach dem Erlass des Kontrollratsgesetzes Nr. 4 und eine Rückkehr zum dreigliedrigen Gerichtsaufbau ein. Die Berliner Bezirksgerichte wurden nun wieder Amtsgerichte, das Stadtgericht war Landgericht, oberste Instanz das Kammergericht.[13]

In Ostdeutschland entstand auf Befehl der Sowjetischen Militäradministration (SMAD) eine Deutsche Zentralverwaltung der Justiz, die ab November 1945 als eine Art Protojustizministerium in der SBZ fungierte.[14] Daneben existierten Landesjustizministerien in der SBZ. In den westlichen Zonen bemühte sich nur die britische Militärregierung um die Schaffung zentraler Behörden für die Justiz. Hier wurden der Oberste Gerichtshof für die britische Zone in Köln und das Zentraljustizamt in Hamburg eingerichtet, um eine Koordinierung der Rechtsprechung zu erreichen.

Ab 1946 wurden die Oberlandesgerichte (OLG) als vorläufig höchste Instanz deutscher Justiz wiedereröffnet. In den westlichen wie in der östlichen Besatzungszone wurden die Strukturen der deutschen Justizverwaltung weitgehend rekonstruiert. Im Westen entstanden aufgrund der Zonengrenzen, die einige der (ehemaligen) Länder durchschnitten, neue Oberlandesgerichte, etwa für die amerikanische Enklave Bremen. Früher war die für Bremen zuständige Revisionsinstanz das Hanseatische Oberlandesgericht Hamburg, das aber jetzt in der britischen Zone lag. In der französischen Zone wurde das Oberlandesgericht für die Pfalz, ehemals in Zweibrücken ansässig, wegen der starken Bombenschäden nach Neustadt an der Haardt verlegt.[15] Anstatt nach Stuttgart oder Karlsruhe (beides amerikanische Zone) wandten sich die südwürttembergischen und südbadischen Gerichte für Revisionen und Berufungen an die neuen Oberlandesgerichte Tübingen und Freiburg. In Koblenz entstand ein Oberlandesgericht, das sich aus den früheren Zuständigkeitsbereichen der Oberlandesgerichte Köln und Hamm (nun britische Zone) sowie der Oberlandesgerichte Frankfurt und Darmstadt (nun amerikanische Zone) zusammensetzte. In Lindau, dem bayerischen Teil der französischen Zone, gab es eine neue Staatsanwaltschaft und ein neues Landgericht. In der britischen Zone blieben die Oberlandesgerichte an ihren alten Standorten, lediglich das Oberlandesgericht Kiel zog nach Schleswig um. Gleichzeitig waren die Kompetenzen der OLG-Präsidenten stark erweitert: Sie konnten mit Genehmigung der britischen Militärregierung selbständig Vorschriften für Gerichte erlassen und der Militärregierung Gesetzgebungsvorschläge einreichen.[16]

11 Vgl. ebenda, S. 106.
12 Vgl. ebenda.
13 Ebenda, S. 107. Vgl. auch Scholz 1982.
14 Vgl. Wentker 2001.
15 Warmbrunn 1997, S. 201–218, hier S. 207f.
16 Wrobel 1989, S. 113f.

Im Osten blieben einige frühere Landgerichte nun geschlossen, wie etwa Stendal oder Halberstadt. Gründe waren u. a. Gebiets- und Bevölkerungsverschiebungen sowie schwere Bombenschäden wie in Halberstadt. Zwischen den Westzonen und der Ostzone wurde weiterhin Rechtshilfe praktiziert, d.h. ein Verfahren, das beispielsweise in Magdeburg begann, konnte in Braunschweig weitergeführt werden und umgekehrt.

3. Entnazifizierung des Justizpersonals

Das größte Problem stellte das Justizpersonal dar, das durch die Beteiligung an der nationalsozialistischen Willkürjustiz kompromittiert war. Die Alliierten waren sich einig gewesen, die Belasteten aus dem Justizdienst zu entfernen. Das alliierte Kontrollratsgesetz Nr. 4 vom 30. Oktober 1945 ordnete in Artikel IV an, dass alle ehemaligen aktiven NSDAP-Mitglieder sowie diejenigen, die an der Strafjustiz des NS direkten Anteil gehabt hatten, nicht mehr als Richter und Staatsanwälte verwendet werden durften. Die Recherchen nach den Verantwortlichen sahen sich vielen Problemen ausgesetzt. Überlieferte Urteile erwähnten meist nur Nachnamen beteiligter Juristen, was bei häufigen Namen Fragen nach der korrekten Zuordnung auslöste. Hauptverhandlungen und dort getätigte Zeugenaussagen waren nicht mehr rekonstruierbar. Der „direkte Anteil“ blieb eine Interpretationsfrage. Hinzu kamen justizspezifische Schwierigkeiten: Staatsanwälte hatten weisungsgebunden gehandelt, Richter in Kollegialentscheidungen abgestimmt. Staatsanwälte erklärten, ihr Vorgesetzter habe den Strafantrag im Plädoyer festgelegt, Richter verwiesen auf das Beratungsgeheimnis, so dass ihr Abstimmungsverhalten bei der Verhängung der Todesstrafe nicht feststellbar war.[17]

Im Westen Deutschlands waren es vor allem die US-Amerikaner, die anfänglich am unerbittlichsten die Säuberung vorantrieben. Sie setzten auf Richter, die schon 1933 pensioniert worden waren, was dazu führte, dass die Justizverwaltung in der US-amerikanischen Zone sehr überaltert war. Allerdings weichten die amerikanischen Standards bald auf, insbesondere nach der Übergabe der Entnazifizierung an die Deutschen wurden früheren Nationalsozialisten erneut die Türen geöffnet. Spätestens 1949 war aber auch in der amerikanischen Zone ein Großteil der beschäftigten Justizbeamten ehemals bei der NSDAP gewesen.[18]

Die britische und die französische Militärregierung waren nachsichtiger. Die Briten hielten es für ausreichend, zuverlässige Personen in die sogenannten Schlüsselpositionen – Präsidenten der Oberlandesgerichte, Generalstaatsanwälte und Justizministerien – zu hieven. Die französische Besatzungsmacht wollte vor allem ein funktionierendes Rechtswesen, eine „weiße Weste“ politisch unbelasteter Juristen war sekundär. Die Personalpolitik hinsichtlich der deutschen Justiz führte zu Konflikten zwischen der amerikanischen und der französischen Besatzungsmacht. Den Amerikanern missfiel die liberale Personalpolitik der Franzosen, und sie wollten sicherstellen,

17 Vgl. Raim 2013, S. 277–279.

18 Vgl. die Zusammenstellung des Bayerischen Staatsministeriums der Justiz vom 1. 4. 1949 für die OLG-Bezirke München, Nürnberg und Bamberg, aus der hervorgeht, dass insgesamt 1336 Richter und Staatsanwälte beschäftigt waren, davon waren 798 (= 59,7 %) „PG“ gewesen, weitere 207 Personen fielen unter Jugend-, Weihnachts-, Heimkehrer- oder Berlin-Kommandatura-Amnestie. Insgesamt waren also 1005 der 1336 Richter und Staatsanwälte in der NSDAP oder ihren Gliederungen gewesen, d. h. 75,2 % der wiederbeschäftigten Justizbeamten in Bayern. Vgl. National Archives, College Park, RG 260 OMGUS, Records of the Administration of Justice Branch, Administrative Records Concerning Jurisdiction of the German Courts 1946–1948, hier Box 118, Folder 17200-2 (9), AJ File No. G.

dass keine Juristen, die in Lindau (französische Zone) unter laxen Entnazifizierungsbedingungen zugelassen worden waren, am Landgericht Kempten (amerikanische Zone) praktizieren durften.[19]

Tatsächlich schlossen sich das Besatzungsziel des raschen Wiederaufbaus einer funktionierenden Justizverwaltung und das Ziel einer unbelasteten Juristenschaft aus – und alle westlichen Alliierten opferten die gründliche Entnazifizierung des Justizpersonals dem Wunsch nach einer funktionierenden Justizverwaltung. Obwohl die Entnazifizierung des Justizpersonals von der Geschichtswissenschaft als gescheitert beurteilt wird,[20] so war das Procedere der Säuberung doch mit einigen Härten für die betroffenen Juristen verbunden. Fragebögen und Entnazifizierungskommissionen zwangen zur laufenden Rechenschaft gegenüber der Besatzungsmacht und den deutschen Behörden, Fragebogenfälscher riskierten Verurteilungen, einige Juristen gingen zumindest zeitweise ihrer Position und ihrer Einkommen verlustig. Vielen war über Jahre hinweg die Berufsausübung verboten.[21]

Ostdeutschland schlug in der Personalfrage einen anderen Weg ein. In der sowjetisch besetzten Zone wurde das Personal deutlich gründlicher gesiebt als in den Westzonen. In verschiedenen Säuberungswellen fand ein mehr oder weniger vollständiger Personalaustausch statt. Dem durch die Entnazifizierung entstandenen Mangel an Berufsrichtern wurde ab 1946 mit den sogenannten Volksrichtern entgegengewirkt, die ohne ein juristisches Studium in teils halb-, teils einjährigen Kursen auf ihre Tätigkeit vorbereitet worden waren.[22]

Die Auswirkungen der unterschiedlichen Entnazifzierungsmaßnahmen auf die Ahndung von NS-Verbrechen in beiden deutschen Staaten sind schwer abzuschätzen. Es wäre zu einfach, die geringen Bestrebungen in Westdeutschland auf die unzureichend entnazifizierte Justizverwaltung, die größere Ahndungsbereitschaft in Ostdeutschland auf die viel substantieller entnazifizierten, aber deprofessionalisierten Rechtspflegeorgane zurückzuführen. In Westdeutschland scheuten die Belasteten oft vor den „politischen“ Verfahren zu NS-Verbrechen. Um Kritik in der Öffentlichkeit zu vermeiden, prüfte die Justizverwaltung die Vergangenheit der Richter. An einigen Urteilen zu NS-Verbrechen waren auch Richter beteiligt, die selbst unter der NS-Herrschaft gelitten hatten oder emigriert waren. Dass sie härter urteilten, als „belastete“ Richter, ist nicht nachzuweisen. Selbst wenn ehemals verfolgte Juristen an der Spitze der Justiz standen wie etwa Rudolf Katz (1895–1961), Justizminister in Schleswig-Holstein von 1947 bis 1950, hatte dies keine stärker „reinigende“ Wirkung auf das Personal der Justiz.[23]

In Ostdeutschland kamen in den Verfahren zu nationalsozialistischen Gewaltverbrechen nicht vermehrt Volksrichter zum Einsatz. Tatsächlich ist es – auch unter Einbeziehung des Personals der Waldheim-Verfahren, den speziell eingesetzten Gerichten in Sachsen zur Aburteilung deutscher Gefangener aus sowjetischen Internierungslagern – vielmehr so, dass Berufsrichter, die etwa 1947 noch weitgehend rechtsstaatlich agierten, zunehmend harschere Urteile fällten und sich immer weiter von rechtsstaatlichen Normen entfernten. Die größte politische Einflussnahme auf die Verfahren zu nationalsozialistischen Gewaltverbrechen (NSG) geschah in der SBZ nicht von Seiten der Richterschaft, sondern vielmehr von Seiten der Anklagebehörde: Anklagen in den Verfahren nach Befehl 201 (ab 1947) lagen nicht mehr in der Zuständigkeit der Staatsanwaltschaft, sondern der politischen Polizei in Form der K5-

19 Memorandum Walter H. Menke an Col. E. McLendon vom 3. 9. 1946, National Archives, College Park, RG 260, Administration of Justice, Box 117, Folder „Transfer of Courts between zones“.

20 Vgl. Benz 1988. Allgemein zur Entnazifizierung vgl. Vollnhals 1991, S. 63.

21 Vgl. Raim 2013, S. 499f.

22 Vgl. Wentker 1997, Rössler 2000.

23 Vgl. Godau-Schüttke 2001, S. 1–29.

Referate bei der Kriminalpolizei. Staatsanwälte genehmigten lediglich noch die teils dilettantisch zusammengeschusterten Anklagen.[24]

4. Rechtsgrundlagen

Grundlage der deutschen Prozesse in West und Ost war durchweg zunächst das Strafgesetzbuch, das auf Befehl der Alliierten von NS-Gesetzen bereinigt und reformiert wurde. Da gemäß den Verjährungsfristen bereits nach kurzer Zeit zahlreiche Straftaten nicht mehr verfolgbar gewesen wären, gleichzeitig aber die Ahndung in den Jahren der NS-Herrschaft brach gelegen hatte, begann die Frist für die Verjährung aller Straftaten erst mit dem 8. Mai 1945 zu laufen.[25]

Die vielleicht größten Unterschiede der Rechtsgrundlagen bei der Ahndung der Verbrechen bestanden anfänglich nicht zwischen den westlichen Zonen und der östlichen Zone, sondern vielmehr zwischen der amerikanischen und den übrigen Zonen. Das Ende 1945 erlassene Kontrollratsgesetz Nr. 10 mit der Definition des Straftatbestandes des Verbrechens gegen die Menschlichkeit[26] gab den Alliierten die Möglichkeit, deutsche Gerichte für die Ahndung bestimmter Verbrechen für zuständig zu erklären. In der Folge ermächtigten Briten, Franzosen und Sowjets – nicht aber die US-amerikanische Militärregierung –, die deutschen Gerichte, das Kontrollratsgesetz Nr. 10 anzuwenden. Lediglich im US-Sektor in Berlin machte die US-amerikanische Militärregierung eine Ausnahme. Die deutschen Gerichte in der US-Besatzungszone urteilten in Ermangelung der Ermächtigung nur nach dem Strafgesetzbuch. So mussten Denunziationen entweder unter existierende deutschrechtliche Straftatbestände wie Freiheitsberaubung oder falsche Anschuldigung subsumiert oder an die Spruchkammern verwiesen werden. Diese unterschiedliche Handhabung des Kontrollratsgesetzes Nr. 10 führte zu großen Diskrepanzen in der Strafverfolgung und Rechtsprechung zwischen den Zonen, was von juristischer Seite in Westdeutschland stets wortreich beklagt wurde.[27]

In den deutschen Gerichten der ostdeutschen Länder wurde das Strafgesetzbuch, ab 1946/1947 auch das Kontrollratsgesetz Nr. 10 (Verbrechen gegen die Menschlichkeit) angewandt.[28] Der Straftatbestand des Verbrechens gegen die Menschlichkeit, § 91 im Strafrecht der DDR, fand bis zum Ende der DDR Anwendung.[29] Am 16. August 1947 übergab die SMAD (Sowjetische Militäradministration) durch den Befehl Nr. 201 die Kompetenz zur Ermittlung von NS-Straftaten den Landesinnenministerien, ausdrücklich nicht den Landesjustizministerien, so dass vor allem die Polizei die Regie in diesen Verfahren führte. Von Herbst 1947 an mussten Sonderstrafkammern bei den Landgerichten eingerichtet werden, die die Kontrollratsdirektive Nr. 38 vom 12. Oktober 1946 als Strafgesetz anwendeten. Die Kontrollratsdirektive Nr. 38 basierte dabei auf dem amerikanischen Freiheitsgesetz, also der Grundlage der Entnazifizierung in der US-amerikanischen Zone. Ermittlungen und Anklagen waren Aufgabe der Polizei, die Staatsanwaltschaft erhielt die Anklagen nur noch zur Bestätigung vorgelegt.

24 Vgl. Raim 2018, S. 22–23.

25 Vgl. Eichmüller 2012, S. 247–250.

26 Kontrollratsgesetz Nr. 10 vom 20.12.1945, veröffentlicht im Amtsblatt des Kontrollrats in Deutschland Nr. 3, 31. 1. 1946. Zur Genese des Gesetzes ausführlich Broszat 1981, S. 477–544, hier S. 484ff.

27 Vgl. Raim 2013, S. 555–579, 998–1006.

28 Vgl. Meyer-Seitz 1998.

29 Vgl. *Strafrecht der DDR* 1987, S. 257–258.

5. Verlauf der Ahndung

Eigentlich gingen die Alliierten allgemein davon aus, dass die deutschen Verfahren zur Ahndung von NS-Verbrechen innerhalb weniger Jahre enden würden. Stattdessen wurden die Verfahren immer stärker Teil der „Systemkonkurrenz“ zwischen West- und Ostdeutschland.[30] Im Februar 1948 befahl die Sowjetische Militäradministration, die Verfahren zu beenden.[31] 1949 kam es in Ostdeutschland analog zu Westdeutschland zu einer Amnestie für geringfügige NS-Straftaten (bis zu sechs Monaten Strafandrohung). Ausgenommen waren Personen, die nach Kontrollratsdirektive Nr. 38 der NS-Propaganda oder der „Boykotthetze“ gegen die DDR verdächtig waren. Zahlreiche NS-Täter kamen in den Genuss des Straffreiheitsgesetzes, weil sie als ungefährlich für die Gesellschaft der DDR galten und sich am Wiederaufbau beteiligten. Ab 1950 waren die DDR-Gerichte für sämtliche NS-Verbrechen – ohne alliierten Vorbehalt – zuständig. Mit der Übergabe der Gefangenen aus den sowjetischen Internierungslagern an die Justiz der DDR kam es zu den sogenannten Waldheim-Prozessen, bei denen über 3000 Menschen in Schnellverfahren abgeurteilt wurden. Ähnlich wie in Westdeutschland schien Mitte der 1950er Jahre die Ahndung von NS-Verbrechen fast vollständig zum Erliegen zu kommen. Quantitativ waren die Verfahren, die ab den 1950er Jahren folgten, wenig bedeutsam, wurden aber durch propagandistische Maßnahmen stark in den Vordergrund gerückt oder als analoge Prozesse zum Westen angelegt und polemisch ausgeschlachtet.[32] Anders als in Westdeutschland wurde in der DDR weiterhin die Todesstrafe verhängt und vollstreckt, auch bei Verurteilungen wegen nationalsozialistischen Gewaltverbrechen.[33]

Im Westen beendeten zwei Amnestiegesetze aus den Jahren 1949 und 1954 die erste Welle der „Selbstreinigung“.[34] 1950 endete durch das Gesetz Nr. 13 der Alliierten Hohen Kommission die Beschränkung der deutschen Justiz auf die deutschen Opfer. Außerdem verjährten einige Straftatbestände mit geringer Strafandrohung (etwa einfache Körperverletzung). Die Aufarbeitung der NS-Verfahren durch die Justiz in Westdeutschland schien sich ihrem Ende zu nähern, nicht zuletzt deswegen, weil die westlichen Alliierten, die ihre eigene Strafverfolgung bereits Ende der 1940er Jahre eingestellt hatten, immer wieder auf eine Beendigung der Verfahren drangen.[35] 1951 entzogen der britische und der französische Hochkommissar den deutschen Gerichten die Erlaubnis zur Anwendung des Kontrollratsgesetzes Nr. 10.[36] Damit war für die bundesdeutsche Justiz der vielfach beklagte Mangel der Einheit des Rechts beendet und die Rechtseinheit wiederhergestellt. Oberste Revisionsinstanz war der Bundesgerichtshof. Verfahren, in denen Urteile wegen Kontrollratsgesetz Nr. 10 ergangen und noch nicht rechtskräftig abgeschlossen worden waren, wurden entweder eingestellt oder endeten mit Freispruch.

Der 1955 mit den westlichen Alliierten geschlossene Überleitungsvertrag zur Beendigung der Besatzung beinhaltete ausdrücklich die Anerkennung der alliierten Prozesse. Damit wollten die westlichen Alliierten sicherstellen, dass die deutsche Justiz keine Urteile aus den Nürnberger Prozessen oder anderen alliierten Verfahren aufheben oder für nichtig

30 Vgl. Weinke 2002.
31 Zu den rechtlichen Bedingungen vgl. Wentker 2002.
32 Vgl. Dirks 2006.
33 Vgl. § 60 *Strafrecht der DDR* 1987, S. 201–202.
34 Vgl. Eichmüller 2012, S. 36–68, S. 106.
35 Vgl. Raim 2013, S. 611, S. 625.
36 Vgl. Eichmüller 2012, S. 53.

erklären sollte. Allerdings führte dies dazu, dass in alliierten Verfahren Verurteilte, denen durch neue Ermittlungen weitere Verbrechen nachgewiesen werden konnten, nicht mehr vor deutsche Gerichte gestellt werden konnten. So schienen alle Zeichen auf eine Beendigung der Verfahren zu deuten.

Doch schon Mitte der 1950er Jahre setzten neue Ermittlungen ein. Dies lag nicht zuletzt an der Rückkehr der letzten deutschen Kriegsgefangenen aus der Sowjetunion, von denen einige schwerbelastet waren, wie etwa der Auschwitz-Arzt Carl CLAUBERG (1898–1957) oder die KZ-Schergen Gustav SORGE (1911–1978) und Wilhelm SCHUBERT (1917–2006).[37] In einem anderen Fall war es der Wunsch nach einer Fortsetzung der Beamtenkarriere, der 1958 zum Ulmer Einsatzgruppenprozess führte.[38] Schon in diesem Verfahren wurde eindrücklich deutlich, dass eben keineswegs alle Straftatbestände „ausermittelt“ waren und dass zahlreiche NS-Täter unbehelligt in der westdeutschen Nachkriegsgesellschaft lebten. Dies traf etwa auf Karl JÄGER (1888–1959) zu, ehemals Führer des Einsatzkommandos 3 und Kommandeur der Sicherheitspolizei und des Sicherheitsdienstes für Litauen mit Sitz in Kaunas. Ab Juli 1945 lebte JÄGER ein unauffälliges Leben als Landarbeiter in der Nähe von Heidelberg, seine SS- und NSDAP-Zugehörigkeit verschwieg er, so dass auch kein Entnazifizierungsverfahren gegen ihn eingeleitet wurde. Auf JÄGER waren die Ermittler im Rahmen des Ulmer Einsatzgruppenprozesses gestoßen, so dass er im April 1959 verhaftet wurde, der Haftbefehl lautete auf Mord an über 80000 Juden im Zeitraum vom 22. Juni 1941 bis 15. Oktober 1941. Bei einer polizeilichen Vernehmung äußerte er: „Der Ulmer Einsatzgruppen-Prozess im Jahre 1958 ist mir völlig unbekannt geblieben. [...] Infolge meines geringen Verdienstes und meines einsamen Lebens habe ich nur höchst selten in die Zeitung geschaut.“ [39] Am 22. Juni 1959 erhängte sich JÄGER in der Untersuchungshaft auf der Festung Hohenasperg.

Die Erkenntnis, dass eben keineswegs durch die Alliierten alles bereits abgearbeitet war und dass nun vermehrt Straftaten in den Fokus rückten, die außerhalb des Reichsgebietes verübt worden waren, führte 1958 zur Gründung der Zentralen Stelle der Landesjustizverwaltungen zur Aufklärung nationalsozialistischer Verbrechen, die in Ludwigsburg angesiedelt wurde.[40] Diese sollte zunächst lediglich im Ausland verübte NS-Verbrechen ermitteln.[41] Wenngleich ähnliche materielle Probleme der Justiz wie zu Beginn der deutschen Ermittlungen langsam der Vergangenheit angehörten, war die Zentrale Stelle weder personell noch finanziell besonders gut ausgestattet. Mit der Gründung begann eine systematische Prüfung auf eventuell noch nicht geahndete Verbrechen, die zur Einleitung hunderter weiterer Ermittlungen führte. Die Zentrale Stelle beschränkte sich auf Vorermittlungen und gab, sobald das Stadium der Recherchen einen klaren Tatverdacht ergeben hatte, die Akten an die zuständigen Staatsanwaltschaften ab, d.h. Staatsanwaltschaften, in deren Sprengel der Beschuldigte (so ermittelt) lebte. In anderen Fällen galten bestimmte Staatsanwaltschaften für besonders kompetent hinsichtlich spezieller Tatkomplexe, da sie große Prozesse durchführten, so etwa Frankfurt am Main für Auschwitz.

---

37 Vgl. ebenda, S. 214–217.

38 Detailliert dazu: Ulmer Einsatzgruppenprozess in *Haus der Geschichte Baden-Württemberg* 1958.

39 Vgl. Heidelberg 1a Js 1003/59, Generallandesarchiv Karlsruhe, 309/Zug1983-90/136; Vgl. auch Frankfurt 4 Js 1106/59, Hauptstaatsarchiv Wiesbaden, Abt. 461, Nr. 32438/1-567.

40 Vgl. WEINKE 2008.

41 Vgl. EICHMÜLLER 2008, S. 629.

1960 verjährten die meisten Straftaten, darunter Totschlag, so dass nur noch Mord bzw. Beihilfe dazu geahndet werden konnten.[42] Die 1960er Jahre brachten in Westdeutschland eine vermehrte Auseinandersetzung mit den NS-Verbrechen, die anders als früher nun nicht mehr nur die juristische Seite, sondern vor allem die gesellschaftlichen Fragen berührte.[43] Wie waren die Verbrechen möglich gewesen, und wie war es den Tätern gelungen, so lange der strafrechtlichen Verfolgung zu entgehen? Die mediale Begleitung tat ein Übriges, die Prozesse in die „Mitte der Gesellschaft" zu heben. Beklagt wurde auch die juristische Handhabung, bei der den Angeklagten fast durchweg die Gehilfen-, nicht die Tätereigenschaft zugebilligt wurde, was zu geringen Strafen führte.[44] Immer mehr verlagerte sich die Diskussion über die Ahndung in die Öffentlichkeit bzw. in den Bundestag, wie etwa bei den Verjährungsdebatten von 1965 bis 1979. Die Wiedervereinigung brachte in ihrem Gefolge die Aufhebung der umstrittenen Waldheim-Urteile der DDR, weil sie erwiesenermaßen nicht rechtstaatlich erfolgten.

Heute scheint die öffentliche Funktion der Bewusstwerdung der Verbrechen die juristische Funktion einer individuellen Bestrafung überholt zu haben. Mit der neuen Rechtsprechung seit dem (nicht rechtskräftigen) Demjanjuk-Urteil von 2011, die keinen individuellen Nachweis von Straftaten mehr fordert, wenn Angeklagte in Vernichtungslagern tätig waren, wurde nochmal ein neues Kapitel eingeleitet, in dem vor allem der Versuch der Korrektur der Versäumnisse früherer Jahre eine Rolle spielt. Über den Sinn und Zweck von Verfahren gegen weit über 90-jährige Angeklagte lässt sich streiten, offensichtlich dominiert aber in Justiz und Gesellschaft der Wunsch nach Bestrafung. Dies war bekanntermaßen nicht immer so: Über viele Jahre hinweg war die westdeutsche Öffentlichkeit stets für einen „Schlussstrich" gewesen. Was früher zu wenig geschah, geschieht jetzt mit umso größerer Vehemenz. Während sich in den 1960er Jahren hochrangige Täter aufgrund lascher Ahndungspraxis und juristischer Hindernisse nicht für ihre Taten verantworten mussten, werden nun selbst subalterne Beteiligte vor Gericht gestellt.

Obwohl seit 1945 kein einziges Jahr vergangen ist, in dem nicht gegen NS-Täter (und in sehr viel geringerem Maß auch NS-Täterinnen) ermittelt wurde, gilt im Westen die Verfolgung von NS-Verbrechen als völlig gescheitert.[45] Zu wenig, zu spät – so lässt sich die Bilanz in wenigen Worten zusammenfassen. Es ist leicht, auf Defizite hinzuweisen. Zu berücksichtigen ist, dass die Ahndung oft gegen den Willen der Öffentlichkeit stattfand, dass vermeintliche und tatsächliche juristische Hindernisse im Weg standen, internationale und nationale Interessen berücksichtigt werden mussten und dass das Wissen über die NS-Massenverbrechen in den ersten Nachkriegsjahren deutlich lückenhafter war als heute. Das Ergebnis der juristischen Ahndung muss daher differenzierter gesehen werden, als es manchmal geschieht.[46]

42 Zur Geschichte der Ahndung in den 1960er Jahren vgl. Greve 2001, Miquel 2004, Freudiger 2002.

43 Zur politischen und öffentlichen Dimension vgl. Reichel 2009, S. 22–61.

44 Vgl. Eichmüller 2012, S 251–252; Jasch und Kaiser 2018, S. 119–124.

45 Vgl. Rückerl 1984, Frei 1996.

46 Vgl. die Überblicksdarstellung Jasch 2021, S. 210–246. Aufgrund zahlreicher in dem Aufsatz enthaltener Irrtümer (Verwechslung von Martin Weiss [1903–1984] und Martin Gottfried Weiss [1905–1946], S. 240, Unterschlagung des Prozesses gegen Egon Zill [1906–1974], S. 239, Behauptung, Hans-Joachim Rehse [1902–1969] sei der einzige in der Bundesrepublik verurteilte NS-Jurist gewesen, S. 235) ist es zweifelhaft, ob der Autor die Materie durchdrungen hat.

6. Exkurs: Die Leopoldina und ihre belasteten Mitglieder

Welche Aussagen lassen sich über die Leopoldina und ihre Mitglieder während der NS-Diktatur machen? Die Institutionengeschichte der Leopoldina ist in einem opulenten Band bearbeitet.[47]

Schon vor der NS-Diktatur war koloniales, imperialistisches, völkisches und nationalistisches Denken und Forschen verbreitet und bei der deutsch-nationalen Ausrichtung der Leopoldina vertreten. Einige, etwa Julius Wagner Ritter von Jauregg (1857–1940, ML 1925), traten durch frauenfeindliche Äußerungen hervor (z. B. die Beurteilung des neu eingeführten Frauenwahlrechts als „entartet“). Zeittypisch konservativ war auch die Zuwahl Ferdinands von Sachsen-Coburg-Gotha (1861–1948, ML 1925), abgedankter Zar von Bulgarien (Förderer der Bayreuther Wagner-Festspiele). Teils gab es fließende Übergänge zwischen Konservatismus und Nationalsozialisten: So förderte der Verwaltungsjurist und Monarchist Friedrich Schmidt-Ott (1860–1956, ML 1933) den Mathematiker und frühen NSDAP-Gauleiter von Pommern Theodor Vahlen (1869–1945).

Die Beteiligung an Forschungen für den Krieg und Entwicklung von Waffensystemen o. ä., beispielsweise im Falle Fritz Habers (1868–1934, ML 1926) und seiner Ermöglichung des Gaskrieges, müssen ebenfalls berücksichtigt werden. Hinsichtlich der deutschen doppelten Diktatur-Vergangenheit ist der Zeitraum bis 1989 und darüber hinaus zu untersuchen. Angesichts hunderter Mitglieder verschiedenster Disziplinen kann hier nur exemplarisch vorgegangen werden. Bei den Zuwahlen der 1930er Jahre ist das Anwachsen der Anthropologen und Psychiater deutlich, verdächtig ist ebenso die Schaffung der Sektion der Vor- und Frühgeschichte innerhalb der Leopoldina, die in besonderem Maße an der Schöpfung eines ideologisch kontaminierten „germanischen“ Narrativs beteiligt war.

Zwar weisen bisherige Publikationen auf den Ausschluss der jüdischen Mitglieder hin, lassen aber eine Thematisierung der Verstrickung der Täter schmerzlich vermissen. Aufsätze, die sich mit der belasteten Vergangenheit der Leopoldina beschäftigen, sind in ihrem Zuschnitt teils zu halbherzig und zaghaft.[48] Zu untersuchen ist, wer von der Streichung jüdischer Mitglieder profitierte. Der zu betrachtende Zeitraum muss dabei weit über die Jahre 1933–1945 hinausgehen, da beispielsweise schwer belastete Personen wie etwa der von Hitler (1889–1945) zum Professor ernannte Julius Hallervorden (1882–1965) oder Hugo Spatz (1888–1969), deren Hirnforschungen auf den Präparaten ermordeter „Euthanasie“-Patienten beruhten, beide erst 1960 zur Leopoldina stießen.

Die folgenden Ausführungen beschränken sich auf bekannte Mitglieder der Leopoldina, deren Biografien leicht in einschlägigen Standardwerken[49] nachzuvollziehen sind. Zunächst ist zu unterscheiden zwischen einerseits der NS-Belastung, d. h. der Mitgliedschaft in der NSDAP und ihren Gliederungen bzw. Berufsorganisationen wie dem NS-Ärztebund o. ä. oder auch Ergebenheitsadressen an Hitler, andererseits der strafrechtlichen Beschuldigung bzw. Verurteilung im Zusammenhang mit NS-Verbrechen.

---

47 Gerstengarbe et al. 2016. Vgl. Gerstengarbe und Seidler 2002, S. 227–262.

48 Vgl. Gerstengarbe 2001, S. 425–443. Ob man die NS-Diktatur als „Blütezeit“ (S. 426) der Akademie betrachten sollte, ist wohl Geschmackssache. Unbestritten ist die Aufnahme „exponierte[r] Rassenhygieniker“ auf Betreiben des Präsidenten, ebenda, S. 430. Die apologetischen Behauptungen des Präsidenten Emil Abderhalden, der die Streichung jüdischer Mitglieder leugnete und behauptete, „die Akademie [sei] ohne jeden Tadel durch die Nazizeit gekommen“, sind außerordentlich kritisch zu sehen. Vgl. ebenda, S. 431–432. Vgl. auch Gerstengarbe 2018, S. 507–534.

49 Klee 2001, 2003, Weindling 1989.

Die NSDAP-Mitgliedschaft als solche ist nur bedingt aussagekräftig, wenngleich eine Mitgliedschaft 1933 für größere ideologische Affinität spricht als eine Mitgliedschaft 1937. Darüber hinaus sind rechtsradikale Umtriebe vor 1933 zu berücksichtigen. Erwähnt sei hier der frühe Parteigänger und Anthropologe Bolko Freiherr von Richthofen (1899–1983, ML 1937). Er war bereits 1932 zu Alfred Rosenbergs (1893–1946) Kampfbund für deutsche Kultur gestoßen, gehörte zur Forschungsgemeinschaft Deutsches Ahnenerbe und publizierte noch 1944 zum Thema „Judentum und bolschewistische ‚Kulturpolitik'". Schon 1919 war er bei der illegalen Schwarzen Reichswehr und war an der Niederschlagung des Spartakusaufstands in Berlin ebenso wie an der Niederwerfung der Münchner Räterepublik beteiligt, kurz darauf an den Freikorpskämpfen in Oberschlesien. Seit 1942 bei der Wehrmacht in der Abteilung Fremde Heere Ost beteiligte er sich in dieser Funktion am Raub und an der Zerstörung von Kulturgut im besetzten Osteuropa.

Frühe NSDAP-Mitglieder (seit 1933) waren der Psychiater Oswald Kroh (1887–1955, zusätzlich Förderndes Mitglied der SS 1934–1938, ML 1940), der Neurologe Heinrich Pette (1887–1964, ML 1940, außerdem als Gutachter für Erbgesundheitsgerichte tätig), ebenso der Ur- und Frühgeschichtler Karl Jacob-Friesen (1886–1960, ML 1944, ferner Rosenbergscher Kampfbund für deutsche Kultur). Letzterem gehörte als Mitglied auch der Prähistoriker Ernst Wahle (1889–1981, ML 1944) an, der 1937 der NSDAP beitrat.

Gesondert zu betrachten sind Ergebenheitsadressen, für die kein wie auch immer gearteter „Zwang" bestand, wie er etwa apologetisch für NSDAP-Mitgliedschaften angeführt wird. Zu den Unterzeichnern des „Bekenntnis[ses] der Professoren an den deutschen Universitäten und Hochschulen zu Adolf Hitler und dem nationalsozialistischen Staat" vom 11. November 1933 gehörten u. a. Adolf Butenandt (1903–1995, ML 1934, Vizepräsident der Leopoldina 1955–1960), Narziß Ach (1871–1946, ML 1938), Ferdinand Sauerbruch (1875–1951, ML seit 1933) und der schon erwähnte Heinrich Pette. Der Präsident der Leopoldina, Emil Abderhalden (1877–1950), sandte zum 250-jährigen Jubiläum der Leopoldina im Jahr 1937 ein Ergebenheitstelegramm an Hitler.[50]

Durch besondere Affinität zur Ideologie der Nationalsozialisten in ihrer Berufsausübung fielen ferner folgende Personen auf: Der Neurologe Max Nonne (1861–1959, ML 1940) befürwortete explizit den Krankenmord. Der Anthropologe Alfred Ploetz (1860–1940, ML 1937) gilt als Begründer der deutschen Rassenhygiene. Zusammen mit seinem Schwager, dem Psychiater Ernst Rüdin (1874–1952, ML 1932), gründete er die Deutsche Gesellschaft für Rassenhygiene. Im völkischen Verlag J. F. Lehmann publizierte er in der Zeitschrift *Volk und Rasse*. Präsident Abderhalden war außerdem Mitwisser der Menschenversuche u. a. im KZ Dachau, die der Arzt Claus Schilling (1871–1946) an Häftlingen durchführte, und war in Kontakt mit Otmar von Verschuer (1896–1969, ML 1934), dessen Zwillingsforschung u. a. auf Menschenversuchen basierte.[51]

Strafrechtlich belangte Mitglieder der Leopoldina waren der 1939 aufgenommene Heinrich Bütefisch (1894–1969), zuständig für das IG Farben Werk in Auschwitz, ebenso der seit 1942 zur Leopoldina gehörige Carl Krauch (1887–1968), Aufsichtsratsvorsitzender der IG Farben, die beide im amerikanischen IG Farben-Prozess zu sechs Jahren Haft verurteilt wurden. Zu den Förderern der Leopoldina gehörte Gustav Krupp von Bohlen und Halbach (1870–1950),[52] der lediglich wegen Verhandlungsunfähigkeit einer Verurteilung

50 Vgl. Gerstengarbe et al. 2016, S. 231–427, hier S. 333.
51 Vgl. ebenda, S. 267–275.
52 Vgl. ebenda, S. 348.

in den alliierten Prozessen entging. Eine stattliche Anzahl von Nachkriegsermittlungsverfahren richteten sich gegen den 1937 in den erlauchten Leopoldina-Kreis aufgenommenen Pädiatrieprofessor Werner CATEL (1894–1981), Ordinarius der Universitätskinderklinik Leipzig, Mitglied des Reichsausschusses und Obergutachter bei der Ermordung behinderter Kinder.[53] Andere bewahrte nur der Selbstmord vor strafrechtlicher Ahndung wie den an der Planung des Krankenmordes beteiligten Psychiater Max DE CRINIS (1889–1945, Leopoldina seit 1943).[54] Zur Riege skrupelloser Ärzten gehörte Heinrich-Alexander GINS (1883–1968, ML 1940), der noch im Frühjahr 1945 Häftlinge des KZ-Außenlagerkomplexes Mühldorf zu zahnmedizinischen Experimenten nützte.[55] Gegen den schon erwähnten Otmar Freiherr VON VERSCHUER, Direktor des Kaiser-Wilhelm-Instituts für Anthropologie und Doktorvater von Josef MENGELE (1911–1979), richtete sich ebenfalls ein Ermittlungsverfahren.[56]

7. Quantitative Auswertung

In Ost- und Westdeutschland kam es insgesamt zu rund 51500 Verfahren (Ermittlungen und Prozesse) mit rund 200000 Beschuldigten. Etwa 36000 Verfahren entfallen auf Westdeutschland,[57] etwa 15500 Verfahren auf Ostdeutschland. Hinzuweisen ist auf Aktenverluste in Ost und West, deren Ausmaß schwer zu quantifizieren ist. Die Auffindung der ostdeutschen Verfahren ist schon aufgrund politischer Entwicklungen schwierig: Die Auflösung der Länder und die Gründung der 14 Bezirke in der DDR ging einher mit der Abschaffung der Amts-, Land- und Oberlandesgerichte sowie Landesjustizministerien und der Gründung der Bezirksgerichte und Kreisgerichte, die wiederum zu unwiederbringlichen Aktenverlusten führten. Heute befinden sich die Akten meist nicht bei den einst aktenführenden Behörden wie Staatsanwaltschaften, Gerichten oder einschlägigen Landesarchiven, sondern vielmehr bei den Außenstellen der Behörde des Bundesbeauftragten für die Unterlagen des Staatssicherheitsdienstes der ehemaligen Deutschen Demokratischen Republik (BStU). Dies hat auch zur Neugliederung der Aktenbestände (Umsignierungen) geführt, die den einstigen Registraturen nicht entsprechen.

Die folgende Auswertung der Daten basiert auf einem langjährigen Forschungsprojekt, das unter Hinzuziehung von Unterlagen der Zentralen Stelle Ludwigsburg, sämtlicher Staats- und Landesarchive sowie Staatsanwaltschaften eine Gesamtübersicht der deutschen justiziellen Ahndung von NS-Gewaltverbrechen erstellte.[58] Gezählt wurde dabei jedes Verfahren, ob

53 Vgl. Hannover 2 Js 237/56, Hauptstaatsarchiv Hannover, Nds. 721 Hann. Acc. 90/99, Nr. 33/1-38, 34/1-4, 36 (1964 wegen Verjährung eingestellt); Hamburg 14 Js 265/48, Staatsarchiv Hamburg (1949 außer Verfolgung gesetzt); Köln 24 Js 429/61, Hauptstaatsarchiv Düsseldorf – Zweigarchiv Kalkum, Gerichte Rep. 231/1535-1548 (1963 wegen Verjährung eingestellt); Hamburg 141 Js 850/60; Staatsarchiv Hamburg, Bestand 213-11, Nr. 22975/65 (wegen ne bis in idem eingestellt, da Hauptverfahren unter Hamburg 14 Js 265/48 abgelehnt worden war); Frankfurt (GStA) Js 149/60 (GStA), Hauptstaatsarchiv Wiesbaden, Abt. 631a, Nr. 1239-1313 (Verfahren eingestellt).

54 Vgl. Frankfurt (GStA) Js 149/60 (GStA), Hauptstaatsarchiv Wiesbaden, Abt. 631a, Nr. 1239-131 (Verfahren wegen Todes erledigt).

55 Vgl. RAIM 1992, S. 234.

56 Vgl. Münster 35b Js 74/68, Staatsarchiv Münster, StAnw. Münster 438 (1968 mangels Beweises eingestellt).

57 Vgl. EICHMÜLLER 2008, S. 621–640. Hier wird differenziert die Quellenlage für Westdeutschland und eine Zahlenbilanz für die Jahre 1945 bis 2005 dargelegt. Eine Vervollständigung der Datenbank für die Jahre ab 2014 ist durch das Institut für Zeitgeschichte München – Berlin nicht mehr erfolgt.

58 Vgl. zur westdeutschen Gesamtbilanz: EICHMÜLLER 2008.

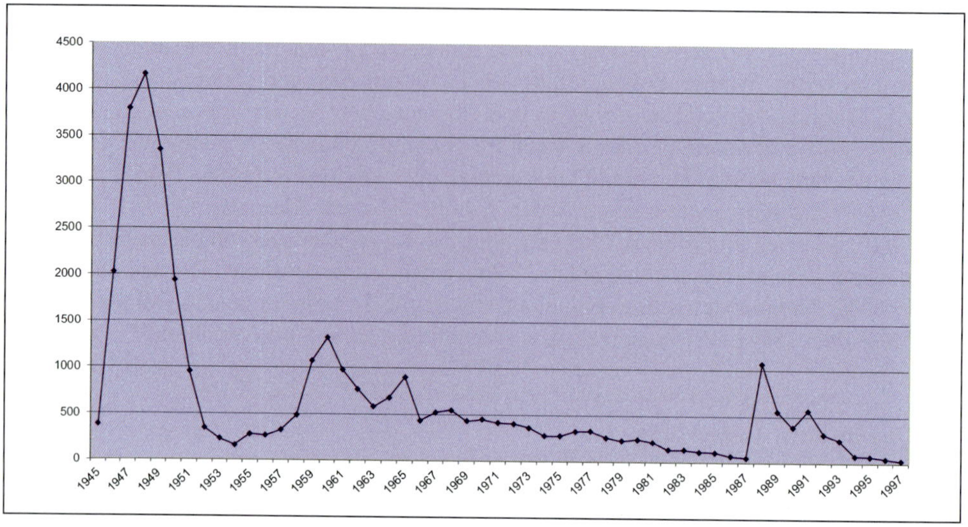

Abb. 1 Anzahl der jährlich von westdeutschen Staatsanwaltschaften neu eingeleiteten Ermittlungsverfahren wegen NS-Verbrechen 1945–1997.

es eine nur wenige Wochen dauernde eingestellte Ermittlung oder ein mehrjähriger Prozess durch zahlreiche Instanzen war. Manche der Verfahren richteten sich gegen einen Beschuldigten, andere gegen hunderte Verdächtige. Deswegen ist es wichtig, sowohl die Zahl der Verfahren als auch die Zahl der Beschuldigten zu berücksichtigen.

Überraschend ist, dass das Jahr mit den meisten westdeutschen Verfahren, Anklagen und Verurteilungen wegen nationalsozialistischer Gewaltverbrechen das Jahr 1948 ist (Abb. 1).[59]

Die Statistik zeigt den Verlauf der Ahndung. Die hohen Ausschläge bei der Kurve für Westdeutschland in den Jahren 1988 und erneut 1998 sind auf die Übergabe von Beschuldigtenlisten und Akten durch die Vereinten Nationen zurückzuführen, die zur Einleitung zahlreicher Ermittlungsverfahren führten. Die Verlaufskurve für die SBZ/DDR zeigt den quantitativen Höhepunkt ebenfalls 1948 (Abb. 2).

In lediglich 16 % der über 36 000 westdeutschen Verfahren kam es zu Anklageerhebungen (16 740 Personen), und nur 6656 Personen wurden verurteilt (vier vollstreckte Todesurteile, 166 lebenslange Freiheitsstrafen, der Rest zu zeitlich befristeten Freiheitsstrafen oder Geldstrafen). Nur etwas über 1000 Verfahren widmeten sich Tötungsverbrechen (Abb. 3).[60]

Von 1945 bis 1989 wurden in der SBZ und DDR über 15 500 Verfahren zu NS-Verbrechen durchgeführt.[61] Diese Verfahren richteten sich gegen 22 765 Personen. Schon aus diesen Zahlen wird klar, dass die allermeisten ostdeutschen Verfahren sich jeweils gegen einzelne Beschuldigte, nicht gegen mehrere Täter richteten.

59 Sämtliche Statistiken stammen von Andreas Eichmüller, dem hier nochmals herzlich gedankt sei. Vgl. auch Eichmüller 2012, S. 226. Die exakten Zahlen zur ostdeutschen Ahndung sind von Andreas Eichmüller und Edith Raim erhoben worden. Die diesbezüglich vorgehaltene Datenbank am Institut für Zeitgeschichte München-Berlin ist mittlerweile veraltet, eine Nutzung daher untunlich.

60 Vgl. Eichmüller 2008, S. 621–640.

61 Die Zahl enthält die Waldheim-Verfahren, die wegen ihres nicht rechtstaatlichen Charakters keinen Anspruch auf eine solide Ermittlung eines Tathergangs geschweige denn eine gerechte Urteilsfindung erheben können.

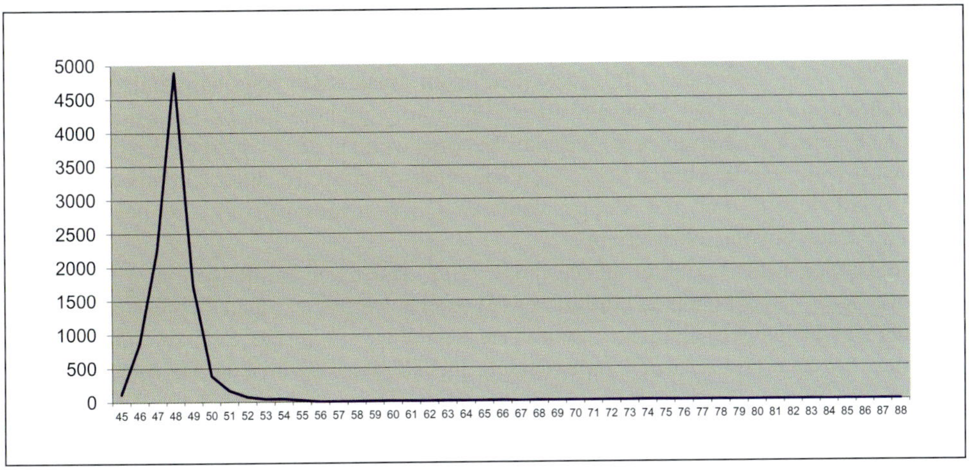

Abb. 2 Anzahl der in der SBZ/DDR eingeleiteten juristischen Ermittlungsverfahren wegen NS-Verbrechen 1945–1989.

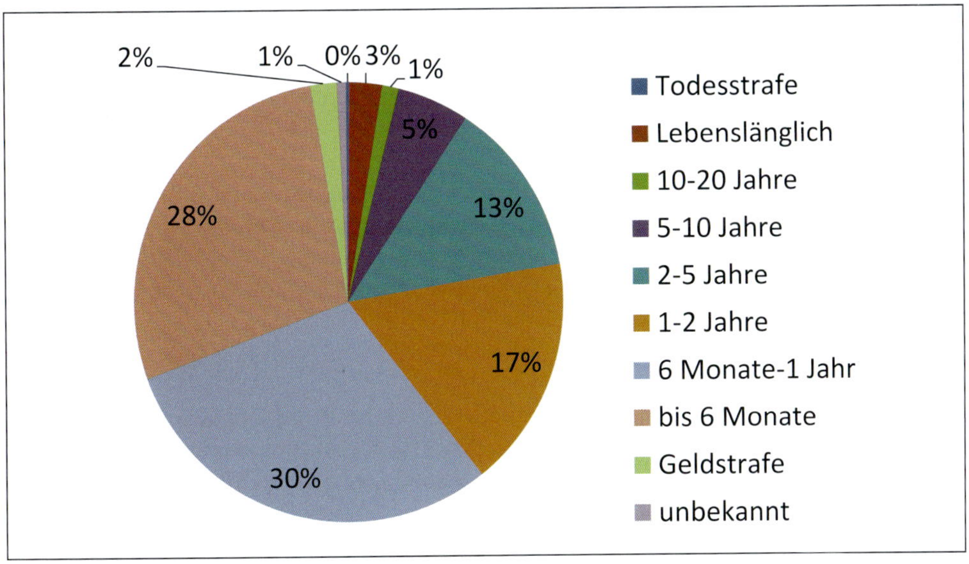

Abb. 3 Rechtskräftige Verurteilungen nach Strafmaß 1945–2005 (West/Gesamt).

8. Qualitative Auswertung

Die in der Datenbank erhobenen Zahlen sind allein nicht besonders aussagekräftig. Ein Datensatz entspricht einem Verfahren. Wie oben erwähnt, kann dies eine Ermittlung sein, die kurz darauf eingestellt wird und keine 20 Blatt umfasst, oder aber ein Prozess mit Dutzenden von Angeklagten und hunderten von Beschuldigten und mehreren hundert Aktenbänden. Es ist daher unerlässlich, qualitative Untersuchungen anzustellen. So könnten beispielsweise biografische Daten von Beschuldigten und Angeklagten analysiert werden hinsichtlich Geburtsjahrgängen, Herkunft oder Ausbildung. Ebenso könnten juristische Metadaten erhoben werden, die nach Auslastung und Prozesshäufigkeit hinsichtlich Nationalsozialistischer Gewaltverbrechen (NSG) bei Staatsanwaltschaften und Gerichten fragen. Angesichts des begrenzten Platzes kann hier nur ein Überblick geboten werden, der sich auf die Verbrechenskategorien bezieht. Diese wurden von dem niederländischen Strafrechtler Christiaan F. RÜTER (*1938) entwickelt[62] und mit kleinen weiteren Differenzierungen ergänzt, beispielsweise durch die Kategorie der „Arisierung".

Ein Vergleich der Verfahrensgegenstände zeigt, dass die Ermittlungen in West und Ost nicht nur bezüglich der Quantität differieren. Theoretisch müssten (unter Berücksichtigung regionaler Abweichungen) ähnliche Tatvorwürfe ermittelt worden sein. Selbstverständlich sind an Orten, wo eine große Anzahl Juden lebten, mehr Prozesse zum Pogrom vom November 1938 zu erwarten als an Orten, wo wenig Juden lebten. Dies müsste auch auf vieles andere zutreffen: Endphasenverbrechen, also Straftaten kurz vor und nach Kriegsende, fanden vor allem in stark umkämpften Gebieten statt; Verbrechen an politischen Gegnern tendenziell eher an Orten mit einer starken Arbeiterbevölkerung; die Ermittlungen zur „Euthanasie" sind nur bei Staatsanwaltschaften und Gerichten zu erwarten, in deren Gerichtssprengel sich die „Euthanasieanstalten" Bernburg, Brandenburg, Grafeneck, Hadamar und Sonnenstein bei Pirna oder einschlägige Heil- und Pflegeanstalten befanden. Zu berücksichtigen ist ferner die geänderte Rechtslage bzw. die Verjährung. So bewirkte der Wegfall des Kontrollratsgesetzes Nr. 10 in Westdeutschland Verschiebungen hinsichtlich der Ermittlungen von Tatkomplexen (Wegfall der Strafverfolgung zu Denunziationen), gleichzeitig kamen mit der Aufhebung des alliierten Vorbehalts hinsichtlich alliierter Opfer andere Verbrechenskomplexe hinzu. Doch auch unter diesen Prämissen sind starke Abweichungen erkennbar, die hier statistisch aufbereitet sind.

Die nächste Grafik zeigt die neu eingeleiteten Ermittlungsverfahren in Westdeutschland im Zeitraum 1945 bis 1949, aufgeschlüsselt nach Tatkomplexen (Abb. 4).

Welche Ermittlungen führten zu rechtskräftigen Verurteilungen? Auch hier gibt es Verschiebungen bei den Verbrechenskomplexen, wie die folgende Statistik, wiederum für Westdeutschland während der Besatzungszeit, zeigt (Abb. 5). Die Wahrscheinlichkeit, dass eine Ermittlung zu Pogromverbrechen auch in einen Prozess mit Verurteilungen mündete, war dabei hoch.

Deutlich wird der Wandel bei der Ermittlung von Verbrechenskomplexen in der Bundesrepublik.[63] So bildeten die (Ermittlungs-)Verfahren zur Denunziation in der Besatzungszeit mit 38 % einen deutlichen Schwerpunkt. In den Jahren von 1960 bis 2005 wurde wegen des Wegfalls von Kontrollratsgesetz Nr. 10 nur noch eine verschwindend geringe Anzahl von diesbezüglichen Verfahren eingeleitet (1,7 %). Kriegsverbrechen, wegen des alliierten Vorbehalts in der Besatzungszeit nur eine geringfügige Zahl (1,2 %), stellten dagegen in den Jahren von 1960 bis 2005 fast ein Viertel der Verbrechenskomplexe bei den Ermittlungen. Ähnliches gilt für KZ-Verbrechen (Besatzungszeit: 6,7 %) und Massenvernichtungsverbrechen (Besatzungszeit: 1,2 %), die im Zeitraum von 1960 bis 2005 ebenfalls jeweils rund ein Viertel der Ermittlungen einnahmen. Die Ahndung der Verbrechen an politischen Gegnern, ehemals ein dominantes Ermittlungsgebiet, ging ebenso zurück wie die des Pogroms von 1938. Dies war nicht zuletzt auf die Verjährung von einschlägigen Straftatbeständen (Land- und Hausfrie-

62 RÜTER [et al.] 1968ff.

63 Vgl. detailliert EICHMÜLLER 2008, S. 628.

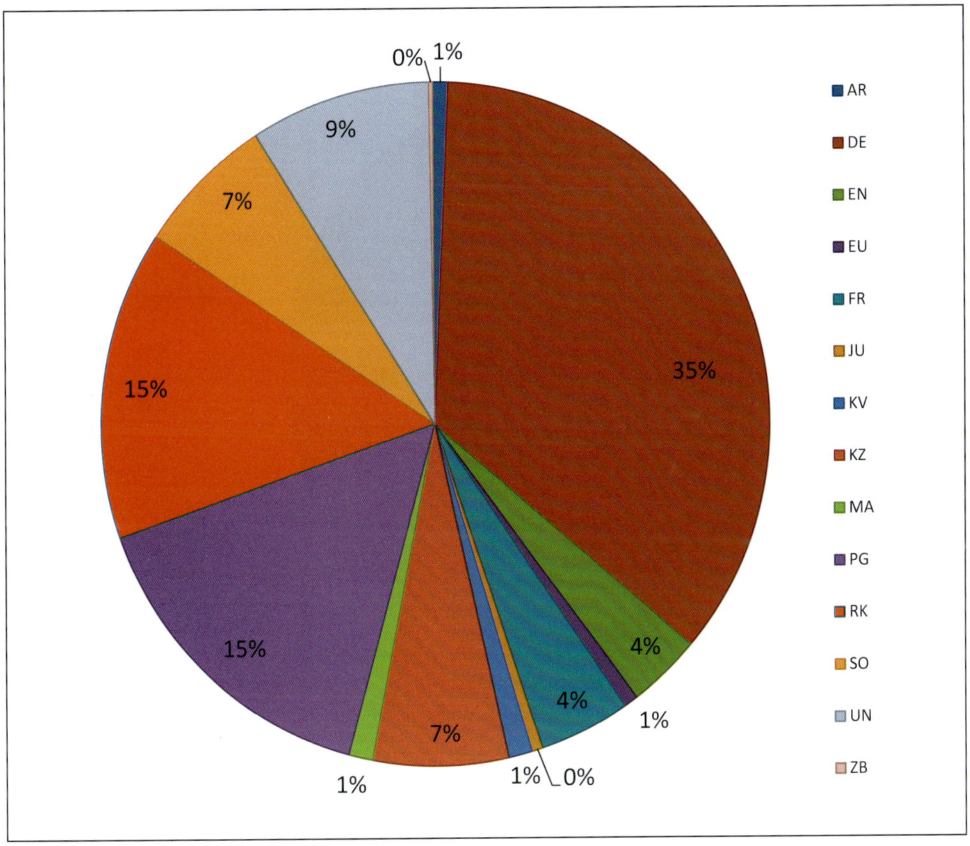

Abb. 4 Neu eingeleitete Ermittlungsverfahren der Jahre 1945–1949 nach Verbrechenskomplexen in Westdeutschland. AR: Arisierung, DE: Denunziation, EN: Endphase, EU: Euthanasie, FR: Fremdarbeiter, JU: Justiz, KV: Kriegsverbrechen, KZ: KZ/Haft, MA: Massenvernichtung, PG: Politische Gegner, RK: Reichskristallnacht, SO: Sonstige, UN: Unbekannt, ZB: Zentrale Behörden.

densbruch, Körperverletzung, Brandstiftung u. a.) zurückzuführen. Eine Gesamtbilanz für die Jahre bis 2005 bietet die nächste Statistik (Abb. 6).

Zu den frühen Leistungen der westdeutschen Gerichte zählen verschiedene Prozesse und Prozessgruppen. Zu erwähnen sind die Verfahren wegen der Misshandlung (und auch Tötung) politischer Gegner durch die Nationalsozialisten in den frühen Jahren des NS-Regimes, die Prozesse zu sogenannten Endphasenverbrechen gegen Kriegsende, außerdem die quasi flächendeckende und systematische Ermittlung und Ahndung des Novemberpogroms von 1938. Allein in Westdeutschland gab es dazu rund 2400 Ermittlungen, die selbst kleine und kleinste Ortschaften unter die Lupe nahmen.[64] Ebenso wurde gegen die Täter in den sogenannten Euthanasie-Anstalten Grafeneck und Hadamar intensiv ermittelt. Hervorzuheben sind auch die frühen Prozesse hinsichtlich Vernichtungslagern und Massenvernichtungs-

64 Vgl. Raim 2009, S. 101.

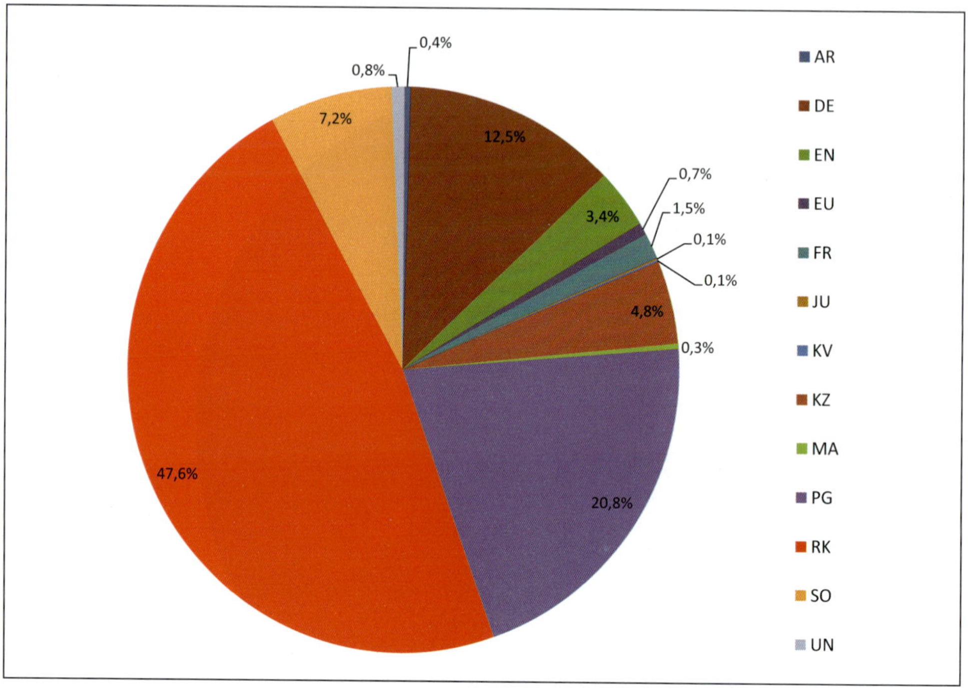

Abb. 5 Rechtskräftige Verurteilungen wegen NS-Verbrechen in den westlichen Besatzungszonen (einschließlich Berlin und Saarland) in den Jahren 1945–1949 nach Verbrechenskomplexen. AR: Arisierung, DE: Denunziation, EN: Endphase, EU: Euthanasie, FR: Fremdarbeiter, JU: Justiz, KV: Kriegsverbrechen, KZ: KZ/Haft, MA: Massenvernichtung, PG: Politische Gegner, RK: Reichskristallnacht, SO: Sonstige, UN: Unbekannt.

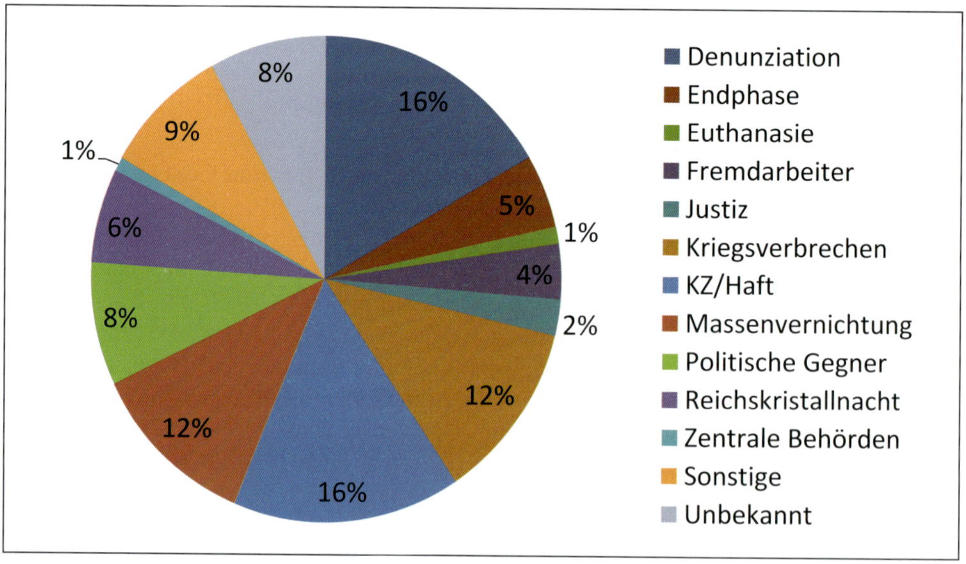

Abb. 6 Verbrechenskomplexe Westdeutschland/gesamt 1945–2005.

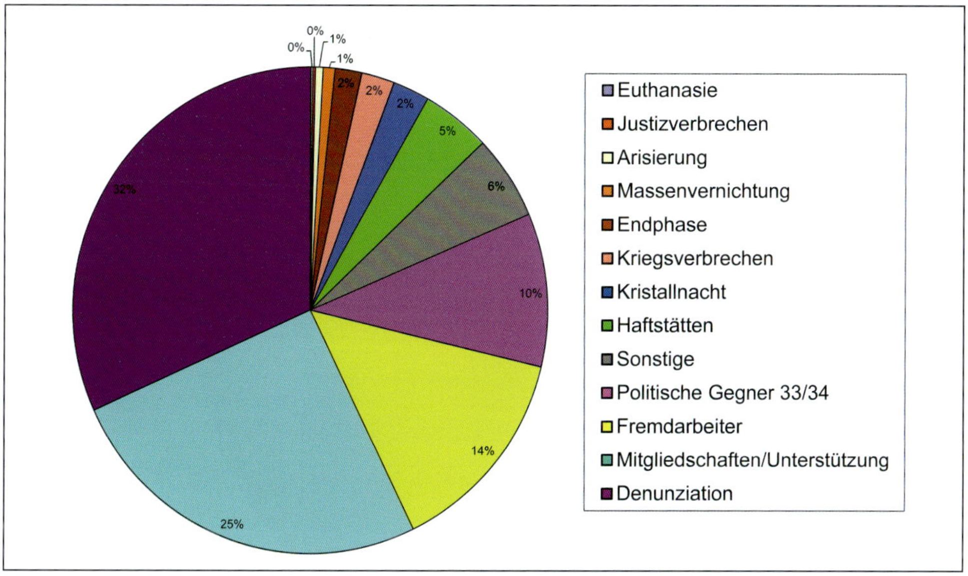

Abb. 7 Verfahren wegen NS-Verbrechen in der SBZ/DDR 1945–1989 nach Verbrechenskomplexen.

verbrechen, die schon Ende der 1940er Jahre stattfanden.[65] Teils wurde mit außerordentlich beschränkten Mitteln ein großer Wissensfundus zusammengetragen, auf dem spätere Verfahren aufbauen konnten. Dies trifft beispielsweise auf die frühen „Euthanasie“-Verfahren zu.[66] Insgesamt wurde trotz aller Defizite durch erschwerte Kommunikation in der frühen Nachkriegszeit, unerfahrener Polizeibehörden und verunsicherter Juristen hinsichtlich geltender Regelungen von Seiten der Alliierten oder auch der deutschen Justiz Beachtliches geleistet, das den Anspruch des Rechtsstaates deutlich machte: Unrecht würde nicht toleriert werden, und niemand konnte seine Beteiligung an den Taten auf den NS-Staat abwälzen.

Spannend ist hier der Vergleich von Ostdeutschland mit Westdeutschland, der zeigt, dass bei der Ermittlung der Verbrechenskomplexe andere Schwerpunkte gesetzt wurden (Abb. 7). Insbesondere Denunziationen während der NS-Zeit und die Mitgliedschaft in der NSDAP und ihren Gliederungen standen im Mittelpunkt der Ahndung; zusammen mit der Ahndung der Verbrechen an sogenannten Fremdarbeiterinnen und Fremdarbeitern und politischen Gegnern bildeten sie mehr als Dreiviertel aller Verfahren. Hinzu kommt die erhöhte Wahrscheinlichkeit einer Verurteilung: Fast 80 % aller Angeklagten wurden auch verurteilt, nur 15 % freigesprochen, die restlichen Verfahren endeten mit Einstellungen (z. B. wegen Tod oder unbekannten Aufenthalts) (Abb. 8).

Vordergründig wirkt diese Bilanz – gerade im Vergleich mit Westdeutschland – quantitativ außerordentlich beeindruckend. Der niederländische Jurist Christiaan F. Rüter lobte die ostdeutsche Ahndung ausdrücklich als die gelungenere Form, NS-Verbrechen zu sühnen und die Täter einer gerechten Strafe zuzuführen.[67]

65 Vgl. Raim 2013, S. 1146–1171.
66 Vgl. Raim 2013, S. 1092–1094; Raim 2021, S. 361–363.
67 Vgl. Rüter 2010, S. 213–222.

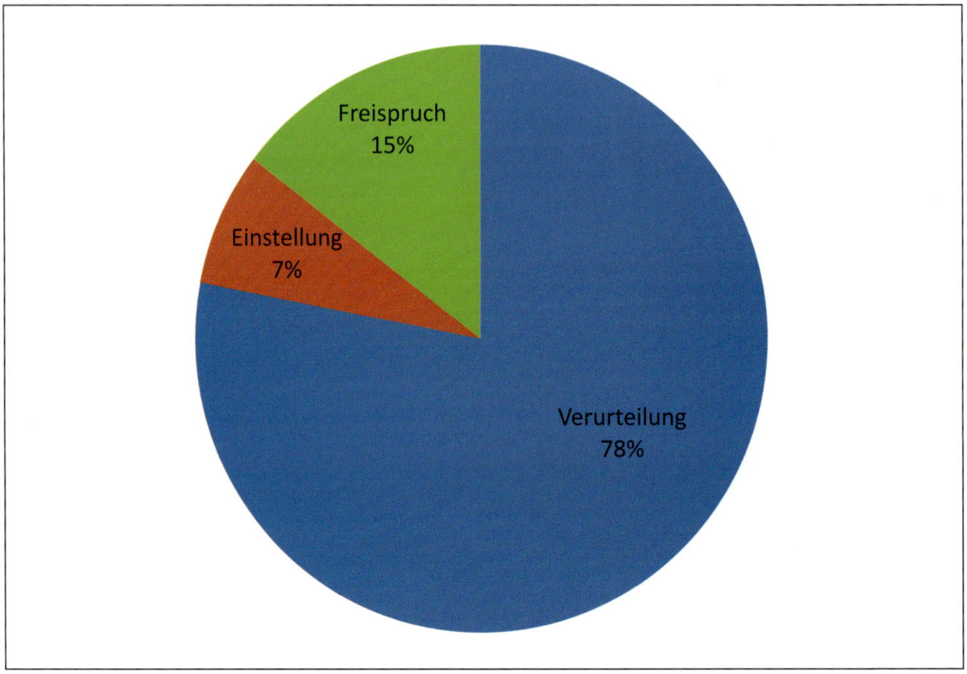

Abb. 8 Abgeurteilte Angeklagte SBZ/DDR 1945–1989.

Allerdings ist eine derartige Wertung problematisch. In Ostdeutschland fand die strafrechtliche Ahndung wie die politische Säuberung vor denselben Strafkammern statt, während im Westen zwischen der politischen Säuberung und der justiziellen Ahndung deutlich geschieden wurde und unterschiedliche Spruchkörper (Spruchkammern/Spruchgerichte *versus* ordentliche Gerichte der Strafjustiz) im Einsatz waren. Ein direkter Vergleich der ost- und westdeutschen NSG-Verfahren verbietet sich damit eigentlich: Entweder müssen für die SBZ die Entnazifizierungsverfahren abgezogen oder im Westen die Entnazifizierungsverfahren (politische Säuberung) dazugezählt werden. Ein nicht unerheblicher Anteil der rund 15 400 Verfahren im Osten sind der politischen Säuberung zuzurechnen. Hinzu kommt, dass die DDR fast ebenso großzügig wie die Bundesrepublik Deutschland amnestierte, so dass viele der zu Gefängnisstrafen Verurteilten nur für eine geringe Zeit ihrer Freiheit verlustig gingen. Die Statistik zeigt, dass auch in der SBZ/DDR rund drei Viertel aller Strafen unter zwei Jahren Haft lag (Abb. 9).[68]

Außerdem ist zu berücksichtigen, dass im Osten potenzielle Beschuldigte schon zu Beginn der ostdeutschen Ahndung rar waren. NS-Funktionäre wie politische Leiter der NSDAP oder höherrangige SA- und SS-Führer ebenso wie Bürgermeister und Landräte waren entweder in den Westen geflohen oder sofort bei Kriegsende von der sowjetischen Besatzungsmacht verhaftet worden. Sie wurden teils von sowjetischen Militärtribunalen anhand pauschaler Anklagen abgeurteilt, teils auch ohne Prozess in die Sowjetunion zur Zwangs-

68 Auswertung der erwähnten NSG-Datenbank.

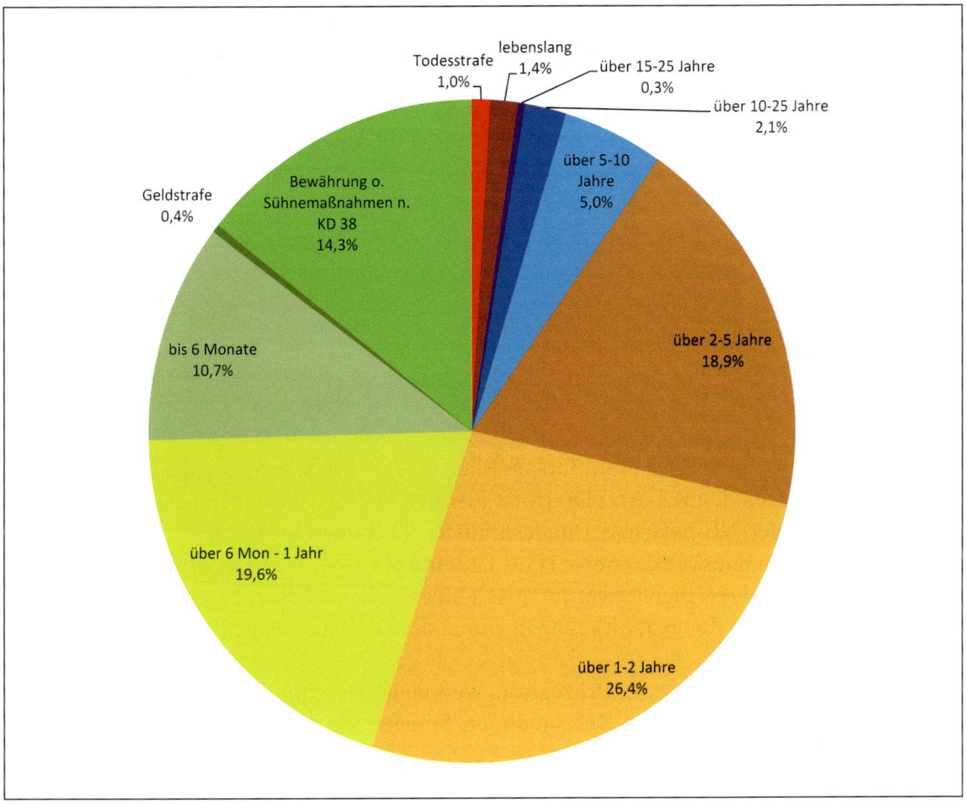

Abb. 9 Strafen für abgeurteilte NS-Verbrecher in der SBZ/DDR 1945–1989.

arbeit abtransportiert, teils wohl auch liquidiert.[69] Sie alle standen also für die ostdeutschen Verfahren nicht mehr zur Verfügung.

Damit waren einerseits die Ermittlungen erschwert, weil wesentliche (Mit-)Täter ihr Wissen für die Prozesse nicht mehr zur Verfügung stellen konnten, andererseits weitete sich damit der Kreis Verdächtiger, weil die Sowjetische Militäradministration auf Prozesse drang, in stärkerem Ausmaß aus auf Beschuldigte, die in der NS-Hierarchie auf unteren Karrierestufen steckengeblieben waren.

Große Verfahren wie im Westen, wo gegen Hunderte von Beschuldigten ermittelt wurde, gab es für die SBZ/DDR nicht. Das Vorgehen beim Genozid, bei dem eine Vielzahl von Tätern in Erschießungskommandos oder in Lagern mordete und dessen arbeitsteiliges Vorgehen wir heute als eines der Kennzeichen des nationalsozialistischen Massenmordes an den europäischen Jüdinnen und Juden einstufen, fanden in den ostdeutschen Verfahren keinen Reflex.

Zwar waren Rechtshilfeersuchen anfänglich noch möglich, doch bald schon stellten beide Seiten die Kooperation ein.[70] Zu Auslieferungen kam es schon in der Besatzungszeit sel-

69 Vgl. Raim 2018, S. 29–30.

70 Vgl. beispielsweise den Verzicht westdeutscher Gerichte auf die Ladung von Zeugen aus der SBZ/DDR in Raim 2013, S. 1022.

ten. Einer der spektakulärsten Fälle war der des ehemaligen Görlitzer Kreisleiters Dr. Bruno Malitz (1905–1948). Dieser war unter Leugnung seiner NSDAP-Zugehörigkeit vom 26. Juli 1945 bis zum 24. Februar 1947 Abteilungsleiter im Ernährungsamt Bremen gewesen. Am 24. Februar 1947 wurde er von der *Special Branch* der US-Militärregierung in Bremen verhaftet, interniert und am 13. Dezember 1947 in die Sowjetische Besatzungszone ausgeliefert. Malitz musste sich nun gemeinsam mit dem früheren Görlitzer Oberbürgermeister Hans Meinshausen (1889–1948) einem Prozess in Görlitz stellen, wo er wegen Verbrechen gegen die Menschlichkeit und als Hauptverbrecher nach Kontrollratsdirektive 38 zum Tod verurteilt wurde. Beide wurden im Oktober 1948 in Dresden hingerichtet. Der Prozess wurde als Schauprozess inszeniert.[71]

„Gleichzeitig zeichnet sich hier bereits ein Muster ab, das viele der Prozesse in Ostdeutschland bestimmen sollte: Sie waren sehr häufig Reaktionen auf Entwicklungen und Prozesse in Westdeutschland, also teils nicht einem eigenen genuinen Ahndungsimpetus geschuldet, sondern dem Wunsch, es besser (d.h. in der Regel strenger und härter) als im Westen zu machen."[72]

Auf die Auschwitz-Prozesse in Frankfurt am Main (1963–1965) reagierte die DDR 1966 mit dem Verfahren gegen den KZ-Arzt Dr. Horst Fischer (1912–1966).[73] Ebenso wurden 1960 respektive 1963 der NS-belastete Bundesminister Theodor Oberländer (1905–1998)[74] und der Chef des Bundeskanzleramtes Hans Globke (1898–1973)[75] in Abwesenheit verurteilt. Letzteres Verfahren bietet zwar juristisch einen sehr vorhersehbaren Verlauf, ist aber wegen der zahlreichen Zeugenbefragungen von in der DDR ansässigen Jüdinnen und Juden höchst lesenswert.

Anders als im Westen, wo der Prozentsatz weiblicher Beschuldigter unter 4 % lag,[76] waren im Osten deutlich mehr der Beschuldigten Frauen. Als Beispiel für die Entnazifizierungsverfahren sei hier der Prozess gegen Eveline Thierack (*1895) erwähnt, die 1947 als Nutznießerin des NS-Regimes angeklagt wurde, weil sie als Ehefrau des Reichsjustizministers an gesellschaftlichen Veranstaltungen des NS-Regimes teilgenommen hatte.[77] Zu den Vorwürfen der Anklage zählte, dass sie sich nicht zur Scheidung entschloss, obwohl ihr Ehemann eine Geliebte hatte, dass sie sich einen kostspieligen Kuraufenthalt von ihm finanzieren ließ, ebenso eine Acht-Zimmer-Wohnung im Amtsgericht von Triebes (Thüringen) und erhebliche Unterhaltsbeträge von ihm erhielt. 1948 wurde sie als Belastete eingestuft und gemäß Kontrollratsdirektive 38 zu sechs Monaten Gefängnis verurteilt.

Obwohl die ostdeutschen Prozesse auf der Ermittlungsebene juristisch teils äußerst schwach begründet waren – oft reichten ein oder zwei Belastungszeugen zur ‚Überführung' eines Angeklagten – so sind manche der in den Urteilen festgestellten Tatsachen doch höchst bemerkenswert und werfen manchmal auch neues Licht auf die NS-Forschung, wie das folgende Beispiel illustriert.

Manchmal verwischen sich die Unterschiede zwischen Opfern und Tätern. Die Krankenpflegerin Katharina A. (1905–1952) wurde 1937 beim illegalen Grenzübertritt nach

71 Bautzen 2 Js 241/47 = 9a/14 StKs 13/48; Behörde des Bundesbeauftragten für die Unterlagen des Staatssicherheitsdienstes der ehemaligen Deutschen Demokratischen Republik [BStU] Außenstelle [ASt] StKs 13/48.

72 Raim 2018, S. 31.

73 Oberstes Gericht der DDR 1 Zst (I) 1/66; BStU Zentrale Untersuchungsvorgänge [ZUV] 84.

74 Oberstes Gericht der DDR Ia 107/60; BStU ZUV 28.

75 Oberstes Gericht der DDR 1 Zst (I) 1/63; BStU ZUV 83.

76 Eichmüller 2008, S. 625.

77 Gera 1 Aufs. 28/47 = KStKs 14/47; BStU Gera ASt KStKs 14/47.

Frankreich von der Gestapo in Saarbrücken festgenommen, als sie einen jüdischen Freund besuchen wollte, der nach Verbüßung einer zweijährigen Zuchthausstrafe wegen Zuhälterei aus dem Reich ausgewiesen worden war. Ein Jahr später wurde sie in Dresden wegen „Rassenschande“ inhaftiert und kam wegen ihres stattlichen Vorstrafenregisters (u. a. Diebstahl, Betrug und Unterschlagung) in „Schutzhaft“ in das KZ Lichtenburg. Dort wurde sie von der Lagerleitung angeblich als Spitzel gegen Mitgefangene eingesetzt, weil Katharina A. gute Arbeitsleistungen gezeigt und andere Mithäftlinge wegen ihres „kommunistischen“ (d.h. zu langsamen) Arbeitstempos kritisiert hatte. Nach der Auflösung des KZ Lichtenburg und der Überführung der Häftlinge 1939 in das KZ Ravensbrück wurde sie Blockälteste und ab 1943 Lagerälteste, wobei sie vor Misshandlungen oder Meldungen an die Lagerleitung nicht zurückschreckte. In der Nachkriegszeit wurde Katharina A. von einem Dresdner Gericht 1948 zu 18 Jahren Zuchthaus wegen Verbrechens gegen die Menschlichkeit verurteilt, außerdem als Hauptverbrecherin nach Kontrollratsdirektive 38 eingestuft und ihr Vermögen eingezogen. Sie starb im Alter von 47 Jahren in der Justizvollzugsanstalt Waldheim.[78]

Es ist eine der wichtigsten Fragen hinsichtlich der justiziellen Ahndung von NS-Verbrechen in Ostdeutschland, ab wann sich politische Einflüsse bemerkbar machten und wo die Abkehr von rechtsstaatlichen Praktiken einsetzte. Es ist deutlich, dass die Verfahren seit 1947 in Ostdeutschland in immer stärkerem Maße einer politischen Funktionalisierung für die Ziele von SMAD und SED (Sozialistischen Einheitspartei Deutschlands) unterlagen. Man wird allerdings keine offensichtliche irrtümliche Anwendung von Strafnormen finden: Man hielt sich in SBZ und DDR an das Strafgesetzbuch. Wer beispielsweise „Fremdarbeiterinnen und Fremdarbeiter“ während des Zweiten Weltkriegs misshandelte, wurde wegen Körperverletzung bzw. Verbrechen gegen die Menschlichkeit angeklagt. Abweichungen von rechtsstaatlichen Praktiken sind vielmehr in der eigentlichen Handhabung der Verfahren, also der Strafprozessordnung erkennbar, indem die Ermessensspielräume von Polizei und Gericht gegen die Verdächtigen ausgereizt wurden: Die Beschuldigten wurden meist schon bei geringsten Verdachtsgründen (etwa Besitz nazistischer Literatur o. ä.) inhaftiert und demütigenden Vermögensfeststellungen unterworfen, was der Einschüchterung diente und das Bemühen der Angeklagten um Beweise zur Entlastung hintertrieb. Teils wurden die Ladungsfristen nicht eingehalten, was die Herbeischaffung von Entlastungszeugen mitunter empfindlich beeinträchtigte. Angeklagte durften nicht in jedem Fall darauf hoffen, einen Rechtsbeistand zu erhalten, selbst wenn längere Freiheitsstrafe drohten. Anderen wurden als Strafverteidiger unerfahrene Rechtsreferendare als Pflichtverteidiger zur Seite gestellt mit den zu erwartenden Folgen für die Angeklagten.[79]

Die Verfahren gemäß Kontrollratsdirektive 38 waren nicht selten anderen Motivationen geschuldet als der Entnazifizierung, etwa der Enteignung oder auch der Stilisierung mancher Betroffener als „Opfer des Faschismus“. In Ermangelung von schriftlichen Beweisen wurde Belastungszeugen eine Bühne geboten, auf der sie wortreich dem Beschuldigten Verfehlungen vorhielten. Wer manche Ermittlungsakten genau liest, stellt fest, dass es um Meinungsverschiedenheiten unter „Neusiedlern“ ging, bei denen die Vergangenheit lediglich als Folie zur Lösung gegenwärtiger Konflikte diente.[80]

78 Dresden 1 Js 1244/46 = StKs 32/48; BStU Außenstelle Dresden [Ddn Ast] 32/48. Vgl. auch Raim 2018, S. 32.
79 Vgl. Raim 2018, S. 32.
80 Vgl. ebenda, S. 32–33.

Von Seiten der ostdeutschen Justiz wurden die Möglichkeiten bis an den Rand des Erträglichen ausgeschöpft: Tote oder Abwesende wurden angeklagt, aber ihnen immerhin in großzügiger Weise die Verbüßung der Freiheitsstrafe erlassen. So hieß es: „Durch das Ableben des Angeklagten kommt eine Freiheitsstrafe nicht in Frage.“[81] Dafür wurde im „objektiven Verfahren“ der Vermögenseinzug des Toten oder des Republikflüchtigen beschlossen. Häufig fand auch eine Verquickung von Straftatbeständen statt: Die „Vergehen“ gegen den real existierenden Sozialismus (sei es in Form von „friedensgefährdenden Gerüchten“ oder in Arbeitsbummelei in der örtlichen Landwirtschaftlichen Produktionsgenossenschaft) wurden in den Urteilen im gleichen Atemzug genannt wie die Verbrechen während des „Dritten Reiches“. Hier wurden NS-Verbrechen instrumentalisiert, um ganz andere Delikte zu verurteilen: Die Erschießung dreier Juden bei der Liquidierung des Warschauer Ghettos im Mai 1943 wurde auf der selben Ebene betrachtet wie Verfehlungen als Vorsitzender einer Landwirtschaftlichen Produktionsgenossenschaft („Hemmung der tierischen Produktion, Hintertreibung der Erhöhung der Schweinebestände, und Entziehung der Unterbringungsmöglichkeit für 200 Schweine“).[82] So ist bei einigen der DDR-Verfahren wegen nationalsozialistischer Verbrechen weniger die NS-Vergangenheitsbewältigung zu erkennen als vielmehr der Kampf mit dem real existierenden Sozialismus.

9. Fazit

Sowohl in West- als auch in Ostdeutschland fällt der Löwenanteil der justiziellen Ahndung in die Besatzungszeit und die folgende Dekade. In Westdeutschland wurden in den 1940er und 1950er Jahren rund 90 % aller Verurteilungen wegen nationalsozialistischer Gewaltverbrechen erreicht, ebenso fanden bereits 55 % aller Verfahren in diesen Jahren statt.[83] Das kriminelle Erbe des „Dritten Reiches“ lastete auf West- wie auf Ostdeutschland, doch beide Nachfolgestaaten setzten unterschiedliche Schwerpunkte in der Ahndung. In Westdeutschland bildeten in den 1940er Verfahren wegen des Novemberpogroms mit fast 50 % der Verurteilungen einen der Schwerpunkte, während in Ostdeutschland dazu deutlich weniger ermittelt und geurteilt wurde. Hier bildeten Verfahren wegen Denunziationen, wegen Verbrechen an „Fremdarbeitern“ und politischen Gegnern einen Schwerpunkt, hinzu kommt die NSDAP-Mitgliedschaft bzw. Unterstützung der NS-Herrschaft. Die Ahndung der Denunziation war für Ostdeutschland das quantitativ stärkste Feld.

In Westdeutschland kam es zu vielen Verfahren, aber nur vergleichsweise wenigen Verurteilungen. Die Strafen waren häufig niedrig, die Verfahren langwierig und endeten nicht selten mit Einstellungen und Freisprüchen. In Ostdeutschland war die Zahl der Verfahren hoch, doch sie wurden oft schematisch abgehandelt, Dokumente (z. B. aus dem Berlin Document Center, dem Internationalen Suchdienst Arolsen oder der Wehrmachtsauskunftsstelle) fehlen, ebenso eine historisch-kritische Untermauerung des Sachverhalts. Oft wurde die Schilderung der Zeugen zum Tathergang ohne eine kritische richterliche Beweiswürdigung übernommen, weil den Zeugen wegen ihrer „politischen Zuverlässigkeit“ eine wichtige Rolle in den Prozessen zugebilligt wurde. Schauprozesse, in denen das öffentliche Interesse gelenkt und gesteuert wurde, wurden auch außerhalb des Gerichtssaals theatralisch inszeniert, die

81 Dresden Aufs. 135/49 = StKs 62/49; BStU Ddn ASt 62/49.
82 Erfurt I 141/60 = Ia Bs 157/60; BStU Erfurt [Eft] AU 35/61.
83 Vgl. Eichmüller 2012, S. 5.

angeklagten Täter teils zu den Stätten ihrer Untaten zurückgebracht, um mit ihren Straftaten konfrontiert zu werden.

Historikerinnen und Historiker beschäftigen sich seit einiger Zeit mit den Funktionen der *Transitional Justice*, also der justiziellen Ahndung von Verbrechen nach dem Ende von Diktaturen und Unrechtsregimen.[84] Westdeutschland und Ostdeutschland gingen – trotz des identischen Erbes der NS-Verbrechen – auf unterschiedliche Art und Weise mit der NS-Vergangenheit um. Sie setzten unterschiedliche Schwerpunkte bei den Verbrechenskomplexen und ermittelten mit unterschiedlicher Intensität. Für Westdeutschland ist ab den 1960er Jahren ein Schwerpunkt in der juristischen Aufarbeitung der Holocaust-Verbrechen erkennbar, der für die DDR in dieser Form nicht existiert.[85] Für die Bundesrepublik bildeten der Nürnberger Prozess 1945/46 und die zwölf amerikanischen Nachfolgeprozesse wichtige Referenzpunkte, die zwischen anfänglich großer Ablehnung und späterer großer Zustimmung changierten. In der DDR wurde so gut wie überhaupt nicht Bezug darauf genommen, sei es, dass die publizierten Akten nicht zugänglich waren oder dass gegen die „Siegerjustiz“ Vorbehalte bestanden.[86] Für beide Staaten spielte die juristische Beschäftigung eine wichtige Rolle in der Legitimation gegenüber den Alliierten. Allerdings drangen sowohl westliche Alliierte als auch die Sowjetunion seit den späten 1940er Jahren auf die Beendigung dieses Experiments der *Transitional Justice*. Dass es bis heute Verfahren wegen NS-Gewaltverbrechen gibt, hätte 1950 wohl niemand für möglich gehalten.

Die Kritik an den NS-Verfahren in Westdeutschland ist bekannt: Viele Prozesse dauerten oft mehrere Jahre, es kam laufend zu Einstellungen und Freisprüchen. Nichtsdestotrotz ist die deutsche justizielle Beschäftigung mit dem verbrecherischen Erbe des „Dritten Reichs“ mittlerweile auch von Israel gewürdigt worden.[87] Trotz mannigfaltiger Probleme der Verfahren ist davon auszugehen, dass diese zu einem internationalen Prestigegewinn der Bundesrepublik führten. Zwar wurden die Prozesse teils gegen den erklärten Willen der Mehrheit der Westdeutschen geführt,[88] doch hielt die Justiz an der Notwendigkeit der Verfahren fest. Sie bewirkte damit nicht zuletzt einen Mentalitätswandel in der Bundesrepublik, der sich spätestens ab den 1980er Jahren abzeichnete und zu einer Integration des Gedenkens an Holocaust und weitere NS-Verbrechen in der Öffentlichkeit führte.

In Ostdeutschland dagegen wurde die Justiz von der Bevölkerung immer stärker als Organ der Unterdrückung wahrgenommen, was u. a. zur Stürmung der Justizbehörden beim Aufstand am 17. Juni 1953 und zur Vernichtung von NSG-Akten (darunter zur „Euthanasie“) in Magdeburg führte.[89] Die NS-Verfahren, die der Legitimation der sozialistischen Herrschaft dienen sollten und die immer mit dem Anspruch geführt wurden, es besser als im Westen zu machen, wurden von der Bevölkerung vermutlich weit stärker abgelehnt, als dies die SED wahrhaben wollte. Die Kriminalisierung eines nicht unerheblichen Anteils der Bevölkerung wegen NSDAP-Mitgliedschaft und wegen der Körperverletzungen gegenüber sowjetischen

84 Vgl. Kritz 1995, Elster 2005, Frei 2006, Kuretsidis-Haider und Garscha 2010.

85 Vgl. überblicksartig Jasch und Kaiser 2018.

86 Vgl. Raim 2009, S. 34.

87 Vgl. ebenda.

88 Zum Zeitpunkt des ersten Frankfurter Auschwitz-Prozesses (1963–1965) plädierten zwischen 52 und 69% der Befragten einer Meinungsumfrage für das Ende der Ahndung von NS-Verbrechen durch die Justiz; vgl. von Miquel 2001, S. 103–104.

89 Vgl. Raim 2013, S. 1053. Bei der Bezirksstaatsanwaltschaft Magdeburg, die die „Euthanasie“-Verfahren zentral sammelte, wurden rund 5000 Verfahren am 17. 6. 1953 vernichtet, darunter auch solche mit NS-Bezug.

„Fremdarbeitern“ stießen auf wenig Gegenliebe in der Gesellschaft. Körperliche Züchtigungen etwa von Kindern gehörten noch lange nach dem Zweiten Weltkrieg zum Gewohnheitsrecht in Deutschland. Erst im Jahr 2000 wurden diese durch eine Änderung im BGH ersatzlos abgeschafft. Dass ausgerechnet diese als vergleichsweise harmlos empfundenen Verfehlungen gegenüber den Zwangsarbeitern stark pönalisiert wurden, wurde sehr deutlich als politisches Signal empfunden.[90]

Beide deutsche Staaten begannen die Ahndung mit Verve und dem Wunsch, den Nationalsozialismus mit Stumpf und Stiel auszurotten. Bei beiden ist ein markanter Rückgang in den 1950er Jahren erkennbar – was die politischen Interpretationen etwa hinsichtlich des restaurativen Klimas der Adenauer-Zeit in einige Erklärungsnot bringt. Vielmehr ist es wohl so, dass die Ermittlungen hinsichtlich der Verbrechen auf Reichsgebiet entweder erschöpft waren oder die Täter nicht greifbar. In Westdeutschland begann folgerichtig die Ausdehnung und systematische Ermittlung der Verbrechen in den besetzten Gebieten, ein Schritt, den Ostdeutschland nicht tat. Stattdessen verließ man sich weiter auf Zufallsergebnisse und Reaktionen auf westdeutsche Verfahren. Der ostdeutsche Mangel an zentralen Aktenbeständen und Dokumenten (sei es in Form der Zentralkartei der NSDAP oder zu den Nürnberger Prozessen) mag ein Übriges getan haben. Während die vielgeschmähten Prozesse in Westdeutschland bald auch internationales Interesse fanden, verschwanden die ostdeutschen NS-Prozesse fast vollständig aus dem Gesichtskreis der Gesellschaft wie der Historikerinnen und Historiker.

Literatur

Bästlein, Klaus: Zeitgeist und Justiz. Strafverfolgung im deutsch-deutschen Vergleich. Zeitschrift für Geschichtswissenschaft *64*/1, 5–28 (2016)

Benz, Wolfgang: Die Entnazifizierung der Richter. In: Diestelkamp, Bernhard, und Stolleis, Michael (Hrsg.): Justizalltag im Dritten Reich. S. 112–130. Frankfurt (Main): Fischer Taschenbuch-Verlag 1988

Broszat, Martin: Siegerjustiz oder strafrechtliche ‚Selbstreinigung‘. Aspekte der Vergangenheitsbewältigung der deutschen Justiz während der Besatzungszeit 1945–1949. Vierteljahrshefte für Zeitgeschichte *29*/4, 477–544 (1981)

Cranach, Michael von, und Siemen, Hans-Ludwig (Hrsg.): Psychiatrie im Nationalsozialismus – Die Bayerischen Heil- und Pflegeanstalten zwischen 1933 und 1945. München: Oldenbourg 1999

Dirks, Christian: Die Verbrechen der anderen. Auschwitz und der Auschwitz-Prozess der DDR. Das Verfahren gegen den KZ-Arzt Dr. Horst Fischer. Paderborn: Ferdinand Schöningh 2006

Eichmüller, Andreas: Die Strafverfolgung von NS-Verbrechen durch westdeutsche Justizbehörden seit 1945. Eine Zahlenbilanz. Vierteljahrshefte für Zeitgeschichte *56*/4, 621–640 (2008)

Eichmüller, Andreas: Keine Generalamnestie. Die Strafverfolgung von NS-Verbrechen in der frühen Bundesrepublik. München: Oldenbourg 2012

Elster, Jon: Die Akten schließen. Recht und Gerechtigkeit nach dem Ende von Diktaturen. Frankfurt (Main): Campus 2005

Emig, Dieter, und Frei, Alfred G.: Office of Military Government for Hesse. In: Weisz, Christoph (Hrsg.): OMGUS-Handbuch. Die amerikanische Militärregierung in Deutschland 1945–1949. S. 317–453. München: Oldenbourg 1994

Frei, Norbert: Vergangenheitspolitik. Die Anfänge der Bundesrepublik und die NS-Vergangenheit. München: Deutscher Taschenbuch-Verlag 1996

Frei, Norbert (Hrsg.): Transnationale Vergangenheitspolitik. Der Umgang mit deutschen Kriegsverbrechern in Europa nach dem Zweiten Weltkrieg. Göttingen: Wallstein 2006

Freudiger, Kerstin: Die juristische Aufarbeitung von NS-Verbrechen. Tübingen: Mohr Siebeck 2002

90 Vgl. Raim 2009, S. 34.

GERSTENGARBE, Sybille: Die Deutsche Akademie der Naturforscher Leopoldina in der Zeit des „Dritten Reiches“, in der SBZ und in der frühen DDR-Zeit. In: TIMMERMANN, Heiner, und GRUNER, Wolf D. (Hrsg.): Demokratie und Diktatur in Europa. Geschichte und Wechsel der politischen Systeme im 20. Jahrhundert. S. 425–443. Berlin: Duncker und Humblot 2001

GERSTENGARBE, Sybille: Die Leopoldina – eine gesamtdeutsche Akademie im geteilten Deutschland. In: FEICHTINGER, Johannes, und UHL, Heidemarie (Hrsg.): Die Akademie der Wissenschaften in Zentraleuropa im Kalten Krieg. Transformationsprozesse im Spannungsfeld von Abgrenzung und Annäherung. S. 507–534. Wien: Verlag der Österreichischen Akademie der Wissenschaften 2018

GERSTENGARBE, Sybille, und SEIDLER, Eduard: „... den Erfordernissen der Zeit in vollem Ausmaß angepaßt“. Die Leopoldina von 1932 bis 1945. In: PARTHIER, Benno, und ENGELHARDT, Dietrich VON (Hrsg.): 350 Jahre Leopoldina. Anspruch und Wirklichkeit. Festschrift der Deutschen Akademie der Naturforscher Leopoldina 1652–2002. S. 227–262. Halle (Saale): Druck-Zuck 2002

GERSTENGARBE, Sybille, THIEL, Jens, und VOM BRUCH, Rüdiger: Die Leopoldina. Die Deutsche Akademie der Naturforscher zwischen Kaiserreich und früher DDR. Berlin: be.bra wissenschaft verlag 2016

GODAU-SCHÜTTKE, Klaus-Detlev: Von der Entnazifizierung zur Renazifizierung der Justiz in Westdeutschland. forum historiae iuris (6. 6. 2001), 1–29 (2001)

GREVE, Michael: Der justizielle und rechtspolitische Umgang mit den NS-Gewaltverbrechen in den sechziger Jahren. Frankfurt (Main): Peter Lang 2001

Haus der Geschichte Baden-Württemberg (Hrsg.): Der Ulmer Einsatzgruppenprozess 1958. Die Mörder sind unter uns. Stuttgart: Haus der Geschichte Baden-Württembergs 2008

HINTERMAYR, Franziska: Dr. Hermann Pfannmüller. Eine rechte Karriere als Direktor der Heil- und Pflegeanstalt Eglfing-Haar. In: KRAUSS, Marita (Hrsg.): Rechte Karrieren in München. S. 311–324. München: Volk Verlag 2010

JASCH, Hans-Christian: NS-Verbrechen vor bundesdeutschen Gerichten. Zu Täterschaft und Täterbegriff. In: BRECHTKEN, Magnus (Hrsg.): Aufarbeitung des Nationalsozialismus. Ein Kompendium. S. 210–246. Göttingen: Wallstein Verlag 2021

JASCH, Hans-Christian, und KAISER, Wolf: Der Holocaust vor deutschen Gerichten. Amnestieren, Verdrängen, Bestrafen. Bonn: Bundeszentrale für politische Bildung 2018

KLEE, Ernst: Deutsche Medizin im Dritten Reich. Karrieren vor und nach 1945. Frankfurt (Main): S. Fischer 2001

KLEE, Ernst: Das Personenlexikon zum Dritten Reich. Wer war was vor und nach 1945. Frankfurt (Main): S. Fischer 2003

KRITZ, Neil J. (Ed.): Transitional Justice. How Emerging Democracies Reckon with Former Regimes. Vol. *II*: Country Studies. Washington, D. C.: United States Institute of Peace Press 1995

KURETSIDIS-HAIDER, Claudia, und GARSCHA, Winfried R. (Hrsg.): Gerechtigkeit nach Diktatur und Krieg. Transitional Justice 1945 bis heute. Strafverfahren und ihre Quellen. Graz: Clio Verlag 2010

LAHUSEN, Benjamin: „Der Dienstbetrieb ist nicht gestört“. Die Deutschen und ihre Justiz 1943–1948. München: C. H. Beck 2022

MEYER-SEITZ, Christian: Die Verfolgung von NS-Straftaten in der Sowjetischen Besatzungszone. Berlin: Berlin Verlag Arno Spitz 1998

MIQUEL, Marc VON: „Wir müssen mit den Mördern zusammenleben!“ NS-Prozesse und politische Öffentlichkeit in den sechziger Jahren. In: WOJAK, Irmtrud (Hrsg.): „Gerichtstag halten über uns selbst...“. Geschichte und Wirkung des ersten Frankfurter Auschwitz-Prozesses. S. 97–116. Frankfurt (Main): Campus Verlag 2001

MIQUEL, Marc VON: Ahnden oder amnestieren? Westdeutsche Justiz und Vergangenheitspolitik in den sechziger Jahren. Göttingen: Wallstein 2004

PENDAS, Devin O.: Democracy, Nazi Trials, and Transitional Justice in Germany, 1945–1950. Cambridge: Cambridge University Press 2020

RAIM, Edith: Die Dachauer KZ-Außenkommandos Kaufering und Mühldorf. Rüstungsbauten und Zwangsarbeit im letzten Kriegsjahr 1944/45. Landsberg am Lech: Landsberger Verlagsanstalt Martin Neumeyer 1992

RAIM, Edith: Die justizielle Ahndung von Reichskristallnacht-Verbrechen durch die westdeutsche Justiz seit 1945. In: *Stiftung Topographie des Terrors* (Hrsg.): Die Novemberpogrome 1938. Versuch einer Bilanz. S. 94–104. Berlin: Topographie des Terrors 2009

RAIM, Edith: Justiz zwischen Diktatur und Demokratie. Wiederaufbau und Ahndung von NS-Verbrechen in Westdeutschland 1945–1949. München: de Gruyter 2013

RAIM, Edith: Die justizielle Ahndung von NS-Verbrechen im anderen Deutschland: SBZ und DDR und das verbrecherische Erbe des NS-Regimes. S: I. M. O. N. Shoah: Intervention. Methods. Documentation 5/1, 21–35 (2018); https://doi.org/10.23777/sn.0118/art_erai01

RAIM, Edith: Die Ahndung von „Euthanasie“- und Holocaust-Verbrechen durch die Justiz in Westdeutschland seit 1945. In: OSTERLOH, Jörg, und SCHULTE, Jan Erik (Hrsg.): „Euthanasie“ und Holocaust. Kontinuitäten, Kausalitäten, Parallelitäten. S. 343–363. Paderborn: Brill/Schöningh 2021

RAIM, Edith: East and West German prosecutions of Nazi crimes and public reactions. In: LEISEROWITZ, Ruth, MALINAUSKAITĖ, Gintarė, and VITKUS, Hektoras (Eds.): Making Justice Visible. War Crimes Trials, Media and Memory after World War *II*, pp. 41–66. Osnabrück: fibre Verlag 2022

REICHEL, Peter: Der Nationalsozialismus vor Gericht und die Rückkehr zum Rechtsstaat. In: REICHEL, Peter, SCHMID, Harald, und STEINBACH, Peter (Hrsg.): Der Nationalsozialismus – die zweite Geschichte. Überwindung – Deutung – Erinnerung. S. 22–61. Bonn: C. H. Beck 2009

RÖSSLER, Ruth-Kristin: Justizpolitik in der SBZ/DDR 1945–1956. Frankfurt (Main): Vittorio Klostermann 2000

RÜCKERL, Adalbert: NS-Verbrechen vor Gericht. Versuch einer Vergangenheitsbewältigung. 2. Aufl. Heidelberg: C. F. Müller Juristischer Verlag 1984

RÜTER, Christiaan F. [et al.] (Hrsg.): Justiz und NS-Verbrechen. Sammlung deutscher Strafurteile wegen nationalsozialistischer Tötungsverbrechen. Amsterdam: Metropol Verlag 1968ff.

RÜTER, Christiaan F.: Das Gleiche. Aber anders. Die Strafverfolgung von NS-Verbrechen im deutsch-deutschen Vergleich. Deutschland Archiv *43*, 213–222 (2010)

SCHOLZ, Friedrich: Berlin und seine Justiz. Geschichte des Kammergerichtsbezirks 1945–1980. Berlin, New York: de Gruyter 1982

Strafrecht der DDR: Strafrecht der Deutschen Demokratischen Republik. Kommentar zum Strafgesetzbuch, herausgegeben vom Ministerium der Justiz. 5. Aufl. Berlin: Staatsverlag der DDR 1987

UEBERSCHÄR, Gerd R.: Die sowjetischen Prozesse gegen deutsche Kriegsgefangene 1943–1952. In: UEBERSCHÄR, Gerd R. (Hrsg.): Der Nationalsozialismus vor Gericht. Die alliierten Prozesse gegen Kriegsverbrecher und Soldaten 1943–1952. 2. Aufl. S. 240–261. Frankfurt (Main): Fischer Taschenbuchverlag 2000

VOLLNHALS, Clemens (Hrsg.): Entnazifizierung. Politische Säuberung und Rehabilitierung in den vier Besatzungszonen 1945–1949. München: Deutscher Taschenbuch Verlag 1991

WARMBRUNN, Paul: Wiederaufbau der Justiz nach Kriegsende. In: BORCK, Heinz-Günther (Hrsg.): Beiträge zu 50 Jahren Geschichte des Landes Rheinland-Pfalz. S. 201–218. Koblenz: Verlag der Landesarchivverwaltung Rheinland-Pfalz 1997

WEINDLING, Paul: Health, Race and German Politics between National Unification and Nazism, 1870–1945. Cambridge: Cambridge University Press 1989

WEINKE, Annette: Die Verfolgung von NS-Tätern im geteilten Deutschland. Vergangenheitsbewältigungen 1949–69 oder: eine deutsch-deutsche Beziehungsgeschichte im Kalten Krieg. Paderborn: Schöningh 2002

WEINKE, Annette: Eine Gesellschaft ermittelt gegen sich selbst. Die Geschichte der Zentralen Stelle Ludwigsburg 1958–2008. Darmstadt: Wissenschaftliche Buchgesellschaft 2008

WENTKER, Hermann (Hrsg.): Volksrichter in der SBZ/DDR 1945 bis 1952. Eine Dokumentation. München: Oldenbourg 1997

WENTKER, Hermann: Justiz in der SBZ/DDR 1945–1953. Transformation und Rolle ihrer zentralen Institutionen. München: Oldenbourg 2001

WENTKER, Hermann: Die juristische Ahndung von NS-Verbrechen in der Sowjetischen Besatzungszone und in der DDR. Kritische Justiz *35*/1, 60–78 (2002)

WROBEL, Hans: Verurteilt zur Demokratie. Justiz und Justizpolitik in Deutschland 1945–1949. Heidelberg: Decker & Müller 1989

PD Dr. Edith RAIM
Bischof-Riegg-Straße 10
86899 Landsberg am Lech
Bundesrepublik Deutschland
Tel.: +49 8191 39183
E-Mail: raimedith@gmail.com

Handlungsmöglichkeiten und Rechtfertigungsmuster von Wissenschaftlerinnen und Wissenschaftlern im politischen Raum

NAL-historica Nr. *86*, 77–92 (2024), doi: 10.26164/leopoldina_10_01235

Handlungsspielräume von Wissenschaftlern im Nationalsozialismus: Metahistorische Vorüberlegungen und einige Beispiele aus der Mathematik

Moritz Epple (Frankfurt/Main)

Zusammenfassung

Der Aufsatz schlägt eine Klärung des Konzepts der Handlungsspielräume von Wissenschaftlern im nationalsozialistischen Staat vor. Zu diesem Zweck werden acht Dimensionen des möglichen und tatsächlichen Handelns von Wissenschaftlern in dieser Zeit unterschieden. Vier dieser Dimensionen betreffen die in ihren Handlungen zum Ausdruck kommende Haltung von Wissenschaftlern zum Nationalsozialismus, vier weitere die Funktionen, welche sie in ihm übernahmen. Während diese Handlungsdimensionen für alle wissenschaftlichen Disziplinen befragt werden können, werden sie hier illustriert an Beispielen aus der Mathematik und unmittelbar benachbarten Gebieten.

Abstract

The essay proposes a clarification of the notion of the range of behaviours of scientists in Nazi Germany. To this end, eight dimensions of the possible and actual actions of scientists during this period are distinguished. Four of these dimensions concern the attitude of scientists towards National Socialism as expressed in their actions, and four others concern the functions they performed within it. While these eight dimensions of action can be studied for all sciences and humanities, they are illustrated here using examples from mathematics and directly neighbouring fields.

Vorbemerkung: Die moralische Dimension der Geschichtsschreibung

Das Anliegen des Workshops, aus dem dieser Band hervorgegangen ist, und des weiterführenden Projekts „Biographische Studien zu den Mitgliedern der Akademie der Naturforscher Leopoldina im Nationalsozialismus“ halte ich trotz des immer größer werdenden Abstandes zu den Ereignissen der Zeit des Nationalsozialismus für dringend geboten.[1] Verwandte Anliegen haben mich – vor allem bezogen auf die Geschichte der Mathematik, das hauptsächliche Feld meiner Arbeit, inzwischen aber auch in weiteren Forschungsprojekten unserer Frankfurter Arbeitsgruppe von der Geschichte der Indologie bis zur Geschichte der Entomologie – in mehrfacher Hinsicht durch meine eigene wissenschaftliche Entwicklung begleitet. Wie konnte es sein, so habe ich mich schon als Doktorand der Mathematik gefragt, dass ein großer Teil

1 Sehr herzlich bedanke ich mich bei den Organisatoren des Workshops, aus dem dieser Band hervorgegangen ist, und besonders bei Volker Roelcke und Rainer Godel, dass sie mich eingeladen und mir die Möglichkeit gegeben haben, an dem im Videoformat durchgeführten Workshop als korrespondierendes Mitglied aus der Ferne teilzunehmen. Unter den Bedingungen der Pandemie habe ich mir die altmodische Freiheit genommen, auf eine Teilnahme an Videokonferenzen ganz zu verzichten. Volker Roelcke hat es übernommen, meinen schriftlich vorbereiteten Beitrag auf dem Workshop vorzutragen.

der Vertreter einer wissenschaftlichen Disziplin, die sich der Klarheit des Denkens verschrieben hatte, nicht erkannte, dass der Staat, der ihre Tätigkeit ermöglichte und finanzierte, auf einen Weg geriet, der in Verbrechen führte – zumal dann, wenn schon die ersten Schritte der immer weiter gehenden Verletzung grundlegender Normen des sozialen Zusammenlebens für alle offen sichtbar zu Tage lagen? Diese Frage hat mich seither nicht mehr verlassen, und die Teilantworten, die sich mir inzwischen aufdrängen, haben sie nicht zum Verstummen gebracht. Die nachfolgenden Bemerkungen beziehen sich in ihrem empirischen Material vor allem auf die Gruppe der akademisch tätigen Mathematiker. Entsprechende, wenn auch im Einzelnen anders nuancierte Fragen stellen sich freilich für alle Wissenschaften, ja für alle gesellschaftlichen Gruppen.

Für die akademische Disziplin der Mathematik betraf die Verletzung grundlegender Normen durch den Staat zunächst die offene Diskriminierung – Entlassung, Verfolgung und Vertreibung – von jüdischen, als jüdisch angesehenen oder politisch unwillkommenen Fachvertretern. In den Jahren von 1933 bis 1939 führte dies zum Ausschluss von etwa einem Drittel der gesamten Professorenschaft der Mathematik in Deutschland. Wie wir wissen, liegen an einigen wichtigen Hochschulorten wie Berlin oder Frankfurt (Main) ähnliche Quoten der Entlassung auch quer durch alle Wissenschaftsfelder vor.[2] Nehmen wir die von allen Zeitgenossen wahrgenommenen Bücherverbrennungen, Rassengesetze, Verhaftungen, zunehmend auch Plünderungen und Pogrome hinzu, so stellt sich in der Tat die Frage, wie das Verhalten von Akademikern – wie das aller Bürger Deutschlands – angesichts solcher rasanten Veränderungen zu bewerten ist. Mit der Aufrüstung und dem Angriffskrieg, der schließlich begann, kommen für alle zur Vorbereitung und Durchführung des Krieges unverzichtbaren Wissenschaftsfelder, zu denen auch die Mathematik zählte, neue Bewertungsfragen hinzu: Wie gingen Wissenschaftler mit dem Wissen, dass der Staat sich auf einen Krieg zubewegte bzw. dann im Krieg befand, um? Wie gingen sie unter diesen Bedingungen mit ihrem eigenen fachlichen Wissen und seiner potentiellen Bedeutung im Krieg um?

Diese Fragen der moralischen Beurteilung sind nicht erst retrospektive Fragen, die wir als Wissenschaftshistorikerinnen und Wissenschaftshistoriker und als Gegenwärtige stellen. Das wird zwar manchmal insinuiert, aber es ist falsch. Auch damalige Akteure stellten diese Fragen an ihre Zeitgenossen und auch an sich selbst in mindestens zwei Bereichen: Zum einen als Betroffene – und wie konnten die *nicht* von Entlassung und Verfolgung Betroffenen ihren entlassenen und verfolgten Kollegen in die Augen blicken, ohne mit dieser ausgesprochenen oder unausgesprochenen Frage konfrontiert zu sein? – und zum anderen als internationale Beobachter, die auf Konferenzen oder in Veröffentlichungen mit ihrer Kritik an Deutschland nicht hinter dem Berg hielten und so die deutschen Fachvertreter zwangen, sich dazu zu verhalten.

Wir berühren hier eine Dimension der Geschichtsschreibung, die nüchtern als moralisch bezeichnet werden kann: Welche moralischen Entscheidungen trafen historische Akteure? Welchen Normen, welchen Systemen solcher Normen, oder kurz: welcher *Moral* folgten sie?[3] Wie rechtfertigten sie ihr Handeln? Mit anderen Autoren gehe ich davon aus, dass es nicht nur auf einer philosophischen Ebene verschiedene miteinander konkurrierende Systeme der

2 Die beste quantitative Übersicht über alle Universitäten und akademischen Felder bieten immer noch Grüttner und Kinas 2007. Für die Mathematik finden sich (teils kommentierte) Listen des Personals aller Hochschulen in Scharlau 1990. Die maßgebliche Studie zur Verfolgung von Mathematikern ist Siegmund-Schultze 2009.

3 Vgl. mit Bezug auf die Mathematikgeschichte Epple 2000, dort Abschnitt 7.

Moralbegründung gibt, sondern eine empirisch-historische Pluralität von unterschiedlichen Moralen; eine Moral ist dabei verstanden als ein System von (durch Individuen) akzeptierten Verhaltensnormen. Mithin gibt es auch eine *Geschichte der Moral*, in dem Sinn, dass die geschriebenen, d.h. rechtlich kodierten, und die ungeschriebenen handlungsleitenden Normen, denen Akteure folgten und folgen, sich historisch wandelten (und wandeln). Die Verteidiger und die Verfolgten des NS-Staates folgten sicherlich nicht derselben Moral.[4]

Die Frage nach den handlungsleitenden Moralsystemen können wir als Historikerinnen und Historiker nüchtern stellen und empirisch untersuchen – theoretisch sogar in Weberscher Werturteilsfreiheit. Freilich, und auch das wissen wir aus der historischen Arbeit gut, reicht eine solche neutrale Geschichte der Moral allein nicht aus. Auch wir selbst, als in unserer Gegenwart handelnde Historikerinnen und Historiker, sind stets gefordert, ein historisches Urteil zu fällen, das eine moralische Dimension besitzt, in unserer Gegenwart und für diese. Nennen wir diese das (unvermeidbare) Engagement unserer eigenen Historiographie.

Zum Konzept der Handlungsspielräume

Wenden wir uns nun in einer solche Perspektive dem Konzept der Handlungsspielräume von Wissenschaftlern im NS-Staat zu, so ist zunächst zu fragen, wie dieses Konzept gemeint ist. Was ist bzw. war ein Handlungsspielraum? Und: Wie können wir diesen Spielraum historisch ermitteln?

Die Antworten auf diese Fragen sind alles andere als klar. Verstehen wir einen Handlungsspielraum als den Inbegriff der Handlungsmöglichkeiten, die einer Person in einer konkreten Situation offenstehen, so stellt sich die Folgefrage, was mit „offenstehen“ genau gemeint ist. Meinen wir die schlichte physische Möglichkeit der Ausführung einer Handlung? Oder meinen wir die Möglichkeit, eine Handlung im Rahmen eines irgendwie als „sinnvoll“ oder „rational“ zu verstehenden Verhaltens auszuführen? Wie wäre dann wiederum das Rationalitätsmuster, das für eine Person im gegebenen Fall handlungsleitend ist, bestimmt bzw. historisch zu ermitteln?[5] Oder meinen wir womöglich nur den noch engeren Spielraum des von dieser Person im Rahmen eines bestimmten Moralsystems (siehe oben) als richtig angesehenen Handelns?

Je nachdem, wie wir diese Fragen beantworten, stellen wir der Historiographie und der Beurteilung vergangenen Handelns (der wir uns nicht entziehen können) recht unterschiedliche Aufgaben. Wie auch immer eine sinnvolle Eingrenzung des Konzepts der Handlungsspielräume genau ausfällt, so sollte sie meines Erachtens folgenden drei Bedingungen genügen:

Erstens ist klar, dass eine Handlungsmöglichkeit dort bestand, wo eine bestimmte Handlung tatsächlich ausgeführt wurde. Das klingt trivial, gewinnt aber in dem Moment Bedeutung, in dem wir die Ähnlichkeit von Situationen ins Spiel bringen: Eine Handlungsmöglichkeit stand dann offen, wenn sie in einer ähnlichen Situation von einer anderen Person

4 Ich folge hier einer Perspektive, die auf eine formale Weise schon früh und klar von Karl Menger (1902–1985) artikuliert wurde, einem Mathematiker, der dem Wiener Kreis nahestand und wie so viele andere selbst in die Emigration getrieben wurde, vgl. Menger 1934. Menger, dessen Mutter Jüdin war, verließ Österreich im Jahr 1937, noch vor dem Anschluss. Zu einer Geschichte der Moral im Nationalsozialismus vgl. auch Gross 2010.

5 Zum Konzept von Rationalitätsmustern im mathematischen Handeln vgl. Epple 1999, S. 20–23, sowie exemplarisch mit Bezug auf einige Rationalitätsmuster mathematischen Handelns unmittelbar vor und im Nationalsozialismus ebenda, S. 288–296, 322–329 und 382–386.

tatsächlich ergriffen wurde. Ebenso klar scheint, dass eine Handlungsmöglichkeit dort nicht bestand, wo sie nachweislich versucht wurde, aber aus Gründen, die wir historisch nachvollziehen können, scheiterte. Dies lenkt den Blick auf das Spektrum von Handlungen, die in Situationen eines bestimmten Typs *tatsächlich ausgeführt* wurden, sowie auf das *Scheitern* von in solchen Situationen *versuchten* Handlungen. Beides zusammen mag erlauben, den in einer Situation dieses Typs bestehenden Spielraum auszuloten.

Zweitens: Nicht für alle Wissenschaftler bestanden *dieselben* Handlungsspielräume. Für einen rassisch oder politisch Verfolgten waren sie andere als für „Rassedeutsche" und politisch konservativ eingestellte Akademiker. Freilich bestanden auch innerhalb beider Gruppen noch große Unterschiede in den offenstehenden Handlungsmöglichkeiten, wie eine Anwendung des ersten Kriteriums zeigt. Der (recht willkürlich herausgegriffene) Fall des Göttinger Mathematikers Hermann WEYL (1885–1955, ML ab 1923), der sich bereits 1933 – u. a. nach antisemitischen Anfeindungen gegenüber seiner Frau in Göttingen – für eine Emigration entschied und eine Anstellung in Princeton fand, zeigt für ihn die Möglichkeit dieses Weges. Als der in Bonn lebende Felix HAUSDORFF (1868–1942) sich im Februar 1939 im Alter von siebzig Jahren um ein Fellowship in den USA bewarb, um dort einen Lebensunterhalt für eine späte Emigration zu sichern, scheiterte dies trotz der Unterstützung durch Hermann WEYL, Richard COURANT (1888–1972) und andere: für HAUSDORFF standen der Emigration trotz seiner für mehrere Gebiete der modernen Mathematik bahnbrechenden mathematischen Leistungen Hindernisse entgegen, vor allem wohl sein Alter.[6] Knapp drei Jahre später nahm HAUSDORFF sich gemeinsam mit seiner Frau und deren Schwester das Leben, als die Deportation in ein Lager unmittelbar bevorstand. Zwischen den sehr unterschiedlichen Spielräumen dieser beiden verfolgten Mathematiker lag ein weites Spektrum von mehr oder weniger eng begrenzten Handlungsmöglichkeiten. Man könnte beispielsweise noch auf den Frankfurter Mathematiker Max DEHN (1878–1952) verweisen, der nach den Novemberpogromen zunächst nach Norwegen floh, dort einige Zeit in Trondheim unterrichtete, bevor die deutsche Besatzung Norwegens eine zweite, abenteuerliche Flucht erzwang, die ihn über Osteuropa und Asien schließlich in die USA führte. Dort fand er allerdings erst nach vielen Zwischenstationen und außerhalb der großen Universitäten einen neuen Wirkungs- und Lebensort, an dem er sich wohl fühlte, das *Black Mountain College* in North Carolina.[7] Eine Fülle weiterer Wege verfolgter Mathematiker ist in der maßgeblichen Monographie *Mathematicians Fleeing from Nazi Germany* von Reinhard SIEGMUND-SCHULTZE (*1953) dokumentiert, aus der man viele Rückschlüsse auf die jeweiligen Handlungsspielräume der Verfolgten ziehen kann. Es ist vor allem die an diesen Beispielen erkennbare *Verengung der Handlungsspielräume* der im NS-Staat verfolgten Wissenschaftler, die uns in der Diskussion und bei der Beurteilung der im Vergleich sehr viel *größeren* Spielräume des Handelns der nicht Verfolgten vor Augen stehen sollte.

Drittens: Die Frage der zutreffenden Bestimmung von Handlungsspielräumen beeinflusst offensichtlich unsere Beurteilung und Bewertung des historischen Handelns. Die Frage: *Hätte X anders handeln können, als sie oder er gehandelt hat?* ist eine für die heutige Erinnerungskultur zentrale Frage (hinter der sich natürlich auch die auf uns selbst übertragene Frage verbirgt: Könnten wir selbst anders handeln, als wir es üblicherweise tun?). Jede sinnvolle Eingrenzung des Konzepts der Handlungsspielräume muss solche Beurteilungen erlauben.

6 Vgl. für diese und alle ähnlichen Informationen zur Emigration von Mathematikern aus Deutschland die grundlegende Studie von SIEGMUND-SCHULTZE 2009, dort zu HAUSDORFF S. 96–98, zu WEYL S. 56–58.

7 Vgl. EPPLE 1999, S. 288–296.

Angesichts der zweiten Überlegung bedeutet dies insbesondere, dass wir uns davor hüten sollten, das Konzept des Handlungsspielraums *zu eng* zu fassen, so dass am Ende gar gesagt werden müsste, dass eine Person in einer Situation handeln musste, wie sie gehandelt hat, weil nur eine Handlungsmöglichkeit „offenstand“ (eine solche Strategie wählt typischerweise die Rechtfertigungshistoriographie von und zu Akteuren im NS-Staat). Um ein Beispiel zu geben: Nicht für alle, aber doch für viele der im NS *nicht verfolgten* Wissenschaftler bestand durchaus die Möglichkeit, das Land zu verlassen. Beispiele wie das des in Göttingen tätigen Mathematikers Carl Ludwig Siegel (1896–1981, ML 1958), der sich 1940 entschied, in die USA zu übersiedeln, belegen das. Für die historische Ermittlung von Handlungsspielräumen ist es wichtig, solche zwar nicht von vielen, aber doch von manchen ergriffenen Handlungsmöglichkeiten im Auge zu behalten.

Wie man es auch dreht und wendet, die zutreffende Bestimmung von Handlungsspielräumen historischer Akteure bleibt schwierig. Soll sie erreicht werden, ohne ins kontrafaktische Spekulieren zu geraten, so findet sie sich zurückgeworfen auf den Aufweis und Vergleich unterschiedlicher tatsächlicher Handlungsweisen und der Analyse ihres Gelingens und Scheiterns. Das qualifizierte historische Urteil *X hätte in der Situation S ähnlich handeln können, wie Y in der vergleichbaren Situation T gehandelt hat* ist unproblematischer als das unqualifizierte Urteil *X hätte in der Situation S anders handeln können*. Daraus ergibt sich, dass wir vor allem nach solchen Handlungsweisen suchen müssen, welche die *Pole* markieren, zwischen denen sich der Spielraum des Handelns einer Gruppe von Akteuren in vergleichbarer Situation erstreckte.[8]

Dimensionen des Handlungsspielraums von Mathematikern im NS-Staat

Vor dem Hintergrund der obigen Überlegungen und im Bewusstsein der stark eingeschränkten Handlungsspielräume der verfolgten und aus Deutschland vertriebenen Wissenschaftler wende ich mich nun einigen Dimensionen zu, in welchen wir nach den Handlungsspielräumen von Mathematikern fragen können, die in Deutschland verblieben sind. Diese Dimensionen fragen zum einen nach den Handlungsweisen, an denen die *Haltung* oder moralisch-politische Einstellung eines Wissenschaftlers zum NS-Staat erkennbar wird, zum anderen nach den unterschiedlichen beruflichen Tätigkeitsarten bzw. *Funktionen*, welche Mathematiker (nach heutigem Kenntnisstand) im NS-Staat übernommen haben. Entsprechend den vorangehenden Bemerkungen konzentriere ich mich auf solche historischen Beispiele von Handlungsweisen, die als Pole eines Handlungsspielraums von Mathematikern in ähnlicher Situation betrachtet werden können. Die folgende Übersicht erhebt keinen Anspruch auf Vollständigkeit in irgendeinem Sinn und die Anzahl der Beispiele ließe sich leicht erweitern. Selbstverständlich ist es möglich und sinnvoll, über analoge Dimensionen auch in anderen Wissenschaftsfeldern nachzudenken. Ich schlage vor, dabei mindestens folgende *acht Handlungsdimensionen* ins Auge zu fassen:

8 Dennoch scheint mir, dass aus erinnerungspolitischen Gründen in manchen Situationen auch das härtere, unqualifizierte Urteil für die (selbst ja stets ebenfalls situierte) Historiographie Berechtigung haben kann. Selbst wenn es so gut wie keine europäische Gelehrtenstimme des 18. Jahrhunderts gäbe, die frei von rassistischen Vorurteilen wäre – diese Möglichkeit besteht –, wäre es legitim, ja vielleicht aus der Perspektive heutiger europäischer Gesellschaften erforderlich, dieses Verhalten im Rückblick und mit entsprechender Qualifizierung als nicht zwingend zu beschreiben.

(*a*) Angesichts des für alle Angehörigen des Faches und weit darüber hinaus sichtbaren Entlassungs- und Verfolgungsgeschehens in den mathematischen Instituten des Landes ist eine *erste* Frage, die gestellt werden muss, die der *Reaktion auf die Vertreibung jüdischer und anderer verfolgter Kollegen*. Das Spektrum der tatsächlichen Handlungen reicht hier, wie wir wissen, von der Unterstützung bis zur Denunziation. Die uns bekannten Formen der Unterstützung waren dabei selbst von sehr unterschiedlicher Art. Sie reichten von Interventionen bei Vorgesetzten oder staatlichen Behörden, die in der Regel nur sehr spezifisch ausgewählten Kollegen (und sicherlich nicht dem jüdischen Nachbar im Wohnviertel) galten, und die im Forschungsprojekt zur Geschichte der Kaiser-Wilhelm-Gesellschaft im NS nicht zu Unrecht trotz ihres oberflächlichen Engagements für den Kollegen doch auch als Formen eines eliminatorischen Antisemitismus bezeichnet wurden, bis zur aktiven Unterstützung auf der Flucht, durch Aufnahme von polizeilich Gesuchten, Vermittlung von ausländischen Kontakten und Hilfe bei Reisen ins Ausland. In die erste Gruppe gehört neben etlichen anderen wohlbekannten Beispielen der Fall des Mathematikers Wilhelm SÜSS (1895–1958, ML 1943), der in den Jahren 1937–1945 Vorsitzender der Deutschen Mathematiker-Vereinigung (DMV) nach dem zuvor nicht üblichen Führerprinzip wurde und der sich im Jahr 1944 mit Erfolg für den mit einer Jüdin verheirateten Spezialisten für Differentialgleichungen Erich KAMKE (1890–1961) einsetzte, als dem Ehepaar die Einweisung ins KZ Dachau drohte. Das sicherlich ernst gemeinte Argument von Süss war freilich, dass KAMKE für die mathematische Kriegsforschung, um deren Organisation SÜSS sich zu dieser Zeit intensiv bemühte, unverzichtbar war.[9] Unbedingter war hingegen die Unterstützung, die der Wissenschaftshistoriker und Philologe Willy HARTNER (1905–1981) in Frankfurt dem jüdischen Mathematiker Max DEHN gewährte, als dieser nach den Novemberpogromen 1938 polizeilich gesucht war. DEHN fand in HARTNERS Haus Zuflucht, bis er über Hamburg nach Norwegen ausreisen konnte. Der oben bereits erwähnte Carl Ludwig SIEGEL hat darüber 1964 in einer bewegenden Darstellung anlässlich des 50-jährigen Jubiläums des Mathematischen Instituts der Universität Frankfurt am Main berichtet.[10]

Am anderen Pol der tatsächlich vorkommenden Handlungsweisen im Entlassungs- und Verfolgungsgeschehen liegt die aktive Beteiligung durch Akte im Amt oder gar durch Denunziation. Auch hier sind Mitglieder der Leopoldina nicht unbeteiligt gewesen, wie im Bereich der Mathematik der in der Historiographie der Wissenschaften im Nationalsozialismus wohlbekannte Verfechter einer „Deutschen Mathematik“ Ludwig BIEBERBACH (1886–1982, ML 1924).[11]

(*b*) Die zweite Dimension, in welcher das Handeln eines Wissenschaftlers befragt werden kann, ist *die Wahl des eigenen Arbeits- und Lebensortes* – im geographischen wie im institutionellen Sinn. Auch hier bestand ein Spielraum des Verhaltens. Wie bereits angesprochen, betraf dieser auch unter den nicht Verfolgten zum einen die Frage des Verbleibs in Deutschland. Aber selbst diejenigen, die in Deutschland verblieben, konnten sich unterschiedlich entscheiden. Gerade im Feld der Mathematik gab es ebenso wie in anderen Feldern aufgrund

9 Zu SÜSS vgl. u. a. REMMERT 2004b und REMMERT 2007. Ein weiteres bekanntes Beispiel eines solchen zweischneidigen Einsatzes für jüdische Kollegen wird unten in (*d*) diskutiert.

10 Vgl. EPPLE 1999, S. 288–296. Die Notwendigkeit der zweiten Flucht DEHNS aus Norwegen wurde oben bereits erwähnt.

11 Vgl. z. B. den Brief BIEBERBACHS die (verhinderte) Promotion der jüdischen Mathematikerin Gabriele NEUHÄUSER betreffend, abgedruckt in BERGMANN et al. 2012, S. 210. Weitere Hinweise auf BIEBERBACHS Verhalten in Berlin finden sich in Briefen von Karl LÖWNER (1893–1968) im Jahr 1933, die Entlassung von Issai SCHUR betreffend, und Max PINL (1897–1978) (im Jahr 1938), die abgedruckt sind in SIEGMUND-SCHULTZE 2009, S. 372–373 und 378–379.

der großen Zahl der freigewordenen Positionen für etliche Professoren und Nachwuchswissenschaftler Wahlmöglichkeiten. Übernahm man etwa, wie der bedeutende Algebraiker Helmut HASSE (1898–1979, ML 1926, er wird uns gleich noch zwei Mal begegnen) die renommierte Professur eines Vertriebenen – in diesem Fall die freigewordene Professur Hermann WEYLS in Göttingen? HASSE hatte das nicht nötig: Seit 1930 hatte er die Professur seines früheren Lehrers Kurt HENSEL (1861–1941, ML 1908) in Marburg inne.[12] Entschied man sich dafür, eine Stellung in einer der neugeschaffenen oder stark vergrößerten staatlichen Institutionen der Rüstungsforschung anzunehmen, wie beispielsweise der angewandte Mathematiker Henry GÖRTLER (1909–1987, ML 1963) ab 1937 am Kaiser-Wilhelm-Institut für Strömungsforschung? Andere Mathematiker gaben sich mit weniger exponierten und involvierten Stellungen zufrieden, so etwa der dem Wiener Kreis eng verbundene Mathematiker Kurt REIDEMEISTER (1893–1971), der von 1934 (nach HASSES Wechsel nach Göttingen) bis 1955 in Marburg lehrte und zu den wenigen Beispielen von Mathematikern gehört, deren Leben im Nationalsozialismus mit guten Gründen als Fall einer inneren Emigration angesehen werden kann.[13] Mit dieser Kategorie sollte man freilich sehr vorsichtig umgehen, da sie aus naheliegenden Gründen im Rechtfertigungsdiskurs nach der Befreiung Deutschlands oft bemüht wurde, ohne dem früheren Verhalten zu entsprechen. Maßgebliche Minimalkriterien scheinen mir hierfür, wie im Fall REIDEMEISTERS, nachweisbare und substantielle Angriffe gegen die Person zu sein, die eine vor derartigen Angriffen schützende „innere Emigration“ für sich beansprucht, und ebenso eine entsprechend klare und glaubwürdige Positionierung in der Nachkriegszeit.

(*c*) Die dritte Dimension, in der wir sehr unterschiedliche Handlungsweisen beobachten, betrifft das *politische Verhalten* der Wissenschaftler. Damit meine ich zum einen jene Verhaltensweisen, die im engeren Sinn politisch genannt werden können, wie den Beitritt zu politischen Parteien oder ihren Organisationen (vor allem der NSDAP, aber man kann und sollte auch nach *anderen* Parteien und Organisationen fragen), die Übernahme von politischen Ämtern und dergleichen. Zum anderen ist aber auch in einem weiteren Sinn die Haltung zu bzw. Reaktion auf politisch aktive Arbeitskollegen und Vorgesetzte usw. zu prüfen. Wie wir wissen, täuscht die in den Rechtfertigungsdiskursen der Nachkriegszeit so oft bemühte Figur des „unpolitischen“ Wissenschaftlers. Die Gegenwart des NS-Staates war vom Anfang bis zum Ende so eminent politisch, dass alle sich dazu in irgendeiner Weise verhalten *mussten*.

Ich übergehe hier die (für jede historische Untersuchung eines Akteurs im NS selbstverständliche) erste Hinsicht und richte nur kurz den Blick auf das Spektrum der Verhaltensweisen von Mathematikern in der zweiten. Alle deutschen Hochschulmathematiker mussten sich nicht nur zu ihren Vorgesetzten und ihrem staatlichen Dienstherrn verhalten, sondern auch zu jenen Fachkollegen, die sich offen auf der Seite des NS engagierten, und namentlich zu der Bewegung der „Deutschen Mathematik“, die von dem Versuch, Vorherrschaft in der

12 Kurt HENSELS Großmutter väterlicherseits war die Komponistin Fanny HENSEL geb. MENDELSSOHN (1805–1847). HENSEL wurde 1930 emeritiert, 1935 aber dennoch von den Nazis zwangsweise in den Ruhestand versetzt; 1941 starb er in Marburg. Auch HENSEL war ML ab 1908.

13 REIDEMEISTER, der sich bereits während der Weimarer Zeit in Königsberg mit Nazi-Studenten angelegt hatte, verlor 1933 als „politisch Unzuverlässiger“ seine dortige Professur. Durch die Vermittlung von regierungsnäheren Kollegen erhielt er ein Jahr später eine Professur in Marburg. Nach 1945 engagierte er sich stark, wenn auch letztlich erfolglos, für einen entschiedenen intellektuellen Bruch der jungen Bundesrepublik mit der Nazizeit (u. a. durch Mitwirkung an der von Karl JASPERS [1883–1969], Dolf STERNBERGER [1907–1989], Werner KRAUSS [1900–1976] und Alfred WEBER [1868–1958] herausgegebenen Zeitschrift *Die Wandlung*). Vgl. EPPLE 1995, S. 567–575.

Deutschen Mathematiker-Vereinigung (DMV) zu gewinnen, bis zur Gründung einer Zeitschrift *Deutsche Mathematik* professionspolitischen Einfluss suchte und auch fand. Es ist oft dargestellt worden, wie Ersteres im Jahr 1934 nach einer internationales Aufsehen erregenden Affäre misslang; weniger oft wird jedoch danach gefragt, wie sich die Fachvertreter in den Folgejahren zu den selbstverständlich nicht verschwundenen Aktivisten der „Deutschen Mathematik" verhielten. So etwa zu deren führendem Vertreter, dem bereits seit 1924 der Leopoldina angehörenden Mitglied BIEBERBACH, der von seiner Berliner Professur aus und mit Unterstützung des bis 1937 als Leiter des Amtes für Wissenschaft im Reicherziehungsministerium und ab 1939 als kommissarischer Präsident der Preußischen Akademie der Wissenschaften tätigen Mathematikers Theodor VAHLEN (1869–1945) weiter an seiner Bewegung und Zeitschrift arbeitete. Manche, wie der bereits erwähnte Wilhelm SÜSS, DMV-Vorsitzender ab 1937, unterstützten BIEBERBACH auch weiterhin, und auch seine Berliner Fachkollegen kann man danach befragen.[14] Dabei wird man finden, dass etliche, z. B. der an der Technischen Hochschule (heute Technische Universität) in Berlin wirkende und den NS schon früh aktiv unterstützende Georg HAMEL (1877–1954, ML 1935) und seit 1935 auch Vorsitzender der DMV, BIEBERBACH ebenfalls nach Kräften weiter unter die Arme griffen.

Dies markiert den einen Pol des hier bestehenden Handlungsspielraums. Auf der anderen Seite standen jene, die das Handeln der politisch für den NS engagierten Kollegen aktiv und nachweislich bremsten (in unterschiedlichem Ausmaß, in unterschiedlicher Form und aus unterschiedlichen Gründen, die stets näher befragt werden müssen; in Bezug auf den Fall BIEBERBACH dazu gleich mehr). Zwischen diesen Polen lag das weite Feld eines ausweichenden, damit freilich auch den NS-Staat befestigenden Verhaltens.

Genaugenommen wäre an dieser Stelle nun auch das Verhalten zu betrachten gegenüber politisch engagierten Kollegen *gegen* den NS (von welchen es leider nur wenige, dafür aber wichtige Beispiele gibt). Selbstverständlich gab es auch hier ein Spektrum möglicher Handlungsweisen, das wiederum von Behinderung und Denunziation solcher Gegner des NS bis hin zu deren Unterstützung reichte. Beispiele von aktiver Unterstützung für politische Gegner des NS sind mir lediglich für die Gruppe der verfolgten Mathematiker bekannt. Das herausragende Beispiel ist sicherlich das des Statistikers, Sozialisten und politischen Schriftstellers Emil Julius GUMBEL (1891–1966), der von seinem französischen Exil aus den Kampf gegen den Nationalsozialismus fortsetzte, bis er schließlich 1940 angesichts des deutschen Einmarschs nach Frankreich in die USA emigrierte.[15] Die Frage nach Beispielen aktiven Widerstands muss immer wieder neu gestellt werden, auch wenn die geringe Zahl solcher Beispiele die Folgefrage unumgänglich macht, was die Gründe für die bemerkenswerte *Reibungslosigkeit* des Umbaus des wissenschaftlichen Betriebs im NS-Staat waren.[16]

(*d*) Als eine vierte Dimension möglichen Handelns möchte ich das Verhalten von Wissenschaftlern gegenüber Kritik am nationalsozialistischen Staat nennen, die in *internationalen Begegnungen und Kontakten* geäußert wurde. Dies deshalb, weil jede nur nationale Perspektive auf den Nationalsozialismus aus vielen Gründen zum Scheitern verurteilt ist. Nicht nur haben Wissenschaften wie die Mathematik den Kommunikationsraum von Nationalstaaten zu allen Zeiten von deren Bestehen überschritten, auch die dramatischen Veränderungen, die nach 1933 in Deutschland in dieser Wissenschaft geschahen, wurden selbstverständlich

14 Zur Beziehung zwischen SÜSS und BIEBERBACH vgl. die in Anm. 9 genannten Beiträge von Volker R. REMMERT.
15 Zu GUMBEL vgl. u. a. VOGT 1991 und BRENNER 2001.
16 Vgl. EPPLE 2002.

im internationalen Kommunikationsraum der Mathematik gesehen und diskutiert. Die in Deutschland tätigen Mathematiker waren, sofern sie weiterhin internationale Kontakte und Begegnungen hatten, mit dieser Kritik konfrontiert. Solche Auseinandersetzungen haben nicht selten Spuren hinterlassen, die analysiert werden können, und die oft sehr aufschlussreich sind. Dies gilt umso mehr, als – wie wir inzwischen durch viele Beispiele wissen – jeder internationale Kongress, ja, jede Vortragsreise im Ausland während des NS durch Regierungsstellen begleitet und kontrolliert wurde, was in aller Regel umfangreiches Archivmaterial hervorbrachte.

Ich möchte an dieser Stelle an zwei Episoden erinnern. Werfen wir zunächst einen kurzen Blick auf die Reaktion der deutschen Mathematiker auf die 1934 in einem Zeitungsartikel veröffentlichte Kritik des dänischen Mathematikers Harald Bohr (1887–1951) (des Bruders von Niels Bohr [1885–1962, ML 1932]) an der Bieberbachschen Lehre von den rassischen „Stilarten mathematischen Schaffens“. Bieberbach, damals Herausgeber der *Jahresberichte der DMV*, hatte dort eigenmächtig einen offenen Brief gegen Bohr abdrucken lassen, in welchem er Bohr als „Schädling aller internationalen Zusammenarbeit“ bezeichnete. Als Bieberbach im September 1934 mit einigen politischen Freunden versuchte, die Führung der DMV zu übernehmen, sprach sich die Mehrheit der Mitglieder der DMV zu Bieberbachs Verdruss zwar gegen ihn aus, zugleich wandte sie sich in einem Beschluss jedoch auch gegen Harald Bohr:

> „Die Mitgliederversammlung verurteilt aufs schärfste den Angriff des Herrn Bohr auf Herrn Bieberbach, soweit darin ein Angriff auf den neuen Deutschen Staat und auf den Nationalsozialismus zu sehen ist. Sie bedauert die Form des offenen Briefes des Herrn Bieberbach und sein Vorgehen bei dessen Veröffentlichung […].“[17]

Hier liegt sogar eine *kollektive* Handlungsweise vor, welche die Bedeutung der in Rede stehenden Handlungsdimension unterstreicht. Ein sprechendes zweites Beispiel einer Form des Handelns auf der internationalen Bühne liefert auch Ludwig Prandtl (1875–1953, ML 1936), führender deutscher Strömungsmechaniker, im Umfeld des internationalen Mechanikerkongresses in Cambridge (Massachusetts) im Jahr 1938. Auch dort wurden – u. a. durch den bedeutenden britischen Aerodynamiker Geoffrey Ingram Taylor (1886–1975), mit dem Prandtl gemeinsame wissenschaftliche Interessen verbanden – die deutschen Fachvertreter mit der Kritik an der Behandlung jüdischer Wissenschaftler und von Juden im deutschen Staat konfrontiert. Prandtl rechtfertigte seinen Staat angesichts dieser Kritik in mehrfacher Weise; hier sei lediglich eine Passage aus einem nach dem Kongress von Prandtl an Taylor geschriebenen Brief zitiert, die nicht nur krasse antisemitische Stereotypen, sondern auch das oben erwähnte Motiv des auswählenden Antisemitismus überdeutlich macht:

> „Von der Judenfrage kann man nicht sprechen, ohne zu betonen, dass Deutschland nicht sehr weit davon entfernt war, von den Juden ebenso unterjocht zu werden, wie Sowjet-Russland von ihnen seit langen Jahren unterjocht ist. Seit Jahren kann man mit immer zunehmender Deutlichkeit sehen, dass Judenschaft, Kommunismus und Freimaurertum (masonry) sich überall in die Hand arbeiten und in den Völkern Unruhe stiften, die einen offen, die andern im Verborgenen, aber immer findet man sie bei genauem Zusehen in der gleichen Richtung arbeitend. […] Jedenfalls ist der Kampf, den Deutschland leider gegen die Juden führen musste, zu seiner Selbsterhaltung notwendig gewesen. Es ist nur zu bedauern, dass sehr viele jüdische Wissenschaftler, die selbst an diesen Treibereien gar keinen Teil haben, mit darunter leiden mussten, und es wünschen viele in Deutschland, dass man in diesem Punkt nicht so schroff verfahren wäre.“[18]

17 Vgl. Remmert 2004a und die dort angegebene Literatur.

18 Ludwig Prandtl an Geoffrey Ingham Taylor, 29. Oktober 1938, zitiert nach Eckert 2017, S. 257–258. Vgl. hierzu auch den gesamten Abschnitt „Propaganda“ in Eckerts Buch, S. 256–261.

Die in diesen absurden Bemerkungen zum Ausdruck kommende, ungebrochene Loyalität PRANDTLS und auch die der Mehrheit der Mitglieder der DMV zum NS-Staat markiert wiederum einen der Pole der in dieser Dimension der internationalen Kommunikation möglichen Handlungen. Was stand auf der anderen Seite? Vielleicht wäre hier von den verschiedenen Versuchen zu sprechen, Konferenzbesuche im Ausland zur Anknüpfung von Kontakten bis hin zur Vorbereitung der Ausreise zu nutzen. Freilich zeigen sich hier in den Archiven auch etliche Beispiele des Scheiterns – war doch die Teilnahme an internationalen Konferenzen stark reguliert. PRANDTL gehörte übrigens selbst zu jenen, die im Auftrag des Reichsluftfahrtministeriums an dieser Regulierung beteiligt waren.

Nach diesen vier Handlungsdimensionen, welche Licht auf die *Haltung* von Wissenschaftlern werfen können, wende ich mich nun vier weiteren Dimensionen zu, in denen *berufliche Tätigkeiten und wissenschaftliche Funktionen* für den NS-Staat in den Blick genommen werden.

(*e*) Zu fragen ist hier nach der *wissenschaftlichen Arbeit für Organe des NS-Staates*, also insbesondere nach der Tätigkeit für Regierungsbehörden, wie Ministerien, sowie – angesichts der engen Verzahnung von Partei und Staat – in Parteiorganisationen. Hier sind die *Pole* des bestehenden Handlungsspielraums leicht zu benennen: Er reicht von keiner derartigen Tätigkeit bis zur (zeitweisen) hauptberuflichen Tätigkeit in solchen Organen. Stets mitbefragt werden muss dabei selbstverständlich die seit langem diskutierte Frage der *Selbstmobilisierung* für derartige Tätigkeiten.

Wie andere Wissenschaftler, so waren auch Mathematiker im Reichserziehungsministerium, im Reichsluftfahrtministerium oder in untergeordneten Behörden dieser Ministerien, wie dem Reichsforschungsrat, tätig. Oben bereits erwähnt wurde der Partner BIEBERBACHS in der *Deutschen Mathematik* Theodor VAHLEN. Auch wenn es sich formal nicht um eine hauptberufliche Tätigkeit handelte, so ist doch auch die Arbeit von Leopoldinamitglied Ludwig PRANDTL als Vorsitzender der „Forschungsführung" des Reichsluftfahrtministeriums von 1942 bis 1945, welche in dieser Zeit über den enormen Forschungsetat des Ministeriums und über eine Vielzahl von universitären und außeruniversitären Rüstungsforschungsbemühungen beriet und entschied, als ähnlich regierungsnah einzuschätzen. (Über dieses vielleicht wichtigste Organ der Rüstungsforschung in der zweiten Kriegsphase steht eine Monographie leider noch immer aus; die Materialien dazu liegen – u. a. im Nachlass ihres Vorsitzenden gut zugänglich – vor.) Aber auch Gelegenheitsarbeiten für politische Stellen wie den Beitrag über reine Mathematik des Leopoldinamitglieds Helmut HASSE in der vom Reichserziehungsministerium im Jahr 1939 herausgegebenen Festschrift zum 50. Geburtstag Adolf Hitlers (1889–1945) *Deutsche Wissenschaft: Arbeit und Aufgabe* zählen ins Spektrum der in diese Dimension gehörenden Handlungsweisen.[19]

Am anderen Pol des Spielraums in dieser Dimension, dies sei wiederholt, liegt es, *keinerlei* Tätigkeit dieser Art übernommen zu haben. Beispiele dafür gibt es, wie den bereits erwähnten Kurt REIDEMEISTER. Auch die *Unterlassung* eines bestimmten Typs von Handlungen zählt manchmal in den Handlungsspielraum, den wir historisch ermitteln können und sollten.

(*f*) Eng verwandt und gerade für die Wissenschaft Mathematik relevant sind die *Arbeit für militärische Organe des Staates* oder für Unternehmen der *Rüstungsindustrie*. Auch hier reichte der Handlungsspielraum von der Unterlassung bis zur (zeitweise) vollständigen Widmung der Arbeitskraft eines Wissenschaftlers für die Kriegsforschung, und wieder ist auch

19 Vgl. den Beitrag HASSE 1939 in der vom Reichserziehungsministerium herausgegebenen Festschrift zum 50. Geburtstag Hitlers.

die Frage einer möglichen Selbstmobilisierung für solche Tätigkeiten zu stellen. Mochte dies für Vertreter der angewandten Mathematik, sofern sie nicht zu den Gegnern des NS-Staates zählten, erwartbar sein, so ist doch auch festzustellen, dass selbst etliche Vertreter der sich sonst als „rein" bezeichnenden Mathematik sich gerne in den Dienst des kriegführenden Staates stellten. Wiederum gibt Helmut HASSE ein sprechendes Beispiel: Er gab zeitweise die Algebra auf, um im Oberkommando der Marine mathematische Forschungen für die Entwicklung von Torpedos anzustellen. Ein weiteres Beispiel ist der Heidelberger Topologe Herbert SEIFERT (1907–1996), der für mehrere Jahre an die im Zuge der Aufrüstung neu entstandene Luftfahrtforschungsanstalt Hermann Göring in Braunschweig wechselte und dort Forschungen zur für die Überschall-Aerodynamik wichtigen Gasdynamik betrieb. Auch der (zuvor zeitweise als REIDEMEISTERS Assistent in Marburg tätige) Topologe Wolfgang FRANZ (1905–1996), der ab 1940 die Leitung einer schließlich bis zu 50 Personen umfassenden Mathematikergruppe in der Chiffrierabteilung des Oberkommandos der Wehrmacht (OKW) übernahm und feindliche Codes entschlüsselte, ist hier zu nennen.[20] Die Zahl ähnlicher Beispiele ließe sich verlängern.

(*g*) Ähnliche Gruppen gab es in den großen Rüstungsfirmen.[21] Das Gesamtfeld solcher Tätigkeiten von Mathematikern und Mathematikerinnen, die in der Erinnerungsliteratur des Faches aus naheliegenden Gründen selten beleuchtet wurden, ist immer noch nicht gründlich und umfassend erforscht. Solche Forschung ist freilich nicht ohne Mühen, da die Berichtsliteratur sowie die umfangreichen Materialien, welche die Alliierten nach dem Krieg mit Unterstützung der deutschen Forscher zusammentrugen, nicht immer leicht zu durchdringen ist. In einigen Fällen führten die Kriegsereignisse selbst zur Zerstörung von Unterlagen, wie im Fall des Darmstädter Instituts für praktische Mathematik, an dem mathematische Auftragsarbeiten für *viele* deutsche Rüstungsvorhaben bis hin zu den Raketenprojekten des Heeres und der Luftwaffe durchgeführt wurden. Durch das Institut verliefen die Laufbahnen von etlichen später einflussreichen angewandten Mathematikern der Nachkriegszeit, darunter auch die von Lothar COLLATZ (1910–1990, ML 1962). *Möglich* aber ist eine historische Untersuchung der Rüstungsforschung in staatlichen Einrichtungen und privaten Unternehmen dennoch. Solange sie nicht durchgeführt ist, bleiben die Handlungsweisen der Beteiligten in dieser entscheidenden Dimension weiterhin teilweise dunkel. In seiner Befragung durch die Investigatorenteams der Alliierten gab der eben erwähnte Wolfgang FRANZ 1946 zur Rechtfertigung seines Wechsels in die Chiffrierabteilung des OKW an, dass er nach Kriegsbeginn nach einer mathematischen Tätigkeit für die Wehrmacht suchte, „since the majority of university mathematicians were in the course of time employed in non-military activities with the Armed Forces".[22] Das offene Wort traf in quantitativer Hinsicht sicherlich zu, d.h. die weitaus überwiegende Anzahl der in Deutschland verbliebenen Hochschulmathematiker nahm Tätigkeiten im Rüstungskomplex an; gegen das Wort „non-military", das sein Verhalten als ein Ausweichen vor dem Dienst an der Waffe darstellte, ist ein Einspruch freilich berechtigt.

20 Zu FRANZ vgl. MEHRTENS 1996; ferner inzwischen auch den über http://chris-intel-corner.blogspot.com/2014/07/professor-wolfgang-franz-and-okwchis.html zugänglichen Bericht „Written answers 1946 by Wolfgang Franz, TICOM report DF-176" (declassified 2007, https://www.scribd.com/document/232416896/TICOM-DF-176, zuletzt abgerufen am 5.5.2024). Dieser Bericht nennt noch etliche andere Beteiligte, darunter auch Ernst WITT (1911–1991), Georg AUMANN (1906–1980) und Oswald TEICHMUELLER (1913–ca. 1943).

21 Vgl. den Überblick in EPPLE und REMMERT 2000.

22 TICOM report DF-176 (Anm. 20), dort übersetzt ins Amerikanische; das deutsche Original der schriftlichen Antworten von FRANZ liegt wie in vielen derartigen Fällen nicht vor.

(*h*) Als letzte Dimension, in der wir die Handlungsspielräume von Mathematikern befragen sollten, muss die Beteiligung an Verbrechen und die damit verbundene Entgrenzung wissenschaftlichen Handelns genannt werden. Für andere Wissenschaftsfelder liegt dazu mehr substantielle Forschung vor als für die Mathematik, und ich bin nach Vorträgen über die letzten drei Dimensionen (*e, f, g*) mathematischer Tätigkeit während des NS manchmal gefragt worden, was denn an Tätigkeiten dieser Art so besonders sei – worin lag das Verbrechen, den Behörden seines Staates oder auch dessen Militär zu dienen? Ohne die direkte Beteiligung an konkreten Verbrechen, die wir in vielen Wissenschaftsgebieten und auch in der Mathematik finden, in irgendeiner Weise zu relativieren, sei doch auch eine allgemeine Antwort auf diese Frage gegeben: Der NS-Staat selbst war verbrecherisch, er entwickelte sich von seinem Beginn an rasch in ein Geflecht von sich immer weiter radikalisierenden Verbrechen. Daher war auch jede Beteiligung an seiner Aufrechterhaltung – indem das reibungslose Funktionieren des Staates gesichert wurde, oder indem er im Krieg (einem Angriffskrieg, in dem selbst zahllose Verbrechen begangen wurden) unterstützt wurde – eine zumindest indirekte Beteiligung an Verbrechen. Und so indirekt war auch diese Beteiligung manchmal nicht: Von der Rüstungs*forschung* bis zur Zwangsarbeit in der Rüstungs*produktion* war der Weg nicht allzu weit, ebenso wie der vom Vorsitz der Deutschen Mathematiker-Vereinigung bis zur Beratung der SS in der Organisation von Rechenarbeiten in Konzentrationslagern, die Wilhelm Süss übernahm.[23]

Spielräume des Handelns, Spielräume des Handlungsentwurfs, und Spielräume der nachträglichen Handlungsrechtfertigung

Die voranstehenden Überlegungen haben einige Dimensionen von Handlungsweisen aufgezeigt, in denen sich durch den Aufweis und die Analyse *tatsächlicher*, historisch erfolgter Handlungen Spielräume von Handlungsweisen markieren lassen, die als Bezugsrahmen für die Beurteilung ähnlicher Handlungen herangezogen werden können. Freilich sollte abschließend daran erinnert werden, dass die Konzentration auf tatsächlich erfolgte Handlungen zwar einen vergleichsweise sicheren Boden für historische Analysen des Handelns im NS-Staat bietet, dass dadurch aber die Komplexität der historischen Handlungswirklichkeit noch nicht vollständig aufgeschlüsselt ist. Dies gilt namentlich in zwei Richtungen, nämlich hinsichtlich der vorgängigen *Handlungsentwürfe* und hinsichtlich der nachträglichen *Handlungsrechtfertigungen*. Beide bieten der historischen Analyse größere methodische Schwierigkeiten, obwohl auch sie für die in der Vorbemerkung skizzierte moralische Dimension der Geschichtsschreibung von hoher Relevanz sind.

Jean Paul Sartre (1905–1980) hat uns in der Diskussion der Wahlfreiheit von Handlungen auf die zentrale Rolle der Handlungsentwürfe aufmerksam gemacht: Vor der Handlung entwirft sich die handelnde Person, sie projiziert die Alternativen und ihre Wahl. Dabei ist sie, so Sartre, verlassen und zur Verantwortung für ihr Handeln verdammt.[24] Man muss die individualistische und existenzialistische Lesart Sartres nicht teilen, um doch anerkennen zu können, dass eine Kenntnis der Handlungsentwürfe einer Person Einsicht in die spezifische Moral geben kann, welcher diese Person gefolgt ist. Die eigentliche Handlung kann durch eine Vielzahl von Umständen gebrochen werden. Sartre gab das Beispiel eines jungen Man-

23 Die diesbezüglichen Archivalien im Nachlass Süss und in den Akten der DMV (beide im Universitätsarchiv Freiburg) sind freilich nach 1945 gründlich gereinigt worden.

24 Vgl. z. B. Sartre 2000, S. 156–159.

nes, der während der deutschen Besatzung in Frankreich kurz nach 1940 vor der Wahl stand, entweder vor Ort seiner Mutter beizustehen oder über Spanien und Algier alliierte Kräfte zu erreichen und sich in deren Dienst zu begeben, um zur Befreiung Frankreichs beizutragen. Beide Handlungspläne konnten selbstverständlich aufgrund von Umständen, die nicht in der Hand des jungen Mannes lagen, durchbrochen werden; dennoch besaß er zumindest die Freiheit und Verantwortlichkeit des *Entwerfens* einer Handlungsweise, und jede mögliche Wahl war zugleich eine Entscheidung über die Priorisierung von Handlungsnormen. In die hier verfolgte Diskussion übertragen heißt dies: Wenn wir die Moral ermitteln wollen, welcher ein konkretes Handeln folgte, sollten möglichst auch die Spielräume des Handlungs*entwurfs* bestimmt werden, und nicht nur jene der *Realisierung* entworfener Handlungsweisen. Freilich lässt sich der Spielraum von Handlungsentwürfen aus naheliegenden Gründen noch weniger leicht fassen als der Spielraum der offenstehenden Handlungsmöglichkeiten. Nur selten besitzen wir historische Materialien, aus denen hervorgeht, welche Handlungsentwürfe eine Person bewegten. Dies mögen Korrespondenzen sein, in welchen noch unausgeführte Handlungen diskutiert wurden, oder Materialien, die indirekt darauf schließen lassen. Auch bei nachweislich angestrebten, aber gescheiterten Handlungen wie im eingangs erwähnten Fall von Felix Hausdorffs Emigrationsversuch erkennen wir Konturen eines Handlungsentwurfes. In vielen anderen Fällen bleiben die Handlungsentwürfe der historischen Akteure jedoch dunkel.

Eine komplementäre Schwierigkeit besteht im Fall nachträglicher Handlungsrechtfertigungen, von denen es in Bezug auf das Handeln von Wissenschaftlern im NS-Staat eher zu viele als zu wenige gibt. Solche nachträglichen Rechtfertigungen sind, da sie maßgeblich durch neue Interessenlagen geprägt sein können und im vorliegenden Zusammenhang in der Regel auch sind, schwer auf ihre Angemessenheit und Aufrichtigkeit in Bezug auf die frühere und nun im Nachhinein gerechtfertigte Handlung zu überprüfen. Auch hier bestand ein Spielraum, der verschieden genutzt werden konnte, und dessen Nutzung wiederum Auskunft gibt über die Moral der Akteure, d. h. die Normensysteme, welche sie sich zu eigen machten – freilich nicht zum Zeitpunkt ihres ursprünglichen Handelns, sondern zum Zeitpunkt der nachträglichen Handlungsrechtfertigung. Das galt kurz nach 1945, zu einer Zeit, in der in beiden deutschen Staaten die Distanzierung des eigenen Handelns vom NS-Staat die Rechtfertigungsdiskurse der meisten in Deutschland verbliebenen und nicht verfolgten Akteure prägten, ebenso wie Jahrzehnte später, wenn historische Akteure in Autobiographien oder anderen Rückblicken ein abgerundetes, von bewussten oder unbewussten Auslassungen geprägtes und nicht selten geschöntes Bild ihres früheren Tuns zeichneten.

Angesichts dieser komplementären Schwierigkeiten der Bestimmung der Spielräume von Handlungsentwürfen und Handlungsrechtfertigungen finden wir uns schließlich doch wieder zurückgeworfen auf die Analyse des tatsächlichen Handelns, sowohl in seinem Erfolg als auch in seinem Scheitern.

Unabgeschlossene Nachbemerkung: Die Mathematiker in der Leopoldina

In Ergänzung der obigen Bemerkungen und als Ausgangspunkt für weitere Recherchen sei hier eine Liste von Mathematikern in der Leopoldina, die für das behandelte Thema relevant sind, angefügt. Aufgenommen in die Liste sind zunächst alle Mitglieder der Fachsektion Mathematik mit Aufnahmedatum 1918–1945. Auch in anderen Fachsektionen wurden Mitglieder aufgenommen, die für das hier betrachtete Fachspektrum von Bedeutung waren (wie Ludwig PRANDTL in der Sektion Physik); diese wurden hier jedoch nicht systematisch berücksichtigt. Wo politische Funktionen bekannt sind, wurden sie – ohne systematische Recherche – ergänzt, ebenso im Fall der Emigration. Es handelt sich um (Basis der folgenden Liste ist die Archivdatenbank der Leopoldina):

1918: Hans BECK (1876–1942), EDUARD DOLEŽAL (1862–1955), Carl KOSTKA (1846–1921), Wilhelm LOREY (1873–1955), Walter LIETZMANN (1880–1959), Emil MÜLLER (1861–1927), Theodor SCHMID (1859–1937), Emil TIMERDING (1873–1945)
1919: Andreas GALLE (1858–1943), Gustav KOHN (1859–1921), Oskar PERRON (1880–1975), Issai SCHUR (1875–1941) [emigriert], Heinrich WIELEITNER (1874–1931)
1920: Ilmari BONSDORFF (1879–1950), Otto EGGERT (1874–1944), Richard GRAMMEL (1889–1964), Heinrich JUNG (1876–1953), Paul WILSKI (1868–1939)
1921: Hans HAHN (1879–1934), Hendrik HEUVELINK (1861–1949), Jakob HORN (1867–1946), Edmund LANDAU (1877–1938) [emigriert], Erich SALKOWSKI (1881–1943), Rudolf SCHÜSSLER (1865–1942)
1922: keine Aufnahmen
1923: Otto BLUMENTHAL (1876–1944) [gest. 1944 im Ghetto Theresienstadt], Guido CASTELNUOVO (1865–1952), Federigo ENRIQUES (1871–1946), Ernst NEUMANN (1875–1955), William OSGOOD (1864–1943), Francesco SEVERI (1879–1961), Hermann WEYL [emigriert], Richard VON MISES (1883–1953) [emigriert]
1924: Ludwig BIEBERBACH, Egbertus BROUWER (1881–1966), Tsuruichi HAYASHI (1873–1935), Niels Erik NØRLUND (1885–1981)
1925: Godfrey Harold HARDY (1877–1947), Friedrich PFEIFFER (1883–1961)
1926: Helmut HASSE, Rudolf ROTHE (1873–1942)
1927: Franz AUBELL (1878–1954), Georg PRANGE (1885–1941)
1928–1931: keine Aufnahmen
1932: Heinrich BRANDT (1886–1954) [förderndes Mitglied der SS], Rudolf FUETER (1880–1950), David HILBERT (1862–1943), Andreas SPEISER (1885–1970)
1933: Felix VENING MEINESZ (1887–1966)
1934: keine Aufnahme
1935: Georg HAMEL, Karl-Reinhold KUPFFER (1872–1935)
1936: Heinrich BEHNKE (1898–1979)
1937–1938: keine Aufnahmen
1939: Philipp FURTWÄNGLER (1869–1940)
1940–1942: keine Aufnahmen
1943: Wilhelm BLASCHKE (1885–1962), Erich HECKE (1887–1947), Wilhelm SÜSS

Allein der Blick auf diese Liste wirft für die Geschichte der Leopoldina im NS-Staat vor dem Hintergrund unserer Kenntnisse der Geschichte der Mathematik dieser Zeit offensichtliche Fragen auf. Bereits die Liste der aufgenommenen bzw. nicht aufgenommenen Mitglieder vor 1933 im mathematikhistorischen Rückblick birgt einige Überraschungen (warum wurde David HILBERT, dessen überragende Bedeutung für die Mathematik in Göttingen schon mehrere Jahrzehnte früher deutlich geworden war, erst 1932 aufgenommen? Warum fehlen so bedeutende Wissenschaftler wie der in der Weimarer Republik längst international anerkannte Felix HAUSDORFF u. a.?). Auch vor diesem Hintergrund zeigt sich jedoch der dramatische Bruch der mathematischen Kultur im Jahr 1933 an den aufgenommenen Mitgliedern der Fachsektion Mathematik überdeutlich. Finden sich vor 1933 Vertreter der meisten wichtigen Strömungen der modernen und weniger modernen Mathematik und – wie dann nicht ausbleiben konnte – auch etliche jüdische Mathematiker,[25] so muss bei fast allen Namen, die wir nach 1933 finden,

25 Vor 1914 wurden ebenfalls einige Mathematiker aufgenommen, die in unserer Ausstellung über jüdische Mathematiker eine Rolle spielten, wie Immanuel Lazarus FUCHS (1833–1902), Kurt HENSEL, Leopold KRONECKER (1823–1891), Georg PICK (1859–1942), Alfred PRINGSHEIM (1850–1941), Arthur SCHÖNFLIES (1853–1928) u. a.; auch diese früheren Aufnahmen sind in obiger Liste nicht berücksichtigt.

ein großes Fragezeichen gemacht werden (am wenigsten vielleicht bei Erich HECKE), und es muss vermutet werden, dass die fachpolitische (oder gar eine ganz andere) Tätigkeit den Ausschlag für die Auswahl gab, und nicht die wissenschaftliche.

Nach 1945 wurde dieser Bruch erst langsam und zunächst nur teilweise überwunden. Die 1950er und frühen 1960er Jahre (die ich nicht systematisch überprüft habe) zeigen dabei einen auffallenden Gegensatz: Naheliegend waren Versuche, doch noch einige wenige in die Emigration gezwungene Mathematiker zu gewinnen (u. a. Emil ARTIN [1898–1962], ML 1960); eine schnelle Durchsicht der Mitgliederdaten zeigt, dass zumindest die Zahl der von Erfolg gekrönten Versuche dieser Art recht klein geblieben ist (ob es weitere, nicht erfolgreiche Versuche dieser Art gegeben hat, muss hier offen bleiben). Überraschender ist, dass zugleich aber auch bis in die 1960er Jahre noch etliche Mathematiker aufgenommen wurden, die in der Zeit des Nationalsozialismus exponierte Stellungen hatten (so etwa Lothar COLLATZ, der am Darmstädter Institut für praktische Mathematik tätig gewesen war und unter anderem mathematische Forschung für das Raketenprojekt des Heeres betrieben hatte, ab 1962, Henry GÖRTLER, der bei PRANDTL in Göttingen gearbeitet hatte und später in Freiburg (und als Kollege von SÜSS) die angewandte Mathematik aufbaute, ab 1963, Rolf NEVANLINNA (1895–1980, ML 1957), ein finnischer Mathematiker, der während des Krieges Rektor der Universität Helsinki war und als aktiver Verbündeter der Nazis diesen Posten nach den Krieg verlor, ab 1957, Bartel Leendert VAN DER WAERDEN (1903–1996, ML 1960, der als Professor in Leipzig geblieben war).[26] Eine nähere Betrachtung der Aufnahmepolitik der Fachsektion Mathematik wäre daher sicherlich für die gesamte Zeit vom Kaiserreich bis in die späten 1960er Jahre interessant.

Literatur

ALTHÖFER, Ingo: Lothar Collatz zwischen 1933 und 1950: Eine Teilbiographie. Lage (Lippe): 3-Hirn-Verlag 2019

BERGMANN, Birgit, EPPLE, Moritz, und UNGAR, Ruti (Eds.): Transcending Tradition: Jewish Mathematicians in German-Speaking Academic Culture. Heidelberg: Springer 2012

BRENNER, Arthur D.: Emil J. Gumbel: Weimar German Pacifist and Professor. Leiden: Brill 2001

ECKERT, Michael: Ludwig Prandtl: Strömungsforscher und Wissenschaftsmanager. Ein unverstellter Blick auf sein Leben. Heidelberg: Springer 2017

EPPLE, Moritz: Kurt Reidemeister: Kombinatorische Topologie und exaktes Denken. In: RAUSCHNING, Dietrich, und NERÉE, Donata VON (Hrsg.): Die Albertus-Universität zu Königsberg und ihre Professoren. S. 567–575. Berlin: Duncker & Humblot 1995

EPPLE, Moritz: Die Entstehung der Knotentheorie: Kontexte und Konstruktionen einer modernen mathematischen Theorie. Wiesbaden: Vieweg 1999

EPPLE, Moritz: Genies, Ideen, Institutionen, mathematische Werkstätten: Formen der Mathematikgeschichte. Mathematische Semesterberichte *47*, 131–163 (2000)

EPPLE, Moritz: Rechnen, Messen, Führen: Kriegsforschung am Kaiser-Wilhelm-Institut für Strömungsforschung, 1937–1945. In: MAIER, Helmut (Hrsg.): Rüstungsforschung im Nationalsozialismus: Organisation, Mobilisierung und Entgrenzung der Technikwissenschaften. S. 305–356. Göttingen: Wallstein 2002

EPPLE, Moritz und REMMERT, Volker R.: „Eine ungeahnte Synthese zwischen reiner und angewandter Mathematik“: Kriegsrelevante mathematische Forschung in Deutschland während des Zweiten Weltkrieges. In: KAUFMANN, Doris (Hrsg.): Geschichte der Kaiser-Wilhelm-Gesellschaft im Nationalsozialismus: Bestandsaufnahme und Perspektiven der Forschung. Bd. *1*, S. 258–295. Göttingen: Wallstein 2000

GROSS, Raphael: Anständig geblieben: Nationalsozialistische Moral. Frankfurt (Main): S. Fischer 2010

26 Die meisten dieser Informationen sind heute der Wikipedia zu entnehmen. Zu COLLATZ vgl. inzwischen auch ALTHÖFER 2019; zu GÖRTLER (allerdings unkritisch) vgl. WITTING 1989; zu VAN DER WAERDEN vgl. u. a. SCHNEIDER 2011, SIEGMUND-SCHULTZE 2011 und SOIFER 2015.

GRÜTTNER, Michael, und KINAS, Sven: Die Vertreibung von Wissenschaftlern aus den deutschen Universitäten 1933–1945. Vierteljahreshefte für Zeitgeschichte *55*/1, 123–165 (2007)

HASSE, Helmut: Mathematik. In: Deutsche Wissenschaft: Arbeit und Aufgabe. Dem Führer und Reichskanzler legt die Deutsche Wissenschaft zu seinem 50. Geburtstag Rechenschaft ab über ihre Arbeit im Rahmen der ihr gestellten Aufgabe. Hrsg. vom Reichserziehungsministerium. S. 149–151. Leipzig: S. Hirzel 1939

MEHRTENS, Herbert: Mathematics and War: Germany, 1900–1945. Boston Studies in the Philosophy of Science *180*, 87–134 (1996)

MENGER, Karl: Moral, Wille und Weltgestaltung: Grundlegung zur Logik der Sitten. Wien: Springer 1934

REMMERT, Volker R.: Die Deutsche Mathematiker-Vereinigung im „Dritten Reich", Teil 1 und 2. Mitteilungen der Deutschen Mathematiker-Vereinigung *12*, 159–177 und 223–245 (2004a)

REMMERT, Volker R.: Zwischen Universitäts- und Fachpolitik: Wilhelm Süss, Rektor der Albert-Ludwigs-Universität Freiburg (1940–1945) und Vorsitzender der Deutschen Mathematiker-Vereinigung (1937–1945). In: BAYER, Karen, SPARING, Frank, und WOELK, Wolfgang (Hrsg.): Universitäten und Hochschulen im Nationalsozialismus und in der frühen Nachkriegszeit. S. 147–165. Stuttgart: Steiner 2004b

REMMERT, Volker R.: Das Problem der Kriegsforschung in Mathematik und Naturwissenschaften: Wilhelm Süss als Rektor und als Vorsitzender der Deutschen Mathematiker-Vereinigung. In: MARTIN, Bernd (Hrsg.): Von der badischen Landesuniversität zur Universität des 21. Jahrhunderts. S. 485–502. Freiburg, München: Alber 2007

SARTRE, Jean-Paul: Der Existentialismus ist ein Humanismus und andere philosophische Essays. Reinbek: Rowohlt 2000

SCHARLAU, Winfried: Mathematische Institute in Deutschland 1800–1945. Brauschweig: Vieweg 1990 (inzwischen neu aufgelegt bei Springer)

SCHNEIDER, Martina: Zwischen zwei Disziplinen: B. L. van der Waerden und die Entwicklung der Quantenmechanik. Heidelberg: Springer 2011

SIEGMUND-SCHULTZE, Reinhard: Mathematicians Fleeing from Nazi Germany: Individual Fates and Global Impact. Princeton, Oxford: Princeton University Press 2009

SIEGMUND-SCHULTZE, Reinhard: Bartel Leendert van der Waerden (1903–1996) im Dritten Reich: Moderne Algebra im Dienst des Anti-Modernismus? In: HOFFMANN, Dieter, und WALKER, Mark (Hrsg.): „Fremde" Wissenschaftler im Dritten Reich: Die Debye-Affäre im Kontext. S. 200–229. Göttingen: Wallstein 2011

SOIFER, Alexander: The Scholar and the State: In Search of van der Waerden. Basel: Birkhäuser 2015

VOGT, Annette (Hrsg.): Emil Julius Gumbel: Auf der Suche nach Wahrheit. Berlin: Dietz 1991

WITTING, Hermann: Henry Görtler. In: Jahrbuch der Heidelberger Akademie der Wissenschaften für 1988. S. 96–99. Heidelberg 1989

Prof. Dr. Moritz EPPLE
Arbeitsgruppe Wissenschaftsgeschichte
Goethe-Universität Frankfurt
Historisches Seminar
Norbert-Wollheim-Platz 1
60323 Frankfurt am Main
Bundesrepublik Deutschland
E-Mail: epple@em.uni-frankfurt.de

NAL-historica Nr. *86*, 93–116 (2024), doi: 10.26164/leopoldina_10_01236

Parteigänger, Kollaborateure, Abtrünnige? Anmerkungen zur Analyse von Handlungsmöglichkeiten von Wissenschaftlerinnen und Wissenschaftlern im Nationalsozialismus

Heinz-Peter SCHMIEDEBACH (Hamburg/Berlin)

Zusammenfassung

Der Beitrag erörtert Handlungsmöglichkeiten von Ärztinnen und Ärzten sowie von Wissenschaftlerinnen und Wissenschaftlern im Nationalsozialismus. Im Zentrum stehen Vernetzungen in Gestalt informeller Gruppen, die bestimmte Handlungsmöglichkeiten geschaffen und stabilisiert haben können. Es wird an Beispielen aus der Medizin dargelegt, wie diese Vernetzungen einerseits ein Handeln ermöglicht haben, in dem Distanzierungen bis zu widerständigen Aktionen dem NS gegenüber zum Ausdruck kamen. Andererseits konnten solche Verbindungen aber auch zur Ressourcenmobilisierung im Kontext der Ermordung und Forschung an den Ermordeten beitragen. In diesem Fall kann trotz der Arbeitsteilung unter den Mitgliedern eines Netzes der gesamten Gruppe jedoch eine gemeinsame Intention zugrunde gelegen haben, die es erlaubt, von einer kollektiven/vernetzten Verantwortung oder gar Schuld zu sprechen. Damit können bislang benutzte Kategorien für die Bewertungen einzelner Personen, wie Kollaboration oder Ambivalenz, durch eine zusätzliche Ebene, welche die Interaktionen innerhalb einer Vernetzung aufdeckt, ergänzt und differenziert werden. Zudem werden habituelle Prägungen einzelner Personen betrachtet. Das am Beispiel von Paul UHLENHUTH (1870–1957) erörterte wissenschaftliche Selbstverständnis verlangte einen bis zum Zusammenbruch kämpfenden Wissenschaftler, der sich sowohl seiner Wissenschaft wie der Nation vollständig hinzugeben habe. Dieser martialische Habitus konnte eine Grundlage für Vernetzungen unter Gleichgesinnten sein und bot zudem gute Anschlussmöglichkeiten an die aggressive Exklusions- und Vernichtungspolitik der Nationalsozialisten.

Abstract

This article discusses the possibilities for action of doctors and scientists under National Socialism. The focus is on networking in the form of informal groups, which may have created certain possibilities for action. It will be shown how these networks on the one hand made it possible to act in a way that even led to resistance actions. On the other hand, such connections could contribute to the mobilisation of resources in the context of murder and research on the murdered. In this case, despite the different division of labour among the members of a network, the entire group shared a common intention that allows us to speak of a collective/networked responsibility. Thus, usual categories for evaluating individuals, such as collaboration or ambivalence, can be supplemented by an additional level that reveals the interactions within a network. In addition, habitual imprints of individuals would be considered. The self-image of Paul UHLENHUTH (1870–1957) for instance demanded a scientist fighting to the point of collapse, who had to devote himself to both his science and the nation. This martial habitus could be a basis for networking among like-minded people and offered opportunities for connection to the National Socialists' policy of exclusion and extermination.

1. Einleitung: wissenschaftliche Akteure im Nationalsozialismus und ihre Motive[1]

Handlungsspielräume von wissenschaftlichen und ärztlichen Akteurinnen und Akteuren im Nationalsozialismus ergaben sich aus einem Zusammenwirken von politischen Gegebenhei-

1 Ich danke Thomas BEDDIES für kritische Durchsicht und hilfreiche Anmerkungen zum Beitrag.

ten auf der Makroebene, sozialen Interaktionen auf der Mesoebene und schließlich individueller Bereitschaft zum Tätigwerden. Die Art der Handlung kann dabei ein weites Spektrum umfassen: Es reicht von der Tätigung einer Äußerung über schriftliche Aktivitäten wie Briefeschreiben oder Antragstellung bis hin zu Handlungen verschiedenster Art, deren konkrete Ausgestaltung im Sinne des NS-Staates, aber auch gegen dessen Interessen gerichtet sein konnte. Nicht zuletzt werden auf der Meso- und Mikroebene Handlungen erkennbar, deren Entstehen erst durch vorgelagerte soziale Kontakte oder auch Zufälle ermöglicht wurde. Handlungsspielräume für Parteigänger des NS-Staates wurden keineswegs aufgrund der allgemeinen politischen und wissenschaftspolitischen Konstellationen automatisch eröffnet. Aufgrund von Widersprüchen und persönlichen Interessen konnten zu erwartende Handlungsmöglichkeiten sogar eingeschränkt werden, wie im nachfolgenden Fall beschrieben.

Am Jahresende 1933 wurde dem 63-jährigen Hamburger Psychiatrieordinarius Wilhelm Weygandt (1870–1939) die bereits genehmigte Verlängerung der Lehrtätigkeit widerrufen und sein Dienstende zum 31. März 1934 durchgesetzt. Zudem wurde seine Reisetätigkeit eingeschränkt. Doch dieser Bildausschnitt trügt. Wie Elisabeth Weber-Jasper gezeigt hat, begrüßte Weygandt 1933 die Machtübernahme der Nationalsozialisten und bekannte sich mehrmals entschieden zum nationalsozialistischen Staat.[2] Die neuen rassenhygienischen Gesetze zwischen 1933 und 1935 unterstützte er, obwohl er sich rühmte, noch durchgreifendere Forderungen aufgestellt zu haben als mancher nationalsozialistische Rassenideologe.[3] Dem überzeugten, aber ungeliebten Parteigänger des NS-Staates setzte dieser klare Grenzen und beschnitt seine Handlungsspielräume deutlich. Fragt man nach den Gründen, so wird eine radikale Anfeindung durch den Hamburger NS-„Ärzteführer" Wilhelm Holzmann (1878–1949) greifbar, der ihm einen Mangel an „nationalsozialistischen Instinkten" und Begünstigung von Juden vorwarf. Zudem bemühte sich Holzmann, der Ausgestaltung der Rassenhygiene in Hamburg eine eigene Note zu verleihen und den 1933 neu eingerichteten Lehrstuhl für „Rassen- und Kulturbiologe" in die Hände zu bekommen.[4] Das Beispiel verdeutlicht, wie vielgestaltig sich die Situation eines Akteurs im Detail darstellen kann und wie sehr Handlungsspielräume auch gegen die Interessen einer sich an der Macht befindenden politischen Partei durch Vertreter gerade dieser Partei eingeschränkt werden können. Die klare Unterscheidung zwischen Täter und Opfer löst sich zudem in manchen Lebensläufen auf. Es kann ein „Sowohl als auch" vorherrschend sein.

Hinsichtlich der Handlungsmotive von akademischen Akteurinnen und Akteuren im Nationalsozialismus werden schon seit Jahrzehnten in der wissenschafts- und medizinhistorischen Forschung verschiedene Ansätze verfolgt, die sowohl individuelle Motive, strukturelle Bedingungen von verbrecherischen Handlungen im Kontext von Medizin und Wissenschaft wie auch politische Nähe oder Distanz der Handelnden zum NS-Regime aufdecken möchten. Teilweise wurde dabei auch die Frage nach Handlungsmöglichkeiten für die Betroffenen in die Erörterung einbezogen. 1994 thematisierte Herbert Mehrtens (1946–2021) die Kollaborationsverhältnisse zwischen den wissenschaftlichen Eliten und dem NS-Staat. In dem neu entstehenden wissenschaftspolitischen Geflecht unterschied er eine vertikale Ebene der Kollaboration, gerichtet auf politisch-utopische Globalvorhaben, wie z. B. autarke Rohstoffsicherung, ökonomische, rassenpolitische und imperialistische Siedlungsplanung,

2 Weber-Jasper 1996, S. 15.
3 Van den Bussche 2014, S. 228.
4 Weber-Jasper 1996, S. 16–18, van den Bussche 2014, S. 297.

von einer horizontalen. Letztere behandelt die Kooperationsformen, die Rollenträger und die übergreifenden, integrierenden Orientierungen. Des Weiteren verwies er auf das reibungslose Funktionieren der Technokratie und Bürokratie sowie die „Selbstmobilisierung“ der technowissenschaftlichen Experten, denen die Politik seit Anfang 1942 mehr Bedeutung, mehr Autonomie und mehr Geld gewährte, was mit großem Eifer genutzt wurde.[5] MEHRTENS konstatierte für die Gruppe der Mathematiker und Physiker, dass er die untersuchten Phänomene nicht völlig erklären könne und endete mit einem Vorschlag: Vielleicht könne man sagen, „daß diese Physiker wie andere deutsche Techniker und Wissenschaftler mit ihren Projekten ihren eigenen Krieg geführt haben für die eigene und die nationale Größe, psychisch und oft auch fachpolitisch dissoziiert vom realen Krieg, aber in der gleichen Dynamik des ‚totalen‘ Einsatzes. Das Utopische der Technikwissenschaft heißt technisch-wissenschaftliche Weltbeherrschung.“[6] Auch diese vom Rausch einer Realisierung der Utopie bestimmte Handlungskonstellation, die zugleich auch das Ende des Utopischen bedeutet hätte, sei als eine bedeutende Motivation zu berücksichtigen.

Helmut LETHEN (*1939) lotete vor einigen Jahren in seinem Porträt der Staatsräte die Eingliederung von vier Personen der Wissenschafts- und Kulturelite mit internationaler Reputation in die Riege prominenter Nazis aus. In einem Schachzug der Propaganda sollten sie als Staatsräte den Ruf entkräften, das „Dritte Reich“ sei ein Rückfall in die Barbarei. LETHEN bezeichnete den Staat Adolf HITLERS (1889–1945) als eine Umwelt, in der Mitglieder dieser Elite ihre Prunksucht ausleben und sich „lustvoll an der Macht festsaugen konnten“. Ihre „herrschsüchtigen“ und „selbstverliebten Neigungen“, ihre aggressiven oder widerständigen Möglichkeiten wurden ausgereizt, ihre Hellsicht in Zynismus transformiert, ihre Sanftheit verborgen und die Perversionen ihres Ordnungstriebes ausgelebt. Er warf Licht in die toten Winkel ihrer Weltanschauung und erzählte davon, wie diese Gelegenheit erhielten, die „Scham im Ofen des Bösen zu verbrennen“.[7]

Im Unterschied zu dieser bilderreichen Ausleuchtung einer Kultur- und Wissenschaftselite im Nationalsozialismus stellte 2021 Ulrich HERBERT (*1951) die Frage, wer die Nationalsozialisten waren, in den Mittelpunkt seines Buches. Er bezeichnete diese an den personalen Trägern orientierte Erörterung als die Frage nach dem Charakter der Diktatur. Er diskutierte die sich wandelnden Erklärungsversuche dessen, was man unter „Nationalsozialisten“ verstand, und fragte unter anderem nach der Zustimmungsbereitschaft in der Bevölkerung, aber auch nach der Rolle der deutschen Eliten, besonders der Professorenschaft. Schließlich erörterte er auch die Frage, in welchem Maße und unter welchen Umständen es den NS-Führungsgruppen gelang, nach dem Krieg in der westdeutschen Gesellschaft wieder Fuß zu fassen.

HERBERT verwies darauf, dass etwa zwei Drittel der ca. 2000 ordentlichen Universitätsprofessoren und ein noch höherer Anteil der außerplanmäßigen Professoren und Privatdozenten antirepublikanisch eingestellt waren. Sie lehnten zudem weitgehend die kulturelle westliche Moderne ab, waren einem Denken in biologistischen Kategorien verhaftet und pflegten einen virulenten Antisemitismus. Aus all dem ergaben sich viele Überschneidungen mit den Positionen der radikalen, völkischen Rechten, zu der auch die Nationalsozialisten gehörten. Die von ihm analysierten professoralen Typen, die nicht das ganze Bild repräsentieren, betrafen den klassischen Nationalkonservativen, den brillanten, nach Definitionsmacht strebenden

5 MEHRTENS 1994, S. 22–29.

6 Ebenda, S. 29.

7 LETHEN 2018, S. 15–17, LETHEN zitiert hier Pavel PEPPERSTEIN.

Karrieristen, den in den Kategorien von Volk und Rasse denkenden jüngeren Akademiker und den Naturwissenschaftler, der die Möglichkeiten des Regimes nutzte, um ungeahnte Forschungsmöglichkeiten zu erhalten. Der „überschießende Patriotismus" bei Kriegsbeginn führte besonders bei Natur-, Ingenieurwissenschaftlern und Medizinern zur Bereitschaft, angesichts des Kriegs Ziele und Methoden zu akzeptieren, die zuvor noch nicht gebilligt wurden.[8] Gleichwohl betonte HERBERT die Verbindung von Fanatismus und Tatbereitschaft einerseits, von Zweifel und partiellem Dissens andererseits. Doch entpuppe sich die Vokabel von den „ambivalenten Funktionären" als falscher Gegensatz. Denn diese Verbindung betreffe vermutlich den überwiegenden Teil der NS-Funktionäre. Nicht ambivalent, so HERBERT, „also einmütig gestimmt und ohne Zweifel, war dabei vermutlich nur eine Minderheit der daran Beteiligten – eben jene fanatischen Ideologen und dumpf-skrupellosen Massenmörder, die es ja auch zuhauf gab".[9]

Auch Axel KARENBERG (*1957), Heiner FANGERAU (*1972) und Michael MARTIN (1960–2022) stellten 2020 die Frage, wer ein Nazi war, und analysierten unter diesem Aspekt Neurologen und Neurowissenschaftler in der NS-Zeit. Die Autoren betonten die zeitgeschichtlichen Schwankungen bei der Bewertung und zeigten auf, dass auch beim Hinausgehen über rein formale Merkmale, wie Zugehörigkeit zur NSDAP etc., die Bewertungen „unscharf und schwierig" werden. Die verbreiteten Kategorisierungen als „Kollaborateure", „Profiteure", „Ambivalente" und „offen Protestierende" würden bei einem genauen Blick auf die Lebenswege sich nur als eingeschränkt tauglich erweisen. Fast alle der 28 untersuchten Personen könnten gleichzeitig in die Gruppe der Kollaborateure, in den Kreis der Profiteure und ebenso in die Klasse der Ambivalenten eingeordnet werden.[10] Solche Kategorisierungen können also in mancher Hinsicht sinnvoll sein und eine Annäherung bieten, haben aber den Nachteil, wie die obigen Ausführungen zeigen, nur einen geringen Gehalt an analytischer Schärfe aufzuweisen und den komplexen Verhältnissen nicht unbedingt Rechnung zu tragen.

Volker ROELCKE (*1958) publizierte 2022 einen Vorschlag zur Befassung mit den ärztlichen Tätern im Nationalsozialismus, der nicht nur Aussagen über eine oder mehrere historische Personen und deren Verhalten in einem spezifischen politischen Kontext liefern, sondern darüberhinausgehend auch Aufschlüsse über das Verhältnis zwischen Ärzten, Medizin und Politik erbringen sollte. Deswegen müsste man über den individuellen Fall hinaus auch etwas über die Medizin in diesem politischen Kontext oder sogar über die Medizin allgemein erfahren. Bevor eine differenzierte Typologie von „Tätern" formuliert werden könne, sollten drei Fragen zur Kategorie der Täterschaft zumindest vorläufig geklärt sein: „1. Rechtfertigt jegliches Handeln von Medizinern, das nach zeitgenössischen oder nach heutigen Maßstäben gegen rechtlich oder ethische Normen verstieß, von einem *ärztlichen* Täter zu sprechen? 2. Von welchen Handlungskontexten sprechen wir genau, wenn wir von ‚Täterschaft' in der Medizin zur Zeit des Nationalsozialismus sprechen? Was wissen wir über die zeitgenössischen juristischen und ethischen Normen in diesem Handlungskontext? 3. Was sind sinnvolle und was sind nicht geeignete Kriterien, um Mediziner als ‚Täter' zu identifizieren?"[11] Bei der Frage nach ‚Medizintätern' wäre nach seiner Auffassung zunächst zu klären, ob die in Frage stehenden Handlungen in medizinischen Kontexten stattgefunden haben, d.h. im Rahmen

8 HERBERT 2021, S. 105 – 131.
9 Ebenda, S. 38–39.
10 KARENBERG et al. 2020, S. 143–144.
11 ROELCKE 2022, S. 138.

von klinischer Versorgung, Forschung und Lehre, in der Organisation und Praxis von öffentlichem Gesundheitswesen, Gesundheitspolitik und medizinischer Fachorganisation, weil diese auch etwas über „das jeweilige medizinische Handlungsfeld oder/und den ärztlichen Status als den ermöglichenden Rahmen aussagen – also auf ein Bedingungspotenzial hinweisen.“[12] Er plädierte dafür, Taten von Ärzten, die außerhalb medizinischer Handlungskontexte und unabhängig von der spezifischen Expertise von Medizinern durchgeführt wurden, wie z. B. die Leitung eines Vernichtungslagers durch einen Arzt, separat von Taten innerhalb medizinischer Handlungskontexte zu betrachten, bei denen die handelnde Ärzte nicht durch Nicht-Mediziner austauschbar waren. Dabei unterschied er sieben medizinische Kontexte, in denen Unrechtshandlungen geschahen.[13] Am Ende seines Beitrags formulierte er eine Täter-Typologie, die nicht einfach auf einer Dichotomie zwischen Tätern und Opfern aufbaut, sondern auch die Möglichkeit einbezieht, in einem Handlungskontext den Vorgaben des NS-Staates nicht entsprochen zu haben oder gar Widerstand geleistet zu haben, in anderen Kontexten trotzdem Täter gewesen zu sein. Seine konkreten Vorschläge folgen dem Diktum, dass eine angemessene Antwort nur mehrdimensional sein kann.[14]

Es liegen also schon seit mindestens vierzig Jahren verschiedenste Ansätze vor – von denen hier nur eine kleine Auswahl skizziert wurde – um Handlungen der wissenschaftlichen Elite im Nationalsozialismus zu analysieren und zu verorten. Wenn man den Erkenntnisschwerpunkt auf die Frage nach den Handlungsmöglichkeiten einzelner Akteurinnen und Akteure legt, dann erweisen sich insbesondere die oben kritisch betrachteten Kategorisierungen als zu wenig aussagekräftig. Man kann diese Kategorien als eine wichtige Orientierung benutzen, die aber durch weitere Differenzierungen ergänzt werden sollten.

Deswegen werden im Folgenden einige Anregungen zur Analyse von Handlungsspielräumen und -möglichkeiten vorgestellt.[15] Dabei werden auch Vernetzungsanalysen und Kollektivbiographien in die Diskussion einbezogen. Die Vorschläge werden mit Beispielen verknüpft, die Personen betreffen, die als Ärztinnen und Ärzte tätig gewesen sind und über die bereits in der einschlägigen Sekundärliteratur zahlreiche Informationen vorliegen. Diese bekannten Beispiele werden aber im Hinblick auf die Handlungsmotive und die Gestaltung von Handlungsspielräumen neu zusammengestellt und durchdacht.

12 Ebenda, S. 139.

13 Ebenda, S. 146: die Beteiligung an der (Selbst)-Gleichschaltung ärztlicher Standesorganisationen und Fachgesellschaften und die Exklusion von „jüdischen“ und politisch missliebigen Medizinern, die Beteiligung an der Gesundheits- und Sozialpolitik, die die „Leistungsfähigkeit“ steigern sollte und zur Zwangssterilisationen griff, die Beteiligung an der systematischen Tötung psychiatrischer Patientinnen und Patienten, die mit Zwang verbundene Nutzung von als „minderwertig“ klassifizierten Menschen zu medizinischer Forschung inklusive der Nutzung von Leichen und Körperteilen von Opfern des NS-Regimes, die Nutzung von Opfern des NS-Regimes zum Zwecke medizinischer Lehre, die Beteiligung an der Ausbeutung von zivilen Zwangsarbeiterinnen und Zwangsarbeitern in zivilen medizinischen Institutionen und die Tätigkeit in den „Krankenrevieren“ der Konzentrationslager.

14 Ebenda, S. 162–164.

15 Handlungsspielräume werden schon länger untersucht. So hat Astrid Ley 2003 die Handlungsspielräume verschiedener Ärztegruppen im Umgang mit den NS-Sterilisierungsgesetzen analysiert und dabei unterschiedliche Handlungsspielräume nachgewiesen. Auch Volker Roelcke hat 2006 unter Anlehnung an Ley am Beispiel Karl Bonhoeffers den Handlungsspielraum im Zusammenhang mit dem genannten Gesetz untersucht und festgestellt, dass „erhebliche Handlungsspielräume“ bestanden: Roelcke 2008, S. 81. Siehe auch Schagen 2008, S. 207–222; Schmiedebach 2009, S. 219–233; Plezko 2011.

2. Vernetzungen und Kollektivbiographien

Die Betrachtung des Entstehens von Handlungsspielräumen ermöglicht tiefere Einblicke in Alltagsabläufe von Medizin und Wissenschaften im NS, gestattet differenzierende Einschätzungen des Handelns und Nicht-Handelns von Personen und trägt der Komplexität von arbeitsteilig oder funktional organisierten Forschungsprozessen Rechnung. Handlungen werden von persönlichen Überzeugungen, beruflichen und wissenschaftlichen Zielen, individuellen Wünschen etc. angetrieben. Ihre konkrete Ausformung und Gestaltung sind (*1.*) von politischen, institutionellen, sozialen, professionellen etc. Gegebenheiten und dem Umgang seitens der Handelnden damit bestimmt, (*2.*) aber auch von vielfältig gestalteten sozialen und persönlichen Beziehungen der agierenden Personen untereinander, die Handlungsspielräume schaffen und dadurch Handlungen initiieren und bahnen können. In der Analyse dieser Beziehungen geht es um das Spannungsverhältnis zwischen Strukturen und Personen, um die Übereinstimmung oder das Auseinanderklaffen von Persönlichem und Politischem, aber auch um Kontingenzen. Die besondere Verschränkung von Wissenschaft und Politik im Sinne gegenseitiger Ressourcen[16] war besonders auf dem Gebiet der NS-Erb- und Rassenpolitik greifbar und bildete auf der Makroebene eine wesentliche Voraussetzung für die Ermöglichung und Durchführung von Handlungen. Ein Mittel, um Handlungsgegebenheiten und -möglichkeiten auf der Mesoebene zu erfassen, kann die Analyse von Vernetzungen im professionellen Kooperationsprozess und/oder in sozialen Begegnungen verschiedener Personen sein. Die Handelnden können auf vielfältige Weise miteinander verknüpft sein. Es können professionelle Beziehungen, politische und wissenschaftspolitische gemeinsam Ziele, aber auch persönliche oder verwandtschaftliche Bindungen bestehen, die sich miteinander vermengen. Diese Beziehungen können wichtige Voraussetzungen für einen Zugang zu Ressourcen bedeuten, der ohne die entsprechenden Verbindungen kaum oder nur erschwert hätte mobilisiert werden können. Jede Akteurin und jeder Akteur bringen zudem auch eigene Ressourcen in die Vernetzungsstruktur ein.

Die Erörterung der Vernetzungsdynamiken unter dem Aspekt der Ressourcenmobilisierung kann den Blick (*1.*) auf differente Handlungsmöglichkeiten der einzelnen vernetzten Personen, (*2.*) aber auch auf die Funktion und die Handlungsziele des vernetzten Kreises in seiner Gesamtheit öffnen. In einem solchen Kreis können sich die Dazugehörenden durch (wissenschafts-) politische Diskussionen bestätigen und sich ihrer Haltung versichern, so dass die Gruppeninteraktion selbst als eine Ressource für mögliche Handlungen fungieren kann. Der Kreis braucht dabei keineswegs eine auf längere Zeit ausgerichtete Stabilität, wie eine wissenschaftliche Gesellschaft etwa, in seiner Zusammensetzung zu besitzen. Er kann sich vielmehr zum Erreichen eines einzigen Zieles nur für eine gewisse Zeit zusammenfinden. Die möglichen Schwankungen und Flüchtigkeiten dieser Struktur lenken die Aufmerksamkeit auf eventuell nur für kurze Zeit bestehende Handlungsoptionen. Dadurch fokussiert sich die historische Analyse solch vernetzter Kreise auf besondere Zeitfenster, die unabhängig von längerfristigen Entwicklungen sind und diese in Form kürzerer Zeiteinheiten aufbrechen. Da man eine solche Gruppe als Gesamtheit nach den angestrebten Zielen und den daraus resultierenden Handlungsergebnissen betrachten kann, ergibt sich die Möglichkeit, für die vernetzte Gemeinschaft in ihrer Gesamtheit eine Gesamtverantwortung für ihr Handeln zu formulieren. So können die oben als unzulänglich beschriebenen Kategorisierungen einzelner Mitglieder,

---

16 Ash 2002, S. 32–51.

z. B. als überzeugte Kollaborateure oder „nur" Profiteure, unter dem Aspekt einer vernetzten Verantwortung, wie unten ausgeführt wird, mit Ergänzungen versehen werden.

Netzwerkanalysen sind seit mindestens 60 Jahren bekannt. Sie gründen mittlerweile seit einigen Jahren methodisch auf neueren datentechnischen Auswertungsmöglichkeiten und graphischen Programmen, die quantitative Analysen in einem Umfang ermöglichen, der ohne diese Verbesserungen der Computertechnik nicht möglich wäre.[17] Fangerau und Hentschel (*1961) verweisen darauf, dass Netzwerkanalysen *erstens* als Fragestellung dienen, um z. B. Beziehungsgeflechte zu rekonstruieren oder um reziproke Verstärkungsbahnen von Ideen zu deuten. *Zweitens* vergrößert die Adaption des methodischen Rüstzeugs der sozialen Netzwerktheorie auch das Arsenal der historischen Forschung als Theorie und Methode.[18] Der oben benutzte Begriff der Vernetzungen bezieht sich vor allem auf informelle kleinere Gruppen von transitorischem Charakter, die primär unter dem Aspekt eines gemeinsamen Ziels und/oder eines gleichen oder ähnlichen Handelns mehrerer Personen aus einem solchen Kreis überhaupt erst als Gruppe ins Blickfeld geraten. Das konstituierende Element ist die aus einer gemeinsamen Haltung, z. B. Unzufriedenheit mit der NS-Politik, hervorgehende Handlung Einzelner aus der Gruppe. Mitgliedschaften in wissenschaftlichen Vereinigungen, in Instituten, Fakultäten, Parteien oder Gremien können dabei eine wichtige Bedingung dafür sein, dass diese Personen überhaupt in Kontakt gekommen sind. Doch muss das die vernetzte Gruppe ausmachende Gemeinsame nicht unbedingt auf der wissenschaftlichen Ebene liegen, es kann genauso gut im politischen, im privaten oder im moralisch-religiösen Sektor zu finden sein, wie dies unten am Beispiel der Gruppe um den Berliner Pharmakologen Wolfgang Heubner (1877–1957), der seit 1936 der Leopoldina angehörte, ausgeführt wird. Die Betrachtung bezieht sich also auf die Mesogeschichte der Wechselwirkungen in kleinen Gruppen, aber eben außerhalb der festen Strukturen von wissenschaftlichen Gesellschaften oder anderen Institutionen etc. Die Perspektive zielt auf die Analyse eines sozialen und personellen Bedingungsgefüges, das bestimmte Handlungen evoziert, die erst durch die Interaktionen in der vernetzten Gruppe ihren Möglichkeitsraum finden konnten, was in der sozialen Rolle von „Cliquen, Clubs"[19] greifbar werden kann.

Hans-Walter Schmuhl (*1957) hat diesen Ansatz in seiner Arbeit zur Geschichte der Gesellschaft deutscher Neurologen und Psychiater umgesetzt. Die Vorteile bestehen z. B. darin, dass dieser Zugriff auch die Grauzonen ausleuchtet, die hinter den Kulissen formaler Strukturen liegen. Netzwerke sind dadurch ausgezeichnet, dass ein formloser Umgang besteht, der nach den Regeln der Freundschaft, Kollegialität oder auch Kumpanei auf der Erwartung einer Gegenseitigkeit beruht. Es gibt keine Definition einer Zugehörigkeit, und der Zugang ist nicht reguliert, sondern erfolgt über das informelle Anknüpfen von sozialen Kontakten. Hierarchien sind eher verdeckt, der primäre Zweck ist die Akkumulation und Allokation von (sozialen) Ressourcen im Interesse der Mitglieder.[20] Zu ergänzen ist, dass die Bedeutung des wissenschaftlichen Habitus in den Fokus zu rücken ist, der ebenfalls eine bestimmte Auswirkung auf eine Handlung haben und möglicherweise auch Motiv für das Eingehen einer sozialen Beziehung sein kann.[21] Dabei sind im Hinblick auf den Habitus Vergleiche unter

17 Zur Netzwerkanalyse in Geschichte und Wissenschaftsgeschichte siehe z. B. Böhme 2004, Halling und Fangerau 2009, Fangerau und Hentschel 2018.

18 Fangerau und Hentschel 2018, S, 134.

19 Ebenda.

20 Schmuhl 2016, S. 17.

21 Zum Habitus siehe Bourdieu 1974, S. 125–158.

den Personen einer Gruppe möglich, die Übereinstimmungen oder Unterschiede, die unter Umständen auf generationelle Zugehörigkeiten zurückzuführen sind, offenbaren und ein zusätzliches Differenzierungsmerkmal zur Verfügung stellen. Keine Akteurin und kein Akteur ist auf ein bestimmtes Rollenmuster festgelegt. Zudem werden die Aushandlungsprozesse sichtbar, die formalen Entscheidungsprozeduren vorgelagert sind. So wird es – darauf hat SCHMUHL explizit hingewiesen – möglich, die Handlungsspielräume der beteiligten Akteure auszuloten.[22] Dabei steht die Frage nach jenen Bedingungen im Vordergrund, die den agierenden Personen Handlungsmöglichkeiten einräumten oder auch verschlossen. Es versteht sich, dass bei diesen Analysen auch die Parteizugehörigkeit und andere politische Kriterien einbezogen werden müssen.

Solche Analysen vernetzter Gruppen können als kollektivbiographische Vergleiche durchgeführt werden. Selbst Pierre BOURDIEU (1930–2002), der ja die Biographie als eine „artifizielle Kreation von Sinn" kritisierte,[23] sah in der Kollektivbiographie eine Möglichkeit, das Artifizielle der einzelbiographischen Sinnkonstruktion zu überwinden. Dabei geht es, so der Sozialhistoriker Wilhelm Heinz SCHRÖDER (*1946), um die Erforschung eines historischen Personenkollektives in seinem jeweiligen gesellschaftlichen Kontext „anhand einer vergleichenden Analyse der individuellen Lebensläufe der Kollektivmitglieder".[24] Soziale Interaktionen eines Individuums werden in ihrer Verwobenheit mit den Meinungen und Handlungen anderer Personen und weiterführenden Zusammenhängen aufgezeigt.[25] Dabei wird greifbar, dass Individuen in einem komplexen Prozess soziale Formationen „durch ihr Handeln zugleich hervorbringen wie sie selbst deren Effekte sind".[26] In der Analyse der Handlungsspielräume einzelner zu einem informell-vernetzten Kreis gehörender Personen, in der Betrachtung ihrer Beziehungen untereinander, ihrer Kommunikation etc. können gegenseitige Verstärkungen für einzelne Handlungen oder auch Bedenken gegen solche thematisiert und erörtert werden.

Die Leopoldina selbst wurde 2018 einer Netzwerkanalyse unterzogen. Im Zentrum dieser Untersuchung stand die Frage, ob die Leopoldina als ein mögliches Netzwerk für künftige Nobelpreisträger für Physiologie oder Medizin angesehen werden könne.[27] Dabei fungierte die Mitgliedschaft in der Organisation als eine zentrale Referenz der Analyse. In den hier zur Diskussion stehenden Gruppen und ihrer Erfassung durch Kollektivbiographien steht aber nicht die Mitgliedschaft in einer festen Einrichtung im Zentrum, sondern die Interaktionen zwischen Personen einer durch informellen Austausch konstituierten Gruppe. Daher ist auch die Abgrenzung eines solchen Kreises nicht immer einfach, die Ränder können ausfransen. Die Rekonstruktion solcher außerhalb formal fassbarer Strukturen bestehender Kollektive wirft besondere methodische Fragen auf, die an dieser Stelle aber nicht intensiver erörtert werden können. Diese Fragen beziehen sich u. a. auf die teilweise sicherlich nicht immer einfach zu eruierenden Quellenbestände. Die Erkenntnisse können gegebenenfalls in Form von einer konzentrierten Kollektivbiographie dargelegt werden. Konzentriert bedeutet, dass die Betrachtung besonders prägnanter Handlungen einzelner oder mehrerer Mitglieder aus einem solchen Kreis im Zentrum stehen. Diese Handlungen sind Effekte einer die Gruppe

22 SCHMUHL 2016, S. 20.
23 BOURDIEU 1990, S. 80.
24 SCHRÖDER 1985, S. 8, auch SCHRÖDER 2011.
25 TRISCHLER 1998, S. 42–58.
26 ETZEMÜLLER 2012, S. 53.
27 HALLING et al. 2018, S. 211–233.

auszeichnenden intentionalen Gemeinsamkeit. Eine solch konzipierte Kollektivbiographie strebt also keineswegs eine vollständige Erfassung des Lebens der einzelnen Personen von der Wiege bis zur Bahre an, sondern versucht, die sozialen Formationen und Dynamiken zu analysieren, welche die Personen durch ihr Handeln hervorbringen und deren Effekte sie aber auch gleichermaßen sind, um in diesem Wechselspiel die sich ergebenden Handlungsoptionen Einzelner herauszufiltern.

3. Kritische Positionen gegenüber der NS-Politik

Handlungsspielräume mit einem kritischen Tenor gegenüber der NS-Wissenschaftspolitik werden im Kreis um den Pharmakologen Wolfgang Heubner greifbar. Er übernahm die Leitung des Berliner Pharmakologischen Instituts als 55-Jähriger im Jahre 1932. Heubner, Nationalkonservativer und 1918 noch kriegsbegeistert, verteidigte in einer privaten Diskussion 1936 unter amerikanischen Freunden auch das Regime Hitlers. Dennoch trat er ab Oktober 1933 in einen Streit mit dem Wissenschaftsminister Bernhard Rust (1883–1945) ein und kritisierte dabei auch den Nationalsozialismus. Rust hatte in einem Artikel geschrieben, dass mit marxistischen, liberalistischen, demokratischen und pazifistischen Hochschullehrern ein völkisches Erziehungsprogramm nicht verwirklicht werden könne.[28] Zu diesem Zeitpunkt sah Heubner mit den Termini liberalistisch und pazifistisch sein Wissenschaftsverständnis tangiert und fragte bei Rust nach, ob er das Recht habe, sein Hochschullehreramt weiter auszuüben. Er hielt ein Höchstmaß an ersprießlicher Arbeit auf dem Gebiet der Wissenschaft wie auch im Unterricht „nur aus liberaler Gesinnung heraus für möglich“, was „geistige Unabhängigkeit und Selbstverantwortlichkeit des Einzelnen“ und „Toleranz gegenüber der Geisteswelt der anderen“ bedeute. Er bekannte weiter, dass er einen neuen Krieg für ein großes Unglück halte und deswegen eine Agitation für einen bewussten Kriegswillen nicht billige. Und er wurde noch deutlicher und stellte fest, dass es ihm niemals möglich sein werde, den Nationalsozialismus innerlich und äußerlich zu bejahen, „soweit er mit den aus meiner angeborenen Veranlagung und meiner Lebenserfahrungen erwachsenen Überzeugungen im Widerspruch steht“.[29] Heubner erfuhr keinerlei Nachteile. Fünf Wochen später antwortete der Minister, dass er keine Veranlassung sehe, aufgrund des „Gesetzes zur Wiederherstellung des Berufsbeamtentums“ gegen den Institutsdirektor vorzugehen.

Es ist bemerkenswert, dass es noch zwei weitere Fälle von Zivilcourage im Umfeld von Heubner gab. Als dieser die Leitung übernahm, wurde das Institut kommissarisch von Otto Krayer (1899–1982) geleitet. Nach dem Dienstantritt von Heubner fungierte Krayer, wie Udo Schagen (*1939) schreibt, als enger und wiederholter Gesprächspartner und Ratgeber.[30] Im Sommer 1933 erhielt Krayer einen Ruf auf den Pharmakologie-Lehrstuhl in Düsseldorf von Philipp Ellinger (1887–1952), der aufgrund des „Gesetzes zur Wiederherstellung des Berufsbeamtentums“ als „Nichtarier“ vom Dienst suspendiert worden war. Der Oberassistent Krayer allerdings lehnte diesen Ruf ab und begründete seine Ablehnung damit, dass er „die Ausschaltung der jüdischen Wissenschaftler als ein Unrecht empfinde, dessen Notwendigkeit ich nicht einsehen kann, da sie, wie mir scheint, mit außerhalb der Sphäre der

28 Schagen 2008, S. 218.
29 Zitiert nach ebenda, S. 218–219.
30 Ebenda.

Wissenschaft liegenden Gründen gestützt wird".[31] KRAYER erhielt unmittelbar von Seiten des Ministeriums Arbeitsverbot und verließ Ende 1933 Deutschland. Über verschiedenen Stationen, London und Beirut, reiste KRAYER in die USA, wo er ab 1939 eine feste Anstellung an der *Harvard University* bekam.[32] 1962 wurde er in die Leopoldina aufgenommen.[33] Die beiden Beispiele zeigen, wie zwei Pharmakologen aus dem gleichen Institut in einem Zeitraum von nur wenigen Monaten gewisse Handlungsmöglichkeiten ausschöpften, die durch deutliche Kritik an der Wissenschaftspolitik des Nationalsozialismus geprägt und für den einen auch mit beruflichen Nachteilen verbunden waren. Die beiden Positionierungen könnten Ausdruck eines Austauschs über wissenschaftspolitische Inhalte in einem informellen Kreis von Wissenschaftlern gewesen sein. HEUBNER pflegte als Vorgesetzter einen Leitungsstil, der eine geleichberechtigte Behandlung aller wissenschaftlichen Mitarbeiter ohne besondere administrative Weisungen als zentrale Säule hatte. Darüber hinaus beschäftigte er an seinem Institut Angehörige unterschiedlicher politischer Lager, zu denen einerseits Nationalsozialisten gehörten, andererseits aber auch eine Gruppe Andersdenkender, zu der auch der Oberassistent Robert HAVEMANN (1910–1982) zählte, der bereits als Chemiestudent 1932 Mitglied der KPD geworden war, was natürlich innerhalb des Instituts nicht bekannt war.[34] Zu dieser Gruppe pflegten HEUBNER wie auch seine Ehefrau regelmäßige private Beziehungen, wie Tagebuchaufzeichnungen, wechselseitige Einladungen, gemeinsame Essen etc. bezeugen.[35]

Auch Charlotte POMMER (1914–2004), die 1941/42 bei HEUBNER ihre Promotionsarbeit anfertigte, hatte Kontakt zu diesem Kreis. Sie trat im Herbst 1941 bei Hermann STIEVE (1886–1952), seit 1922 Mitglied der Leopoldina, eine Stelle als Assistentin am Berliner Anatomischen Institut an. STIEVE führte die ethisch höchst verwerflichen Untersuchungen an hingerichteten Frauen der Haftanstalt Plötzensee und des Lagers Ravensbrück durch, bei denen er ermitteln wollte, ob auch äußere Einflüsse den Eisprung beeinflussen könnten. Durch die Mitteilung des Termins ihrer Hinrichtung wurde bei den Frauen eine brutale Schrecksituation provoziert, deren Auswirkungen auf das Ovar der Anatom nach der Tötung der Frauen untersuchte.[36] Im Dezember 1942 sollte POMMER bei der Sektion von verschiedenen in Plötzensee hingerichteten Widerstandskämpferinnen und -kämpfern der „Roten Kapelle" mitwirken. Sie erkannte aber die im Anatomischen Institut zur Sektion aufgebarten Toten, verweigerte ihre Mitarbeit, kündigte und gab ihre geplante wissenschaftliche Laufbahn auf. Daraufhin wurde sie ab April 1943 im „langfristigen Notdienst" im Staatskrankenhaus der Polizei eingesetzt. In dieser Position kam sie auch in Kontakt mit politischen Häftlingen, die sie auf verschiedene Weise unterstützte. Sie selbst wurde deswegen im März 1945 verhaftet, konnte aber nach wenigen Wochen im April aus der Haft entfliehen.[37] Es ist denkbar, dass in diesem vernetzten Kreis, der auch außerhalb der Institutsgegebenheiten private Kontakte pflegte, Diskussionen und Gespräche stattfanden, welche die oben beschriebenen Handlungen, die sich gegen die Ausschaltung jüdischer Kollegen an den medizinischen Fakultäten und eine

31 Zitiert nach ebenda, S. 212.

32 Ebenda, S. 212–213.

33 https://www.leopoldina.org/mitgliederverzeichnis/mitglieder/member/Member/show/otto-krayer/.

34 SCHAGEN 2008, S. 215.

35 Ebenda, S. 215.

36 HILDEBRANDT 2013, S. 3–21.

37 POMMER 2013, S. 22–119, besonders S. 24–26. Sie bezeichnete in diesen Aufzeichnungen HEUBNER als den „charakterfestesten akademischen Lehrer", den sie je gehabt und der nie die Hand zum Hitlergruß erhoben habe und ihre Promotionszeit bei ihm als „die schönste und erzieherische wichtigste Zeit" (POMMER 2013, S. 78–79).

anatomische Forschungspraxis an politischen Opfern des Nationalsozialismus richteten, bahnten und zur Umsetzung reifen ließen. Ein ähnlicher Kreis von Ärzten, Ärztinnen und Medizinisch-Technischen Assistentinnen existierte im Berliner Krankenhaus Moabit. Er war nach der Medizinisch-Technischen Assistentin Ilse KUNZE als „Kunzes Kaffee-Salon“ benannt und wies personelle Überschneidungen mit dem Zirkel um HEUBNER auf, zudem hatten einzelne Personen auch zu Widerstandsgruppen Kontakt.[38] Diese in den Vernetzungen auf informelle Weise erfolgte kritische Erörterung der NS-Politik wäre dann als eine Voraussetzung für das Entstehen und Erkennen von Handlungsmöglichkeiten anzusehen wie auch für eine Bahnung des dann erfolgten wirklichen Handelns. Das interaktive Handeln scheint soziale Formationen geschaffen zu haben, die als Effekte erneutes Handeln Einzelner evozierten. Die Rekonstruktionen solcher Vernetzungen in ihren handlungsfördernden Dynamiken könnte bedeutsam für die historischen Erfassung und Erörterung von Handlungsmöglichkeiten im Nationalsozialismus und der Bereitschaft, Handlungen auch umzusetzen, sein. Da die Rekonstruktion solcher Vernetzungen meistens auf informelle Quellen angewiesen ist, besteht ein Problem bei der Recherche aussagekräftiger Quellen. Zwar können auch in offiziellen Schreiben, Protokollen etc. von Institutionen und wissenschaftlichen Gesellschaften Aussagen zu politischen Haltungen einzelner Personen vorhanden sein. Angaben über gemeinsame politische Diskussionen oder Hinweise auf gruppendynamische Prozesse innerhalb eines Kreises, aus denen möglicherweise oppositionelle Handlungen resultierten, sind jedoch in solchen offiziellen Quellen kaum zu erwarten. Hier sind private Tagebuchaufzeichnungen, Korrespondenzen mit Personen aus dem Kreis und Erinnerungen aus der Gruppe selbst wie von Nachfahren von größerer Bedeutung. Deswegen sind Kontakte mit Nachfahren und anderen Vertrauenspersonen unerlässlich.

Auch im nächsten Beispiel werden Handlungsspielräume sichtbar, die demjenigen, der sie für sich hergestellt hat, keinen Schaden verursachten. Anders als WEYGANDT war Hans ROEMER (1878–1947) ab Mai 1933 Mitglied der NSDAP. Er wirkte seit 1929 als Direktor der Heil- und Pfleganstalt Illenau bei Achern in Baden,[39] und galt als Vertrauter des „Reichskommissars für Rassenhygiene“ Ernst RÜDIN (1874–1952) mit seiner rassenhygienischen Ausrichtung.[40] Dieser war 1932 in die Leopoldina aufgenommen worden. ROEMER war ein Befürworter der Sterilisation, vorwiegend der freiwilligen, meinte aber, dass bei einer kleinen Gruppe auch ein Zwang nicht zu umgehen sei. Dieser überzeugte Rassenhygieniker und Eugeniker verweigerte aber die Mitarbeit an der „Euthanasie“-Aktion T4. Nach seinen eigenen Aussagen wurde ihm im Dezember 1939 klar, dass es bei der Abfrage von Patientendaten durch Meldebögen um die Vorbereitung zur Tötung psychisch kranker Menschen ging. Danach versucht er, durch Gespräche, innerhalb der Gesellschaft Deutscher Neurologen und Psychiater, durch Krankmeldungen, durch Sonderregelungen für die Illenau, durch die Vorlage einer Denkschrift am 12. Juni 1940 und durch eine Intervention in Berlin bei Herbert LINDEN (1899–1945), Oberregierungsrat im Reichsinnenministerium, die Deportationen aus der Anstalt Illenau zu Tötungen zu verhindern. Nachdem dies alles keinen Erfolg hatte, beantragte er seine vorzeitige Pensionierung zum 31. Oktober 1940. Zwischen Mai und August gingen dennoch fünf Transporte mit 355 Patientinnen und Patienten aus der Anstalt Illenau weg, die am 19. Februar 1941 aufgelöst wurde. 260 Personen wurden ermordet. Dies bedeutete eine vergleichsweise geringe

38 PROSS 1984, S. 227–251.

39 Zu ROEMER siehe PLEZKO 2011, ROELCKE 2013, SCHMUHL 2016.

40 Zu RÜDIN siehe ROELCKE 2012, S. 303–310.

Opferquote von 39 %, was Schmuhl auf das Verhalten Roemers zurückführt, der trotz seines Engagements für die Erbgesundheit des Volksganzen auch den einzelnen Kranken nicht aus dem Blick verloren habe.[41]

Die verschiedenen Interventionen Roemers zeigen einen gewissen Spielraum für Einsprüche gegen die „T4-Aktion", die ohne nachteilige Folgen für ihn blieben. Dies mag mit seiner Mitgliedschaft in der NSDAP und seiner Einbindung in die rassenhygienische Orientierung verschiedener psychiatrischer Gesellschaften zusammenhängen. Zudem gab es auch eine Verankerung im badischen Ministerium des Innern, wo er ab 1921 für eine gewisse Zeit tätig gewesen war. Möglicherweise haben diese Mitgliedschaften und Tätigkeiten, durch die er sich über Jahre als einen der nationalsozialistischen Bewegung zugehörigen und zuverlässigen Eugeniker ausweisen konnte, seine Aktivitäten gegen die Euthanasie-Morde so gestalten können, dass ihm keine Nachteile erwuchsen, weil er eben nicht als grundsätzlicher Gegner des Regimes in Erscheinung trat.

Darüber hinaus ist aber der Versuch zu erkennen, für seine Interventionen Vertraute oder Verbündete zu finden. Er wandte sich direkt an Ernst Rüdin, den Vorsitzenden der Gesellschaft Deutscher Neurologen und Psychiater, sowie an Paul Nitsche (1876–1948), deren Geschäftsführer, in der irrigen Annahme, dass zusammen mit diesen Kollegen aus dem Vorstand der Fachgesellschaft (dem Roemer ebenfalls angehörte) die Krankentötungen abgewendet werden könnten. Rüdin und Nitsche lehnten aber dieses Anliegen ab.[42] Er kontaktierte auch den Direktor der Nachbaranstalt Emmendingen, Viktor Mathes (approbiert 1904). Dieser allerdings glaubte, dass gegen den „Befehl von oben" nichts zu unternehmen wäre.[43] Roemer gab sich mit der Haltung von Mathes nicht zufrieden und reiste einige Tage später nach München und sprach dort mit dem früheren Direktor der bayerischen Heil- und Pflegeanstalt Eglfing-Haar Fritz Ast (1872–1952). Dieser vertrat ebenfalls einen ablehnenden Standpunkt.[44] Schließlich suchte er auch den evangelischen Pfarrer Herbert Wettmann (1904–2004) aus Achern auf. Dieser riet Roemer, nach Karlsruhe zu fahren und den Statthalter Robert Wagner (1895–1946) um Aufklärung zu bitten, da Wettmann diesen persönlich kannte. Man kann diese Gespräche Roemers als Bemühungen auffassen, im Kontext der Patientenmorde eine Vernetzung mehrerer Personen herzustellen, die aus professionellen und religiösen oder moralischen Gründen eine ablehnende Haltung zu den geplanten „Aktionen" hätten haben können. Eine solche Vernetzung mit informellem Meinungsaustausch – mit zumindest teilweiser Bestätigung seiner Ablehnung der Tötungen – kann als ein Faktor angesehen werden, der den Handlungsspielraum Roemers erweiterte und stabilisierte.

Am 12. Juni 1940 legte Roemer zusammen mit dem Ortsgruppenleiter Wilhelm (Willi) Moll aus Achern seinen Bericht an den Regierungsdirektor im Ministerium des Innern in Karlsruhe Ludwig Sprauer (1884–1962) vor. Ganz offensichtlich war es Roemer gelungen, auch Moll zu interessieren. Damit hatte er quasi einen offiziellen Funktionsträger als Verbündeten. Ob dieser über die Parteischiene oder sonstige Gespräche über Dritte, damit Vernetzungsaktivitäten, gewonnen werden konnte, ist nicht klar. Im Schreiben richtete Roemer als verantwortlicher Direktor dieser Anstalt „pflichtmäßig die angelegentliche Bitte" an den Referenten, die Anstalt Illenau von der planwirtschaftlichen Maßnahme künftig auszuneh-

41 Schmuhl 2016, S. 308.
42 Roelcke 2000, S. 131; Plezko 2011, S. 54–55.
43 Plezko 2011, S. 54.
44 Ebenda, S. 54.

men. In dem 12 Seiten langen Memorandum betonte er, dass die Durchführung der Maßnahme in ihrer bisherigen, nicht legalisierten Form die „ahnungslosen Familien“ der erfassten Kranken, die sich auf die Anstalt bislang rückhaltlos hätten verlassen können, „wie ein Blitz aus heiterem Himmel“ treffen müsse, von ihnen als „schwerster Vertrauensbruch empfunden“ und der Direktor als verantwortliche Person zur Rechenschaft gezogen werden würde.[45] Er verwies weiterhin darauf, dass sich auch Menschen in frühen Stadien einer psychischen Erkrankung nicht mehr freiwillig in die Anstalt zur Behandlung begeben würden. Dies drohe, die seit Jahrzehnten immer wieder von den Psychiatern propagierte frühe Anstaltseinweisung, die eine wichtige Voraussetzung für eine erfolgreiche Therapie sei, zu gefährden und die auch sonst nicht besonders beeindruckende Erfolgsbilanz psychiatrischer Therapie zu verschlechtern. Er äußerte zudem Bedenken, dass die wissenschaftliche Erforschung, z. B. der neuen somatischen Behandlungen, in Folge der Deportationen zum Erliegen kommen könnte. Weiterhin verwies er auf die Gefahr, dass auch Personen, die sich auf dem Weg der Besserung befinden und zur Arbeit eingesetzt werden könnten, ebenfalls verlegt würden, was unter wirtschaftlichen Aspekten unsinnig sei. Schließlich brachte er auch die psychische Belastung des Personals zur Sprache und den zu erwartenden Motivationsverlust.

Schmuhl hob hervor, dass Roemer nicht mit ethischen Prinzipien argumentierte, sondern pragmatische Argumente ins Feld führte.[46] Da es mehrere Hinweise dafür gibt, dass Roemer die „Euthanasie“ grundsätzlich ablehnte, dies aber in dem Memorandum nicht zum Ausdruck kam, vermutete Schmuhl hinter diesem taktischen Vorgehen Roemers seinen Blick auf die Adressaten, nämlich neben dem badischen Innenministerium auch die zuständigen Reichsbehörden, an die der Brief wohl weitergeleitet werden würde. Neben diesem Motiv könnte ein weiterer Grund für diese taktische Variante der Einwände in der Koautorenschaft des Ortsgruppenleiters von Achern liegen. Roemer legte den Brief zusammen mit diesem vor. Es ist schwer vorstellbar, dass dieser NS-Funktionsträger eine offen ethisch begründete Ablehnung der Deportationen zum Ausdruck hätte bringen können. Wenn Roemer aber dennoch auf diesen Bündnispartner Wert legte, so mag er dessen Mitwirken am Brief als eine nutzbringende Verstärkung seiner Intervention eingeschätzt haben, die aber möglicherweise nur durch eine Abschwächung seiner grundsätzlichen Ablehnung zugunsten einer taktischen Argumentation, der auch der Ortsgruppenleiter zustimmen konnte, zu erreichen war. Die Erweiterung und mögliche Verstärkung durch diese Vernetzung wären dann auf Kosten der grundsätzlichen Argumentation zustande gekommen.

Roemers Versuche, ein informelles Netz von Personen zu schaffen, die mit ihm gemeinsam zugunsten einer Ablehnung der Deportationen hätten intervenieren können, war nicht von Erfolg gekrönt. Ohne Frage versprach sich Roemer von der Intervention eines solchen Kreises eine höhere Durchschlagskraft. Der Erfolg der Intervention wäre möglicherweise durch eine vernetzte und einem gemeinsamen Ziel verpflichtete Gruppe vergrößert worden. Letztlich aber blieb nur der Ortsgruppenleiter übrig, dessen Mitwirken eventuell mit einer Konzentration auf eine taktische und pragmatische Argumentation erkauft war. Der zuständige Referent Ludwig Sprauer erklärte, dass die Maßnahme fortzuführen sei, doch würde die Anstalt zur Beruhigung der Bevölkerung für zwei oder drei Monate geschont werden. Dabei nahm er eines der pragmatischen Argumente aus dem Brief auf und akzeptierte zum Schein die entsprechende Darlegung. Er hielt jedoch sein Versprechen nicht ein und ordnete bald die

45 Zitiert nach Plezko 2011, S. 59; Schmuhl 2016, S. 307.
46 Schmuhl 2016, S. 307.

Verlegung von weiteren 80 Patientinnen und Patienten an, wobei ROEMER bei der Auswahl mitwirken sollte. ROEMER meldete sich erneut krank und da auch sein Stellvertreter erkrankte, wurde die Leitung an Arthur SCHRECK (1878–1963) übertragen, der einer der eifrigsten Akteure im Rahmen der „Euthanasie" war. In einem letzten Schritt versuchte er in einem Treffen mit Herbert LINDEN, die Verlegungen zu stoppen. Das Gespräch überzeugte ROEMER jedoch davon, dass seine Interventionen erfolglos bleiben würden. Daraufhin beantragte er seine Pensionierung zum 31. Oktober 1940. Man gewährte ihm ab dem 8. Juli sogar ein Jahr Krankheitsurlaub, damit er die Pensionsgrenze ohne finanzielle Einbußen erreichte.[47]

ROEMER nutzte seine Handlungsspielräume zunächst durch eine individuelle Verweigerung des Mitwirkens an den Deportationen durch Krankmeldungen aus. Er versuchte sodann, einen Kreis von Verbündeten zu aktivieren, was ihm erkennbar nicht gelang. Dies mag auch ein Grund für die Beschränkung auf eine taktische Argumentation, geprägt von pragmatischen Erörterungen, entgegen seinen grundsätzlichen Überzeugungen gewesen sein. Nach dieser Lesart hätte das Nichtzustandekommen eines vernetzten Kreises zwar nicht den Protest an sich verhindert, jedoch die inhaltliche Ausrichtung des Memorandums beeinflusst. Seine verschiedenartigen Verweigerungen und Eingaben wurden nicht als grundsätzliche Opposition gegen den NS-Staat eingeschätzt. Er galt deswegen auch nicht als Widerständler, den man durch Reduzierung seiner Bezüge oder anderer Maßnahmen bestrafen wollte.

4. Exkurs: Wissenschaftlicher Habitus

Handlungsspielräume und Handlungsmotive können auch durch das besondere Selbstverständnis als Wissenschaftlerin und Wissenschaftler geprägt worden sein. Hierbei zeigen sich verschiedentlich gute Anschlussmöglichkeiten an die Hochschulpolitik im Nationalsozialismus. Paul UHLENHUTH (1870–1957), der Entdecker des Verfahrens zur Differenzierung von Menschen- und Tierblut, 1923 als Ordinarius für Hygiene und Bakteriologie nach Freiburg berufen, seit 1932 Mitglied der Leopoldina, 1937 Eintritt in die NSDAP, profilierte sich 1933 entschieden für die NS-Hochschulpolitik.[48] Als am 11. April vom badischen Kultusministerium die telefonische Weisung nach Freiburg durchgegeben wurde, die Entlassung der jüdischen Kollegen umzusetzen, unterschrieb UHLENHUTH am gleichen Tag einen Erlass an die Dekane. Er hatte zu diesem Zeitpunkt keine offizielle Funktion an der Freiburger Fakultät inne, fungierte jedoch zuvor 1928/29 als Rektor und danach bis 1931 als Prorektor. Da Anfang April 1933 der amtierende Rektor Wilhelm VON MÖLLENDORF (1887–1944) aber abwesend und der Prorektor zu dem Zeitpunkt der Unterzeichnung erkrankt war, könnte es sein, dass UHLENHUTH als ehemaliger Prorektor der nächste in der Hierarchie war.[49] Er hätte diesen Erlass aber keineswegs – und erst recht nicht zu diesem Zeitpunkt – unterzeichnen müssen, sondern auf die Rückkehr des Rektors, der nur zwei Tage später wieder in Freiburg war, warten können. Seine entschlossene Vollstreckung der NS-Ausschaltungspolitik wird besonders deutlich, wenn man sein Vorgehen mit dem an anderen Orten vergleicht. In Heidelberg hat sich der Dekan der Medizinischen Fakultät Richard SIEBECK (1883–1965), seit 1938 Mitglied der Leopoldina, etwas anders verhalten, wenn auch letztlich einer Hinnahme

47 PLEZKO 2011, S. 59–61.
48 Zu UHLENHUTH siehe NEUMANN 2004 und HÜNTELMANN 2016.
49 SEIDLER 1997, S. 11–22.

der antisemitisch motivierten personellen Veränderungen erfolgte, wie Volker ROELCKE dargelegt hat.[50]

Die politische Position des 1870 geborenen UHLENHUTH war zunächst kaisertreu, völkisch und antirepublikanisch. Teile dieser Grundelemente waren später für ihn ohne Probleme auf die nationalsozialistische Politik zu übertragen. Hinsichtlich der Generationenaffinität zum NS wird verschiedentlich die Aufsteigergeneration der zwischen 1890 und 1910 geborenen männlichen Akademiker als besonders anfällig bezeichnet. Der überzeugte Nationalsozialist, „Euthanasie“-Befürworter und Psychiatrieordinarius an der Berliner Charité Maximinian DE CRINIS (1889–1945), auf den unten ausführlich eingegangen wird, gehörte zu dieser Generation, UHLENHUTH aber nicht. Er zählte zu den bereits etablierten Wissenschaftlern. Doch er zeigte eine besondere Haltung zur Wissenschaft. Die zentrale Komponente des wissenschaftlichen Wirkens war für ihn der Kampf, ein steter Kampf gegen Missgunst und Neid, wie auch um Ideen. Dabei gebe man „Körper- und Nervenkraft fast bis zum Zusammenbruch hin“, so UHLENHUTH. Forschung sei Dienst am Vaterland, eine „heilige Ehrenpflicht“.[51] Hier wurde die kämpferische Hingabe an das Vaterland auf die Wissenschaft übertragen und mit einem besonderen aggressiven wissenschaftlichen Habitus versehen. Dies bekräftigte er 1943 mit dem glühenden Gelöbnis, dass die deutschen Ärzte und Forscher geschlossen hinter HITLER stehen würden. Neben seinen völkischen und antirepublikanischen Überzeugungen eröffnete dieser besondere Habitus – eben nicht der Austausch von intellektuellen Spitzfindigkeiten, sondern ein tatkräftiger Kampf bis zum Zusammenbruch als Teil des Kampfes für das Vaterland – eine Anschlussfähigkeit an die NS-Politik.[52] Dieser Habitus bedeutete einen starken Bruch mit den von Wilhelm VON HUMBOLDT (1767–1835) propagierten Prinzipien wissenschaftlichen Wirkens. Ein ununterbrochenes, sich immer wieder selbst belebendes, aber ungezwungenes Zusammenwirken der Hochschullehrer sollte die Wissenschaft bestimmen. Nicht den Kampf bis zum Zusammenbruch, sondern die Vielfalt an den Universitäten, die unterschiedlichen Ansätze und die Differenzen zwischen den Professoren und Studierenden benannte er als unverzichtbare Faktoren für eine produktive wissenschaftliche Auseinandersetzung.[53] HUMBOLDT war dabei Realist genug, um zu sehen, dass diese Freiheit sowohl durch vermehrte Eingriffe des Staates als auch durch die Haltung der Professorenschaft selbst bedroht werden könnte. Ein Habitus wie der von UHLENHUTH, der sich aus einem martialischem Wissenschaftsverständnis, das in den Dienst der nationalen Sache zu stellen war, speiste, könnte auch bei anderen Wissenschaftlern eine Motivation für bestimmte Handlungen wie auch ein Faktor für eine Vernetzungsaffinität zwischen verschiedenen Personen gleicher Einstellung gewesen sein.

5. Vernetzungen und kollektive Verantwortung und Schuld

Vernetzungsaktivitäten können eine die verbrecherische und mörderische Forschung fördernde und gleichzeitig verschleiernde Funktion erfüllen. Mit Hilfe einer arbeitsteiligen Verantwortungsverteilung zwischen den einzelnen Mitgliedern eines Kreises kann für einzelne

50 ROELCKE 2016, S. 11–16.
51 UHLENHUTH 1943, S. 101–104.
52 SCHMIEDEBACH 2001, S. 268–269.
53 HUMBOLDT 1809/10, S. 375–386.

Personen einer solchen Gruppe zudem die Möglichkeit von nachträglichen Entlastungsstrategien im Sinne einer nur peripheren Involviertheit in verbrecherische Forschung eröffnet werden. Um Maximinian de Crinis, Mitglied der Leopoldina seit 1943, entstand anhand der Vernetzung einer Gruppe von Neurowissenschaftlern ein Handlungsraum, der von den Beteiligten ausschließlich für eine Forschung an ermordeten Personen aus psychiatrischen Anstalten genutzt werden konnte. Der aus der Steiermark stammende Nachfolger des 1936 in die Leopoldina aufgenommenen Karl Bonhoeffers (1868–1948) war ein fanatischer Antisemit und Anhänger Hitlers. Wegen seiner Mitarbeit in der NSDAP, der er seit 1931 angehörte, wurde er in Österreich 1934 festgenommen, nach kurzer Zeit aber wieder auf freien Fuß gesetzt. Nach seiner Freilassung verließ er Österreich im Sommer 1934, um den Lehrstuhl für Psychiatrie und Neurologie an der Universität Köln zu übernehmen. Mit der Ernennung zum Professor und preußischen Beamten erhielt er die deutsche Staatsangehörigkeit. 1938 übernahm er den Lehrstuhl für Psychiatrie und die Leitung der psychiatrischen Klinik in Berlin.[54]

Ein Jahr nach seiner Berufung wurde er durch den Minister für Wissenschaft, Forschung und Volksbildung Bernhard Rust zum 1. Januar 1940 unter Belassung in seinem Amt als Hochschullehrer und Direktor der Klinik in das Ministerium berufen. Als Referent für medizinische Sachfragen nahm er unter anderem starken Einfluss auf die medizinische Ausbildung und auf Berufungsfragen. Er kontrollierte zudem die Ernennungen von Rektoren und Dekanen, kümmerte sich auch um Institutsgründungen. Zudem war de Crinis auch in verschiedenen Aktionen des SD eingebunden.[55]

Einen menschenverachtenden Höhepunkt fand sein Wirken in seinem Engagement für die NS-„Euthanasie“. Im Frühjahr 1940 referierte er bei einem Treffen sämtlicher Chefärzte der sächsischen Heil- und Pflegeanstalten zur praktischen Durchführung des „Euthanasieprogramms“. Er erörterte Selektionskriterien für die zu tötenden Kranken und unterstrich, dass in zwölf Monaten alle Anstaltskomplexe als „Bildungsstätten erbgesunden, förderungswürdigen Deutschtums“ zur Verfügung stehen mussten. Auch an den Beratungen über ein geplantes „Euthanasiegesetz“, dessen Geschichte Karl Heinz Roth (*1942) und Götz Aly (*1947) rekonstruiert haben, nahm de Crinis teil, ebenso an weiteren Besprechungen zu den Tötungsaktionen bis in das Jahr 1944.[56]

De Crinis war nicht zuletzt auch durch seine Verlegungspraxis in die Euthanasiemorde involviert. Einen 13-jährigen Jungen mit einer Trisomie 21 verlegte er am 20. Oktober 1942 nach Görden in die sogenannte Kinderfachabteilung von Hans Heinze (1895–1983), wo der Junge am 25. Januar 1943 umgebracht wurde. Im Oktober 1942 war in einer Besprechung festgelegt worden, dass Heinze u. a. auch über die Trisomie forschen und dass ihm entsprechende Fälle zugewiesen werden sollten. De Crinis überwies dieser Vereinbarung gemäß den Jungen nach Görden. Da auch aus anderen Einrichtungen, wie z. B. dem Heilpädagogischen Kinderheim in Berlin-Zehlendorf, das de Crinis ärztlich betreute, Kinder nach Görden verlegt wurden, ist zu vermuten, dass er auf diesem Weg noch weitere Kinder in den Tod schickte.[57]

In diesem Kontext war auch seine Funktion als Kuratoriumsmitglied des Kaiser-Wilhelm-Instituts (KWI) für Hirnforschung bedeutsam. De Crinis nahm am 20. Dezember 1938, also

54 Zu de Crinis siehe Jasper 1991, Beddies 2005, Roelcke 2008 und Schmiedebach 2018, S. 28–44.
55 Jasper 1991, S. 101–102.
56 Jasper 1991, S. 123–126; Roth und Aly 1984, S. 101–179.
57 Jasper 1991, S. 128.

nach seinem Dienstantritt in Berlin, an seiner ersten Kuratoriumssitzung teil. Nach der Entlassung von Oskar VOGT (1870–1959), Mitglied der Leopoldina seit 1932, Ende März 1937 und der Neuernennung von Hugo SPATZ (1888–1969)[58] als Direktor des KWI für Hirnforschung gab es eine strukturelle und wissenschaftliche Umorientierung: Drei neue Abteilungen wurden eingerichtet: die histopathologische Abteilung, die Abteilung für allgemeine Pathologie und die Abteilung für Chemie.[59]

Leiter der histopathologischen Abteilung wurde Julius HALLERVORDEN (1882–1965), der gleichzeitig auch Leiter der Prosektur der Landesanstalten der Provinz Brandenburg blieb, die von Potsdam nach Berlin verlegt wurde, aber in Potsdam eine Zweigstelle behielt. Im Kuratorium war ebenfalls Hans HEINZE seit 1938 tätig, seit Oktober 1939 Dozent für Neurologie und Psychiatrie an der Medizinischen Fakultät der Universität Berlin und ab November 1938 Leiter der Landesanstalt Görden. Bekanntlich war er einer der sogenannten Gutachter in der „Euthanasie“-Aktion T4 für Erwachsene sowie ebenfalls im Rahmen der Kinder-„Euthanasie“. Er selbst überwies mehrere hundert Kinder aus seiner Anstalt in die Brandenburger Tötungsanstalt.[60] Mit den skizzierten Veränderungen in der Ausrichtung des KWI für Hirnforschung war es möglich geworden, die Gehirne der in Brandenburg getöteten Kranken unmittelbar im Berliner Institut zu erforschen.

SPATZ und HALLERVORDEN, beide seit 1960 Mitglieder der Leopoldina, bedienten sich bei ihren Forschungsarbeiten der Gehirne Ermordeter unter anderem aus Brandenburg. Sie hatten sich bereits in den 1920er Jahren kennengelernt und 1922 einen Aufsatz zu einer neuro-degenerativen Hirnkrankheit publiziert. Jürgen PEIFFER (1922–2006) spricht von einer Freundschaft, die beide verbunden habe.[61] DE CRINIS war in der Förderung der Untersuchungen HALLERVORDENS engagiert und unterstützte die Mobilisierung von finanziellen Ressourcen dafür. Im November 1940 leitete er einen von SPATZ gestellten informellen Antrag auf Förderung der Forschung HALLERVORDENS, bei dem es um die organischen Grundlagen des „angeborenen Schwachsinns“ mit einer Fördersumme in Höhe von 10000 RM ging, an die Deutsche Forschungsgemeinschaft weiter. Wie SCHMUHL ausführt, musste es DE CRINIS klar gewesen sein, dass es sich um Begleitforschung zur „Euthanasie“ handelte. Er befürwortete das Gesuch nachdrücklich.[62]

Die Aktivitäten von DE CRINIS und des Kreises um ihn verweisen erneut auf die Bedeutung von Vernetzungen. Nur durch dieses Beziehungsgeflecht, in dem DE CRINIS, HALLERVORDEN, SPATZ und HEINZE als an einem Ziel orientierte Gruppe agierten, konnten sie die Ressourcen von Universität, Kaiser-Wilhelm-Institut, der Anstalt Görden und der DFG mobilisieren. Das gesamte Spektrum des Handelns der verschiedenen Akteure in diesem Netz diente dazu, das verbrecherische Agieren auf der Alltagsebene zu organisieren, als wissenschaftlich legitimiert auszuweisen und auch zu finanzieren.

Die einzelnen Personen setzten sich dabei in einem arbeitsteiligen Prozess immer nur einer fragmentarischen Verantwortung aus: DE CRINIS war Propagator der Patiententötungen und bereitete die Morde vor, begutachtete und verlegte Patientinnen und Patienten, und sorgte zusammen mit SPATZ für die finanziellen Ressourcen, allein HEINZE war in diesem Kreis

58 Zu SPATZ als „Verantwortungsträger im Zwielicht“ siehe MARTIN et al. 2020b, S. 92–95; auch HOLDORFF und RIMPAU 2021.

59 Zum Kaiser-Wilhelm-Institut für Hirnforschung zwischen 1937 und 1945 siehe SCHMUHL 2002, S. 560–609.

60 Zu HEINZE und zur Kinder-„Euthanasie“ in Brandenburg siehe BEDDIES 2003, S. 219–248.

61 PEIFFER 1987, S. 20–21.

62 SCHMUHL 2002, S. 605.

für das Morden verantwortlich, HALLERVORDEN untersuchte die Gehirne der Ermordeten. Die Betrachtung dieser Vernetzungen eröffnet die Perspektive nach zwei Seiten: zum Ersten werden die Mechanismen des wissenschaftlichen Mordens in ihren alltäglichen und arbeitsteiligen Abläufen erkennbar und die Entstehungsbedingungen von Handlungsmöglichkeiten rekonstruierbar. Die Betrachtung von Täterschaft erreicht einen weiteren Grad von Differenzierung und wird den komplexen Verhältnissen gerecht. Zum Zweiten aber können die Akteure in ihrer strukturellen Vernetzung, die ja eine intentionale Gemeinsamkeit, nämlich die Forschung an Ermordeten, aufwies, einer Gesamtbewertung unterzogen werden. Damit kann vor dem Hintergrund des Gesamtergebnisses der vernetzten Aktivitäten jeder der beteiligten Akteure auf der Basis der Netzaktivitäten zusätzlich eingeschätzt und verortet werden. Die Fokussierung auf das gemeinsame Ziel der Gruppe, an deren Realisierung alle Beteiligten zwar in unterschiedlicher Weise mitgewirkt haben, für das aber wegen der von allen geteilten Intention auch eine gemeinsame Verantwortung bestand, ermöglicht es, dass Kategorien wie z. B. „Profiteur“ oder „Kollaborateur“ durch eine weitere Differenzierungsebene ergänzt werden können. Damit sind auch individuelle nachträgliche Entlastungsstrategien deutlich zu relativieren, wie sie z. B. HALLERVORDEN bemühte. Er berief sich bei seiner Tätigkeit auf rein wissenschaftliche Fragestellungen und vollzog die Trennung vom politischen und organisatorischen Kontext. Doch wusste er von den Tötungen; alle Indizien sprechen dafür, dass er auf die konkrete Auswahl der Getöteten Einfluss nahm, um ausreichend „Material“ für seine wissenschaftliche Tätigkeit zur Verfügung zu haben.[63] Neben einer individuellen Involviertheit kann vor dem Hintergrund des vernetzten Agierens eine „vernetzte Verantwortung“ als komplementäre Bewertung vorgenommen werden.

Dieser Vorschlag resultiert aus der Diskussion um die ab den 1980er Jahren von Margaret GILBERT (*1942) entwickelte „Plural Subject Theory“. Die Theorie geht davon aus, dass soziale Gruppen als reale Entitäten aufzufassen sind. Im Wesentlichen sind es zwei Kriterien, die relevant sind: (*1.*) Gruppen werden von Individuen gebildet, die bestimmte Ziele verfolgen, Glaubenssätze teilen oder Aktionen gemeinsam durchführen etc. Dabei wird die Verpflichtung auf das Gemeinsame von allen geteilt. (*2.*) Die Individuen konstituieren in ihrer gemeinsamen Ausrichtung auf ein Ziel eine Einheit, einen Körper oder ein Ganzes.[64] Zu Beginn des 21. Jahrhunderts befasste sich besonders Tracy ISAACS (*1964) mit der Frage der kollektiven Verantwortung. Dabei geht es darum zu verstehen, „how the actions of one moral agent can interact with those in both loosely structured and highly organized collective scenarios, therby changing the nature of individuals‘ actions […]. When individuals act together, they bring about outcomes – good or bad – that cannot be achieved without a combined effort.“[65] Abgesehen von einer Position in dieser Debatte, die eine kollektive Verantwortung grundsätzlich nicht akzeptiert, könnten in dem hier erörterten Kontext zwei Positionen von Bedeutung sein. Kollektive Verantwortung wird als die Verantwortung kollektiver Akteure wie etwa Unternehmen oder auch eher lose strukturierter Kollektive verstanden, deren Angehörige sich zur Erreichung eines gemeinsamen Ziels zusammentun. Eine zweite Position geht davon aus, dass kollektive Verantwortung am ehesten als die Verantwortung einzelner menschlicher Akteurinnen und Akteure zu verstehen ist, es aber ein irreduzibles kollektives Moment wie etwa

63 ROELCKE 2022, S. 160–161.

64 GILBERT 2000. GILBERTS Theorie ist in mancher Hinsicht kritisch betrachtet worden. Paul SHEEHY (*1964) stört sich an dem die gesamte Theorie durchtränkenden Intentionalismus. Außerdem konstatiert er, dass sie keine Erklärung der Natur von Gruppen liefere. SHEEHY 2002, S. 377–394.

65 ISAACS 2011, S. 16.

eine partizipatorische Absicht oder eine mitwirkende Handlung gibt.[66] Gerade diese letztgenannte Position könnte auf den Kreis DE CRINIS, SPATZ, HEINZE und HALLERVORDEN Anwendung finden, denn auch die Sektionen der Ermordeten waren ohne Frage eine mitwirkende Handlung in der auf Hirnforschung an Getöteten ausgerichteten Gruppe. Hier erschließt sich das irreduzible kollektive Moment, denn ohne Sektionen und Forschung wäre es nicht möglich gewesen, die Morde als Teil eines wissenschaftlichen Programms auszugeben. Gleichzeitig ist die Sektionstätigkeit HALLERVORDENS durch eine neue Qualität gekennzeichnet. ISAACS oben erwähnter allgemeiner Hinweis auf die moralisch signifikante Veränderung der Natur einer individuellen Handlung trifft in HALLERVORDENS konkretem Fall zu. Denn es war eben keine „normale“ Sektionstätigkeit an ohne äußere Einwirkung zu Tode gekommenen Personen, sondern eine mit seinem Wissen an Ermordeten vollzogene Obduktionstätigkeit.[67]

Damit könnte man klar erfassen, dass in unserem Beispiel der Handlungsraum und die dadurch gegebenen Handlungsmöglichkeiten für das wissenschaftlich begründete Morden erst durch das arbeitsteilige Vorgehen dieser verschiedenen und in einem Netz verknüpften Personen erschlossen, mit allen möglichen Ressourcen ausgestattet und so gesichert werden konnte. Dadurch kann aber auch die weitergehende Frage einer Schuld der Beteiligten aufgeworfen werden. Überlegungen zur Schuld gründen auf dem Bild des modernen Menschen als unabhängiges und autonomes Individuum. Eine moralische Schuld bezieht sich auf eine kausale Urheberschaft und Normverletzung wie auch auf die Zurechenbarkeit und Vorwerfbarkeit dieser Verursachung, die eine Normenverpflichtung voraussetzt.[68] Die oben genannten an den Morden und ihren wissenschaftlichen Verwertungen Beteiligten haben die Verbrechen initiiert und waren auch dann an der Verursachung beteiligt, wenn sie selbst keine Morde tatsächlich begangen haben. Insofern könnte im Kontext dieses vernetzten Agierens, das aus Morden und Forschung besteht, auch eine kollektive Schuld konstatiert werden. Da sich aber auch in der modernen Welt menschliches Tun und Lassen aus einer Vorgeschichte und Zugehörigkeit zu Kollektiven, denen wir unsere Weltanschauung, Wünsche, Gewohnheiten und Einstellungen verdanken, entwickelt, ist man – wie die Philosophin Maria-Sibylla LOTTER (*1961) ausführt – „immer schon irgendwie in Schuldzusammenhänge verstrickt“.[69] Damit gerät der Schuldbegriff an seine Grenzen. Mit Blick auf das Alltagsleben ist er ungeeignet, so argumentiert sie weiter, Formen menschlicher Verantwortung und Verpflichtung zu begreifen, die sich daraus ergeben, dass man Schäden und Verletzungen verursacht und damit Schuld auf sich lädt, ohne dass das Tun und Lassen vorwerfbar wäre. Hinsichtlich der Zugehörigkeit zu Nationen ist der Schuldbegriff zudem nur begrenzt geeignet, Kollektivschuldphänomene wie Schuldzuweisungen im Zusammenhang mit historischem Unrecht zu verstehen. Die in diesem Zusammenhang aufgestellte Kollektivschuldthese der Deutschen nach dem Ende des NS-Reiches besaß besonders in den ersten Jahren nach dem Zweiten Weltkrieg eine gewisse Brisanz. Vor allem aus den Kreisen ehemaliger NS-Eliten wurde behauptet, dass die Alliierten, basierend auf dieser Annahme, übertriebene Forderungen der Wiedergutmachung und Ungerechtigkeiten im Zuge der Entnazifizierung betreiben würden. Obwohl die Alliierten die Kollektivschuldthese nie propagierten, begleitete diese These die erinnerungspolitische Debatte bis in die 1990er Jahre,[70] häufig von rechten Kreisen benutzt, um ein vermeintliches In-

66 ISAACS 2017, S. 453–475.
67 In ähnlicher Weise könnten auch die Forschungsarbeiten von STIEVE bewertet werden.
68 LOTTER 2015, S. 253.
69 Ebenda, S. 260.
70 KLASKA 2007, S. 44.

strument zur Demütigung der Deutschen in politischen Debatten zu aktivieren. Philosophisch betrachtet, kann man die Konstruktion einer Kollektivschuld, die auch im religiösen oder sportlichen Kontext zu beobachten ist, damit erklären, dass die „Diskrepanz zwischen realer Schuld und moralisch zurechenbarer subjektiver Täterschaft" so sehr ausgeprägt ist,[71] dass sich im Versuch, diese Diskrepanz zu überwinden, die Konzeption einer kollektiven Schuld anbietet. Mit Blick auf die oben ausgeführten Vernetzungen auf der Mesoebene von vier oder fünf Akteuren ist zwar auch eine gewisse Diskrepanz im Handeln der Einzelnen festzustellen, jedoch ist das Kollektiv insgesamt, wie oben ausgeführt, in ein arbeitsteilig verantwortetes Handeln mit einer klaren, von allen geteilten Intention eingebunden. Dadurch relativieren sich diese Diskrepanzen deutlich. Deswegen kann man argumentieren, dass in solchen Fällen auch über die vernetzte Verantwortung hinausgehend von einer „vernetzten Täterschaft" und damit auch von einer kollektiven oder „vernetzten" Schuld gesprochen werden kann.[72] Diese weitergehenden Verortungen, die über die einzelnen Akteure und deren Handeln hinausreichen und mehr das Handeln und die Handlungsmöglichkeiten eines Kollektivs in den Blick nehmen, tragen den professionellen und sozialen Interaktionen sowie den wissenschaftlichen Komplizenschaften hinsichtlich des Agierens auf einer Mesoebene informeller Gruppen Rechnung und können weitere Differenzierungsqualitäten entfalten.

Noch eine letzte Bemerkung zu Vernetzungsanalysen. Diese können auch im Hinblick auf die Herstellung wissenschaftlicher Nachkriegskarrieren von Bedeutung sein. Bei dieser Wiederherstellung fungierten in vielen Fällen kollegiale Netzwerke als Ressource, um Karrieren zu retten, abgesehen von einer ergänzenden Strategie, die Vergangenheit und die eigene Verstrickung durch gegenseitige Entlastung neu darzustellen.[73] Heinrich Pette (1887–1964), ebenfalls seit 1940 Mitglied der Leopoldina, hat in Hamburg nach 1945 solche Verbindungen genutzt, um seine Entlastungsstrategie erfolgreich umzusetzen.[74] In diesem Kontext sind möglicherweise auch die Verbindungen unter verschiedenen Mitgliedern der Leopoldina als Möglichkeit der Karriererettung von belasteten Kolleginnen und Kollegen zu betrachten. Anders als in der 2018 publizierten Analyse der Leopoldina, die diese als ein mögliches Netzwerk für künftige Nobelpreisträger für Physiologie oder Medizin untersuchte,[75] würde hier nicht die Leopoldina als Organisation im Zentrum der Untersuchung stehen, sondern kleinere informelle Gruppen, die sich durch besondere soziale Beziehungen der Dazugehörenden untereinander und durch eine gegenseitige Entlastungspraxis auszeichnen würden. Dabei können diese Vernetzungen zum Zwecke gegenseitiger Unterstützung zwar durch eine Mitgliedschaft der einzelnen Personen in der Leopoldina gefördert worden sein, konstituierten sich aber eher als lockeres und transitorisches Gefüge auf einer anderen Ebene als die der festen Mitgliedschaft in einer stabilen Organisationstruktur.

71 Lotter 2015, S. 261.

72 Der Begriff der „vernetzten Schuld" bietet sich an, weil damit eine Abgrenzung von dem Terminus „Kollektivschuld" schon in der Begrifflichkeit deutlich wird.

73 Sachse 2002, S. 223–252. Fangerau et al. 2020, S. 11, betonen in ihren Schlussbemerkungen dementsprechend, dass den späteren Selbstaussagen der Akteure mit Skepsis begegnet werden sollte.

74 Martin et al. 2020a, S. 40.

75 Halling et al. 2018, S. 211–233.

6. Ausblick

Der Beitrag thematisiert Beispiele von unterschiedlich gestalteten Handlungsspielräumen für Ärztinnen und Ärzte, für Wissenschaftlerinnen und Wissenschaftler im Nationalsozialismus. Er versteht sich als eine methodische Anregung für künftige Analysen von Täterverhalten. Bei der Erörterung dieser Handlungsmöglichkeiten rücken Vernetzungen in Gestalt informeller Gruppen in den Vordergrund, die bestimmte Handlungen gebahnt und stabilisiert haben können. Diese Kreise selbst können damit die Funktion als eine handlungsfördernde Ressource gehabt haben. Die Beschreibung und Analyse solcher vernetzten Gruppen kann mit Hilfe der methodisch ausgewiesenen kollektivbiographischen Vergleiche vorgenommen werden. Diese Vernetzungen könnten einerseits ein Handeln ermöglicht haben, das durch deutliche Distanzierungen bis hin zu widerständigen Aktionen dem NS gegenüber gekennzeichnet war. Andererseits konnten solche Verbindungen aber auch besonders brutale, unter dem Mantel der wissenschaftlichen Forschung praktizierte menschenverachtende Handlungen fördern und Möglichkeiten der Verschleierung bieten. Durch unterschiedliches arbeitsteiliges Vorgehen war es der Gruppe um DE CRINIS möglich, finanzielle und andere Ressourcen für die Ermordung von Kranken und eine damit verbundene neuropathologische Forschung zu mobilisieren. Im Falle solcher vernetzter, arbeitsteilig strukturierter Handlungsgruppen ist zu diskutieren, wie trotz der unterschiedlichen Aufgabenverteilungen unter den Mitgliedern eines Netzes im Handeln der gesamten Gruppe ein konkretes gemeinsames, moralisch verwerfliches Ziel formuliert und umgesetzt wurde, was es erlaubt, von einer kollektiven/vernetzten Verantwortung oder auch Schuld zu sprechen. Damit können bislang benutzte Kategorien für die Klassifizierung einzelner Personen, wie „Kollaborateur" oder „Profiteur", durch eine weitere zusätzliche Analyse ergänzt und differenziert werden. So wird jedes einzelne Mitglied trotz des unterschiedlichen Charakters konkreter individueller Handlungen im Rahmen der aktiven Beteiligung an der Umsetzung des Zieles noch zusätzlich mit einer aus den Gesamtzielen der Gruppe und ihrem gemeinsamen darauf gerichteten Agieren hergeleiteten Verortung versehen. Dem zielgebundenen Handeln aller Personen, die zu einer solchen vernetzten Funktionseinheit gehörten, wird mit der Kategorie „vernetzte Täterschaft" Rechnung getragen. Durch diese weitere Differenzierung wird der komplexen Realität und der Verschränkung politischer und wissenschaftlicher Kontexte Rechnung getragen. Im Beitrag wird der Blick zudem auch auf habituelle Prägungen einzelner Personen gelenkt. Das am Beispiel von Paul UHLENHUTH erörterte, von ihm propagierte wissenschaftliche Selbstverständnis verlangte einen bis zum Zusammenbruch kämpfenden Wissenschaftler, der sich im Kampf für seine Wissenschaft wie für seine Nation vollständig hinzugeben habe. Dieser martialische Habitus motivierte ein Handeln, das gute Anschlussmöglichkeiten an die aggressive Exklusions- und Vernichtungspolitik der Nationalsozialisten schuf und damit auch einen diesbezüglichen Handlungsspielraum verantwortete. Außerdem kann diese Haltung als bedeutendes Element für die Vernetzung mit gleich oder ähnlich denkenden Personen gewirkt haben.

Literatur

ASH, Mitchell G.: Wissenschaft und Politik als Ressourcen füreinander. In: VOM BRUCH, Rüdiger, und KADERAS, Brigitte (Hrsg.): Wissenschaften und Wissenschaftspolitik. Bestandsaufnahmen zu Formationen, Brüchen und Kontinuitäten im Deutschland des 20. Jahrhunderts. S. 32–51. Stuttgart: Steiner 2002

BEDDIES, Thomas: Kinder-„Euthanasie" in Berlin-Brandenburg. In: BEDDIES, Thomas, und HÜBENER, Kristina (Hrsg.): Dokumente zur Psychiatrie im Nationalsozialismus. S. 219–248. Berlin: be.bra Verlag Wissenschaft 2003

Beddies, Thomas: Universitätspsychiatrie im Dritten Reich. Die Nervenklinik der Charité unter Karl Bonhoeffer und Maximinian de Crinis. In: vom Bruch, Rüdiger, unter Mitarbeit von Schaarschmidt, Rebecca (Hrsg.): Die Berliner Universität in der NS-Zeit. Bd. *2*: Fachbereich und Fakultäten, S. 55–72. Stuttgart: Steiner 2005

Böhme, Hartmut: Netzwerke. Zur Theorie und Geschichte einer Konstruktion. In: Barkhoff, Jürgen, Böhme, Hartmut, und Riou, Jeanne (Hrsg.): Netzwerke. Eine Kulturtechnik der Moderne. S. 17–36. Köln: Böhlau Verlag 2004

Bourdieu, Pierre: Der Habitus als Vermittlung zwischen Struktur und Praxis. In: Bourdieu, Pierre: Soziologie der symbolischen Formen. S. 125–158. Frankfurt (Main): Suhrkamp 1974

Bourdieu, Pierre: Die biographische Illusion. BIOS Zeitschrift für Biographieforschung und Oral History *3*, 75–81 (1990)

Etzemüller, Thomas: Biographien. Lesen – erforschen – erzählen. Frankfurt (Main), New York: Campus Verlag 2012

Fangerau, Heiner, und Hentschel, Klaus: Netzwerkanalyse in der Medizin- und Wissenschaftsgeschichte. Zur Einführung. Sudhoffs Archiv *102*, 133–145 (2018)

Fangerau, Heiner, Martin, Michael, und Karenberg, Axel: Neurologen und Neurowissenschaftler: Wer war ein Nazi? Zum Umgang mit der NS-Belastung in der Geschichte der deutschen Medizin. Nervenarzt *91* (Suppl. 1), 3–12 (2020)

Gilbert, Margaret: Sociality and Responsibility. Lanham: Rowman & Littlefield 2000

Halling, Thorsten, und Fangerau, Heiner: Netzwerke – Eine allgemeine Theorie oder die Anwendung einer Universalmetapher in den Wissenschaften? In: Fangerau, Heiner, und Halling, Thorsten (Hrsg.): Netzwerke. Allgemeine Theorie oder Universalmetapher in den Wissenschaften? Ein transdisziplinärer Überblick. (Science Studies). S. 267–286. Bielefeld: Transcript 2009

Halling, Thorsten, Björk, Ragnar, Fangerau, Heiner, und Hansson, Nils: Leopoldina: Ein Netzwerk für künftige Nobelpreisträger für Physiologie oder Medizin? Sudhoffs Archiv *102*, 211–233 (2018)

Herbert, Ulrich: Wer waren die Nationalsozialisten? 3. Aufl. München: C. H. Beck 2021

Hildebrandt, Sabine: The women on Stieve's list. Victims of National Socialism whose bodies were used for anatomical research. Clinical Anatomy *26*, 3–21 (2013)

Holdorff, Bernd, und Rimpau, Wilhelm: Neurowissenschaftler im Zwielicht während der NS-Zeit in Berlin-Buch und Breslau. Berlin, Lancaster: Peter Lehmann Publishing 2021

Humboldt, Wilhelm von: Über die innere und äußere Form der höheren wissenschaftlichen Anstalten in Berlin (1809/10). In: Anrich, Ernst (Hrsg.): Die Idee der deutschen Universität. Die fünf Grundschriften aus der Zeit ihrer Neubegründung durch klassischen Idealismus und romantischen Realismus. 2. unv. Nachdruck. S. 375–386. Darmstadt: Wissenschaftliche Buchgesellschaft 1964

Hüntelmann, Axel C.: Uhlenhuth, Paul Theodor. In: Neue Deutsche Biographie Bd. *26*, S. 542–543. Berlin: Duncker & Humblot 2016

Isaacs, Tracy: Moral Responsibility in Collective Contexts. New York: Oxford University Press 2011

Isaacs, Tracy: Kollektive Verantwortung. In: Heidbrink, Ludger, Langbehn, Claus, und Loh, Janina (Hrsg.): Handbuch Verantwortung. (Springer Reference Sozialwissenschaften), S. 453–475. Wiesbaden: Springer VS 2017; https://doi.org/10.1007/978-3-658-06110-4_25

Jasper, Hinrich: Maximinian de Crinis (1889–1945). Eine Studie zur Psychiatrie im Nationalsozialismus. (Abhandlungen zur Geschichte der Medizin und der Naturwissenschaften *63*). Husum: Matthiesen 1991

Karenberg, Axel, Fangerau, Heiner, und Martin, Michael: Neurologen und Neurowissenschaftler in der NS-Zeit: Versuch einer Bewertung. Nervenarzt *91* (Suppl. 1), 128–145 (2020)

Klaska, Frauke: Kollektivschuldthese. In: Fischer, Torben, und Lorenz, Matthias N. (Hrsg.): Lexikon der „Vergangenheitsbewältigung" in Deutschland. Debatten- und Diskursgeschichte des Nationalsozialismus nach 1945. S. 43–44. Bielefeld: Transcript Verlag 2007

Lethen, Helmut: Die Staatsräte. Elite im Dritten Reich: Gründgens, Furtwängler, Sauerbruch, Schmitt. Berlin: Rowohlt 2018

Ley, Astrid: Zwangssterilisation und Ärzteschaft. Hintergründe und Ziele ärztlichen Handelns 1934–1945. (Kultur und Medizin *11*). Frankfurt (Main), New York: Campus Verlag 2003

Lotter, Maria-Sibylla: Verantwortung und Schuld. In: Heidbrink, Ludger, Langbehn, Claus, und Sombetzki, Janina (Hrsg.): Handbuch Verantwortung. (Springer Reference Sozialwissenschaften), S. 251–264. Wiesbaden: Springer VS 2015;
https://doi.org/10.1007/978-3-658-06175-3_17-1

Martin, Michael, Karenberg, Axel, und Fangerau, Heiner: Heinrich Pette (1887–1964) und die schwierige Bewertung seiner Rolle in der Weimarer Republik bis in die BRD. Nervenarzt *91* (Suppl. 1), 35–42 (2020a)

Martin, Michael, Karenberg, Axel, und Fangerau, Heiner: Neurowissenschaftler am Kaiser-Wilhelm-Institut für Hirnforschung im „Dritten Reich": Oskar Vogt – Hugo Spatz – Wilhelm Tönnis. Nervenarzt *91* (Suppl. 1), 89–99 (2020b)

Mehrtens, Herbert: Kollaborationsverhältnisse: Natur- und Technikwissenschaften im NS-Staat und ihre Historie. In: Meinel, Christoph, und Voswinckel, Peter (Hrsg.): Medizin, Naturwissenschaft, Technik und Nationalsozialismus. Kontinuitäten und Diskontinuitäten. S. 13–32. Stuttgart: GNT-Verlag 1994

Neumann, Herbert A.: Paul Uhlenhuth. Ein Leben für die Forschung. Berlin, Leiben: ABW Wissenschaftsverlag 2004

Peiffer, Jürgen: Hirnforschung im Zwielicht: Beispiele verführbarer Wissenschaft aus der Zeit des Nationalsozialismus. (Abhandlungen zur Geschichte der Medizin und der Naturwissenschaften *79*). Husum: Matthiesen 1987

Plezko, Anna: Handlungsspielräume und Zwänge in der Medizin im Nationalsozialismus. Das Leben und Werk des Psychiaters Dr. Hans Roemer (1878–1947). Diss. med. Gießen 2011

Pommer, Charlotte: Aerogramm an Lexi im Elysium. In: Orth, Barbara (Hrsg.): Gestapo im OP. Bericht der Krankenhausärztin Charlotte Pommer. (Studien und Dokumente zu Alltag, Verfolgung und Widerstand im Nationalsozialismus *2*). S. 22–119. Berlin: Lukas 2013

Pross, Christian: Das Krankenhaus Moabit 1920 – 1933 – 1945. In: Pross, Christian, und Winau, Rolf (Hrsg.): nicht mißhandeln. Das Krankenhaus Moabit. 1920–1933 Ein Zentrum jüdischer Ärzte in Berlin. 1933–1945 Verfolgung – Widerstand – Zerstörung. S. 109–251. Berlin: Edition Hentrich, Kaufmann und Fröhlich 1984

Roelcke, Volker: Psychiatrische Forschung im Kontext nationalsozialistischer Politik und „Euthanasie“. Zur Rolle von Ernst Rüdin und der Deutschen Forschungsanstalt für Psychiatrie/Kaiser-Wilhelm-Institut. In: Kaufmann, Doris (Hrsg.): Geschichte der Kaiser-Wilhelm-Gesellschaft im Nationalsozialismus. Bestandaufnahme und Perspektiven der Forschung. S. 112–150. Göttingen: Wallstein 2000

Roelcke, Volker: Politische Zwänge und individuelle Handlungsspielräume: Karl Bonhoeffer und Maximinian de Crinis im Kontext der Psychiatrie im Nationalsozialismus. In: Schleiermacher, Sabine, und Schagen, Udo (Hrsg.): Charité im Dritten Reich. Zur Dienstbarkeit medizinischer Wissenschaft im Nationalsozialismus. S. 67–84. Paderborn: Ferdinand Schöningh 2008

Roelcke, Volker: Ernst Rüdin – renommierter Wissenschaftler, radikaler Rassenhygieniker. Der Nervenarzt *83*, 303–310 (2012)

Roelcke, Volker: Hans Roemer. Überzeugter Eugeniker, Kritiker der Krankentötungen. Der Nervenarzt *84*, 1064–1068 (2013)

Roelcke, Volker: Forschungsbericht. Richard Siebeck in der Zeit des Nationalsozialismus und sein Verhalten zur Thematik „Medizin im Nationalsozialismus“ in der Nachkriegszeit. Gießen 2016; https://www.uni-giessen.de/fbz/fb11/institute/histor/mitarbeiter/Roelcke/Roelcke2016Siebeck

Roelcke, Volker: „Täterschaft“ und Täter in der Medizin zur Zeit des Nationalsozialismus: Umrisse einer Typologie unter Berücksichtigung konkreter Handlungskontexte. In: Rauh, Philipp, Voggenreiter, Marion, Ude-Koeller, Susanne, und Leven, Karl-Heinz (Hrsg.): Medizintäter: Ärzte und Ärztinnen im Spiegel der NS-Täterforschung. S. 135–164. Köln: Böhlau 2022

Roth, Karl Heinz, und Aly, Götz: Das „Gesetz über Sterbehilfe bei unheilbar Kranken“. Protokolle der Diskussion über die Legalisierung der nationalsozialistischen Anstaltsmorde in den Jahren 1938–1941. In: Roth, Karl-Heinz (Hrsg.): Erfassung zur Vernichtung. Von der Sozialhygiene zum „Gesetz über Sterbehilfe“. S. 101–179. Berlin: Verlag Gesundheit 1984

Sachse, Carola: „Persilscheinkultur“: Zum Umgang mit der NS-Vergangenheit in der Kaiser-Wilhelm / Max-Planck-Gesellschaft. In: Weisbrod, Bernd (Hrsg.): Akademische Vergangenheitspolitik. Beiträge zur Wissenschaftsgeschichte der Nachkriegszeit. S. 223–252. Göttingen: Wallstein 2002

Schagen, Udo: Von der Freiheit – und den Spielräumen – der Wissenschaft(ler) im Nationalsozialismus: Wolfgang Heubner und die Pharmakologie an der Charité 1933 bis 1945. In: Schleiermacher, Sabine, und Schagen, Udo (Hrsg.): Die Charité im Dritten Reich. Zur Dienstbarkeit medizinischer Wissenschaft im Nationalsozialismus. S. 207–227. Paderborn, München, Wien, Zürich: Ferdinand Schöningh 2008

Schmiedebach, Heinz-Peter: Paul Uhlenhuth (1870–1957). Forscher im Dienste des Vaterlandes. Rechtsmedizin *11*, 265–269 (2001)

Schmiedebach, Heinz-Peter: Kollaborationsverhältnisse, Ressourcenmobilisierung und der „Missbrauch der Medizin“. Aspekte zur Medizin im Nationalsozialismus. NTM Zeitschrift für Geschichte der Wissenschaften, Technik und Medizin *17*, 219–233 (2009)

Schmiedebach, Heinz-Peter: Psychiatrie im Nationalsozialismus an der Charité und in Berlin. (Hefte zur Geschichte der Charité-Universitätsmedizin Berlin *6*). Berlin: be.bra wissenschaft 2018

Schmuhl, Hans-Walter: Hirnforschung und Krankenmord. Das Kaiser-Wilhelm-Institut für Hirnforschung 1937–1945. Vierteljahreshefte für Zeitgeschichte *50*, 560–609 (2002)

Schmuhl, Hans-Walter: Die Gesellschaft Deutscher Neurologen und Psychiater im Nationalsozialismus. Berlin, Heidelberg: Springer 2016

SCHRÖDER, Wilhelm Heinz: Kollektive Biographien in der historischen Sozialforschung. Eine Einführung. In: SCHRÖDER, Wilhelm Heinz (Hrsg.): Lebenslauf und Gesellschaft. Zum Einsatz kollektiver Biographien in der historischen Sozialforschung. S. 7–17. Stuttgart: Klett-Cotta 1985

SCHRÖDER, Wilhelm Heinz: Kollektivbiographie als interdisziplinäre Methode in der Historischen Sozialforschung. Eine persönliche Retrospektive. (Historical Social Research Suppl. *23*). Köln: Zentrum für historische Sozialforschung 2011

SEIDLER, Eduard: Freiburger Professoren in der Kritik: Paul Uhlenhuth – Franz Büchner. Freiburger Universitätsblätter *136*, 11–22 (1997)

SHEEHY, Paul: On Plural Subject Theory. Journal of Social Philosophy *33*, 377–394 (2002); https://doi.org/10.1111/0047-2786.00148

TRISCHLER, Helmuth: Im Spannungsfeld von Individuum und Gesellschaft. Aufgaben, Themenfelder und Probleme technikbiographischer Forschung. BIOS Zeitschrift für Biographieforschung und Oral History *11* (Sonderheft), 42–58 (1998)

UHLENHUTH, Paul: Immunitätsforschung und experimentelle Therapie (unter Berücksichtigung eigener Arbeiten). Zeitschrift für Immunitätsforschung und experimentelle Therapie *103*, 81–104 (1943)

VAN DEN BUSSCHE, Hendrik, unter Mitwirkung von BOTTIN, Angela, BURLON, Marc, GÖPFERT, Matthias, KRAUSE, Eckart, MAI, Christoph, PFÄFFLIN, Friedemann, RÜB, Herbert, und SCHMIEDEBACH, Heinz-Peter: Die Hamburger Universitätsmedizin im Nationalsozialismus. Forschung – Lehre – Krankenversorgung. (Hamburger Beiträge zur Wissenschaftsgeschichte *24*). Berlin, Hamburg: Dietrich Reimer 2014

WEBER-JASPER, Elisabeth: Wilhelm Weygandt (1870–1939). Psychiatrie zwischen erkenntnistheoretischem Idealismus und Rassenhygiene. (Abhandlungen zur Geschichte der Medizin und der Naturwissenschaften *76*). Husum: Matthiesen 1996

Prof. Dr. Heinz-Peter SCHMIEDEBACH
Institut für Geschichte und Ethik in der Medizin
Universitätsklinikum Hamburg-Eppendorf
Martinistraße 52
20246 Hamburg
Bundesrepublik Deutschland
Tel.: +49 40 741052140
E-Mail: p.schmiedebach@uke.de

NAL-historica Nr. *86*, 117–138 (2024), doi: 10.26164/leopoldina_10_01237

Biowissenschaftler als Akteure in Menschenversuchen zur Zeit des Nationalsozialismus. Zum Verantwortungsproblem biomedizinischer Forschung

Alexander von Schwerin (Braunschweig)

Zusammenfassung

Der Beitrag problematisiert Beispiele biomedizinischer Forschung mit Blick auf Rolle und Verantwortung der involvierten Biowissenschaftler in der Zeit des Nationalsozialismus. Die Beispiele geben darüber hinaus Anlass, biomedizinische Forschung allgemeiner und hinsichtlich ihrer epistemischen Eigendynamik zu hinterfragen, inwieweit der Modellversuch am Tier kein Ersatz für den Versuch am Menschen ist, sondern diesen gerade voraussetzt. Das erste Beispiel behandelt die Experimente an Kindern aus einer psychiatrischen Einrichtung unter Leitung des Genetikers Hans Nachtsheim (1890–1979) im Jahr 1943, die mit Forschung am Kaiser-Wilhelm-Institut für Anthropologie, menschliche Erblehre und Eugenik in Verbindung standen und im Umfeld der nationalsozialistischen Krankenmorde stattfanden. Das zweite Beispiel untersucht Versuche des Biophysikers Boris Rajewsky (1893–1974) vom Kaiser-Wilhelm-Institut für Biophysik in Frankfurt (Main) mit Patientinnen und Patienten einer Kureinrichtung im Kurort Oberschlema zwischen 1942 und 1944 im Zusammenhang der militärischen Erforschung radioaktiver Stoffe.

Abstract

The article problematizes examples of biomedical research with a view to the role and responsibility of the bioscientists involved during the National Socialist era. The examples also provide an opportunity to question biomedical research in general and with regard to its own epistemic dynamics, to what extent model experiments on animals are not a substitute for experiments on humans, but in fact presuppose them. The first example deals with the experiments on children from a psychiatric institution under the direction of the geneticist Hans Nachtsheim (1890–1979) in 1943, which were connected with research at the Kaiser Wilhelm Institute for Anthropology, Human Heredity and Eugenics and took place in the context of the National Socialist murder of the sick. The second example examines experiments carried out by the biophysicist Boris Rajewsky (1893–1974) from the Kaiser Wilhelm Institute of Biophysics in Frankfurt (Main) on patients at a health resort in Oberschlema between 1942 and 1944 in connection with military research into radioactive substances.

Zwei Beispiele biowissenschaftlicher Forschung in der Zeit des Nationalsozialismus stehen im Mittelpunkt dieses Beitrags.[1] Die Beispiele zeigen, wie biowissenschaftliche Forschung am Tier in Zwangsforschung am Menschen überging. Die Umstände dieses Ausgreifens und die damit verbundenen Grenzüberschreitungen sind charakteristisch dafür, wie im Nationalsozialismus Menschen ins Getriebe der Forschung gerieten und die moralische Integrität von Wissenschaftlern versagte. Anhand dieser Beispiele lässt sich zum einen näher untersuchen, unter welchen Bedingungen und vorangetrieben durch welche Faktoren eine Forschung, die

1 Die Darstellung der Fallbeispiele beruhen zu Nachtsheim auf Schwerin 2004, zu Rajewsky auf Schwerin und Karlsch 2011; Schwerin 2015, S. 241–290; sowie auf Schwerin 2016. Belege erfolgen deshalb nur an ausgewählten Stellen. – Der Autor dankt zwei anonymen Gutachtenden für wertvolle Hinweise.

zunächst noch den Normen der Zeit entsprach, sukzessive abrutschte bis zur Überschreitung dieser Normen. Die Charakterisierung dieser Bedingungen und Faktoren hilft dabei, Art und Grad der NS-Belastung der verantwortlichen Wissenschaftler besser zu bestimmen. Zum anderen werfen beide Fälle Fragen zum Verhältnis von Biowissenschaften und Medizin in allgemeiner Weise auf. Denn deutlich wird, dass der Tierversuch, anders als es medizinethische Kodizes intendierten – darunter auch die in der Weimarer Republik formulierten *Richtlinien für neuartige Heilbehandlung und für die Vornahme wissenschaftlicher Versuche an Menschen* (1931) –, kein einfacher Ersatz für die Forschung am Menschen in der Logik der Forschung sein kann.[2]

Vor diesem Hintergrund scheint es notwendig, neben politischen und sozialen Einflüssen die epistemische Struktur und spezifische wissenschaftliche Dynamik besser zu verstehen, die den Übergang vom Tier- zum Menschenversuch in der Forschungspraxis forcieren. Damit rückt speziell die Rolle von Biowissenschaftlern als einer eigenen Gruppe von Akteuren in den Fokus, die meist nicht selbst die Ausführenden von Versuchen an Menschen waren (und sind) und deshalb schnell aus dem Raster der Frage nach Verantwortung und Belastung fallen. Die Klärung ihrer spezifischen Rolle und Verantwortung ist aber für die biomedizinische Forschung heutiger Tage aktueller denn je. Denn der Anspruch der Biomedizin ist, am biowissenschaftlichen Modell relevante Forschungsergebnisse für die Humanmedizin zu erzielen. Zuletzt hat Volker Roelcke (*1958) aufgezeigt, wie voraussetzungsreich die Erfüllung dieses Forschungsanspruchs theoretisch und in der Praxis ist, und wie sehr diese Schwierigkeiten noch heute verkannt werden.[3] Der biowissenschaftliche Modellversuch ist kein Ersatz für humanmedizinische Forschung, sondern setzt jene voraus. Die Verantwortung beginnt deshalb auch schon im biomedizinischen Labor.

Das erste Beispiel handelt von jenen durch den Zoologen und Genetiker Hans Nachtsheim (1890–1979, kein Mitglied der Leopoldina) im Jahr 1943 initiierten Experimenten an Kindern aus einer psychiatrischen Einrichtung, die bereits einige Beachtung gefunden haben, auch weil sie im unmittelbaren Umfeld des nationalsozialistischen Krankenmordes stattfanden und im Zusammenhang mit Forschung am Kaiser-Wilhelm-Institut für Anthropologie, menschliche Erblehre und Eugenik (KWIA) standen, dem berüchtigten Institut, das wegen seiner systematischen Grenzüberschreitungen fast symbolhaft für Verfehlungen und Verbrechen der Wissenschaft im Nationalsozialismus steht.[4] Interesse hat sicher auch der Umstand geweckt, dass in diesem Fall ein Biologe in Erscheinung trat, dessen Hauptmetier die Zucht und genetische Analyse von Kaninchen war. Was trieb einen Kaninchenspezialisten dazu, mit Kindern und Jugendlichen aus der Heil- und Pflegeanstalt in Brandenburg-Görden Experimente in Berlin durchzuführen? Die Experimente bewegten sich grundsätzlich im Bereich der in der Psychiatrie gängigen Praxis, Experimente mit institutionalisierten Patienten auch ohne deren Zustimmung oder Wissen unter Ausnutzung der häufig entmündigenden Situation in Einrichtungen der Psychiatrie durchzuführen.[5] Zugleich sind sie ein Fallbeispiel für Versuche, in denen die Experimentatoren verschiedentlich die Stellschrauben der Experimentalanordnung veränderten und dadurch schleichend das Risiko für die Patienten erhöhten. Es ist

2 Zu den „Richtlinien" siehe Winau 2001, S. 108–109; Roelcke 2017a, S. 28. Auch nachfolgende Kodifizierungen, so der Nürnberger Kodex und die Deklaration von Helsinki, insinuierten, dass der Tierversuch als Ersatz für die klinische Forschung dienen kann (Roelcke 2022b, S. 3).

3 Roelcke 2022b.

4 Umfassend zum KWIA siehe Schmuhl 2005.

5 Für ein Beispiel siehe Schwerin 2004, S. 211.

genau diese Charakteristik der graduellen Verschiebung von Grenzen innerhalb intersubjektiv geteilter Normen, auf die sich die folgenden Ausführungen konzentrieren.

Das zweite Beispiel dreht sich um Versuche mit Patientinnen und Patienten einer Kureinrichtung unter der Ägide des Biophysikers Boris Rajewsky (1893–1974, Mitglied der Leopoldina seit 1943). Auch diese Experimente markieren einen graduellen Übergang hin zu unethischer Forschung am Menschen. Sie wurden von Mitarbeitern des in Frankfurt (Main) ansässigen Kaiser-Wilhelm-Instituts für Biophysik (KWIB) in Oberschlema, einem Kurort im sächsischen Erzgebirge, zwischen 1942 und 1944 durchgeführt. Die Rolle des KWIB in der nationalsozialistischen Kriegsforschung hat in den letzten Jahren vor dem Hintergrund der Wiederbelebung des Kurbetriebs in Schlema Kontroversen um den Umgang mit der Vergangenheit hervorgerufen.[6] Fest steht, dass die Versuche mit Patientinnen und Patienten im Zusammenhang des nationalsozialistischen Atomprogramms standen und damit fremdnützige Ziele verfolgten. Die Interessen an der Wiederbelebung des Kurbetriebs in Schlema verhinderten indes eine Auseinandersetzung mit der eigentlichen Problematik der Versuche aus den 1940er Jahren: dem Handeln an der ethischen Grenze und der schleichenden Aufgabe von Verantwortung.

1. Hans Nachtsheims vergleichende Epilepsieforschung

Hans Nachtsheim hatte eine lange Karriere als Zoologe und Genetiker hinter sich, bevor er im Jahr 1941 die Leitung einer eigens für seine Forschungszwecke neu eingerichteten Abteilung für vergleichende Erbpathologie am Kaiser-Wilhelm-Institut für Anthropologie, menschliche Erblehre und Eugenik (KWIA) übernahm. Der Name der Abteilung war Programm. Die Erforschung der Genetik und Genese von Krankheiten am Tier sollte die humangenetische und anthropologische Forschung am KWIA ergänzen. Ziel war es, im „Modellversuch" Vergleichsdaten zu gewinnen, um Wissenslücken der medizinischen Genetik und allgemeiner der Medizin aufzufüllen.[7] Das Neue dieses Ansatzes bestand im Vergleich zu den bis dahin auch in der Medizin üblichen Tierexperimenten darin, für den Zweck der Versuche passende Versuchstiere eigens herzustellen. Zum einen handelte es sich um genetisch standardisierte Versuchstierstämme, zum anderen um genetisch manipulierte Versuchstiere, deren Eigenschaften möglichst gut zum Versuchszweck passten. Die Etablierung solcher Modelltierzuchten war indes aufwändig und voraussetzungsvoll. Passende Versuchstiere mussten zunächst selektiert und die gewünschten Eigenschaften mithilfe von züchterischen Methoden fixiert werden, um einen Modelltierstamm zu etablieren. Der aus diesem Modelltierstamm hervorgehende Nachwuchs sollte standardmäßig ein zur menschlichen Klinik vergleichbares Krankheitsbild ausprägen. Nachtsheim gehörte zu den Pionieren dieses Forschungsansatzes genetisch spezifischer „Modelltiere", der sich in den 1930er Jahren unter Vererbungswissen-

6 Höhepunkt der Kontroverse war ein vom Förderverein des Geschichtszentrums veranstaltetes Symposium im Jahr 2008 vor Ort, dokumentiert im Tagungsband: *RADIZ Schlema e. V. und Max-Planck-Gesellschaft zur Förderung der Wissenschaften e. V.* 2011. Der darin enthaltene wissenschaftshistorische Beitrag zur Kriegsforschung des KWIB und zu den Versuchen mit Patientinnen und Patienten (Schwerin und Karlsch 2011) erschien nur unter Schwierigkeiten nach verschiedentlichen, zum Teil nicht kenntlich gemachten Änderungsversuchen durch die Redaktion und zudem zunächst nicht vollständig. Eine vollständige Version ist beim Autor des vorliegenden Beitrags erhältlich.

7 Der Begriff des – genetischen – Modellversuchs ist ab Ende der 1920er Jahre nachgewiesen (Schwerin 2004, S. 154, 217–228, besonders 223 und 226).

schaftlerinnen und -wissenschaftlern zunehmender Beliebtheit erfreute und teils auch in der Medizin Aufnahme fand.[8]

1.1 Das Programm vergleichender Erbpathologie

Nachtsheim hatte Biologie in München studiert und war seit Anfang der 1920er Jahre bis zu seinem Wechsel an das KWIA Mitarbeiter am Institut für Vererbungslehre der Landwirtschaftlichen Hochschule in Berlin-Dahlem. Das Institut gehörte unter seinem Direktor Erwin Baur (1875–1933) zu den Vorreitern der modernen Vererbungswissenschaft in Deutschland. Nachtsheims Hauptgebiet wurde die Kaninchengenetik, was sich perfekt in die Ausrichtung des Instituts auf landwirtschaftliche Nutztierzucht einfügte. Angesichts der verbreiteten Nutzung von Kaninchen zur Selbstversorgung und für die Zwecke der Fellindustrie war dies ein nationalökonomisch durchaus relevantes Tätigkeitsfeld. Verschiedene Umstände brachten Nachtsheim im Laufe der 1930er Jahre dazu, die Nutztierforschung zu verlassen. Ein Initialereignis war ein unter deutschen Gynäkologen über Jahre hinweg schwelender Konflikt darüber, ob die verbreitete Strahlenbehandlung bei bestimmten Frauenleiden als unbedenklich gelten konnte. Anfang der 1930er Jahre mischten sich Vererbungswissenschaftler in die Diskussion ein, allen voran Institutsdirektor Baur und seine Mitarbeiterinnen und Mitarbeiter, mit dem Ergebnis, dass die Deutsche Forschungsgemeinschaft eine Kommission zur Klärung der Frage einrichtete.[9] Im Vordergrund stand die Frage, ob die Bestrahlung von Unterleib und Ovarien erbliche Schäden in den Eizellen hervorrufen konnte. Die Genetiker vertraten dezidiert die Auffassung, dass diese Frage nur auf Grundlage biowissenschaftlicher Expertise geklärt werden konnte. Die Kommission initiierte daraufhin mehrere Langzeitstudien, die vergleichend im Tierversuch untersuchen sollten, ob Röntgenstrahlen zu den befürchteten Schäden führten. Vor diesem Hintergrund brachte Nachtsheim im Jahr 1934 die Idee auf, Tierexperimente systematisch für die Vererbungsforschung am Menschen nutzbar zu machen.[10]

Nachtsheims Initiative für eine vergleichende Genetik und Erbpathologie entsprach dem Geist der vom Reichsinnenministerium im Jahr 1931 erlassenen *Richtlinien für neuartige Heilbehandlung und für die Vornahme wissenschaftlicher Versuche an Menschen*. Unter dem Eindruck etlicher medizinischer Skandale versuchte die Reichsregierung mit diesen Richtlinien, die Forschung am Menschen in geordnete Bahnen zu lenken.[11] Dazu gehörten die Vorgaben, Humanversuche erst durchzuführen, wenn alle bereits vorliegenden Erkenntnisse aus Labor- und Tierversuchen zusammengetragen und ausgewertet wurden, und das Tierexperiment Versuchen mit Menschen vorzuziehen: „Jeder Versuch am Menschen ist zu verwerfen, der durch den Versuch am Tier ersetzt werden kann."[12] Die Politik erklärte damit den Tierversuch, der mit der experimentellen Physiologie auch in der Humanmedizin Verbreitung gefunden hatte, zur ethischen Norm.[13] Es gibt keinen Hinweis darauf, dass diese Richtlinien es

8 Rader 2004, S. 175–220; Schwerin 2004, S. 150–156, 168–170, 212–216; Moser 2011, S. 102–103, 156–166.

9 Schwerin 2004, S. 119–135; Schwerin 2015, S. 120–139.

10 Vgl. Nachtsheim 1934, S. 525.

11 Winau 2001, S. 108–109; Roelcke 2017a, S. 28.

12 *Richtlinien … Reichsministerium des Innern* 1931, S. 509; siehe etwa auch Anlage in Der Minister des Innern, in Vertretung Weitzel, an die Bezirksämter, 8. April 1931, Seite 4, Landesarchiv Baden-Württemberg, Abt. Staatsarchiv Freiburg, B 748/1 Nr. 1958, online: https://www.deutsche-digitale-bibliothek.de/item/F2F73YUQ2FZNTLZBJXA4ISYIVB6SJ2TG (zuletzt aufgerufen: 15. 2. 2024); Winau 2001, S. 108–109.

13 Zur Praxis des Tierversuchs siehe etwa Canguilhem 1979.

gerade waren, die NACHTSHEIM zu seinem Forschungsprogramm motivierten. Immerhin aber führte er einige Jahre später als Rechtfertigung an, dass das Tierexperiment Untersuchungen ermögliche, die sich im Versuch mit Menschen verbieten würden.[14]

NACHTSHEIMS Programm ging in dreierlei Hinsicht über die bisherige Praxis des Tierversuchs hinaus: Das Programm der vergleichenden Erbbiologie und Erbpathologie verfolgte das Ziel, Tiermodelle mit vererbungswissenschaftlichen Methoden zu kreieren, die auf das jeweilige Forschungsziel möglichst genau zugeschnitten waren. Damit verband sich Kritik an der tierexperimentellen Medizin, die zumeist nicht einmal genetisch standardisierte Versuchstiere benutzte. Die Vererbungsbiologie stellte sich damit in den Dienst der vom nationalsozialistischen Staat verfolgten Erb- und Rassenpolitik. Dieser Schwenk entsprach geradezu paradigmatisch wissenschaftlicher Selbstmobilisierung. Allgemein erhoben Biowissenschaftler damit den Anspruch, die methodischen Grundlagen für den Tierversuch in der Humanmedizin zu formulieren. Mit anderen Worten ging es darum, biowissenschaftliche Expertise als Voraussetzung für humanmedizinische Tierversuche in der Medizin einzuführen.

NACHTSHEIM verwirklichte in den folgenden Jahren ein beachtliches Forschungsprogramm und warb unermüdlich für die vergleichende Genetik als zukunftsfähiges Feld der Zusammenarbeit zwischen Genetikern und Medizinern. Ein wichtiges Argument war, dass genetische Experimente mit Menschen nicht in der Weise durchgeführt werden konnten wie die massenhaften genetischen Kreuzungsexperimente an Pflanzen und Tieren. Als eine der ersten und auch drängendsten Aufgaben sollte die vergleichende Genetik dabei helfen, die wissenschaftlichen Grundlagen für die Durchführung des Gesetzes zur Verhütung erbkranken Nachwuchses (GzVeN) zu legen.[15] Gegen mitunter verbreitete „mythische Vorstellungen und Aberglauben in Vererbungsfragen“ ging es NACHTSHEIM darum, die Genetik an zentraler Schnittstelle zwischen Medizin und Politik zu positionieren.[16]

Der von NACHTSHEIM und vielen anderen Genetikern vertretene Anspruch war weitreichend. Die Biologen verbanden das Potential ihrer Züchtungsmethoden mit der Erwartung, dass die Medizin ihre Experimente künftig stärker auf biologischen Methoden und der Expertise von Biowissenschaftlern gründete.[17] Genetisch herausgezüchtete Modelltiere sollten der Standard auch der tierexperimentell arbeitenden Medizin werden. Allerdings bestand in jenen Jahren noch eine verbreitete Skepsis gegenüber der modernen Mendel-Genetik. Mediziner waren keineswegs überzeugt von der allgemeinen Gültigkeit dieser an Pflanzen und Tieren (Fruchtfliegen!) ausgearbeiteten Lehre, wie es im Fall der erwähnten Kontroverse um die Schädlichkeit von Röntgenstrahlen, die erst im Laufe der 1930er Jahre im Sinne der Genetiker beigelegt wurde, deutlich geworden war.[18] Verständnis fanden die Genetiker vor diesem Hintergrund zum Teil eher bei NS-Funktionären. Der Arzt und stellvertretender Thüringer Gaudozentenbundführer Lothar STENGEL-VON RUTKOWSKI (1908–1992) jedenfalls begrüßte NACHTSHEIMS Forschungsprogramm und schrieb den Skeptikern ins Stammbuch, es gehöre zur „Frömmigkeit nordischer Artung“, der „Naturgesetzlichkeit Schritt für Schritt zu folgen, ohne für seine Menschenwürde zu fürchten, wenn man das nun mal am Beispiel des Kaninchens besorgt“ (STENGEL-VON RUTKOWSKI 1937). Die Genetik erfuhr durch die nationalso-

14 NACHTSHEIM 1944, S. 349; RUHENSTROTH-BAUER und NACHTSHEIM 1944, S. 18.
15 SCHWERIN 2004, S. 184–200.
16 NACHTSHEIM 1934, S. 265.
17 SCHWERIN 2004, S. 156–168.
18 SCHWERIN 2015, S. 137–138, 237–241.

zialistische Rassen- und Gesundheitspolitik einen enormen Auftrieb, nicht aber ohne heftige Kontroversen zu provozieren.

1.2 Versuche mit Kindern und Jugendlichen als Testfall

Der Weg zu den Versuchen mit Menschen im Jahr 1943 begann schon in den 1930er Jahren, als NACHTSHEIM die Epilepsie als diejenige Modellkrankheit auswählte, an der die biologisch-genetische Forschung ihre Leistungsfähigkeit zeigen sollte.[19] NACHTSHEIM arbeitete im Laufe der 1930er Jahre an 20 Modellstämmen für verschiedene Krankheitsbilder, darunter Blut- und Augenkrankheiten sowie Epilepsie. Die sogenannte erbliche Fallsucht gehörte nach §1(2) des GzVeN zu den Erkrankungen, bei deren Vorliegen eine Person „nach den Erfahrungen der ärztlichen Wissenschaft" (§1(1)) als „erbkrank" einzustufen war. Menschen, die an Epilepsie litten, mussten damit rechnen, zwangsweise sterilisiert zu werden. Ein aussagekräftiges Diagnoseverfahren zur Unterscheidung von erblichen und nicht erblichen „Anfallsleiden" stand allerdings nicht zur Verfügung. Selbst die Annahme, dass manche Formen der Epilepsie erblich waren, galt zu dieser Zeit noch als umstritten. Die deutschen Neurologen und Psychiater schlugen damit einen Sonderweg im Vergleich zu ihren ausländischen Kollegen ein, auch in der Bereitschaft, die Politik trotz unsicheren Wissensstands zu unterstützen. Eine Vielzahl von differentialdiagnostischen Tests wurde diskutiert, darunter die testweise Provokation von Krampfanfällen mit Metrazol, ein auf das zentrale Nervensystem wirkender und in der Psychiatrie der 1930er Jahre modischer Wirkstoff (Handelsname Cardiazol).[20] Im Laufe der 1930er Jahren folgte eine Welle von Experimenten, die nicht auf eine verbesserte Therapie abzielten, sondern an Tieren sowie an Patientinnen und Patienten aus Heil- und Pflegeanstalten die erbdiagnostische Unterscheidung für die Zwecke des GzVeN erprobten.[21] Die Selbstverständlichkeit, in der Ärzte diese Versuche vornahmen, verweist auf den normativen Konsens in der Psychiatrie darüber, dass sich solche Zwangsversuche im Rahmen legitimen ärztlichen Handelns bewegten.

Das Problem der Differentialdiagnostik konnte indes nicht gelöst werden. NACHTSHEIM ergriff die Gelegenheit, um die Nützlichkeit der vergleichenden Genetik unter Beweis zu stellen. Dass er auf seine Epilepsiemodelle setzte, obwohl er inzwischen über eine ganze Reihe anderer Modelltierzuchten menschlicher Krankheiten verfügte, war wohl der Aufmerksamkeit geschuldet, mit der sich Medizin, Psychiatrie und nationalsozialistische Erbgesundheitspolitik der Epilepsie widmeten. 1936 begann er, zum Problem der Differentialdiagnostik der Epilepsie zu forschen. Der Einsatz genetischer Modelltiere war wohlgemerkt neu. NACHTSHEIM war der Erste, der mit seinen Kaninchen ein genetisch begründetes Modell für die Epilepsie präsentierte. Mithilfe seines Modellsystems wollte er die in der Psychiatrie diskutierte Frage testen, ob Cardiazol als differentialdiagnostisches Mittel geeignet war. Seine Zielsetzung ging sogar noch weiter als die der Mediziner, da er zusätzlich herausfinden wollte, ob es mithilfe von Cardiazol möglich war, auch rezessive Anlageträger, also nicht manifest erkrankte Personen, herauszufiltern.

NACHTSHEIM sah sich allerdings mit dem Umstand konfrontiert, dass zwar manche Neurowissenschaftler, wie etwa Alois KORNMÜLLER (1905–1968), glühende Anhänger der vergleichenden

19 Die Darstellung folgt hier SCHWERIN 2004, S. 281–312.

20 SHORTER und HEALY 2007, S. 6163. Zur Gebräuchlichkeit von Cardiazol nicht nur in Deutschland siehe McCRAE 2006.

21 Für eine Auflistung der entsprechenden medizinischen Literatur siehe SCHWERIN 2004, S. 211.

Erbpathologie waren, eine Reihe führender Psychiater die Aussagekraft genetisch ausgearbeiteter Tiermodelle aber infrage stellten, namentlich Kurt POHLISCH (1893–1955), Carl SCHNEIDER (1891–1946) und Hans-Werner JANZ (1906–2003).[22] Um von der Validität seines Tiermodells zu überzeugen, musste NACHTSHEIM also schlagende Beweise beibringen. Dies versuchte er im direkten Vergleich seiner Modelltiere mit medizinischen Experimenten. Anfang der 1940er Jahre begann er mit den entsprechenden Tierversuchen. Zugleich weitete er die Versuche aus, um auch der Frage der Pathogenese der Epilepsie nachzugehen.[23] Diese Interessenverlagerung fiel nicht zufällig in die Zeit seines Wechsels an das KWIA, das sich die Erforschung genetischer Mechanismen bei der Entstehung von Krankheiten zum Programm gemacht hatte.[24]

Vor allem aber folgte NACHTSHEIM damit der Entwicklung in der Epilepsieforschung, denn die Frage nach den Ursachen der Epilepsie gewann Anfang der 1940er Jahre an Brisanz und Aktualität, nachdem einige Fachwissenschaftler die Vermutung geäußert hatten, dass Epilepsie und die Höhenkrankheit eng verwandte Phänomene waren. Die Höhenkrankheit trat bei Fliegern in großen Höhen auf und war ein militärisch relevantes Problem. Die Frage war, wie die Höhenfestigkeit von Kampfpiloten garantiert und möglicherweise gesteigert werden konnte. Die Schnittstelle zwischen Epilepsie- und Höhenforschung, auf der jene Vermutung beruhte, bildete der Sauerstoffmangel als ein Umweltfaktor, der einerseits die Höhenfestigkeit von Piloten minderte, andererseits die Neigung zu epileptischen Anfällen bei an Epilepsie erkrankten Menschen erhöhte. Verbunden damit war die Sichtweise, dass bei allen Menschen unter bestimmten Bedingungen epilepsieähnliche Krämpfe auftreten konnten und dass sich gesunde Menschen und Menschen mit Epilepsie nur im Grad ihrer Anfälligkeit für Krampfanfälle, der „Krampfbereitschaft“, unterschieden.[25] Die Psychiater und Neurowissenschaftler jedenfalls sahen sich veranlasst, mit ihren Experimenten zur Krampfprovokation fortzufahren, nun nicht mehr mit dem Hauptfokus auf der Differentialdiagnose, sondern auf der Pathogenese der Krampfbereitschaft und der Rolle des Sauerstoffmangels dabei. In der Psychiatrie und Höhenmedizin wurden seit Anfang der 1940er Jahre deshalb eine Reihe von Beatmungs- bzw. Unterdruckexperimenten durchgeführt, teils an Tieren, teils mit erwachsenen Personen aus psychiatrischen Anstalten bzw. mit Militärangehörigen.

Im Frühjahr und Sommer 1943 führte auch NACHTSHEIM mehrere Serien mit insgesamt 150 Versuchen unter den Bedingungen von Sauerstoffmangel und Unterdruck an seinen Kaninchen durch, um seine Tierversuche mit denen der Psychiater und Neurowissenschaftler in direkte Beziehung zu setzen.[26] Aus seiner Sicht waren die Versuche ein Erfolg, weil sie zeigten, dass sowohl Sauerstoffmangel als auch Unterdruck die Krampfbereitschaft erhöhten, und zwar schneller bei „erblich kranken“ Kaninchen als bei „gesunden“ Kaninchen. Auch reagierten junge Kaninchen anfälliger auf die Umweltreize als Alttiere. In NACHTSHEIMS Augen war der letztgenannte Umstand eine Schlüsselerkenntnis, die erklärte, warum entsprechende Versuche mit Erwachsenen in der Psychiatrie bislang „erfolglos“ geblieben waren.[27]

---

22 NACHTSHEIM 1942, S. 23; SCHWERIN 2004, S. 283, 289–290.

23 NACHTSHEIM, Bericht über die im Jahre 1943 im Auftrag des Reichsforschungsrates durchgeführten Untersuchungen zur vergleichenden und experimentellen Erbpathologie, 15. 3. 1944, (Bundesarchiv) BArch, R 73/15342, Bl. 79; NACHTSHEIM 1942, S. 68.

24 Zum Programm der Phänogenetik siehe auch SCHMUHL 2005, S. 319–327.

25 CONRAD 1939, S. 938.

26 Vgl. NACHTSHEIM: Zuchten 4689–5046, Kaninchenzuchtbuch XVIII, Archiv der Max-Planck-Gesellschaft (AMPG), III. Abt., Rep. 20A, Nr. 136.

27 RUHENSTROTH-BAUER und NACHTSHEIM 1944, S. 20.

Nachtsheims Beweisführung spitzte sich also zu. Um den Medizinern vorzuführen, dass die Ergebnisse seiner Versuche mit Kaninchen auf den Menschen übertragbar waren, gab es zwei Möglichkeiten. Entweder man führte Experimente mit Erwachsenen unter verschärften Versuchsbedingungen von Sauerstoffmangel und Unterdruck oder Versuche mit Jugendlichen oder Kindern im vergleichbaren Alter zu den „erblich kranken" Jungkaninchen durch. Würden bei den Versuchspersonen durch die verschärften Bedingungen Krampfanfälle ausgelöst, würde dies die Ergebnisse der Tierversuche bestätigten.

Nachtsheim und sein Kooperationspartner, der Biochemiker Gerhard Ruhenstroth-Bauer (1913–2004), entschieden sich für den zweiten Weg, auch weil sie in der informell stark vernetzten Forschungslandschaft Berlins mühelos Zugang zu den in der Landesanstalt in Brandenburg-Görden untergebrachten Kindern und Jugendlichen fanden.[28] Görden fungierte seit 1939/40 als Durchgangsstation im nationalsozialistischen Krankenmord und arbeitete eng mit dem Kaiser-Wilhelm-Institut für Hirnforschung in Berlin zusammen. Kinder und Jugendliche waren dort zum Teil über längere Zeit für Forschungszwecke, mit Schwerpunkt Epilepsie, untergebracht.[29] Forschen, Aussondern und Töten gingen Hand in Hand.[30]

Die von Nachtsheim initiierten Unterdruckversuche an Kindern aus Görden fanden im Herbst 1943 in der Militärärztlichen Akademie in Berlin mindestens an einem Termin statt.[31] Nach Angaben Nachtsheims handelte es sich um Kinder zwischen elf und dreizehn Jahren, der Unterdruck entsprach einer Höhe von 4000 bis 6000 m.[32] Die Versuche verliefen aus Sicht der Experimentatoren negativ: Zwar konnten die Experimentatoren verschiedene Veränderungen registrieren, die der Unterdruck und der damit verbundene Sauerstoffmangel auslösten, aber keines der Kinder erlitt einen epileptischen Anfall. Anders, als Ruhenstroth-Bauer sich im Jahre 2000 zu erinnern meinte, gaben sich die Experimentatoren mit dem Ergebnis nicht zufrieden.[33] Nachtsheim hatte kalkuliert, dass zwei bis sechs Kaninchenmonate einem bis 14 Menschenjahren entsprachen.[34] Nach Revision der Kalkulation planten Nachtsheim und Ruhenstroth-Bauer, das Alter weiter zu senken und die Experimente mit fünf- bis sechsjährigen „epileptischen Kindern" zu wiederholen.[35] Es ist unklar, ob diese Experimente noch vor Kriegsende zustande kamen. Der entwickelte Plan folgte aber der eingeschlagenen Logik, mithilfe der Gördener Kinder und Jugendlichen das biomedizinische Forschungsmodell zu validieren.

28 Zur Bedeutung der multiplen, institutionellen und kollegialen Vernetzungen siehe auch Schmuhl 2000, S. 34 und 56.

29 Beddies 2002; Schmuhl 2016, S. 293–298; Benzenhöfer und Jenner 2019, S. 28–53.

30 Roelcke 2000, S. 145.

31 Ein Versuch fand sicher am 17. 9. 1943 statt, an dem „6 epileptische Kinder" teilnahmen (Nachtsheim an Koch, 20. 9. 1943, abgedruckt in: Koch 1993, S. 125–126).

32 Vgl. Nachtsheim, Bericht [...] 1943 [...], 15. 3. 1944, BArch, R73/15342, Bl. 79.

33 Vgl. Ruhenstroth-Bauer 2000.

34 Nachtsheim 1941, S. 17.

35 Nachtsheim an Koch, 20. 9. 1943, abgedruckt in: Koch 1993, S. 125; vgl. Ruhenstroth-Bauer und Nachtsheim 1944, S. 20; Nachtsheim, Bericht [...] 1943 [...], 15. 3. 1944, BArch, R73/15342, Bl. 81. Bei erneuter Analyse der Daten hoben sich zwei bis drei Monate alte Kaninchen durch eine besonders erhöhte Krampfbereitschaft aus der Gesamtgruppe heraus. Dem entsprachen umgerechnet fünf bis sechs Jahre alte epileptische Kinder (vgl. Nachtsheim an Koch, 20. 9. 1943, abgedruckt in: Koch 1993, S. 125).

1.3 Überschreitung von Grenzen im Fall von „Minderwertigen"

Die Rekonstruktion der Experimente des Genetikers Nachtsheim und seines Forschungskollegen helfen, genauer zu bestimmen, bis zu welchem Punkt sich die handelnden Personen noch im Rahmen der rechtlichen und üblichen, durch die Forschungsgemeinschaft geteilten Normen bewegten, und warum sie bestehende Grenzen überschritten. Vor diesem Hintergrund lässt sich das vorliegende Verantwortungsproblem spezifizieren.

Die vom Reichsinnenministerium im Jahr 1931 erlassenen *Richtlinien für neuartige Heilbehandlung und für die Vornahme wissenschaftlicher Versuche an Menschen* bestimmten, dass die informierte Zustimmung der Versuchspersonen erforderlich sei, und schrieben strikte Ausnahmen vor: „Versuche an Kindern und Jugendlichen unter achtzehn Jahren sind unstatthaft, wenn sie das Kind oder den Jugendlichen auch nur im geringsten gefährden."[36] Die Befolgung der Richtlinien war in der Zeit des Nationalsozialismus aber höchst unterschiedlich (Roelcke 2017b). Menschen in „de facto rechtsfreien Räumen", zu denen Psychiatrien und Heil- und Pflegeanstalten zählten, profitierten vom verbesserten Rechtsschutz kaum bis gar nicht.[37] Die Epilepsieforschung bestätigt dieses allgemeine Bild. Schuldhafte „Verstöße gegen in dieser Zeit geltende rechtliche und ethische Normen"[38] gehörten zu einem gewaltvollen und instrumentellen Forschungsalltag. Dazu zählte die Provokation von Krampfanfällen zu Forschungszwecken, wie in den hier geschilderten Fällen. Über die Experimente, bei denen verschiedene Mittel (Cardiazol, Elektrokrampf, Insulinschock usw.) zur Anwendung kamen, wurde in den psychiatrischen Fachblättern offen berichtet. Die Krampfprovokation galt als etablierte Therapie bei Patientinnen und Patienten mit Schizophrenie oder affektiven Störungen und wurde auch als Zwangsbehandlung durchgeführt.[39] Sie konnte aber nicht als ungefährlich gelten und war für reine Forschungszwecke deshalb höchst problematisch. Kritiker warnten, dass der provozierte Krampfvorgang bei Kindern vehementer ausfiel[40] und zu Knochenbrüchen, Gelenkluxationen und Verletzungen des Rückgrats führen könnte; im Tierversuch waren Schäden von Gehirn, Herz und Kreislauf nachweisbar.[41] Ungeklärt war, wie ein Körper unter 20 Jahren tatsächlich reagierte, weshalb Willibald Scholz (1889–1971), Direktor an der Deutschen Forschungsanstalt für Psychiatrie, vor der Anwendung der Provokationsmethode bei Kindern generell warnte.[42] Im Vergleich zu den in der Psychiatrie gebräuchlichen Methoden musste die Krampfprovokation durch Sauerstoffmangel als zusätzlich gefährlich gelten. Die Grenze, die durch einen Sauerstoffmangel bei einer simulierten Höhe von 6000 m markiert war, repräsentierte eine kritische Schwelle, jenseits derer mit gesundheits- und lebensbedrohlichen Zuständen der Probanden gerechnet werden musste.[43]

---

36 Vgl. Winau 2001, S. 108–109.

37 Roelcke 2022a. Zu belegten Ausnahmen gehört etwa, dass das Berliner Hauptgesundheitsamt mit Blick auf bevorstehende Versuche zur Behandlung von Schizophrenie mit Insulin in der Heil- und Pflegeanstalt Buch auf die Beachtung der Richtlinien drängte und Abschriften an die Klinik versendete (Hauptgesundheitsamt an die Heil- und Pflegeanstalt Buch, 21. 10. 1936, Landesarchiv Brandenburg, A Rep. 03-04/1, Mappe 132; Schwerin 2004, S. 316).

38 Roelcke 2022a, S. 152.

39 Schmuhl und Roelcke 2013, S. 9–17.

40 Vgl. Förster 1956.

41 Vgl. Jarisch und Thoma 1940; Schmieder 1942, S. 142–149; Nachtsheim 1942, S. 23.

42 Scholz in Aussprache zur Sektion „Epilepsie" auf der Tagung der Deutschen Neurologen und Psychiater. In: Zeitschrift für die gesamte Neurologie und Psychiatrie *161*, 1938, S. 366; siehe auch Ruff und Strughold 1944, S. 92–94.

43 Strughold 1938, S. 215.

Vor diesem Hintergrund wird deutlich, dass Nachtsheim und sein Forschungskollege geltende rechtliche Normen verletzten, indem sie ohne Zustimmung nicht-therapeutische Versuche mit Kindern unternahmen, unter Ausnutzung der hilflosen Lage, in der diese sich als institutionalisierte Personen befanden. Sie folgten dabei letztlich einem verbreiteten, stillschweigenden Einverständnis, dass institutionalisierte Menschen einen geringeren Fürsorge- und Schutzanspruch für sich beanspruchen konnten, und dem in der Gesellschaft ideologisch verankerten und durch die Eugenik verfestigten Denken in Kategorien unterschiedlichen Lebenswerts. Darüber hinaus verschoben Nachtsheim und sein Forschungspartner Ruhenstroth-Bauer die Grenzen der üblichen Praxis in der Epilepsieforschung, indem sie die Methode der Krampfprovokation bei Kindern unter Bedingungen von Sauerstoffmangel und Unterdruck anwendeten und die Auswirkungen des Unterdrucks (Höhenkrankheit) zusätzlich in Kauf nahmen. Die aufgefundene Krankenakte eines Mädchens, das an Nachtsheims Versuchen in der Unterdruckkammer teilnahm, dokumentiert die Anzeichen fortschreitender Sauerstoffmangelversorgung: eine Cyanose des Gesichts und der Schleimhäute (Blaufärbung) und „leichte Benommenheit".[44] Zu Umfang und weiteren Auswirkungen der Versuche fehlen bis heute Informationen.[45] Nachtsheim musste schließlich gewahr sein, dass die Landesanstalt Görden Teil einer eng verschränkten Allianz aus Wissenschaft und Krankenmord war.[46] Da keine kritische Reflexion auf diese Umstände belegt ist und er vielfältig andere, zum Teil freundschaftliche Arbeitsbeziehungen zu Medizinern aus dem Umfeld des Krankenmordes pflegte, muss davon ausgegangen werden, dass er die wissenschaftliche Ausnutzung und Ermordung dieser Menschen billigte und in Kauf nahm, dass seine Forschung mörderische Konsequenzen hatte – denn auf die Forschung folgte nicht selten die Ermordung zur weiteren wissenschaftlichen Auswertung.[47]

Die Rekonstruktion der Vorgeschichte zu den Versuchen hilft auch einen vermeintlichen Widerspruch aufzuklären. Denn Nachtsheim warb seit den 1930er Jahren für den Tierversuch und sein Programm vergleichender Modelltierversuche mit dem ethischen Argument, dass „der Modellversuch am Tier" dem „am Kranken experimentell arbeitenden Kliniker", der das Wohl seiner Patienten im Auge behalten müsse und für den deshalb „die methodischen Möglichkeiten immer begrenzt" seien, zur Hilfe käme.[48] Nachtsheim pries den „Modellversuch" als Ersatz für unstatthafte klinische Versuche mit Menschen an. Dies war aber ein Versprechen, das nicht zu halten war, denn wie die Geschichte von Nachtsheims Kaninchenmodellen zeigt, erforderte die Validierung des Modellsystems den direkten Vergleich mit dem Menschen. Die über Jahre sich hinziehende Auseinandersetzung Nachtsheims mit der medizinischen Forschung bestand deshalb in einer Abfolge von Vergleichen zwischen der humanmedizinischen Epilepsieforschung und seinen Kaninchenexperimenten mit dem Ziel, den alles entscheidenden Vergleichspunkt zu ermitteln, das *Tertium comparationis*. Bester Kandidat für einen solchen Vergleichspunkt war schließlich die Auslösung von Krampfanfällen durch Sauerstoffmangel. Um zu beweisen, dass dies ein tragfähiger Vergleichspunkt

44 Vgl. Beddies und Hübener 2003, S. 240.

45 Die Protokolle der Versuche haben laut Nachtsheim den Krieg unbeschadet überstanden, sind aber nicht in seinem ansonsten ausführlich dokumentierten Nachlass aufzufinden (vgl. Nachtsheim an Ruhenstroth-Bauer, 1.4.1947, AMPG, III. Abt., Rep. 20A, Nr. 54).

46 Nachtsheim arbeitete eng mit Pathologen zusammen, die als Wissenschaftler in den Krankenmord einbezogen waren (Weindling 2003).

47 Vgl. auch Weindling 2003, S. 274.

48 Ruhenstroth-Bauer und Nachtsheim 1944, S. 18.

war, benötigte Nachtsheim vergleichbare Ergebnisse aus Versuchen mit Menschen unter ganz ähnlichen Bedingungen wie im Tierversuch. Die Kaskade von Tier-Mensch-Vergleichen mündete auf diese Weise in dem ganz der experimentellen Logik folgenden Entschluss Nachtsheims, eine Grenze zu überschreiten und selbst Versuche an Menschen anzustreben. Nachtsheim rechtfertigte diesen Entschluss in der Fachpublikation zu den Versuchen mit dem Argument, dass in „Ausnahmefällen“ auch Risiken für die Probanden in Experimenten in Kauf genommen werden dürften.[49] Diese Aussage bewegte sich ganz offenbar im Diskursraum der Psychiatrie und entsprach auch seinem prinzipiellen Anliegen, den Modellversuch als einen Ersatz für ansonsten unstatthafte klinische Versuche einzuführen. Nicht explizit machte Nachtsheim, dass für die Kinder aus der Landesanstalt Görden solche Normen außer Kraft gesetzt waren und er diesen Umstand für sein Anliegen nutzte.

2. Boris Rajewskys vergleichende Strahlenforschung

Der Physiker Boris Rajewsky kam im Zuge der Russischen Revolution im Jahr 1922 aus der Ukraine nach Deutschland und begann am Institut für physikalische Grundlagen der Medizin in Frankfurt (Main) seine Karriere als Biophysiker. Nach der erzwungenen Emigration des Institutsgründers Friedrich Dessauer (1881–1963) im Jahr 1933 übernahm Rajewsky die Leitung des Instituts, welches er schnell auf Erfolgskurs brachte. Dabei zahlte sich aus, dass er ein Meister der Vernetzung war und sich mannigfaltig Unterstützung in Wissenschaft und Industrie zu sichern verstand. Die Forschungsarbeit am Institut sei einmalig in der engen Zusammenarbeit mit anderen naturwissenschaftlichen und medizinischen Instituten sowie der Industrie, namentlich der in Frankfurt angesiedelten I.G. Farbenindustrie A.G., so lautete damals schon das Urteil.[50] Vor diesem Hintergrund entschied die Kaiser-Wilhelm-Gesellschaft (KWG), ein Kaiser-Wilhelm-Institut für Biophysik (KWIB) mit Rajewsky als Direktor in Frankfurt zu gründen.

In der Forschung orientierte Rajewsky beide Institute stärker auf den Strahlenschutz, seine wissenschaftlichen Grundlagen und seine Umsetzung im Bergbau, beim Abbau radiumhaltiger Erze, in der radiumverarbeitenden Industrie, in radiologischen Klinikinstituten und schließlich auch im Rahmen der Rüstungsforschung der nationalsozialistischen Regierung. Aus den neuen Aufgaben ergab sich die geographische Expansion des KWIB. Denn die größten gesundheitlichen Probleme innerhalb der Radiumökonomie traten beim Abbau der Rohstoffe auf, also in den Gruben des Erzgebirges, dem wichtigsten Förderstandort in Deutschland für radioaktive Stoffe.[51] Unter Vermittlung des Reichsausschusses für Krebsbekämpfung und nach langen Verhandlungen schloss die KWG 1938 mit der dortigen Gemeinde Schlema einen Vertrag über den Aufbau einer Außenstelle des Frankfurter KWIB ab.[52] Die Außenstelle entwickelte sich in der Folgezeit zur Zentralstelle für die medizinische Überwachung der Minen in der Region.[53] Erfolge blieben nicht aus. 1939 machten Rajewsky und seine Mitarbei-

49 Zum Argument der „Ausnahme“ siehe Ruhenstroth-Bauer und Nachtsheim 1944, S. 18.

50 August Wisser an den Herrn Minister usw., 20.7.1934. Universitätsarchiv Frankfurt (Main) (UAF), Abt. 14, Nr. 568, Bl. 93.

51 Zur Radiumwirtschaft der 1930er und 1940er Jahre siehe Karlsch und Zeman 2002; Schwerin 2015, S. 273–285.

52 Karlsch 2007, S. 410.

53 Karlsch und Zeman 2002, S. 63.

ter glaubhaft, dass die Inhalation der gasförmigen Radiumemanation und radioaktiver Stäube Auslöser des unter Bergleuten gefürchteten Lungenkrebses waren.[54] Die Aufrüstungspolitik des NS-Regimes verschärfte die Probleme des Strahlenschutzes, da radioaktive Substanzen als wichtige Hilfsmittel bei der Fertigung von Rüstungsgütern, etwa als Leuchtfarben, dienten und die entscheidenden Ausgangssubstanzen im Rahmen des deutschen Atomprogramms bildeten. Rainer Karlsch (*1957) übertreibt nicht, wenn er zusammenfasst, dass Rajewsky das KWIB seit 1942 weitgehend in den Dienst der Kriegsführung stellte.[55] In diesem Zusammenhang entwickelte sich eine wiederum auch mit Blick auf die Abfolge von Tierexperiment und Versuchen mit Menschen spezifische Dynamik.

2.1 Rajewsky als Experimentator – mit Tieren und Menschen

Das Frankfurter KWIB führte zahlreiche Untersuchungen an Personen durch, die in der radiumverarbeitenden Industrie arbeiteten.[56] Bei bereits aufgetretenen Erkrankungen ging es um die Klärung von Verantwortung und Haftungsansprüchen. Die Wege, über die radioaktive Stoffe in den Körper der Beschäftigten gelangen konnten, waren vielfältig: mit der Einatmungsluft als Radium-Emanation – ein aus dem metallischen Radium entstehendes kurzlebiges radioaktives Edelgas –, als radioaktiver Staub, durch Schlucken von Lösungen, wenn mit dem Mund pipettiert wurde, als Tropfen und Spritzer, als Staub an den Fingern und sogar durch die Haut und Hautrisse. In die Kritik gerieten auch radiumhaltige Gesundheitsprodukte und die sogenannte Radiumschwachtherapie – Trinkkuren, Bäder und die Inhalation mit radonhaltigen Wassern und Dämpfen aus natürlichen, radioaktiven Quellen –, die sich in einer Reihe von Kurorten großer Beliebtheit erfreute (Schwerin 2009). Ab 1940 firmierte Rajewskys Institut offiziell als „Untersuchungsstelle für die physikalische Diagnostik der Radium-Vergiftungen“,[57] zu deren Aufgaben die Überwachung radiumgefährdeter Personen gehörte.

Mit den Aufgaben der Überwachung und Begutachtung verbanden sich verschiedene Forschungsaktivitäten am KWIB, die insbesondere auf den Nachweis von Grenzwerten abzielten, also der Strahlendosis, ab der überhaupt mit Strahlenschäden zu rechnen war. Dabei kombinierten Rajewsky und seine Mitarbeiter zweigleisig Tierexperimente und Messreihen bei Probanden. Möglich machte dies eine neuartige Messanordnung, welche die Frankfurter Biophysiker entwickelten, um in den geplanten Messserien bei Bergarbeitern, Radiumtechnikerinnen und -technikern sowie mit Mäusen geringste Radiumablagerungen – bis zu einem Billionstel-Gramm – bzw. den Emanationsgehalt von Körperausscheidungen wie Urin, Schweiß und Atemluft nachweisen zu können.

Die Forschungsvorhaben in Frankfurt und diejenigen der Außenstelle in Oberschlema, deren Leitung Rajewskys Frankfurter Mitarbeiter und Physiker Adolf Krebs (1902–1977) übernahm, waren eng miteinander verknüpft. Von Anfang an waren in Oberschlema auch Untersuchungen an Patientinnen und Patienten sowie Kurgästen vorgesehen, die sich im benachbarten Kurbad der Emanationstherapie (Radiumschwachtherapie), d. h. der therapeutischen Anwendung von Radon etwa bei rheumatischen Krankheiten, unterzogen. Zu diesem Zweck beherbergte die Außenstelle eine eigene kleine Bettenstation und Apparaturen für die Gewinnung der Radium-

54 Friedrich 1997, S. 136–146.
55 Karlsch 2007, S. 428.
56 Hier und im Folgenden siehe Schwerin 2015, S. 241–268.
57 Zitiert nach Schwerin 2015, S. 251.

emanation aus Radiumpräparaten. Besonders wichtig für das Forschungsprogramm der Frankfurter Biophysiker waren Untersuchungen des Blutbildes. Die Blutuntersuchungen erfolgten in Verantwortung des Schlemaer Badearztes. Vorgesehen war zudem, die Wirkung und Verteilung von künstlichen radioaktiven Substanzen im Körper zu untersuchen.[58]

2.2 Suche nach einer „Testreaktion" (Rajewsky) bei Patienten und Kurpersonal

Die Kriegsplanung und das Kriegsgeschehen hatten unmittelbaren Einfluss auf die geplanten Arbeiten in Frankfurt und Oberschlema. Rajewsky stellte das KWIB sukzessive in den Dienst der Forschung für kriegswichtige Zwecke.[59] Im Juli 1942 berichtete er, dass er mit „3 Wehrmachtsstellen und dem Munitionsministerium und zwar über die verschiedensten zum Teil sehr drängenden Aufträge" verhandele.[60] Das Oberkommando des Heeres (OKH) interessierte sich insbesondere für die Wirkung von sogenannten radiologischen Waffen auf den Körper.[61] Da bislang nur die Wirkung von Strahlen und radioaktiven Stoffen mit verhältnismäßig geringer Dosierung untersucht worden war, die Effekte einer in kurzer Zeit einwirkenden hohen Strahlenbelastung dagegen nicht, plante Rajewsky eigene Versuche zu dieser Fragestellung in Frankfurt und in Oberschlema in Abstimmung mit dem OKH.[62]

In Frankfurt starteten Tierversuche mit Mäusen. Es zeigte sich dabei, dass Tierversuche allein nicht ausreichten, sondern verschiedene Untersuchungsansätze kombiniert und miteinander in Vergleich gebracht werden mussten. Vor allem musste man, da die eigentlich militärisch relevanten Neutronenstrahlen in Frankfurt nicht zur Verfügung standen, überlegen, wie die Wirkung radiologischer Waffen simuliert werden konnte. Als Lösung wählte Rajewsky Alphastrahlung, wie sie die Radiumemanation aussendet. Denn für die Untersuchung der Radiumemanation war sowohl in Frankfurt wie an der Außenstelle in Oberschlema bereits alles vorhanden. Das Rational der Versuche lautete dementsprechend in Rajewskys Worten folgendermaßen: „Um möglichst nahe an die bei der Wirkung von Neutronen vorliegenden Verhältnisse (schwere Teilchen) zu kommen, wurden Versuche in der Hauptsache mit Alphastrahlen (Ra-Em) vorgenommen und zugleich, um eine Vergleichsbasis und eine Anschlussmöglichkeit an die bisher bekannten Strahlenwirkungen zu gewinnen, Paralleluntersuchungen mit Röntgenstrahlen durchgeführt."[63]

Der Versuchsplan war insgesamt umfassend. Der Hauptversuch mit 2000 Mäusen, der physiologische und pathologisch-anatomische Untersuchungen beinhaltete, bestätigte die bisherigen Studien des KWIB zur Radiumvergiftung und Einatmung von Radiumemanation dahingehend, dass inkorporierte Alphastrahler eine deutlich stärkere Wirkung hatten, als es aus der Röntgenstrahlentherapie bekannt und zu erwarten war. Es gelang nicht nur, die grundsätzlichen quantitativen Verhältnisse zwischen der Strahlendosis und dem Wirkungsgrad zu ermitteln. Vor allem identifizierten die Frankfurter Experimentatoren eine „Strahlenreaktion", die als Referenz diente, um den Übergang von dem noch nicht schädlichen Dosisbereich

58 Karlsch 2007, S. 425 und 428.

59 Hier und im Folgenden siehe Schwerin und Karlsch 2011; Schwerin 2015, S. 268–290.

60 Rajewsky an Krebs, 11. 7. 1942, AMPG, X. Abt., Rep. 21, Nr. 95.

61 Rajewsky: Bericht No. III zum 1.10.1944: Über die Wirksamkeit von im Organismus inkorporierten Korpuskularstrahlern, Deutsches Museum München (DMM), Atomdokumente, G-281, S. 1.

62 Rajewsky an Krebs, 16. 4. 1942, AMPG, X. Abt., Rep. 21, Nr. 95.

63 Rajewsky: Bericht No. III zum 1. 10. 1944: Über die Wirksamkeit von im Organismus inkorporierten Korpuskularstrahlern, DMM, Atomdokumente, G-281, S. 1.

zur schädlichen Strahlendosis zu identifizieren.[64] Es handelte sich dabei um eine charakteristische Veränderung im Blutbild der Mäuse. Diese Reaktion sollte im Weiteren als Indikator oder Testreaktion dienen, um den entsprechenden Übergangsbereich für die menschlichen Verhältnisse ausfindig zu machen.

An diesem Punkt kam Oberschlema ins Spiel, da die dortige Außenstelle die Möglichkeit bot, die Tierversuche durch Versuche an Menschen vergleichend zu ergänzen: „Nachdem in systematischen Tierversuchen die gesuchte ‚Strahlenreaktion' gefunden worden war, und die grundsätzlichen quantitativen Verhältnisse zwischen der Strahlendosis und dem Wirkungsgrad ermittelt wurden, wurden Versuche eingeleitet (in der Außenstelle Oberschlema), um die gefundenen Reaktionen unmittelbar am Menschen zu überprüfen."[65] Rajewsky ging es dabei nicht darum, die hohen und tödlichen Dosen aus dem Tierversuch auf Probanden zu übertragen, sondern darum, markante Vergleichspunkte zu finden, das *Tertium comparationis* also, auf dessen Grundlage ein Umrechnungsfaktor ermittelt und die tierexperimentellen Daten auf den Menschen umgerechnet werden konnten. Es ging darum, eine „eindeutige physiologische ‚Strahlenreaktion' im bestrahlten Organismus zu finden, die dann als Testreaktion bei allen vergleichenden Untersuchungen verschiedener Strahlenarten Verwendung dienen kann".[66]

Die Versuche fanden in dem eigens für klinische Versuche hergerichteten Raum der Außenstelle des KWIB statt. Zudem stand eine Badeanlage zur Verfügung, in der die Versuchspersonen Radiumemanation über die Haut aufnahmen, ganz wie bei einer balneologischen Behandlung üblich. Für die Untersuchungen des Blutbildes standen medizinisch-technische Assistentinnen bereit. Der Kurarzt Herbert Wanke akquirierte die Versuchspersonen in gewohnter Weise unter den Patientinnen und Patienten der Kurklinik sowie unter dem Kurpersonal, allerdings unter Vortäuschung, es handele sich um therapeutische Versuche. Auf diese Weise gelang es Rajewskys Mitarbeitern bis Anfang 1944, mit 53 Personen Inhalationsversuche und mit 93 Personen Trinkversuche durchzuführen, darunter waren auch Kinder.[67] Die Experimentatoren steigerten die Dosen im Verlauf der Versuche langsam, ausgehend von den in den radiumbalneologischen Versuchen der Außenstelle bereits erprobten Dosisbereichen. Allerdings blieb die auf Grundlage der Frankfurter Mäuseversuche gesuchte Reaktion – Veränderungen der Leukozytenzahl im Blutbild – zunächst aus. Die Experimentatoren gingen deshalb davon aus, dass sie die verabreichten Dosen weiter erhöhen mussten, um sich an die gesuchte „Testreaktion" heranzutasten. Als Hauptverantwortlicher für den OKH-Auftrag setzte Rajewsky seine Mitarbeiter in Oberschlema im Frühling 1944 unter Druck. Es sei „besonders dringlich, mit großen Dosen" eine „völlig sichere Reaktion zu erzwingen".[68] Alle drei Forscher waren sich dabei bewusst, dass sie sich mit weiter gesteigerten Dosen auf ein gesundheitlich gefährliches Grenzgebiet zubewegten.[69] Im September verlagerte das OKH den Schwerpunkt der Forschungsfinanzierung und stellte die Finanzierung für die Versuche in Oberschlema ein, woraufhin Rajewsky die dortigen Versuche wieder in sichere Gefilde lenkte.[70]

---

64 Ebenda, S. 4–5.

65 Ebenda.

66 Ebenda.

67 Wanke an Rajewsky, 25. 10. 1944, AMPG, X. Abt., Rep. 21, Nr. 96.

68 Rajewsky an Wanke, 22. 4.1944, AMPG, X. Abt., Rep. 21, Nr. 98.

69 Vgl. Krebs an Rajewsky, 5. 9. 1944, AMPG, X. Abt., Rep. 21, Nr. 96.

70 Harder führt einen entsprechenden Brief Rajewskys an seine Mitarbeiter in Oberschlema zu dessen Entlastung an, ohne den Umstand zu erwähnen, dass der Finanzierungsstopp des OKH es war, der zur Einstellung führte (Harder 2011, S. 85–86; vgl. auch Schwerin und Karlsch 2011, S. 54–55).

2.3 Überschreitung von Grenzen im Fall von „Volksgenossen“

Auch im Fall der Versuche in Oberschlema ist die Darstellung der Zusammenhänge der Experimente aufschlussreich für die Einordnung und für das Verständnis der spezifischen Dynamik biomedizinischer Versuche. Während Dietrich HARDER (1930–2019) das Handeln der Beteiligten im Einklang mit der ärztlichen Ethik sieht, verstießen die Experimentatoren gleich mehrfach gegen die *Richtlinien für neuartige Heilbehandlung und für die Vornahme wissenschaftlicher Versuche an Menschen* aus dem Jahr 1931.[71] Sie täuschten die Versuchspersonen systematisch über den eigentlichen Zweck der Versuche, führten an ihnen fremdnützige Versuche durch und bezogen auch Kinder und Jugendliche in die Versuche mit ein.[72] Es ist zudem belegt, dass die Experimentatoren Strahlendosen weit über dem therapeutisch üblichen Bereich anwendeten. Nach Quellenlage spricht einiges dafür, dass sich die angewendeten Dosen im Laufe der Versuche darüber hinaus in einem bedenklichen Bereich bewegten.[73] Dadurch setzten die Handelnden die Probanden in unzulässiger Weise einem Risiko aus, das weder in deren Eigeninteresse lag noch einem therapeutischen Nutzen Dritter diente, sondern der Logik der Kriegsforschung folgte. Erst äußere Umstände beendeten die bewusste und schrittweise Eskalation der Versuche.

Die Untersuchungen in Oberschlema unterscheiden sich in einer Hinsicht allerdings markant von den Experimenten mit Kindern und Jugendlichen aus Görden; denn sie bezogen nicht Personen aus dem *de facto* rechtsfreien Raum der Psychiatrie als Probanden ein, sondern Kurpatientinnen und -patienten und Kurpersonal, also eine Personengruppe, die normalerweise volle Rechte für sich beanspruchen konnte.[74] Dieser Unterschied spiegelte sich in dem Umstand wider, dass die Experimentatoren vor Ort ihren Umgang mit den Probandinnen und Probanden im Zusammenhang ärztlicher Ethik reflektierten und dabei einige Skrupel erkennen ließen. Der Kurarzt WANKE äußerte gegenüber RAJEWSKY Bedenken, ob die Zuspitzung der Versuche noch im Einklang mit der ärztlichen Standesethik sei, und war sich bewusst, dass er die Kurgäste und das Kurpersonal hinsichtlich des eigentlichen Zwecks der Versuche täuschte.[75] Eine Rolle spielte dabei sicherlich, dass es bereits in der Vergangenheit Kritik an den Versuchspraktiken in RAJEWSKYS Außenstelle gegeben hatte. Der leitende Internist am Krankenhaus Hamburg-Barmbek und ehemalige Mitarbeiter an DESSAUERS Institut Paul HAPPEL (1893–1971) etwa hatte die Höhe der verabreichten Dosen kritisiert.[76] RAJEWSKY und seine Mitarbeiter stritten untereinander letztlich darum, wer die Letztverantwortung für die Versuche trug, der Arzt oder die Biophysiker.

Das Fallbeispiel ist nicht zuletzt aufschlussreich hinsichtlich der Dynamik des Tierversuchs. Auch in diesem Fall gingen Tierexperimente den Versuchen an Probanden voraus.

71 HARDER 2011, S. 93.

72 Vgl. WINAU 2001, S. 108–109.

73 Die Dosierung lag im Herbst 1944 weit über den Dosen, die HARDER als Grundlage für die Einordung der Versuche aus heutiger, strahlenbiologischer Sicht genommen hat. HARDER berücksichtigt zudem nicht, dass wir insgesamt keine genaue Kenntnis über die Versuche nach Mai 1944 haben und die Protokolle dazu bislang verschollen sind (vgl. HARDER 2011, S. 90; und SCHWERIN und KARLSCH 2011, S. 53).

74 WANKE äußerte 1943 verschiedentlich Pläne, Soldaten, Lazarettpatienten, „gesunde junge Mädchen“ und Arbeiter zu akquirieren; es gibt aber keinen Hinweis, dass solche Personen oder auch Häftlinge und Zwangsarbeiter in die Versuche tatsächlich einbezogen wurden (vgl. SCHWERIN und KARLSCH 2011, S. 46–47).

75 SCHWERIN und KARLSCH 2011, S. 52; zudem hier und nachfolgend WANKE an RAJEWSKY, 25.10.1944, AMPG, X. Abt., Rep. 21, Nr. 96.

76 SCHWERIN und KARLSCH 2011, S. 53.

Die biophysikalischen Versuchsreihen an Mäusen am KWIB in Frankfurt waren zunächst darauf ausgelegt, spezifische Fragen der Strahlenwirkung zu klären, und zwar unter der Annahme, dass die Ergebnisse auf den Menschen übertragen werden konnten. Diese Annahme entsprach der in der Medizin üblichen Praxis vergleichender Tierexperimente. Der Zweck der Versuche mit Menschen in Oberschlema bestand demnach nicht darin, die Versuche an Tieren im Einzelnen zu bestätigen. Die Versuche an Menschen verfolgten den Zweck, einen Vergleichsfaktor zu ermitteln, der gestatten würde, Ergebnisse aus Tierexperimenten auf die Verhältnisse beim Menschen umzurechnen. Die charakteristischen Strahlenreaktionen im Blutbild der Mäuse galten Rajewsky als ein solcher aussichtsreicher Vergleichspunkt. Die Suche nach einer vergleichbaren Reaktion im Blutbild menschlicher Probanden bestimmte deshalb Fortgang und Eskalation der Versuche in Oberschlema.

3. Der Ort der Verantwortung in Zeiten biomedizinischer Expansion

Die beiden hier geschilderten Beispiele für Versuche mit Menschen in der Zeit des Nationalsozialismus lenken die Aufmerksamkeit auf die Bedeutung des Tierversuchs in der und für die Medizin. Die im Jahr 1931 erlassenen *Richtlinien für neuartige Heilbehandlung und für die Vornahme wissenschaftlicher Versuche an Menschen* bestimmten, dass das Tierexperiment Versuchen mit Menschen generell vorzuziehen sei. Das Vorgehen der verantwortlichen Experimentatoren in den Beispielen, des Genetikers Hans Nachtsheim und des Biophysikers Boris Rajewsky, entsprach dieser Vorgabe. In beiden Fällen bildeten die Tierexperimente die Hauptversuche, mit deren Hilfe Erkenntnisse über den menschlichen Organismus mit Blick auf konkrete Fragestellungen erzielt werden sollten. In der Abfolge der Ereignisse wendeten sich beide Experimentatoren aber dem Versuch am Menschen zu, und zwar aus sehr ähnlichen Gründen, die aus der Rationalität vergleichender Forschung resultierten. Denn in beiden Fällen ging es darum, die Tierversuche zu kalibrieren, also das Maß des Vergleichs zu finden und festzulegen, das *Tertium comparationis*. Die vergebliche Suche nach einem überzeugenden Vergleichspunkt bedingte, dass die handelnden Experimentatoren die Versuchsbedingungen verschärften und schrittweise die Grenze dessen, was im normativen Raum medizinischer Forschung der Zeit als zulässig gelten konnte, überschritten: im Fall der skizzierten Experimente unter der Ägide Nachtsheims die Parameter Unterdruck und Sauerstoffmangel, im Fall der Bestrahlungsexperimente unter Leitung von Rajewsky die Strahlendosis. Allgemein gesprochen offenbarte sich in diesem Vorgehen die Eigenlogik des vergleichenden Forschungsansatzes, welche die Dynamik der Forschung mit Tieren in der Medizin und auch außerhalb der Medizin wesentlich bestimmt. Die Tierexperimente ersetzten nicht die Klinik, sondern erzeugten eigene Notwendigkeiten zur Forschung am Menschen.

Auch auf normativer Ebene ähneln sich die Fallbeispiele. In beiden Fällen waren die Versuchsleiter Biowissenschaftler, die im eigenen Interesse eine eigene Forschungsagenda verfolgten und den dezidierten Anspruch erhoben, damit zum Fortschritt der Medizin beizutragen. Dies führte zu einer Trennung zwischen epistemischer und ethischer Verantwortung. Denn der Führungs- und Erklärungsanspruch der Biowissenschaftler versetzte die Mediziner in eine nachgeordnete Rolle. Als Genetiker versuchte Nachtsheim, genetische Modelltiere als Forschungsmodelle für medizinische Fragestellungen zu etablieren. Dieses umfängliche Forschungsprogramm war zugleich Teil einer sich entwickelnden biomedizinischen Experimentalkultur, wie sie nicht zuletzt in der Forschungsstrategie des KWIA zum Ausdruck kam, den systematischen Vergleich zwischen Tier und Mensch in den Mittelpunkt zu stellen.[77] Um dieses Forschungsprogramm allgemein und konkret zum Laufen zu bringen, war NACHTSHEIM ab einem bestimmten Punkt auf die Kooperation von behandelnden Ärzten angewiesen, die die unmittelbare Verantwortung für die Kinder in der Landesanstalt Görden hatten. Der Biophysiker RAJEWSKY wiederum verfolgte seit Beginn der 1930er Jahre ein Forschungsprogramm zur Bestimmung von Strahlenrisiken, das auf dem Vergleich von tierexperimentellen und klinischen Daten beruhte. Die enge Kooperation mit der Wehrmacht lenkte die Forschungsaktivitäten in eine neue, militärmedizinische Richtung, verschob sukzessive die Grenzen der bislang üblichen applizierten Strahlendosen, blieb letztlich aber im Rahmen des vergleichend angelegten Forschungsprogramms. RAJEWSKY war nun aber umso mehr auf seinen medizinischen Mitarbeiter angewiesen, Probanden für die Strahlenversuche zu rekrutieren. Ärzte waren es also in beiden Fällen, die als *Gatekeeper* den Zugang zu den menschlichen Probanden in letzter Verantwortung kontrollierten. In beiden Fällen waren es aber Biowissenschaftler, die vor dem Hintergrund zunehmender Dringlichkeit alles in Bewegung setzten, um die – aus ihrer wissenschaftlichen Sicht heraus erforderlichen – Versuche mit Menschen möglich zu machen.

Es gibt aber auch Unterschiede zwischen den Fallbeispielen. Der Umgang mit Personen, denen geringere Rechte im allgemeinen ethischen Empfinden und Verständnis zugesprochen wurden, wie Patientinnen und Patienten in psychiatrischen Institutionen, unterschied sich vom Umgang mit als mündig und geschäftsfähig geltenden Personen. Im ersten Fall konnten die durch die Richtlinien gesetzten rechtlichen Grenzen offensichtlich ohne Weiteres verletzt und die Rechtsverstöße im Rahmen von Publikationen in der Fachgemeinschaft öffentlich kommuniziert werden, ohne Konsequenzen zu befürchten. Unter den Bedingungen allgemeiner Entgrenzung im Krieg konnten zudem die Grenzen dessen, was in der Fachgemeinschaft normativ in dieser Weise vertreten werden konnte, verschoben werden. Denn NACHTSHEIM und sein Kollege RUHENSTROTH-BAUER benutzten Kinder für fremdnützige Forschung in einem in der Medizin bis dahin nicht gewagten Experimentalsetting. Im Gegensatz dazu erfolgten die Versuche im zweiten Fall unter größeren Restriktionen und begleitet von ethischen Reflexionen der beteiligten Biowissenschaftler und des ausführenden Arztes, die durch die medizinische Standesethik, die Furcht vor der Öffentlichkeit der Fachgemeinschaft und Skrupel motiviert waren, die Probanden unter Vorspiegelung falscher Tatsachen zur Beteiligung an den Versuchen zu bewegen. In diesem Unterschied dürfte zum Ausdruck kommen, dass es sich bei den Probanden in diesem Fall um Personen im Besitz aller bürgerlichen Rechte und ‚vollwertige‘ ‚Volksgenossen‘ handelte. Mehr als die rechtlichen Rahmenbedingungen bestimmte offenbar der normative Raum der medizinischen Forschungsgemeinschaft über das jeweils ethisch Statthafte. Kritische Stimmen blieben Einzelfälle. Mithin spiegelte sich im moralischen und menschlichen Versagen der einzelnen Forscher das normative Versagen einer ganzen Forschungsgemeinschaft wider. Es stellt sich die Frage, ob die historische Forschung diese Unterschiede in der als normal und üblich gebilligten Versuchspraxis, also letztlich die Hierarchie der Opfer, bislang ausreichend erfasst und differenziert hat.

Die Logik des biomedizinischen Experiments setzte Forschung am Menschen voraus, dies ist eine der Lehren aus den beiden Fallbeispielen. Der biowissenschaftliche Anspruch,

77 SCHWERIN 2004, S. 242–276; SCHMUHL 2005, S. 330–344.

Modelltiere für einzelne Krankheitsbilder und Forschungszwecke sozusagen maßgeschneidert genetisch herstellen zu können, verschärfte diese Problematik noch. Der Tierversuch gehörte zwar schon länger zur medizinischen Praxis.[78] Die genetisch designten Modelltiere veränderten aber diese Praxis, indem sie neue experimentelle Notwendigkeiten erzeugten. So im Beispiel von Nachtsheim, der die Eignung seiner herausgezüchteten Kaninchenmodelle für die Erforschung der Epilepsie über mehrere Jahre hinweg evaluierte. Diese langwierige Evaluation erzeugte ihren eigenen Bedarf iterativen Vergleichens mit klinischen Forschungsergebnissen, welches auch als ein Prozess der Triangulation beschrieben worden ist.[79]

Der Ansatz krankheitsspezifischer, genetisch designter biomedizinischer Modelle wirft Fragen zur Forschung am Menschen über den Nationalsozialismus hinaus auf. Zum einen stellt sich allgemein die Frage, wie sehr die Regulierung klinischer Versuche seit 1945 die hier beschriebene Dynamik vergleichender Forschung einhegen konnte; zum anderen, in welcher Weise die Einführung von krankheitsspezifischen Design-Modelltieren in den letzten Jahrzehnten die klinische Forschung und Versuche am Menschen veränderten. Auf die Anknüpfungspunkte dieser jüngsten Entwicklung soll in den letzten Bemerkungen eingegangen werden.

Im Zuge des weltweiten Humangenomprojekts erlebte das von Nachtsheim und anderen Genetikern seit den 1930er Jahren verfolgte Projekt genetischer Modelltierforschung eine Renaissance (Schwerin 2013). Das Modelltier der Wahl ist heute nicht mehr das Kaninchen, sondern die Maus. Forschungsinstitutionen wie die *German Mouse Clinic*, aber auch private Firmen haben sich auf die Aufgabe spezialisiert, Mausstämme für jede erdenkliche menschliche Krankheit genetisch zu etablieren und dem Forschungsmarkt zur Verfügung zu stellen. Die Gentechnik hilft dabei, solche sogenannten „humanisierten" Tiermodelle zu erzeugen, die als maßgeschneiderte „Krankheitsmodelle" dienen sollen.[80] Diese Entwicklung markiert einen Übergang von der Genetik als Forschungs*ziel* zur Genetik als Methode und *Technik für die medizinische Forschung*. Sie muss im Zusammenhang der Biomedikalisierung medizinischer Forschung gesehen werden.

Die Erforschung menschlicher Krankheiten ist im 20. Jahrhundert zunehmend unter einen naturwissenschaftlichen Erklärungsanspruch und damit einhergehend zum Gegenstand biowissenschaftlicher Labore, Methoden und Techniken geworden, insbesondere charakterisiert durch die Einführung von Tiermodellen, Zellkulturen und Modellsystemen.[81] Vielfach ist ein Auseinanderdriften biomedizinischer Laborforschung auf der einen Seite und der Klinik auf der anderen beklagt worden (Butler 2008). Die mangelnde Bedeutung biomedizinischer Forschung für das Wohl von Patientinnen und Patienten heißt indes nicht, dass die Laborforschung ohne Bezug zur Klinik auskommt. Ein Schlaglicht mag dies verdeutlichen. Zahlreiche Max-Planck-Institute betreiben heutzutage biomedizinische Forschung, auf den ersten Eindruck ganz selbstgenügsam als reine Laborforschung. Eigene Möglichkeiten zur klinischen Forschung bestehen für die meisten dieser Institute nicht (Schlünder 2024). Stattdessen verfügen diese Institute bei genauer Betrachtung aber über ein Netz an Kooperationen mit

78 Roelcke 2022b, S. 5–10, 23–26.

79 Zum Begriff der Triangulation siehe Star 1986; Gaudillière 1994.

80 Ferrari 2008, S. 44, 100–102.

81 Gaudillière 2002; Keating und Cambrosio 2003, S. 49–82; Huber und Keuck 2013; Borck 2016, S. 242; Roelcke 2022b.

Krankenhäusern und Kliniken, von denen sie entweder benötigte Biomaterialien erhalten oder über die ergänzende klinische Forschung betrieben wird.[82]

Wenn dieser Eindruck zutrifft, dann ist die Frage nach dem Ort der Verantwortung, wie sie die beiden hier vorgestellten Beispiele aus der Zeit des Nationalsozialismus aufwerfen, aktueller denn je. Den Beispielen zufolge forcierte die epistemische Logik des krankheitsspezifischen Vergleichs das Auseinanderdriften zwischen biowissenschaftlichem Forschungsinteresse und medizinischer Verantwortung. Die verantwortlichen Versuchsleiter waren keine Mediziner, sondern Biowissenschaftler, und die Motivation, vom Tierexperiment zum Versuch am Menschen überzugehen, ergab sich aus der Dynamik ihrer vergleichenden Forschung. Die heutige Biomedizin ist nicht minder angewiesen auf die Validierung ihrer Modellsysteme (Huber und Keuck 2013), welche aber weniger einem starren Schema folgt, sondern sich, wie die hier vorgestellten Beispiele nahelegen, in einem rekursiven und iterativen Prozess zwischen Klinik und Labor entwickelt. Die Klinik wird dabei für den Bedarf und die Zwecke der biomedizinischen Laborforschung, die sich vom Krankenbett zunehmend entfernt hat, eingespannt; und das nicht nur in dem Sinne, dass die Forschungsfragen durch die biomedizinische Forschungsgemeinschaft definiert werden. Die Biowissenschaftlerinnen und Biowissenschaftler arbeiten in ihren Laboren mehr oder weniger entfernt vom Alltag und den Problemen der Kliniken, mit denen sie kooperieren. Ethische Fragen und Standards spielen in ihrer Ausbildung kaum eine Rolle und werden der Verantwortung der klinischen Kooperationspartnerinnen und Kooperationspartner überlassen. Diese Trennung des Zentrums der Forschung vom Ort der Verantwortung gegenüber konkreten Patientinnen und Patienten birgt Chancen für die Wahrung der Interessen der Patienteninnen und Patienten, aber auch Gefahren, dann nämlich, wenn der Einfluss der Biomedizin in einer Welt globalisierter Forschungskooperationen (etwa Sunder Rajan 2009) wesentlich mit darüber bestimmt, was am Krankenbett – möglicherweise in Ländern mit niedrigeren ethischen Standards – getan wird.

Literatur

Beddies, Thomas: Kinder und Jugendliche in der brandenburgischen Heil- und Pflegeanstalt Görden als Opfer der NS-Medizinverbrechen. In: Hübener, Kristina (Hrsg.): Brandenburgische Heil- und Pflegeanstalten in der NS-Zeit. S. 129–154. Berlin: Be.bra 2002

Beddies, Thomas, und Hübener, Kristina (Hrsg.): Dokumente zur Psychiatrie im Nationalsozialismus. Berlin: Be.bra 2003

Benzenhöfer, Udo, und Jenner, Harald: Der Kinder- und Jugendpsychiater Hans Heinze und die „NS-Euthanasie“ unter besonderer Berücksichtigung der „Kinderfachabteilung“ in Görden. Ulm: Klemm & Oelschläger 2019

Borck, Cornelius: Transformation der Medizin zur Biomedizin. In: Schaede, Stephan, Anselm, Reiner, und Köchy, Kristian (Hrsg.): Das Leben. S. 235–259. Tübingen: Mohr Siebeck 2016

Butler, Declan: Translational research. Crossing the valley of death. Nature *453*/7197, 840–842 (2008)

Canguilhem, Georges: Wissenschaftsgeschichte und Epistemologie. Gesammelte Aufsätze. Frankfurt (Main): Suhrkamp 1979

Conrad, Klaus: Der Erbkreis der Epilepsie. In: Just, Günther (Hrsg.): Handbuch der Erbbiologie des Menschen. Bd. *5*/2: Erbpsychiatrie, S. 933–1020. Berlin: Julius Springer 1939

Ferrari, Arianna: Genmaus & Co. Gentechnisch veränderte Tiere in der Biomedizin. Erlangen: Harald Fischer 2008

82 Vgl. N. N.: Die Forschungsaktivitäten der Max-Planck-Gesellschaft auf dem Gebiet der klinischen Forschung. Eine Sachstandsanalyse, Stand März 1997, AMPG, II. Abt., Rep. 62, Nr. 853, Bl. 360–370; Fabry: Zusammenstellung der Kernaussagen aus Statements der Gesprächsrunde „Klinische Forschung“ am 23. 2. 2000, AMPG, II. Abt., Rep. 62, Nr. 861, Bl. 7–12; Markl 1998, S. 26.

FÖRSTER, Eckart: Über die Grundlagen der Lehre von der erhöhten Krampfbereitschaft im Kindesalter. Deutsche Zeitschrift für Nervenheilkunde *174*, 140–155 (1956)

FRIEDRICH, Ulrike: Die Außenstelle des KWI für Biophysik (Frankfurt/Main) im Radonbad Oberschlema (Sachsen). Univ.-Diss. Berlin: FU Berlin 1997

GAUDILLIÈRE, Jean-Paul: Wie man Modelle für Krebsentstehung konstruiert. Viren und Transfektion am (US) National Cancer Institute. In: HAGNER, Michael, RHEINBERGER, Hans-Jörg, und WAHRIG-SCHMIDT, Bettina (Hrsg.): Objekte, Differenzen und Konjunkturen. Experimentalsysteme im historischen Kontext. S. 233–258. Berlin: Akademie-Verlag 1994

GAUDILLIÈRE, Jean-Paul: Inventer la Biomédicine. La France, l'Amerique et la Production des Savoirs du Vivant (1945–1965). Paris: Éditions la découverte 2002

HARDER, Dietrich: Untersuchung biologischer Wirkungen des Radons auf den menschlichen Körper. Forschungsprojekt der Außenstelle Oberschlema in den Jahren 1942–1944. In: *RADIZ Schlema e. V., und Max-Planck-Gesellschaft zur Förderung der Wissenschaften e. V.* (Hrsg.): Forschung für den Strahlenschutz in den Kriegsjahren 1942 bis 1944. Zur Geschichte des Radiumforschungsinstituts Oberschlema, der Außenstelle des Kaiser-Wilhelm-Instituts für Biophysik in Frankfurt am Main, unter Leitung von Professor Dr. Boris Rajewsky. Wissenschaftshistorisches Kolloquium in Bad Schlema am 24. Oktober 2008. S. 63–99. Bad Schlema: RADIZ 2011

HUBER, Lara, und KEUCK, Lara K.: Mutant mice: Experimental organisms as materialised models in biomedicine. Studies in History and Philosophy of Science Part C: Studies in History and Philosophy of Biological and Biomedical Sciences *44*/3, 385–391 (2013)

JARISCH, A., und THOMA, H.: Lungenveränderungen im Cardiazolkrampf. Klinische Wochenschrift *19*, 76–77 (1940)

KARLSCH, Rainer: Boris Rajewsky und das Kaiser-Wilhelm-Institut für Biophysik in der Zeit des Nationalsozialismus. In: MAIER, Helmut (Hrsg.): Gemeinschaftsforschung, Bevollmächtigte und der Wissenstransfer. Geschichte der Kaiser-Wilhelm-Gesellschaft im Nationalsozialismus. S. 395–452. Göttingen: Wallstein 2007

KARLSCH, Rainer, und ZEMAN, Zbyněk A.: Urangeheimnisse. Das Erzgebirge im Brennpunkt der Weltpolitik 1933–1960. 4., durchgesehene Aufl. Berlin: Links 2002

KEATING, Peter, und CAMBROSIO, Alberto: Biomedical Platforms. Realigning the Normal and the Pathological in Late-Twentieth-Century Medicine. Cambridge, Mass.: MIT Press 2003

KOCH, Gerhard: Humangenetik und Neuro-Psychiatrie in meiner Zeit (1932–1978). Jahre der Entscheidung. Erlangen: Palm und Enke 1993

MARKL, Hubert: Forschung an den Grenzen des Wissens. In: *Generalverwaltung der Max-Planck-Gesellschaft* (Hrsg.): Max-Planck-Gesellschaft Jahrbuch 1998, S. 11–31. Göttingen: Vandenhoeck & Ruprecht 1998

MCCRAE, Niall: ‚A Violent Thunderstorm'. Cardiazol treatment in British mental hospitals. History of Psychiatry *17*, 67–90 (2006)

MOSER, Gabriele: Deutsche Forschungsgemeinschaft und Krebsforschung 1920–1970. Stuttgart: Franz Steiner 2011

NACHTSHEIM, Hans: Vererbungsfragen in der Kaninchenzucht. I. Der Kaninchenzüchter *40*, 265–268 (1934a)

NACHTSHEIM, Hans: Vererbungsfragen in der Kaninchenzucht. III. Erbkranke Kaninchen (1. Teil). Der Kaninchenzüchter *40*, 525–527 (1934b)

NACHTSHEIM, Hans: Krampfbereitschaft und Lebensalter. Nach Beobachtungen und Versuchen am Kaninchen. Zeitschrift für Altersforschung *3*, 1–21 (1941)

NACHTSHEIM, Hans: Krampfbereitschaft und Genotypus. III. Das Verhalten epileptischer und nichtepileptischer Kaninchen im Cardiazolkrampf. Zeitschrift für menschliche Vererbungs- und Konstitutionslehre *26*, 22–74 (1942)

NACHTSHEIM, Hans: Erbleiden beim Tier in ihrer Bedeutung für die menschliche Erbpathologie. Die Naturwissenschaften *32*, 348–361 (1944)

RADER, Karen A.: Making Mice. Standardizing Animals for American Biomedical Research, 1900–1955. Princeton, NJ: Princeton University Press 2004

RADIZ Schlema e. V. und Max-Planck-Gesellschaft zur Förderung der Wissenschaften e. V. (Hrsg.): Forschung für den Strahlenschutz in den Kriegsjahren 1942 bis 1944. Zur Geschichte des Radiumforschungsinstituts Oberschlema, der Außenstelle des Kaiser-Wilhelm-Instituts für Biophysik in Frankfurt am Main, unter Leitung von Professor Dr. Boris Rajewsky. Wissenschaftshistorisches Kolloquium in Bad Schlema am 24. Oktober 2008. Bad Schlema: RADIZ 2011

Richtlinien ... Reichsministerium des Innern: Richtlinien für neuartige Heilbehandlung und für die Vornahme wissenschaftlicher Versuche am Menschen. Deutsche Medizinische Wochenschrift *57*/12, 509 (20. 3. 1931). https://doi.org/10.1055/s-0028-1124396

ROELCKE, Volker: Psychiatrische Wissenschaft im Kontext nationalsozialistischer Politik und „Euthanasie". Zur Rolle von Ernst Rüdin und der Deutschen Forschungsanstalt für Psychiatrie/Kaiser-Wilhelm-Institut. In: KAUFMANN, Doris (Hrsg.): Geschichte der Kaiser-Wilhelm-Gesellschaft im Nationalsozialismus. Bestandsaufnahme und Perspektiven der Forschung. S. 112–150. Göttingen: Wallstein-Verlag 2000

ROELCKE, Volker: Informed consent and social vulnerability in human subject research: The German Richtlinien/Guidelines for Human Subject Research, ca. 1931–1961/64. World Medical Journal *63*/3, 27–30 (2017a)

ROELCKE, Volker: The use and abuse of medical research ethics. The German Richtlinien/guidelines for human subject research as an instrument for the protection of research subjects – and of medical science, ca. 1931–1961/64. In: WEINDLING, Paul (Ed.): From Clinic to Concentration Camp. Reassessing Nazi Medical and Racial Research, 1933–1945; pp. 33–56. London: Routledge 2017b

ROELCKE, Volker: „Täterschaft" und Täter in der Medizin zur Zeit des Nationalsozialismus. Umrisse einer Typologie unter Berücksichtigung konkreter Handlungskontexte. In: RAUH, Philipp, VOGGENREITER, Marion, UDE-KOELLER, Susanne, und LEVEN, Karl-Heinz (Hrsg.): Medizintäter. Ärzte und Ärztinnen im Spiegel der NS-Täterforschung. Perspektiven der Medizingeschichte/Perspectives of Medical History. S. 135–164. Köln: Böhlau 2022a

ROELCKE, Volker: The animal model of human disease – a core concept of medical research: historical cases, failures, and some epistemological considerations. Science in Context *35*, 173–197 (2022b)

RUFF, Siegfried, und STRUGHOLD, Hubertus: Grundriß der Luftfahrtmedizin. 2. Aufl. Leipzig: Johann Ambrosius Barth 1944

RUHENSTROTH-BAUER, Gerhard: Leserbrief zu „Experimente an Kindern. Ernst Klee, ‚Augen aus Auschwitz'". Die Zeit Nr. *5*. (17. 2. 2000)

RUHENSTROTH-BAUER, Gerhard, und NACHTSHEIM, Hans: Die Bedeutung des Sauerstoffmangels für die Auslösung des epileptischen Anfalls. Nach Versuchen an epileptischen Kaninchen. Klinische Wochenschrift *23*, 18–21 (1944)

SCHLÜNDER, Martina: Versuche an und mit Menschen. In: RENN, Jürgen, REINHARDT, Carsten, und KOCKA, Jürgen (Hrsg.): Die Max-Planck-Gesellschaft. Wissenschafts- und Zeitgeschichte 1945–2005. S. 747–762. Göttingen: Vandenhoeck & Ruprecht 2024

SCHMIEDER, Fritz: Zur Häufigkeit und Bedeutung der Wirbelsäulenschädigungen bei den Krampf- und Schockverfahren. Allgemeine Zeitschrift für Psychiatrie *121*, 141–180 (1942)

SCHMUHL, Hans-Walter: Hirnforschung und Krankenmord. Das Kaiser-Wilhelm-Institut für Hirnforschung 1937–1945. Berlin: Vorabdrucke des Forschungsprogramms „Geschichte der Kaiser-Wilhelm-Gesellschaft im Nationalsozialismus" 2000

SCHMUHL, Hans-Walter: Grenzüberschreitungen. Das Kaiser-Wilhelm-Institut für Anthropologie, menschliche Erblehre und Eugenik, 1927–1945. Göttingen: Wallstein 2005

SCHMUHL, Hans-Walter: Die Gesellschaft Deutscher Neurologen und Psychiater im Nationalsozialismus. Berlin: Springer 2016

SCHMUHL, Hans-Walter, und ROELCKE, Volker (Hrsg.): „Heroische Therapien". Die deutsche Psychiatrie im internationalen Vergleich, 1918–1945. Göttingen: Wallstein 2013

SCHWERIN, Alexander VON: Experimentalisierung des Menschen. Der Genetiker Hans Nachtsheim und die vergleichende Erbpathologie, 1920–1945. Göttingen: Wallstein 2004

SCHWERIN, Alexander VON: Prekäre Stoffe. Radiumökonomie, Risikoepisteme und die Etablierung der Radioindikatortechnik in der Zeit des Nationalsozialismus. NTM Zeitschrift für Geschichte der Wissenschaften, Technik und Medizin *17*/1, 5–33 (2009)

SCHWERIN, Alexander VON: From agriculture to genomics: The animal side of human genetics and the organization of model organisms in the Longue Durée. In: GAUSEMEIER, Bernd, MÜLLER-WILLE, Staffan, and RAMSDEN, Edmund (Eds.): Human Heredity in the Twentieth Century. (Studies for the Society for the Social History of Medicine *15*); pp. 113–125. London: Pickering & Chatto 2013

SCHWERIN, Alexander VON: Strahlenforschung. Bio- und Risikopolitik der DFG, 1920–1970. Stuttgart: Franz Steiner 2015

SCHWERIN, Alexander VON: Mobilisierung der Strahlenforschung im Nationalsozialismus. Der Fall Boris Rajewsky. In: EPPLE, Moritz, FRIED, Johannes, GROSS, Raphael, und GUDIAN, Janus (Hrsg.): „Politisierung der Wissenschaft". Jüdische Wissenschaftler und ihre Gegner an der Universität Frankfurt am Main vor und nach 1933. S. 395–424. Göttingen: Wallstein 2016

SCHWERIN, Alexander VON, und KARLSCH, Rainer: Die Außenstelle Oberschlema und die Kriegsforschungsaufträge des KWI für Biophysik. In: *RADIZ Schlema e. V. und Max-Planck-Gesellschaft zur Förderung der Wissenschaften e. V.* (Hrsg.): Forschung für den Strahlenschutz in den Kriegsjahren 1942 bis 1944. Zur Geschichte des Radiumforschungsinstituts Oberschlema, der Außenstelle des Kaiser-Wilhelm-Instituts für Biophysik in Frankfurt am Main, unter Leitung von Professor Dr. Boris Rajewsky. Wissenschaftshistorisches Kolloquium in Bad Schlema am 24. Oktober 2008. S. 25–61. Bad Schlema: RADIZ 2011

SHORTER, Edward, und HEALY, David: Shock Therapy. A History of Electroconvulsive Treatment in Mental Illness. Rutgers University Press 2007

STAR, Susan Leigh: Triangulating clinical and basic research: British localizationists, 1870–1906. History of Science *24*, 29–48 (1986)

STENGEL-VON RUTKOWSKI, Lothar: Besprechung von Hans Nachtsheim. Vom Wildtier zum Haustier. Deutscher Glaube – Zeitschrift für arteigene Lebensgestaltung, Weltschau und Frömmigkeit Heft Mai, S. 275 (1937)

STRUGHOLD, Hubertus: Die Höhenwirkung im Lichte nervenphysiologischer Betrachtung. Luftfahrtmedizin *2/3*–4, 210–222 (1938)

SUNDER RAJAN, Kaushik: Biokapitalismus. Werte im postgenomischen Zeitalter. Frankfurt (Main): Suhrkamp 2009

WEINDLING, Paul: Genetik und Menschenversuche in Deutschland 1940–1950. Hans Nachtsheim, die Kaninchen von Dahlem und die Kinder vom Bullenhuser Damm. In: SCHMUHL, Hans-Walter (Hrsg.): Rassenforschung an Kaiser-Wilhelm-Instituten vor und nach 1933. Geschichte der Kaiser-Wilhelm-Gesellschaft im Nationalsozialismus. S. 245–274. Göttingen: Wallstein 2003

WINAU, Rolf: Der Menschenversuch in der Medizin. In: EBBINGHAUS, Angelika, und DÖRNER, Klaus (Hrsg.): Vernichten und Heilen. Der Nürnberger Ärzteprozeß und seine Folgen. S. 93–109. Berlin: Aufbau-Verlag 2001

PD Dr. Alexander VON SCHWERIN
Technische Universität Braunschweig
Abteilung für Geschichte der Naturwissenschaften
mit Schwerpunkt Pharmaziegeschichte
Beethovenstraße 55
38106 Braunschweig
Bundesrepublik Deutschland
E-Mail: a.schwerin@tu-bs.de

Zur „Belastung“ in wissenschaftlichen Institutionen und Akademiekontexten

NAL-historica Nr. *86*, 141–175 (2024), doi: 10.26164/leopoldina_10_01238

„NS-Belastung" unter Akademiemitgliedern. Strategien der (Neu-) Ausrichtung im Nationalsozialismus am Beispiel der Psychiatrisch-Neurologischen Sektion der Leopoldina

Maike Rotzoll (Marburg)

Zusammenfassung

Der Beitrag untersucht an einer Gruppe von Neurologen, Psychiatern und Psychologen, Mitgliedern der Deutschen Akademie der Naturforscher Leopoldina im Zeitraum zwischen 1933 und 1945, die Positionierung von Ärzten und Wissenschaftlern zu den sich im Nationalsozialismus ergebenden Möglichkeiten und Spielräumen sowie deren Nutzung beispielsweise durch Kooperation mit dem NS-Regime oder veränderte Forschungsthemen. Es ergibt sich ein weites Spektrum der Reaktionsformen bis in die Alltagspraxis und Alltagsforschung mit Übergängen zu den Medizinverbrechen (Zwangssterilisation, Patientenmorde, verbrecherische Forschung am Menschen). Es wird versucht, die unterschiedlichen Reaktionsformen durch eine kollektive Biographie jener Gruppe und durch eine Typologie mit den fünf Typen „Nestoren", „führende Männer", „Praktiker", „Ideologen" und „Spezialisten" zu erschließen.

Abstract

With a group of neurologists, psychiatrists and psychologists, members of the German Academy of Natural Sciences Leopoldina between 1933 and 1945, the paper examines the positioning of doctors and scientists to the opportunities and leeway that arise in National Socialism and their exploitation for example through cooperation with the Nazi regime or changed research topics. The contribution reveals a wide spectrum of reaction forms up to everyday practice and research as well as transitions to medical crimes (forced sterilization, "euthanasia", coercive research). An attempt is made to analyse the different forms of reaction through a collective biography of that group ad by means of a corresponding typology with the five types "Nestors", "Leaders", "Practitioners", "Ideologists" and "Specialists".

1. Einleitung

Als der Bielefelder Historiker Hans-Walter Schmuhl (*1957) im Jahr 2016 die Gesellschaft Deutscher Neurologen und Psychiater im Nationalsozialismus beschrieb, stellte er mit der Fachgesellschaft oder doch ihrem inneren Zirkel eine Gruppe von Medizinern dar, die an einer Schnittstelle von Wissenschaft und institutionalisierter Politik operierten, Chancen nutzten, ihre eigenen Ziele und Programme voranzutreiben und in Politik umzusetzen, und ihrerseits dem Staat durch ihre wissenschaftliche Expertise zur Untermauerung von Legitimationsansprüchen nützlich waren.[1] So wurden im Nationalsozialismus aus Fachleuten für

1 Schmuhl 2016, S. 11–13, S. 15. Wenn von den getrennten Sphären „Wissenschaft" und „Politik" die Rede ist, sollte dies nicht den Blick darauf verstellen, dass Politik den Wissenschaften stets auch inhärent ist, hierzu Roelcke 2010a. Daher wird im vorliegenden Text zwischen den Sphären „Wissenschaft" und „institutionalisierte Politik" unterschieden. Dies gilt – ebenso wie die grundsätzlichen Überlegungen von Schmuhl – nicht nur für die Zeit des Nationalsozialismus. Siehe auch Martin et al. 2016a, b.

psychiatrische Genetik wie Ernst Rüdin (1874–1952), bald Vorsitzender der Gesellschaft Deutscher Neurologen und Psychiater, Experten für Erbgesundheits- und Bevölkerungspolitik – jedenfalls, wenn man als wissenschaftlichen Experten jemanden ansieht, der über den Wirkungskreis in der eigenen Disziplin hinaus in anderen Bereichen wie (Fach-)Politik, Bildung oder Medien/Öffentlichkeit gehört wird und Einfluss nehmen kann.[2]

Bekanntlich hatte Rüdin – schon bevor sich sein Netzwerk 1935 in der fusionierten psychiatrisch-neurologischen Fachgesellschaft durchsetzte und er deren Vorsitzender wurde[3] – großen Anteil an der Vorbereitung und Kommentierung des „Gesetzes zur Verhütung erbkranken Nachwuchses“.[4] Das Engagement auch jenseits der innerwissenschaftlichen Sphäre bot eine Chance zur Stärkung der Disziplin Eugenik, die zeitgenössisch als angewandte Wissenschaft aufgefasst wurde, aber – ähnlich wie etwa die Hygiene – auch als breiteres soziales und kulturelles Phänomen verstanden werden muss und bereits seit etwa 1900 steigende gesellschaftliche Anerkennung erfahren hatte.[5] Diese hatte sich nicht zuletzt in der Institutionalisierung der Genealogisch-Demographischen Abteilung an der 1917 gegründeten Münchener Forschungsanstalt für Psychiatrie manifestiert, deren Leiter Rüdin war.[6] 1924 war die Forschungsanstalt als Kaiser-Wilhelm-Institut für Psychiatrie in die renommierte Kaiser-Wilhelm-Gesellschaft aufgenommen worden; 1931 wurde Rüdin ihr Direktor.[7] Dass er eine Erweiterung seines Wirkungskreises über die *Scientific Community* hinaus anstrebte, wie sie ihm während der nationalsozialistischen Herrschaft gelang, und dass ihm für den angestrebten Weg die Aufnahme in die Leopoldina förderlich erschien, zeigt ein Schreiben, das er zum Dank für seine Wahl in die Akademie im Jahr 1932 an deren Präsidenten Emil Abderhalden (1877–1950) sandte. Die Aufnahme interpretierte er zudem als Anerkennung und Prestigegewinn für seine Disziplin:

> „Es ist mir eine große Freude, zu sehen, dass gerade von so hervorragender Seite wie der Ihrigen, die neue Forschungs-Richtung in der praktischen Bedeutung für unser Volk und die Menschheit gewürdigt wird. Und es ist für mich persönlich, dem es in der Sache menschlicher Erbforschung und menschlicher Erb-Prophylaxe nur nicht schnell genug vorwärts gehen kann, ein grosser Trost, mir sagen zu können, dass wenigstens andere Menschen nicht so pessimistisch über das Tempo denken, in welchem gegenwärtig die Erkenntnis der Grundlagen der menschlichen Erbgesundheit weiterschreitet. Die Ernennung soll mir ein Ansporn sein, meine Anstrengungen zum Wohle des Deutschen Volkes zu verdoppeln.“[8]

2 Zu Rüdins Biographie im Überblick Weber 1993. In Abgrenzung zu Webers Auffassung, Rüdin habe nicht zu den Unterstützern der Patientenmorde gehört, und zu Rüdins aktiver Unterstützung von tödlicher Forschung an Patienten, vgl. Roelcke 2000 und Roelcke 2012 mit weiterer Literatur, sowie Schmuhl 2016, S. 288–293.

3 Schmuhl 2016, S. 128–132.

4 Den einflussreichen Kommentar zum „Gesetz zur Verhütung erbkranken Nachwuchses“ verfasste Rüdin gemeinsam mit dem Arzt und seit 1933 Ministerialbeamten im Reichsministerium des Innern Arthur Gütt (1891–1949) und dem Juristen Falk Ruttke (1894–1955): Gütt et al. 1934. Zur Rolle Rüdins für die Etablierung des Gesetzes Bock 1996, S. 84–85.

5 Roelcke 2010b.

6 Schmuhl 2016, S. 29.

7 Ebenda, S. 45.

8 Halle, Archiv Leopoldina, Matrikelmappe 4104, Ernst Rüdin, Brief Rüdin an Abderhalden vom 28.6.1932. Der Vorschlag zu seiner Wahl in die Leopoldina von Abderhalden ist am 23.6.1932 datiert und hebt Rüdins Forschung „auf dem Gebiete des Nervensystems (Problem der Vererbung usw.)“ hervor. Vom selben Tag stammt das Gutachten des Hallenser Psychiaters Alfred Hauptmann, das Fleiß, Organisationstalent und Scharfsinn hervorhebt und in der Aussage mündet: „Wenn wir heute in der Psychiatrie über erbgenetische Probleme etwas mehr wissen als vorher, auch wenn das Ergebnis jahrelanger Forschungen zum Teil negativer Natur war, so verdanken wir das in erster Linie Rüdin. Es wird der Akademie sicher zur Ehre gereichen, ihn zu ihren Mitgliedern zu zählen.“

RÜDIN ist vielleicht ein besonders instruktives Beispiel für eine Verschränkung von Wissenschaft/Medizin und institutionalisierter Politik, wie sie der Wissenschaftshistoriker Mitchell ASH (*1948) im Begriff der „Ressourcen füreinander“ auf den Punkt gebracht hat.[9] Als gefragter Experte war RÜDIN dem Regime nützlich, er war aber seinerseits ebenso Nutznießer des Regimes.[10] Als Reaktionsform RÜDINS auf die sich im Nationalsozialismus bietenden Möglichkeiten kann man den Ausbau seiner Spielräume an den Schnittstellen zu politischen Institutionen benennen, der es ihm erlaubte, sein eugenisches Programm in Politik umzusetzen. Seine „NS-Belastung“ ergibt sich aus den Medizinverbrechen von Zwangssterilisation, „Euthanasie“ und Unterstützung von tödlicher Forschung an Patienten, an denen er sich beteiligte.[11] Bezogen auf die Zwangssterilisation kann ihm Initiierung und Anbahnung, konzeptionelle Planung sowie innermedizinische und öffentliche Autorisierung zugeschrieben werden, bezogen auf die „Euthanasie“ machte ihn innermedizinische Autorisierung zum Täter.[12]

SCHMUHL hat in seinem Buch zur psychiatrisch-neurologischen Fachgesellschaft auch ein Spektrum idealtypischer Rollenmuster vorgeschlagen, die Akteure an der Schnittstelle zwischen Wissenschaft und Politik unter den Bedingungen nationalsozialistischer Herrschaft einnehmen konnten, und die sich aus spezifischen Konstellationen von Positionen, Ressourcen und Interessen ergaben.[13] RÜDIN findet man im Zentrum eines Netzwerkes mit einer zentralen Position in seinem Fachgebiet, dokumentiert durch die Leitung einer wichtigen Forschungseinrichtung mit den entsprechenden materiellen und personellen Ressourcen, mit hoher Reputation und sozialem Prestige. Er strebte nach Festigung der Deutungsmacht für das von ihm vertretene Paradigma, nach Sicherung der Interessen seiner Disziplin, nach Monopolisierung des Zugangs zur institutionalisierten Politik – dies entspricht SCHMUHLS Beschreibung des Typus der „Mandarine“.[14] SCHMUHLS Typologie bezieht sich auf aktive Mitglieder der psychiatrischen Fachgesellschaft, die eine gewisse Neigung gehabt haben dürften, Fachpolitik gestaltend auch in die „große“ Politik hinein zu agieren.

(Ebenda.) Zu dieser Befürwortung von RÜDINS Aufnahme in die Leopoldina durch den später emigrierten HAUPTMANN vgl. MARTIN et al. 2022, S. 43.

9 ASH 2002.

10 Die Kollusion zwischen RÜDIN und dem Regime ist am Beispiel der konkreten Forschungsfinanzierung detailliert dargestellt in ROELCKE 2006.

11 Während das „Gesetz zur Verhütung erbkranken Nachwuchses“ und somit die Zwangssterilisation in einem eindeutigen Verhältnis zur Eugenik steht, ist der Zusammenhang zwischen Eugenik und „Euthanasie“ Gegenstand von Debatten in der Geschichtswissenschaft. Seit einiger Zeit wird vermehrt die Auffassung vertreten, dass es sich bei den Patientenmorden nicht (ausschließlich) um eine Fortsetzung eugenischer Maßnahmen mit anderen Mitteln gehandelt hat, sondern dass hier ökonomische Motive im Vordergrund standen. Vgl. SCHMUHL 2011, S. 226; KAMINSKY 2017, 2021.

12 ROELCKE 2022, S. 163–164: Mit „innermedizinische Autorisierung“ ist beispielsweise gemeint, dass RÜDIN Mitautor einer „Denkschrift zur künftigen Entwicklung der Psychiatrie“ von 1943 war, welche die Möglichkeit von „Euthanasie“ für zukünftige psychiatrische Institutionen konzeptionell einschloss. Hinzu kommen die programmatische Forderung gegenüber dem Reichsforschungsrat aus dem Jahr 1942, die wissenschaftlichen Grundlagen für die Selektion von erblich belasteten schwerbehinderten Kindern zur „Euthanasie“ zu schaffen, und die konkrete personelle und finanzielle Unterstützung eines entsprechenden Forschungsprojekts in Heidelberg, hierzu ROELCKE 2002, S. 49; sowie ROELCKE 2012.

13 SCHMUHL 2016, S. 18–19. Der Typus des Mandarins ist von einer zentralen Position in der Sphäre der Wissenschaft gekennzeichnet, die dazu benutzt wird, dem jeweils vertretenen Paradigma Geltung zu verschaffen, auch unter Monopolisierung der Beziehungen des Faches zur institutionellen Politik.

14 Ebenda, S. 18 zur Beschreibung der Eigenschaften des Mandarins, S. 45, S. 72 und S. 129 (u. a.) zur entsprechenden Stellung RÜDINS. Vgl. ROELCKE 2006.

Hier soll der Versuch unternommen werden, weitere Reaktionstypen von Wissenschaftlern im Nationalsozialismus zu beschreiben, indem der Blick statt auf eine Fachgesellschaft auf eine unter anderen Gesichtspunkten zusammengesetzte Gruppe der gleichen Disziplin gelenkt wird, auf die Mitglieder der psychiatrisch-neurologischen Sektion der Leopoldina. Wie am Beispiel RÜDINS gezeigt, konnte die Mitgliedschaft in der Leopoldina als Prestigegewinn und somit durchaus als eine Ressource beim Streben nach (fach-)politischem Einfluss verstanden werden, zudem bot sie die Möglichkeit, das eigene Netzwerk zu verstärken.[15] Jedoch war die Leopoldina als selbstrekrutierende Gruppe anerkannter Forscher vieler medizinischer und naturwissenschaftlicher Fachrichtungen, ohne regelmäßige Treffen über die in Halle ansässigen Personen hinaus, für sich genommen keine Plattform für (fach-)politisches Agieren. In den Blick kommt mit der psychiatrisch-neurologischen Sektion ein breiterer Ausschnitt anerkannter Wissenschaftler dieses Faches. Für sie alle bestand die Notwendigkeit einer Positionierung zu den sich im Nationalsozialismus ergebenden Möglichkeiten und Spielräumen, und es stellt sich die Frage, ob und wie diese genutzt wurden.

Bei der Beschreibung der Gruppe ist in einem ersten Schritt zu hinterfragen, mit welchem Spektrum von Reaktionen die Wissenschaftler[16] auf die veränderten Bedingungen im Nationalsozialismus reagiert haben. Mögliche Reaktionen wären beispielsweise eine direkte Kooperation mit dem Regime, eine Veränderung der Forschungsthemen in Richtung der Kernthemen des NS (im Fall der Psychiatrie kriegswichtige Forschung und erbbiologische Forschung)[17] oder auch auf eine veränderte, eventuell mehr an die größere Öffentlichkeit gerichtete Publikationstätigkeit.

Die Frage, wie dies gegebenenfalls als individuelle „Belastung“ im Kontext ethischer Normen und Wertehierarchien zu bewerten ist, schließt sich dann in einem zweiten Schritt wieder an. Statt von „Belastung“ im Sinne einer formalisierten Zuschreibung aus der Entnazifizierung der Nachkriegszeit oder von „Schuld“ als einer juristischen Kategorie soll in diesem Aufsatz von Verantwortung ausgegangen werden, die die Psychiater in der Leopoldina mit ihrem konkreten Handeln in den Spielräumen ihrer jeweiligen wissenschaftlichen Ausrichtung und institutionellen Situation tragen.[18] Einige Mitglieder der psychiatrisch-neurologischen Sektion der Leopoldina sind als Täter von Medizinverbrechen im Nationalsozialismus

15 HALLING et al. 2018.

16 Da diese Gruppe ausschließlich aus Männern bestand, wird im Text durchgehend die männliche Form verwendet. Die Leopoldina war im Untersuchungszeitraum eine männlich dominierte Gelehrtengesellschaft. 1932 waren in der Akademie insgesamt fünf Frauen vertreten, jedoch keine in der psychiatrisch-neurologischen Sektion. Auch wenn es Bestrebungen gab, neben jüngeren Wissenschaftlern auch vermehrt Frauen aufzunehmen, änderte sich die Zuwahlpolitik in der Praxis diesbezüglich kaum: THIEL 2016, S. 189–190.

17 In dem Projekt zur Geschichte der Kaiser-Wilhelm-Gesellschaft im Nationalsozialismus sind drei Kernthemen identifiziert worden, die für das Regime und die Forschung dieser Zeit eine besonders große Rolle spielten: Rassenforschung, Raum- und Agrarforschung, Rüstungsforschung bzw. kriegswichtige Forschung: KAUFMANN 2000, S. 10; ASH 2010, S. 82.

18 Während der Begriff „Schuld“ als juristische Kategorie implizieren würde, es gehe lediglich um Verhaltensweisen, die gerichtlich sanktioniert werden würden (oder worden wären, wenn sie rechtzeitig zur Anklage gebracht worden wären), wird „Belastung“ häufig auf die reine Parteimitgliedschaft oder auf die Mitgliedschaft in weiteren NS-Organisationen reduziert. Letzteres ist unter anderem bedingt durch Verwendung der Terminologie von Belastung und Entlastung in den Entnazifizierungsverfahren der Nachkriegszeit, in den man sich hauptsächlich auf Mitgliedschaften und Ämtern in NS-Organisationen stützte. Vgl. FANGERAU et al. 2020, S. 7. Die Autoren sprechen sich jedoch dafür aus, auch „Aktivitäten, Vordenken, Mitgliedschaften in Parteigliederungen oder Wehrmachtseinheiten, Äußerungen, Alltagsverhalten, klinisches Handeln, Forschungshandeln“ (ebenda, S. 4) in die Beurteilung der „Belastung“ einzubeziehen.

zu beschreiben. In diesen Fällen greift der Ansatz einer mehrdimensionalen Tätertypologie, die Volker ROELCKE (*1958) kürzlich vorgeschlagen hat.[19] Dies gilt bezogen auf die untersuchte Gruppe mindestens für den erwähnten Ernst RÜDIN sowie für Maximinian DE CRINIS (1889–1945), auf deren Beteiligung an Medizinverbrechen in Veröffentlichungen zum Umgang der Leopoldina mit belasteten Mitgliedern mehrfach hingewiesen worden ist. Weiterhin werden von Annette HINZ-WESSELS (*1962) und von Sybille GERSTENGARBE (*1950) die Psychiater bzw. Hirnforscher Friedrich MAUZ (1900–1979), Hugo SPATZ (1888–1969) und Julius HALLERVORDEN (1882–1965) als „belastete“ Leopoldina-Mitglieder genannt, die jedoch erst nach 1945 in die Akademie aufgenommen wurden und in dem vorliegenden Aufsatz nicht berücksichtigt wurden.[20]

Die Zielrichtung dieses Textes ist es, am Beispiel der psychiatrisch-neurologischen Sektion ein Spektrum sowohl der Reaktionsformen von Medizinern und Psychologen auf die Bedingungen im Nationalsozialismus aufzuzeigen als auch den Blick auf ihre Alltagspraxis und Alltagsforschung in dieser Zeit zu lenken, einschließlich von deren Bezügen und Übergängen zu den Medizinverbrechen. Dieses Anliegen ordnet sich ein in eine Tendenz der jüngeren historischen Forschung, eine Wendung der Blickrichtung vom Ereignis der verbrecherischen Forschung hin zur Routine vorzunehmen, beispielsweise in dem von Volker ROELCKE angeregten Verbundprojekt zu medizinischen Dissertationen als exemplarischen Zugang zu „Alltagsforschung“.[21] Dieser Ansatz mit dem Fokus auf Arbeiten junger Medizinerinnen und Mediziner soll um einen anderen Bereich von Alltagspraxis, die Tätigkeit anerkannter Mitglieder der *Scientific Community*, ergänzt werden. Auch für die Psychiatriegeschichte gilt, dass sich die historische Forschung zu der Zeit des Nationalsozialismus bislang – in größerem Ausmaß erst seit den 1980er Jahren – vor allem auf die Medizinverbrechen als extreme Form des ärztlichen Verhaltens konzentriert hat, während die Alltagspraxis medizinischer Tätigkeit in Forschung und Krankenversorgung kaum thematisiert wurde.[22]

19 ROELCKE 2022. Auch ROELCKE plädiert dafür, Parteimitgliedschaft als ein „eher indirektes und damit schwaches Kriterium für Täterschaft“ (ebenda, S. 156) anzusehen und primär als ein Zeichen der Kooperationsbereitschaft gegenüber staatlichen und Parteiinstanzen zu verstehen, das noch keine expliziten Aussagen über das konkrete Handeln der Mediziner im Nationalsozialismus ermöglicht.

20 HINZ-WESSELS 2014, S. 377; GERSTENGARBE 2016b, S. 480. Zu Friedrich MAUZ vgl. SILBERZAHN-JANDT und SCHMUHL 2012, zu Hugo SPATZ und Julius HALLERVORDEN vgl. PEIFFER 1997; SCHMUHL 2000; TOPP und PEIFFER 2007; MARTIN et al. 2020d, S. 92–95. Aufgrund seiner neuropathologischen Forschungen wurde auch der Anstaltsarzt Max LIEBERS (1879–1956) im Jahr 1954 aufgenommen. Er gehört zu den Leopoldina-Mitgliedern, die keine akademische Laufbahn eingeschlagen hatten; er war seit 1929 Direktor der Heil- und Pflegeanstalt Zschadrass und schied 1944 aus Altersgründen aus dem sächsischen Anstaltsdienst aus. Während der nationalsozialistischen Patientenmorde war er demnach in Zschadrass, einer der Zwischenanstalten für die Tötungsanstalt Pirna-Sonnenstein, verantwortlich und in die Ziele der Transporte eingeweiht. Während dieser Zeit stieg die Sterblichkeit in Zschadrass erheblich an. Ab 1943 gingen Transporte aus Zschadrass in die Tötungsanstalten der dezentralen „Euthanasie“ Großschweidnitz und Meseritz-Obrawalde. Vgl. FAULSTICH 1998, S. 496–497.

21 ROELCKE und DUCKHEIM 2014.

22 Hier sind vor allem die bis heute gültigen Standardwerke über die historischen Entwicklungslinien von Rassenhygiene, Zwangssterilisation und NS-Euthanasie von Hans-Walter SCHMUHL 1987 und Gisela BOCK 1986 zu nennen. Als Grundlagenwerke der 1990er Jahre gelten die Arbeit von Henry FRIEDLANDER 1995 zu den Zusammenhängen von „Euthanasie“ und „Endlösung der Judenfrage“ und die Studie Heinz FAULSTICHS 1998 über das Hungersterben in der Psychiatrie. Eine Analyse des Krankenmords im Kontext der Gesundheitspolitik im nationalsozialistischen Deutschland im globalen Krieg nahm Winfried SÜSS 2003 vor, für eine Überblicksdarstellung vgl. ECKART 2012. Einen kurzen und grundlegenden Überblick bietet ROELCKE 2010c. Für die jüngere Zeit sind Arbeiten zu erwähnen, die den Fokus auf psychiatrische Alltagspraxis legen und dabei die Zeit des Nationalsozialismus einbeziehen, als Beispiele COCHÉ 2017 und GAWLICH 2018. Für einen aktuellen Überblick zum Thema Medizin im Nationalsozialismus vgl. CZECH et al. 2023.

Eine kollektive Biographie einer größeren Gruppe von Psychiatern und Neurologen – beispielsweise der Mitglieder der entsprechenden Sektion der Leopoldina – unter Einbeziehung ihrer Forschungspraxis und ihrer klinischen Praxis könnte einen Beitrag dazu leisten, diese Forschungslücke zu schließen. Das Potenzial biographischer Studien hat in jüngster Zeit insgesamt wieder mehr Beachtung gefunden.[23] Will man über Einzelbiographien hinausgehend jedoch Spezifika der Forschung einer Epoche, Standards in ihrerzeit anerkannter Wissenschaft erfassen, so ist die Analyse einer größeren Gruppe erforderlich. Diese Methode ermöglicht eine Systematisierung mithilfe einer Typenbildung und lässt zudem generationelle Unterschiede in den Blick geraten.[24] Der vorliegende Text setzt sich allerdings nicht das umfassende Ziel, die Alltagspraxis der untersuchten Gruppe auch auf der Basis ihrer Publikationen umfassend zu erschließen, es soll in einem ersten Schritt lediglich der Vorschlag einer Typologie von Reaktionsmustern auf die veränderten Bedingungen im Nationalsozialismus vorgelegt werden.

2. Die psychiatrisch-neurologische Sektion der Leopoldina im Nationalsozialismus

Als Basis für das Sample der vorliegenden Untersuchung wurden diejenigen Wissenschaftler aus der Sektion Psychiatrie, Medizinische Psychologie und Neurologie bestimmt, die zwischen 1933 und 1945 bereits Mitglieder waren oder in dieser Zeit neu aufgenommen wurden. Die Sektion Psychiatrie, Medizinische Psychologie und Neurologie wurde zwar erst 1971 durch Zusammenschluss gebildet (zuvor war die 1937 gegründete Sektion für Psychologie eigenständig gewesen),[25] jedoch erschien ein Einbeziehen der Psychologen im Hinblick auf die Fragestellung nach Reaktionsmustern aufgrund der kontrastierenden Vergleichsmöglichkeiten zwischen zwei unterschiedlichen Berufsgruppen erstrebenswert. Die Psychiater und Neurologen der Leopoldina waren in der NS-Zeit in zwei Fachgruppen mit jeweils eigenen Obmännern für Psychiatrie und Neurologie organisiert.

Bei der psychiatrischen und der neurologischen Sektion der Leopoldina handelte es sich nach dem Mitgliederverzeichnis von 1933 um eine überschaubare Gruppe von 15, meist bereits einer älteren Generation angehörenden Wissenschaftlern, darunter fünf im Ausland.[26] Zehn hatten ihren Arbeitsort im Deutschen Reich (6) oder in Österreich (4). Drei von ihnen stammten aus jüdischen Familien: Alfred Hauptmann (1881–1948) emigrierte gezwun-

23 Paradigmatisch für die Erforschung medizinischer Forschung „zwischen Klinik und Konzentrationslager“, vor allem über Biographien, insbesondere Weindling 2017. Auch in Studien zu Universitäten im Nationalsozialismus erfolgt der Zugriff häufig über Biographien, vgl. z. B. Hofer 2018 oder Schmiedebach 2018. Zum Potential von Biographien für die Medizin- und Wissenschaftsgeschichte bereits Gradmann 1998.

24 Zur Berücksichtigung unterschiedlicher Generationen in kollektivbiographischen Studien vgl. Willer 2009; Schröder 2011, S. 80–81. Zur Verwendung des Generationenbegriffs in der Wissenschaftsgeschichte Thiel 2004. Eine kollektive Biographie von Psychiatern und Neurologen im Dienst des deutschen Heeres im Nationalsozialismus legte Berger 1998 vor. Allgemein zur Kollektivbiographie Schröder 1985, zu ihrer Bedeutung in der Wissenschaftsgeschichte Harders und Lipphardt 2006.

25 Gerstengarbe 2016a, S. 388.

26 Ausländische Mitglieder der psychiatrischen und der neurologischen Fachgruppe 1933: Psychiatrie: Eugen Bleuler (Schweiz, 1857–1939, Zuwahl 1932); Adolf Meyer (USA, 1866–1950, Zuwahl 1927); Neurologie: Robert Bing (Schweiz, 1878–1956, Zuwahl 1932); Henry Head (Großbritannien, 1861–1940, Zuwahl 1932); Gheorge Marinescu (Rumänien, 1863–1938, Zuwahl 1932). Interessanterweise kamen vier von ihnen 1932 hinzu, als unter der Präsidentschaft von Abderhalden mit 217 Neumitgliedern besonders viele Mitglieder zugewählt wurden, darunter etwa 60 % Wissenschaftler aus dem Ausland: Gerstengarbe 2016a, S. 363.

genermaßen 1939 aus dem Deutschen Reich über London in die USA,[27] Otto MARBURG (1874–1948) wanderte nach dem „Anschluss“ Österreichs 1938 aus Wien in die USA aus.[28] Paul KARPLUS (1866–1936) starb 1936 in Wien.[29] Die jüdischen Mitglieder wurden zum Teil im Mitgliederverzeichnis von 1937 noch geführt, 1938 jedoch gestrichen.[30]

Aufgrund der Fragestellung unterschiedlicher Reaktionsmuster im nationalsozialistischen Regime werden im Folgenden nur die im Deutschen Reich und Österreich verbliebenen bzw. neu aufgenommenen Mitglieder berücksichtigt, auch wenn noch Wissenschaftler anderer Länder hinzukamen.[31] Zwar konnten auch Wissenschaftler außerhalb des Deutschen Reiches ab 1933 bzw. Wissenschaftler außerhalb Österreichs durchaus aus der Ferne auf die Veränderungen dort im Nationalsozialismus reagieren, jedoch lässt sich ihre Situation nicht systematisch mit derjenigen ihrer innerhalb des „Altreiches“ lebenden Kollegen vergleichen.[32]

Zu der untersuchten Gruppe gehören also sieben Psychiater und Neurologen, die schon 1933 im Mitgliederverzeichnis enthalten waren. Dazu zählt auch Theodor ZIEHEN, der sich allerdings schon Jahrzehnte zuvor (1912) aus der Psychiatrie in die Philosophie zurückgezogen hatte, 1919 in die Sektion Physiologie aufgenommen worden war und 1937 der Sektion Psy-

27 KREUTER 1996, Bd. 2, S. 521–523; KUMBIER und HAACK 2002, S. 207; MARTIN et al. 2022, S. 43–47.

28 TRIARHOU 2008.

29 KREUTER 1996, Bd. 2, S. 691–693.

30 Zum Umgang der Leopoldina mit ihren jüdischen Mitgliedern GERSTENGARBE 2016a, S. 389–399: Nach der Reichspogromnacht wurden die jüdischen Mitglieder gestrichen, ihre Karteikarten aussortiert. Nach dem Krieg wurden die jüdischen Mitglieder stillschweigend wieder eingefügt. Sie wurden im Nationalsozialismus aus ihren universitären Positionen entlassen und waren von Vernichtung bedroht, sofern sie nicht emigrierten. Ihre Reaktionen auf das nationalsozialistische Regime sind daher nicht mit denen ihrer Kollegen vergleichbar, die vom Gesetz zur Wiederherstellung des Berufsbeamtentums nicht betroffen waren. Vgl. auch GERSTENGARBE 2014.

31 Fünf Wissenschaftler aus anderen Ländern bis 1937 und weitere sechs bis 1945 dokumentieren das fortbestehende Interesse an internationalen Mitgliedern. Zur Internationalisierung unter ABDERHALDEN vgl. GERSTENGARBE 2016a, S. 361–381. Seit Februar 1936 musste die Leopoldina bei der Zuwahl ausländischer Mitglieder eine Genehmigung des Auswärtigen Amtes einholen, seit Mai 1938 zudem die Genehmigung des Reichsministeriums für Erziehung, Wissenschaft und Volksbildung: GERSTENGARBE 2016a, S. 367. Ausländische Mitglieder, die zwischen 1933 und 1937 aufgenommen wurden: Fachgruppe Psychiatrie: Carl Gustav JUNG (1875–1961, Schweiz, Zuwahl 1934); Karoly SCHAFFER (1864–1939, Ungarn, Zuwahl 1933); Fachgruppe Neurologie: Bernardus BROUWER (1881–1949, Niederlande, Zuwahl 1936); Harvey CUSHING (1869–1939, USA, Zuwahl 1932); Gordon HOLMES (1876–1965, Großbritannien, Zuwahl 1936). Der italienische Neurologe Ottorino ROSSI (1877–1936) wurde im November 1933 in die Leopoldina aufgenommen, findet sich daher noch nicht im Mitgliederverzeichnis von 1933 und aufgrund seines Todes 1936 auch nicht im Mitgliederverzeichnis von 1937. Ausländische Mitglieder mit Aufnahme 1937 bis 1943: Ugo CERLETTI (1877–1963, Italien, Zuwahl 1943), Jakob KLAESI (1883–1980, Zuwahl 1943). Die Aufnahme von Mitgliedern aus Italien und der Schweiz noch während der Kriegszeit ist typisch für die Leopoldina in diesen Jahren, während Wissenschaftler aus Ländern, mit denen das Deutsche Reich Krieg führte, nicht aufgenommen wurden. Bis 1939 hatte die Zahl neu aufgenommener ausländischer Mitglieder sehr hoch gelegen, bis 1941 meist über 40%: GERSTENGARBE 2016a, S. 363 und S. 367.

32 Beispiel für eine solche Reaktion auf die veränderten Bedingungen im Deutschen Reich ist die des schwedischen Neurochirurgen Herbert OLIVECRONA (1891–1980). Er wurde 1936 für die Aufnahme in die Leopoldina vorgeschlagen, jedoch nicht aufgenommen, da er als eine Anlaufstelle für aus dem Deutschen Reich emigrierte Personen galt. Daher wurde er erst 1953 in die Leopoldina aufgenommen (vgl. Archiv Leopoldina, Matrikelmappe 4784, Herbert OLIVECRONA: Das Auswärtige Amt hatte Bedenken angemeldet, nachdem Informationen von der deutschen Gesandtschaft in Stockholm eingeholt worden waren. Zitat aus dem Schreiben der Deutschen Gesandtschaft Stockholm vom 30.3.1936: „Bevor ich weitere Ermittlungen über die gegenwärtige Einstellung des bekannten Stockholmer Gehirnspezialisten, Prof. Dr. Olivecrona, zu Deutschland einziehe, darf ich darauf aufmerksam machen, dass der Genannte mit einer Nichtarierin verheiratet ist und – soweit hier bekannt – in letzter Zeit auch deutsche Nichtarier als Volontäre in seiner Klinik angestellt hatte.“). Zu OLIVECRONA und dessen Biographie vgl. EISENBERG 2022.

Tab. 1 Die Mitgliedschaft in der Leopoldina von Psychiatern, Neurologen und Psychologen aus dem Deutschen Reich und Österreich zwischen 1933 und 1945

Psychiater und Neurologen im Mitgliederverzeichnis 1933 (Deutsches Reich und Österreich)	**Weitere Psychiater und Neurologen im Mitgliederverzeichnis von 1937**	**Psychiater und Neurologen aufgenommen 1937 bis 1943 (Deutsches Reich und Österreich)**	**Psychologische Sektion 1937–1943 (Deutsches Reich und Österreich)**
Gaupp, Robert (1870–1953) Zuwahl 1909	Bonhoeffer, Karl (1868–1948) Zuwahl 1936	Berger, Hans (1873–1941) Zuwahl 1937	Driesch, Hans (1867–1941) Zuwahl 1904
Karplus, Johann Paul (1866–1936, jüdisch) Zuwahl 1909	Bumke, Oswald (1877–1950) Zuwahl 1936	Kleist, Karl (1879–1960) Zuwahl 1939	Jaensch, Erich (1883–1940), Zuwahl 1919
Marburg, Otto (1874–1948, emigriert USA) Zuwahl 1914	Kretschmer, Ernst (1888–1964) Zuwahl 1936	Nonne, Max (1861–1959) Zuwahl 1940	Krueger, Felix (1874–1948) Zuwahl 1932
Ziehen, Theodor (1862–1950), Zuwahl 1919	Lange, Johannes (1891–1938) Zuwahl 1936	Pette, Heinrich (1887–1964) Zuwahl 1940	Groos, Karl (1861–1946) Zuwahl 1938
Wagner-Jauregg, Julius (Wien, 1857–1940) Zuwahl 1925	Gamper, Eduard (1887–1938) Zuwahl 1936	Schaltenbrand, Georges (1897–1979) Zuwahl 1941	Schumann, Friedrich (1863–1940) Zuwahl 1938
Hauptmann, Alfred (1881–1948, emigriert USA) Zuwahl 1929		Bostroem, August (1886–1944) Zuwahl 1943	Ach, Narziß (1871–1946) Zuwahl 1938
Hartmann, Friedrich (1871–1937) Zuwahl 1932		de Crinis, Maximinian (1889–1945) Zuwahl 1943	Wirth, Wilhelm (1876–1952), Zuwahl 1938
Foerster, Otfried (1873–1941) Zuwahl 1932			Sander, Friedrich (1889-1971) Zuwahl 1940
Pfeifer, Richard Arwed (1877–1957) Zuwahl 1932			von Allesch, Johannes (1882–1967) Zuwahl 1940
Rüdin, Ernst (1874–1952) Zuwahl 1932			Marbe, Karl (1869–1953) Zuwahl 1940
			Kroh, Oswald (1887–1955) Zuwahl 1940
			Lersch, Philipp (1898–1972) Zuwahl 1941
			Simoneit, Max (1896–1962) Zuwahl 1941
			Hellpach, Willy (1877–1955) Zuwahl 1944

chologie zugerechnet wurde.[33] Bis 1943 kamen zwölf weitere Neurologen und Psychiater hinzu. Zudem sind die Mitglieder der 1937 neu eröffneten Sektion Psychologie zu berücksichtigen. Bei ihrer Eröffnung wurden vier Wissenschaftler aus anderen Sektionen überführt,

33 Gundlach 2014, S. 233.

einer aus dem Ausland neu aufgenommen.[34] Bis 1943 wurden zwölf weitere Mitglieder aufgenommen, darunter einer aus dem Ausland.[35] Es ist bereits darauf hingewiesen worden, dass der – rasche – Aufbau der neuen Sektion parallel zur Professionalisierung des Faches Psychologie während des Nationalsozialismus verlief, und dass auch deswegen eine „dem Staat genehme Gruppe von Psychologen in die Leopoldina“ gekommen sei.[36] Durch die psychologische Sektion kommen insgesamt 14 für die Analyse in diesem Text zu berücksichtigende Wissenschaftler hinzu.[37] Insgesamt ist eine Gruppe von 33 Wissenschaftlern zu betrachten.

Wenn die Mitglieder der Gruppe nun – vom Material im Archiv der Leopoldina ausgehend – zunächst nach den am meisten auffallenden Reaktionen auf den Nationalsozialismus in Gruppen eingeteilt werden, geht es um Typenbildung, also um das Auffinden von überindividuellen Regelmäßigkeiten in ihren Reaktionsmustern.[38] Dabei sind in einigen Fällen sicherlich Mehrfachnennungen möglich, gleichwohl soll eine Zuordnung zu dem am besten passend erscheinenden Typus erfolgen. Quellen sind in den Matrikelmappen der Leopoldina vor allem die Wahlvorschläge, da sie Hinweise geben können, wie Wissenschaftler zeitgenössisch eingeschätzt wurden. Interessant im Sinne der Fragestellung sind in den Matrikelmappen insbesondere die dort in großer Anzahl erhaltenen Selbstbeschreibungen als Wissenschaftler.[39]

In diesen vorläufigen Vorschlag einer Typologie fließen verschiedene Faktoren ein, wie die Position, die den Spielraum im akademischen und im politischen Raum mitbedingte, und die spezifische Disziplin, die bestimmte Anknüpfungspunkte zur politischen Sphäre bot. Auch wird die Generation im Sinne von nahe aneinander liegenden Geburtsjahrgängen berücksichtigt, unter der Vorstellung, dass für solche Generationen (auch von Wissenschaftlern) durch gemeinsame historische und kulturelle Prägung tendenziell „bestimmte Arten und Weisen des Erlebens, Denkens, Fühlens und Handelns ausgeschlossen, andere dagegen dominant sind“.[40] Für den vorliegenden Kontext werden fünf Typen vorgeschlagen: „Nestoren“, „führende Männer“, „Praktiker“, „Ideologen“ und „Spezialisten“.

34 Wann diese Sektion genau gegründet wurde, ist nicht klar. 1937 wurde sie erstmals im Mitgliederverzeichnis (Abderhalden 1937) erwähnt und zählte zu diesem Zeitpunkt fünf Mitglieder, die teils aus anderen Sektionen kamen. Gundlach 2014, S. 234; Gerstengarbe 2016a, S. 386: Erich Jaensch (1883–1940, Zuwahl 1919, zunächst Fachgruppe Physiologie, vgl. Gundlach 2014, S. 233–234), Hans Driesch (1867–1941, Zuwahl 1904, Biologe und Philosoph, zunächst Fachgruppe Physiologie), Agostino Gemelli (1878–1959, Zuwahl 1937), Felix Krueger (1874–1948, Zuwahl 1932, Psychologe und Philosoph, zunächst Fachgruppe Physiologie) und Theodor Ziehen (siehe oben). Zur Vereinigung mit der psychiatrisch-neurologischen Sektion 1971 vgl. Gundlach 2014, S. 236; Gerstengarbe 2016a, S. 388.

35 Gerstengarbe 2016a, S. 387. Ausländisches Mitglied der Sektion Psychologie war von Beginn an Agostino Gemelli, hinzu kam Charles Spearman (1863–1945, Zuwahl 1938). Gerstengarbe zählt auch den Schweizer Carl Gustav Jung zu den Mitgliedern dieser Sektion oder Fachgruppe, er wurde aber bereits 1937 bei der psychiatrischen Gruppe geführt.

36 Ebenda, S. 388. Siehe auch Gundlach 2014, S. 236.

37 Ohne die beiden ausländischen Mitglieder wären es eigentlich vier Mitglieder bis 1937 und 11 danach Aufgenommene, die Zahl 14 statt 15 ergibt sich, da Theodor Ziehen aufgrund seiner Zuordnung 1933 bereits bei den Psychiatern gezählt wird.

38 Schröder 2011, S. 151.

39 In den Matrikelmappen finden sich relativ regelmäßig Selbstbiographien in dafür vorgesehenen Formularen, in denen gezielt nach Ausbildung, Leistungen, wissenschaftlichen Reisen und Arbeitszielen gefragt wird.

40 Schröder 1985, S. 11. Vgl. auch Schröder 2011, S. 80–81, 138 und 141.

3. „Nestoren“

Die erste Gruppe älterer Wissenschaftler (geboren zwischen 1857 und etwa 1870) sollen als „Nestoren“ bezeichnet werden, da ihr Einfluss, ihre Autorität im Fach und gegebenenfalls auch außerhalb auf diesen Status zurückgeführt wurde.[41] Die langjährige Erfahrung dieser „Altmeister“ konnte sie zu gefragten Fachleuten machen – war ihre Erfahrung jedoch nicht (mehr) gefragt, konnten sie auch „verhinderte Experten“ sein.

Beispiel für einen „Nestor“ ist der Hamburger Neurologe Max NONNE (1861–1959).[42] Er war ein Wissenschaftler und Kliniker von internationalem Ruf und maßgeblich an der Etablierung der Neurologie als selbständiger Disziplin beteiligt. 1933 ging er mit 72 Jahren in den Ruhestand. Seine Wahl in die Leopoldina erfolgte 1940 im Alter von 79 Jahren. Eine der Begründungen für die Zuwahl, verfasst von dem Hallenser Internisten Georg GRUND (1878–1944), verweist direkt auf die politische Aktualität: „Hervorzuheben ist ferner noch besonders sein großes Verdienst um die Zerschlagung des Krankheitsbegriffs der so genannten traumatischen Neurose nach Oppenheim. [...] Diese Beseitigung der traumatischen Neurose kann in ihrer Bedeutung gar nicht hoch genug eingeschätzt werden, weil die demoralisierende Wirkung des Begriffes sich besonders in Kriegszeiten direkt verhängnisvoll geäußert hat.“[43] In der psychiatrisch-neurologischen Fachgesellschaft bemühte sich NONNE nicht ohne Erfolg, seinen Einfluss über Positionierungen für seine Schüler zu behaupten.[44] Teilweise begegneten dem „alten Mann“ dortige Akteure mit einer Art abfälligem Respekt – umgehen wollte oder konnte man ihn nicht.[45] Auch außerhalb der Fachgesellschaft konnte er seinen Status nutzen, auch um sich für Kollegen einzusetzen, die als Juden durch das „Gesetz zur Wiederherstellung des Berufsbeamtentums“ entlassen wurden.[46] Ebenso hielt er es nach dem

41 Dieser Begriff wurde schon von SCHMUHL 2016 verwendet.

42 Halle, Archiv Leopoldina, Matrikelmappe 4566, Max NONNE. KREUTER 1996, Bd. 2, S. 1039–1045; WULF 1999; MARTIN et al. 2020a (hier wird auf S. 14 der Begriff „Nestor“ im Kontext der Neurologie angewandt: „So galt er auch lange Zeit als der hoch verdiente und geehrte Nestor der deutschen Neurologie, dem (nicht zuletzt auch aufgrund seines Alters) keinerlei Nähe zum nationalsozialistischen Gedankengut unterstellt wurde.“).

43 Halle, Archiv Leopoldina, Matrikelmappe 4566, Max NONNE, Wahlvorschlag von GRUND. Zu GRUNDS Biographie: https://www.catalogus-professorum-halensis.de/grundgeorg.html [20. 5. 2024]. GRUND, der im Ersten Weltkrieg als fachärztlicher Beirat eines Reservelazarettes und im Zweiten Weltkrieg als beratender Internist eines Wehrkreises tätig war, maß in seinem Vorschlag von 1940 der „Zerschlagung“ des Krankheitsbegriffs der traumatischen Neurose große Bedeutung bei. Die Auseinandersetzung unter Psychiatern über diese Diagnose während des Ersten Weltkriegs hatte große Bedeutung aufgrund des relativ häufigen Auftretens von „Kriegszitterern“ oder Soldaten mit weiteren Symptomen, bei denen die organische bzw. psychogene Ursache umstritten war. In damaliger militärpsychiatrischer Einschätzung war das Phänomen bedrohlich, da es bei größerer Ausbreitung die militärische Stärke des Heeres herabsetzen könnte. Während der Berliner Neurologe Herrmann OPPENHEIM (1857–1919) von einer organischen Genese der „traumatischen Neurose“ ausging und entsprechend Schonung der Betroffenen empfahl, diagnostizierten Andere „Kriegsneurosen“ oder „Kriegshysterien“ und gingen von einer (unbewussten) psychischen Genese aus, gegen die teils martialische Therapien eingesetzt wurden. Bei dem Münchener Kongress der Psychiater und Neurologen von 1916 setzten sich die Gegner OPPENHEIMS, zu denen auch BONHOEFFER gehörte, mit ihrer Auffassung durch. Zu der Auseinandersetzung um die Diagnose der „traumatischen Neurose“ RAUH 2018.

44 NONNE war überzeugt, über seine „Schule“ weiter Einfluss auszuüben: „Eine grosse Reihe von Schülern ist aus meiner Abteilung hervorgegangen: 7 Ordinarien [...] sitzen auf deutschen Lehrstühlen. Die drei staatlichen Neurologen-Stellen in Hamburg, in Eppendorf, St. Georg und Barmbeck, werden von Schülern von mir geleitet.“

45 Vgl. SCHMUHL 2016, S. 147, aus einem Brief von RÜDIN an Paul NITSCHE (1876–1948) vom 19.5.1936.

46 So hatte sich NONNE u. a. für einen ehemaligen Schüler, das Leopoldina-Mitglied Alfred HAUPTMANN eingesetzt; MARTIN et al. 2020a, S. 20.

Krieg mit ehemaligen NSDAP-Mitgliedern – für ihn stand dabei offenbar die Zugehörigkeit zum eigenen Netzwerk im Vordergrund.[47]

Aktiv als Experte befragt wurde er 1941 in einer „geheimen Reichssache“ von dem Hamburger Arzt und Gesundheitssenator Friedrich OFTERDINGER (1896–1946), der für die Durchführung der „Kindereuthanasie“ an den beiden Hamburger Kinderfachabteilungen zuständig war.[48] NONNE, der kein Mitglied der NSDAP war,[49] wurde im Kontext der Gründung dieser Abteilungen beauftragt, eine Denkschrift über die Zulässigkeit der „Euthanasie“ zu erstellen. In seinem Text schließt sich NONNE teils wortwörtlich der Auffassung von Karl BINDING (1841–1920) und Alfred HOCHE (1865–1943) bzw. ihrem Werk *Die Freigabe der Vernichtung lebensunwerten Lebens* von 1920 an.[50] Insofern hat NONNE mit seiner Expertise zur Implementierung der „Kindereuthanasie“ in Hamburg beigetragen. Nach dem Krieg im Ermittlungsverfahren gegen beteiligte Ärztinnen und Ärzte noch zweimal als Sachverständiger befragt, bekräftigte er die zuvor geäußerte Auffassung.[51] NONNE machte in seiner Stellungnahme von 1946 deutlich, dass seine Auffassung und seine Autorität mit seiner Jahrzehnte währenden Tätigkeit zusammenhing: Schon Jahre vor dem Erscheinen von *Die Freigabe der Vernichtung lebensunwerten Lebens* im Jahr 1920 habe er mit dem befreundeten Autoren Alfred HOCHE diese Frage erörtert und „oft unsere beiderseitige Übereinstimmung festgestellt“.[52]

Als Beispiel für einen „verhinderten Experten“ dieser Gruppe soll Robert GAUPP (1870–1953) genannt werden, der ebenfalls bekannte und zumindest aus eigener Sicht schulbildende Tübinger Ordinarius.[53] Er ging 1936 mit 66 Jahren widerwillig in den Ruhestand.[54] Im Nationalsozialismus hätte er durchaus ein gefragter Ratgeber sein können: Er war ein frühes Mitglied der Gesellschaft für Rassenhygiene, Befürworter der Sterilisation und hatte zu dieser Thematik auch mehrfach publiziert.[55] In einem 1943 für die Leopoldina verfassten Lebenslauf schrieb er aber, bezüglich der neuen Entwicklungen in der Psychiatrie komme ihm in seiner Zurückgezogenheit „kein maßgebendes Urteil zu“. Der Leopoldina gegenüber

47 MARTIN et al. 2020a, S. 20.

48 BURLON 2009, S. 195–199; MARTIN et al. 2020a, S. 14–20.

49 MARTIN et al. 2020a, S. 13.

50 Beispielsweise formuliert er, dass auch bei „unheilbar Geisteskranken“ eine „Euthanasie“ erlaubt sein sollte und dass man mit „vernünftiger Aufklärung“ der Öffentlichkeit nahebringen sollte, „daß die Beseitigung der geistig völlig Toten kein Verbrechen, keine moralische Handlung, keine gefühlsmäßige Rohheit, sondern ein erlaubter nützlicher Akt ist“. Es wird deutlich, dass NONNE auch Kenntnis der bereits laufenden „Aktion T4“ hatte. Die Denkschrift für OFTERDINGER von 1941 ist abgedruckt in BURLON 2009, S. 279–283, hier S. 283. Weiterhin ist sie als Faksimile abgebildet in MARTIN et al. 2020a, S. 16–18. Das oben genannte Zitat aus HOCHES Teil des Buches *Die Freigabe der Vernichtung lebensunwerten Lebens* findet sich in BINDING und HOCHE 1920, S. 57. Zu diesem wirkmächtigen Text vgl. HOHENDORF 2013, S. 47–53.

51 Das Verfahren wurde nicht zu Ende geführt. Die beiden Dokumente wurden abgedruckt in BURLON 2009, S. 283–285 (Stellungnahme für das Landgericht Hamburg vom 9.2.1946), S. 285–286 (Stellungnahme 1949). Zum Einfluss von NONNES Stellungnahme auf die juristische Bewertung der Kinder-„Euthanasie“ vgl. MEYER-LENZ 2017.

52 NONNE, Stellungnahme für das Landgericht Hamburg vom 9. 2. 1946; in: BURLON 2009, hier S. 285.

53 Halle, Archiv Leopoldina, Matrikelmappe 3294, Robert GAUPP. KATNER 1964; KREUTER 1996, Bd. 1, S. 430–434. In dem in seiner Matrikelmappe enthaltenen Lebenslauf nennt GAUPP eine Reihe von Schülern, darunter das Leopoldina-Mitglied Ernst KRETSCHMER.

54 GAUPP schrieb in einem Lebenslauf von 1943, er sei „volle 30 Jahre lang“ im Amt gewesen, „bis mich das neue Emeritierungsgesetz nötigte, mit 65 ½ Jahren […] zurückzutreten“. Halle, Archiv Leopoldina, Matrikelmappe 3294, Robert GAUPP, Lebenslauf von 1943, S. 5.

55 Noch 1935 hielt er einen Vortrag auf der Jahresversammlung Deutscher Neurologen und Psychiater und befürwortete dort, auch Kriminelle und „Psychopathen“ in das Gesetz zur Verhütung erbkranken Nachwuchses einzubeziehen. SCHMUHL 2016, S. 231.

äußerte er sich dennoch: „Ueber das Problem der Vernichtung des lebensunwerten Lebens, dem sich Hoche mit Binding zusammen erstmals grundsätzlich zuwandte, möchte ich heute hier nichts aussagen; ich bin nicht im Zweifel, dass hier vorübergehend Wege eingeschlagen wurden, die wieder verlassen werden müssen, um ohne Opferung der grundlegenden Gedanken neuen Fürsorgebestrebungen Platz zu machen.“[56] Auch Gaupp hatte sich früh mit Binding und Hoche auseinandergesetzt – in einer befürwortenden Rezension von 1920 in der *Deutschen Strafrechtszeitung*.[57] Man gewinnt den Eindruck eines Fachmannes, der gerne gefragt worden wäre und nun (1943) seine inzwischen skeptischen Gedanken für die Nachwelt im Leopoldina-Archiv niederlegte.

In die Gruppe der „Nestoren“ passt – jedenfalls für die überwiegende Zeit im Nationalsozialismus – auch Karl Bonhoeffer (1868–1948), der derselben Generation wie Nonne und Gaupp entstammte. Über Jahrzehnte war er als Ordinarius an der Berliner Charité (seit 1912, zuvor hatte er bereits andere psychiatrisch-neurologische Kliniken geleitet) eine zentrale und machtvolle Figur in seinem Fachgebiet. Dies zeigte sich auch in seiner Position als langjähriger Vorsitzender der psychiatrischen Fachgesellschaft (seit 1920),[58] doch im Kontext der Selbstgleichschaltung des Verbandes verloren Bonhoeffer und sein Netzwerk 1934 ihre führende Position an Rüdin.[59] 1938 wurde Bonhoeffer emeritiert, mithin könnte man ihn als einen Psychiater bezeichnen, der in den ersten Jahren des Nationalsozialismus von der Position eines „führenden Mannes“ in die Position eines „Nestors“ wechselte bzw. gedrängt wurde. Schließlich zog sich Bonhoeffer keineswegs freiwillig aus seinem Verbandsvorsitz zurück, und er setzte im Feld der Erbgesundheitspolitik zunächst durchaus eigene Akzente (was den Unmut seiner Gegenspieler hervorrief). Seine Reaktion auf das 1934 in Kraft getretene „Gesetz zur Verhütung erbkranken Nachwuchses“ war bereits im März dieses Jahres der erste Erbbiologische Kurs für Neurologen und Psychiater an der Psychiatrischen und Nervenklinik der Charité. Bonhoeffer lehnte die Sterilisation aus eugenischer Indikation nicht prinzipiell ab. Er sprach sich jedoch für ein gemäßigtes Vorgehen und eine Eingrenzung der Indikationen aus und hob in einem zweiten Kurs 1936 angesichts der schwerwiegenden Folgen für die Betroffenen die Verantwortung der psychiatrischen Gutachter für eine sorgfältige Einzelfalldiagnostik hervor.[60] In seinen für die Familie verfassten Lebenserinnerungen erwähnte er, dass ihm weitere erbbiologische Kurse untersagt worden seien.[61] Um eine gemäßigte Position in der Anwendung des „Gesetzes zur Verhütung erbkranken Nachwuchses“ zu propagieren, hatte Bonhoeffer offenbar zeitweilig durchaus erfolgreich seine Spielräume genutzt.[62] In die Leopoldina wurde er 1936 gewählt – zu einer Zeit, in der sein Einfluss bereits deutlich abgenommen hatte, jedoch in Anerkennung seines Lebenswerkes.[63]

56 Halle, Archiv Leopoldina, Matrikelmappe 3294, Robert Gaupp, Lebenslauf von 1943, S. 10–11. Gaupp fährt fort: „Auch das Sterilisierungsgesetz wird noch Wandlungen erfahren müssen, je mehr sich herausstellt, dass der Gesetzgeber uns hier ein sichereres Wissen zutraute, als wir es heute besitzen.“

57 Gaupp 1920.

58 Schmuhl 2016, S. 42: Bonhoeffer hatte den Vorsitz des Deutschen Vereins für Psychiatrie von 1920 bis 1934 mit zwei kurzen Unterbrechungen 1923/24 und 1930/31 inne.

59 Ebenda, S. 129–130.

60 Ebenda, S. 228–229 und 232 zum zweiten Kurs im März 1936.

61 Ebenda, S. 233.

62 Zu Bonhoeffers Position gegenüber der Sterilisation aus eugenischer Indikation vgl. auch Helmchen 2015 kontrovers zu Beddies 2010.

63 Möglicherweise ist es kein Zufall, dass Bonhoeffer von Gaupp vorgeschlagen wurde, der sich insofern in einer ähnlichen Situation befand, als er sich mit der Nestorenposition ins Abseits gedrängt sah. Er führte in seinem

Deutlicher ins Abseits geriet der Breslauer Neurologe Otfrid FOERSTER (1873–1941), den man ähnlich wie BONHOEFFER als einen bedeutenden Fachvertreter im Übergang vom „führenden Mann“ zum „Nestor“ ansehen könnte. Trotz großer Anerkennung galt er der Reichsärzteführung nicht als „Vertreter deutschen Arzttums“.[64] Diese Einschätzung beruhte offenbar zum Teil darauf, dass FOERSTERS Ehefrau jüdischer Herkunft war, ebenso wie einige seiner Assistenten. Ihm wird trotz dieser Umstände eine ambivalente Haltung zum Nationalsozialismus bescheinigt. Einerseits reagierte er auf den Nationalsozialismus mit sehr allgemeinen, aber durchaus pathetischen verbalen Annäherungen in seinen Vorträgen und Publikationen, trat aber nicht der NSDAP bei und änderte auch nicht sein wissenschaftliches Profil in Richtung des Erblichkeitsparadigmas.[65]

Der Gruppe der „Nestoren“ können weitere Wissenschaftler zugeordnet werden, die aufgrund ihres Alters während des Nationalsozialismus weitgehend nicht mehr im aktiven Berufsleben standen und die hier nicht ausführlich betrachtet werden können. Dazu gehört der österreichische Nobelpreisträger Julius WAGNER-JAUREGG (1857–1940)[66] sowie der in Graz tätige Ordinarius Friedrich HARTMANN (1871–1937). Hinzu kommen die Psychologen Karl GROOS (1861–1946) und Friedrich SCHUMANN (1863–1940), die 1938 in die Leopoldina gewählt wurden. Der Psychiater und Philosoph Theodor ZIEHEN (1862–1950) wurde 1919 in die Leopoldina gewählt und 1937 wie erwähnt der psychologischen Sektion zugeordnet. Dies gilt auch für den Biologen und Philosophen Hans DRIESCH (1867–1941), der bereits 1904 in die Leopoldina aufgenommen worden war. Mit diesem Wissenschaftler, einem Haeckel-Schüler, der in Leipzig den Lehrstuhl für Philosophie innehatte, sich aber auch als Psychologe betätigte, kommt das einzige Mitglied der hier zugrunde gelegten Gruppe in den Blick, das 1933 aus politischen Gründen seinen Lehrstuhl verlor: DRIESCH war engagierter Pazifist und setzte sich ausweislich seiner Autobiographie für von völkischer Hetze bedrohte Kollegen ein.[67]

Wahlvorschlag über BONHOEFFER aus: „seit sehr langer Zeit die ordentliche Professur für Psychiatrie und Neurologie in Berlin, ist einer der führenden Männer auf dem Gebiete der von ihm vertretenen Wissenschaft“ (Halle, Archiv Leopoldina, Matrikelmappe Nr. 4298, Karl BONHOEFFER), *de facto* könnte man jedoch BONHOEFFER spätestens ab 1938 nicht mehr den „führenden Männern“ zuordnen.

64 KATNER 1961, MARTIN et al. 2020e. Zu FOERSTERS Rolle in der psychiatrisch-neurologischen Fachgesellschaft vgl. SCHMUHL 2016, S. 81–91. FOERSTER galt als Neurologe von Weltrang, in seiner Matrikelmappe in der Leopoldina werden zahlreiche Ehrungen aufgezählt. Für die Leopoldina war er 1932 von ABDERHALDEN vorgeschlagen worden aufgrund seiner wissenschaftlichen Verdienste auf einem spezifischen Gebiet: „Försters Verdienste liegen auf dem Gebiete der Erforschung der Großhirnfunktion. Er hat anhand von Reizversuchen wesentlich zur Aufklärung von Zentren innerhalb der Großhirnrinde beigetragen.“ Halle, Archiv Leopoldina, Matrikelmappe Otfrid FOERSTER, Vorschlag ABDERHALDEN vom 17.3.1932. FOERSTER wurde 17-mal für den Nobelpreis vorgeschlagen, vgl. PALMEN et al. 2022. FOERSTER war Teil des maßgeblichen Netzwerks in der Gesellschaft Deutscher Nervenärzte, die bis 1935 mit dem Deutschen Verein für Psychiatrie vereinigt wurde. In diesem Prozess wurde FOERSTER marginalisiert. Ihm wurde unter anderem vorgeworfen, die Gesellschaft Deutscher Nervenärzte sei unter seinem Vorsitz „verjudet“ gewesen, und auch in seiner Klinik gäbe es zahlreiche jüdische Mitarbeiter (ebenda, S. 83–85).

65 Nach MARTIN et al. 2020e war FOERSTER nicht als Gutachter in Erbgesundheitsverfahren tätig (und, seit 1938 emeritiert, nicht in die Patientenmorde verstrickt).

66 Zu WAGNER-JAUREGG und der Kontroverse zu seiner Haltung zum Nationalsozialismus vgl. AUTENGRUBER et al. 2013, S. 58–60.

67 SCHEERER 1985, S. 40, erwähnt als Grund für die Entlassung DRIESCHS nach §4 des Gesetzes zur Wiederherstellung des Berufsbeamtentums neben Pazifismus das Eintreten für den Pazifisten und Mathematiker jüdischer Herkunft Emil Julius GUMBEL (1891–1966) und den pazifistischen Publizisten mit ebenfalls jüdischem Hintergrund Theodor LESSING (1872–1933). Beide wurden von völkischen bzw. nationalsozialistischen Studierenden Mitte der 1920er (LESSING) bzw. 1930/31 (GUMBEL) in extremer Weise angegriffen und boykottiert und verloren in der Folge dieser Ereignisse ihre Lehrerlaubnis. SCHEERER bezieht sich dabei auf die von DRIESCH 1938/39 niedergeschriebenen und 1951 aus seinem Nachlass veröffentlichten Lebenserinnerungen. Auch ALLESCH 2017b stützt sich in seiner Kurzbiographie für die Frage nach dem Entlassungsgrund 1933 auf die Lebenserinnerungen.

4. „Führende Männer“

Als eine zweite Gruppe stellen sich diejenigen dar, die sich durch eine machtvolle (akademische) Position und ein mittleres Alter charakterisieren lassen. In den Wahlvorschlägen für die Leopoldina werden sie nicht selten als „führende Männer“ bezeichnet. So heißt es zum Beispiel über den 1936 aufgenommenen Oswald BUMKE (1877–1950): „gehört zu den führenden Männern der deutschen psychiatrischen Wissenschaft“; oder über den ebenfalls 1936 aufgenommenen Ernst KRETSCHMER (1888–1964), er sei „die bekannteste und wissenschaftlich hervorragendste Persönlichkeit der mittleren Psychiatergeneration in Deutschland“.[68] Ähnlich wurde der Neurologe Heinrich PETTE (1887–1964) im Wahlvorschlag für die Leopoldina als „eine der führenden Gestalten in der deutschen Neurologie“ bezeichnet, auch da er – neben RÜDIN – den Vorsitz in der Gesellschaft deutscher Neurologen und Psychiater innehabe.[69] Zugehörigkeit zur „mittleren Generation“, „Bekanntheit“ und Einfluss im Fach erscheinen bedeutsam. Alle dieser Gruppe zugeordneten Personen bekleideten während der Zeit des Nationalsozialismus ein Ordinariat: Neben den genannten BUMKE, KRETSCHMER, RÜDIN und PETTE handelt es sich um den Leipziger Ordinarius August BOSTROEM (1886–1944), den in Frankfurt tätigen Karl KLEIST (1879–1960), den Breslauer Lehrstuhlinhaber Johannes LANGE (1891–1938) und schließlich den österreichischen Psychiater Maximinian DE CRINIS (1889–1945), der 1934 Ordinarius in Köln und 1938 an der Berliner Charité wurde.[70] Sicherlich ist es kein Zufall, dass sich für die Zeit des Zweiten Weltkriegs nur in der Gruppe der „führenden Männer“ beratende Psychiater des deutschen Heeres finden, denn für diese Aufgabe wurden explizit anerkannte (Universitäts-)Psychiater gesucht.[71] Doch auch wenn „praktisch jeder Lehrstuhlinhaber für diese Aufgabe angeworben wurde, haben nur 19 diese Tätigkeit auch tatsächlich ausgeführt“.[72] Daher waren unter den etwa 60 Beratenden Psychiatern im Zweiten Weltkrieg auch weitere Fachärzte aus Universitätskliniken und aus Heil- und Pflegeanstalten, die dann häufig beim Feldheer eingesetzt waren, während die Ordinarien vor allem dem Ersatzheer der einzelnen Wehrkreise zugeordnet waren.[73] Dies traf auf alle Leopoldina-Mitglieder unter den Beratenden Psychiatern dieser Zeit zu, also auf BOSTROEM, BUMKE, KLEIST, KRETSCHMER, PETTE und DE CRINIS. Hauptaufgaben der psychiatrischen Experten wa-

68 Halle, Archiv Leopoldina, Matrikelmappe 4301, Oswald BUMKE, Wahlvorschlag von Robert GAUPP, und Matrikelmappe 4304, Ernst KRETSCHMER, Wahlvorschlag ebenfalls von Robert GAUPP, beide 1936.

69 Halle, Archiv Leopoldina, Matrikelmappe 4572, Heinrich PETTE, Wahlvorschlag von Alexander STIEDA (1875–1966) vom 13.6.1940. Zu PETTES Position während des Nationalsozialismus MARTIN et al. 2020f, die zu dem Schluss kommen, dass PETTE vermutlich aus opportunistischen Motiven 1933 der NSDAP beitrat und das „Bekenntnis der deutschen Professoren an den deutschen Universitäten und Hochschulen zu Adolf Hitler und dem nationalsozialistischen Staat“ unterzeichnete, sich in Erbgesundheitsfragen eher zurückhaltend, jedoch insgesamt konform verhielt und ein „zentraler Akteur auf verbandspolitischer Ebene mit Kontakten zur Führungsebene in Partei und Regierung“ (S. 40) war.

70 BOSTROEM, KLEIST und DE CRINIS werden im weiteren Text behandelt. Johannes LANGE kann (am Rande) zu dieser Gruppe gezählt werden, da er von 1930 an Ordinarius für Psychiatrie in Breslau war. In der psychiatrisch-neurologischen Fachgesellschaft spielte er allerdings keine wichtige Rolle. Vgl. den Nachruf von GAUPP 1938, der LANGE als einen vielseitigen Gelehrten bezeichnet, der vor allem das Werk seines Lehrers KRAEPELIN fortgesetzt habe, mit einem besonderen Interesse auch für Zwillingsforschung und Eugenik. Er starb schon 1938 im Alter von 47 Jahren.

71 BERGER 1998, S. 34. BERGERS Monographie bezieht sich auf die Zeit des Zweiten Weltkriegs. In einer Liste der Beratenden Psychiater von 1938 werden in der Rubrik Reserve neben einigen anderen Ordinarien die Leopoldina-Mitglieder GAUPP und RÜDIN benannt, die in den späteren Listen nicht mehr auftauchen.

72 Ebenda, S. 235.

73 Ebenda.

ren die Beurteilung von Erkrankungen aus dem Fachgebiet, Bewertung von Dienstfähigkeit und Wehrdienstbeschädigung, Begutachtung im Rahmen von Militärgerichtsverfahren (bei denen die Gutachten eine entscheidende Rolle spielen konnten, zumal wenn die angeklagten Verhaltensweisen mit Todesstrafe bedroht waren) und Einschätzung der Stimmungslage in der Truppe.[74] Sie entschieden also mit ihrer wissenschaftlichen Autorität über Fragen von großer militärischer und politischer Relevanz. Dabei öffneten sich Handlungsspielräume, die stärker in Richtung einer Unterstützung des Regimes oder aber der Belange einzelner Soldaten genutzt werden konnten.

Anknüpfungspunkte für eine Kooperation mit dem Regime ergaben sich aber nicht nur auf militärischem Gebiet. Während RÜDIN, wie eingangs skizziert, in den politischen Bedingungen ab 1933 günstige Möglichkeiten erblickte, sein eugenisches Programm in Politik umzusetzen, und in ein kooperatives Verhältnis zum wechselseitigen Nutzen mit Repräsentanten des neuen Systems eintrat, lässt sich diese Strategie nicht bei allen „führenden Männern", zumindest in dieser ausgeprägten Weise, finden. Mit seiner fachlichen Ausrichtung lag die Anknüpfungsmöglichkeit bei RÜDIN besonders auf der Hand, während die anderen arrivierten Fachvertreter zwar alle die Sterilisationspolitik im Nationalsozialismus akzeptierten oder unterstützten, aber meistens bezüglich der in die Sterilisationen einzubeziehenden Personengruppe gemäßigtere Positionen vertraten.

Ein Beispiel für einen Vertreter dieser Gruppe, dessen Reaktionen auf die veränderten Verhältnisse als deutlich ambivalenter zu beschreiben sind, ist der Nachfolger auf dem Lehrstuhl Emil KRAEPELINS (1856–1926) in München, Oswald BUMKE. Nicht von ungefähr ist kürzlich eine Publikation zu seinem Verhalten im Nationalsozialismus unter dem Titel „Schweigen als Widerstand?" erschienen.[75] Tatsächlich dürfte die Beurteilung von BUMKES Verhalten im Nationalsozialismus, insbesondere mit Blick auf die Medizinverbrechen, in der Nachkriegszeit wesentlich durch dessen Autobiographie geprägt gewesen sein, in der er sich als Gegner des Nationalsozialismus stilisierte.[76] Das Buch *Erinnerungen und Betrachtungen. Der Weg eines Deutschen Psychiaters* hatte BUMKE nach der Ende 1945 erfolgten Amtsenthebung aufgrund von Vorwürfen der engen Kooperation mit dem nationalsozialistischen Staat und als Reaktion auf diese verfasst.[77] So nahm er dort dezidiert unter anderem zu der Frage Stellung, „wieso ich die ‚Veraschung' von Geisteskranken vom Herbst 1940 an nicht hätte verhindern können. Ich, der ich doch einer der führenden Psychiater Deutschlands gewesen wäre?"[78] Nach seiner rückblickenden Darstellung war BUMKE als Gegner des Nationalsozialismus seines vorhergehenden Einflusses weitgehend beraubt, aus den ehemaligen Ämtern herausgedrängt und in seinen Handlungsspielräumen eingeengt. Er legte damit nahe, dass er nichts gegen die „Aktion T4" habe unternehmen können, als er im Herbst 1940 über einen Assistenten davon

74 Ebenda, S. 237.

75 MARTIN et al. 2020b. Zur Biographie auch SCHIMMELPENNING 1993,

76 So stellte er in seiner Autobiographie die Frage: „Was ist denn nach 1933 für die Gegner des Nationalsozialismus überhaupt noch möglich gewesen?", BUMKE 1952, S. 149; vgl. MARTIN et al. 2020b, S. 30. Auf der formalen Ebene ist festzuhalten, dass BUMKE nicht Mitglied der NSDAP war, allerdings förderndes Mitglied der SS und des Nationalsozialistischen Lehrerbundes. Im Entnazifizierungsverfahren nach seiner Amtsenthebung 1945 wurde er dementsprechend als „entlastet" eingestuft. Zu BUMKES „zynische[r] Argumentation" zur Selbstentlastung in seiner Autobiographie KATER 2000, S. 238–239.

77 BUMKE 1952, S. 41. BUMKE leitet hier seine Erinnerungen ein, indem er über die zurückliegende Suspendierung berichtet und ankündigt, „über meine Erlebnisse Rechenschaft" zu geben. Die Autobiographie wurde 1946/47 verfasst, erschien allerdings erst nach BUMKES Tod im Jahr 1952. HIPPIUS et al. 2005, S. 127–128.

78 BUMKE 1952, S. 146; MARTIN et al. 2020b, S. 32.

erfahren habe.[79] Tatsächlich war BUMKE von mehreren Seiten bereits im Juli 1940 informiert worden, als unter anderem sein ehemaliger Assistent Karsten JASPERSEN (1896–1968) aus Bethel vergeblich versuchte, eine Allianz gegen die Patientenmorde zu schmieden. Er galt in diesem Kontext offenbar als ein Gegner der „Euthanasie“, der seinen Einfluss hätte geltend machen können. Allerdings tat er dies nicht, sondern verwies auf RÜDIN als Vorsitzenden der Fachgesellschaft.[80] BUMKE, 1934 Vorsitzender der Gesellschaft Deutscher Nervenärzte, war im Kontext der politisch erwünschten Vereinigung mehrerer Fachgesellschaften zur Gesellschaft Deutscher Neurologen und Psychiater von dem Netzwerk um RÜDIN marginalisiert worden.[81] Dies bedeutete jedoch nicht, dass BUMKE seinen Einfluss insgesamt verloren hätte. So wurde er auch während des Nationalsozialismus in politisch bedeutsame Gremien berufen: Seit 1940 war er Beratender Psychiater des Heeres,[82] seit 1942 Mitglied des wissenschaftlichen Senats des Heeressanitätswesens und seit 1944 des wissenschaftlichen Beirats von Karl BRANDT (1904–1948).[83]

Das Narrativ einer relativen Machtlosigkeit mag auch aus einem anderen Grund eine gewisse Überzeugungskraft entwickelt haben, aus dem Kontrast zu dem ebenfalls in München tätigen RÜDIN, dessen Einflussmöglichkeiten ab 1933/34 eindeutig gestiegen waren, und der in gewisser Hinsicht bereits in den 1920er Jahren als Gegenspieler BUMKES erschien. So äußerte BUMKE in Publikationen dieser Zeit Zweifel an der Reichweite des Erblichkeitsparadigmas in der Psychiatrie und Skepsis gegenüber Forderungen nach einer Sterilisation von Psychiatriepatienten.[84] Im Nationalsozialismus dagegen sprach er sich prinzipiell durchaus für die Zwangssterilisation aus.[85] Gerade Äußerungen zu diesem Themengebiet zeigen, dass BUMKE Gestaltungsspielräume identifizierte und auch nutzte. So äußerte er einige Kritikpunkte an der praktischen Durchführung des „Gesetzes zur Verhütung erbkranken Nachwuchses“ in einer zum Erfahrungsaustausch und zur Diskussion über Verbesserungsmöglichkeiten des Gesetzes einberufenen Versammlung am Rande der Jahresversammlung der psychiatrischen

79 BUMKE 1952, S. 146; MARTIN et al. 2020b, S. 32.

80 SCHMUHL 2016, S. 315: JASPERSEN hatte seine Facharztausbildung ab 1923 an der Münchener Klinik absolviert, die BUMKE seit 1924 leitete. Dies veranlasste JASPERSEN offenbar, einen seiner zahlreichen Briefe an Persönlichkeiten, von denen er sich Einflussnahme gegen die „Euthanasie“ versprach, an BUMKE zu versenden, ebenso wie an dessen früheren Oberarzt August BOSTROEM, inzwischen Ordinarius in Leipzig. Es ist ein Brief von BUMKE vom 20.7.1940 erhalten, in dem dieser auf RÜDIN verweist. In der Korrespondenz BOSTROEMS mit JASPERSEN wird ein Treffen zwischen BUMKE und BOSTROEM am 30.7.1940 erwähnt, bei dem BUMKE über ein zuvor stattgefundenes Gespräch mit RÜDIN berichtet habe (der keine Unterstützung in Aussicht gestellt hatte). BOSTROEM kontaktierte in der Folge ohne Erfolg weitere Kollegen, von BUMKE ist keine weitere Aktivität überliefert. Auch Werner VILLINGER (1887–1961) wandte sich etwas später an BUMKE und BOSTROEM (ebenda, S. 223), ebenso Gerhard SCHORSCH (1900–1992) im Juli an BOSTROEM, der versprach, das Thema mit BUMKE als dem seiner Ansicht nach einflussreichsten Ordinarius zu besprechen (ebenda, S. 327). Während BUMKE offenbar insgesamt passiv blieb, wurde BOSTROEM als aktiver eingeschätzt.

81 Ebenda, S. 79–96. SCHMUHL macht deutlich, dass von BUMKE wenig Gegenwehr ausging. Auf S. 90 zitiert er einen Brief von BUMKE an BONHOEFFER vom 21.9.1934, in dem BUMKE von einem Kleinkrieg schrieb, in dem er seine Kräfte nicht vergeuden wolle. Auch MARTIN et al. 2020b, S. 32, betonen die passive Haltung BUMKES im Zusammenhang mit der Marginalisierung in der neuen Fachgesellschaft.

82 MARTIN et al. 2020b, S. 32.

83 KREUTER 1996, Bd. 1, S. 206–209; BRÜCKNER et al. 2016; KLEE 2005, S. 84–85; BERGER 1998, S. 260–261.

84 STEINBERG 2008, S. 351–353. STEINBERG bezieht sich in seiner Argumentation vor allem auf BUMKES 1922 in zweiter Auflage erschienenes Werk *Kultur und Entartung* (Springer, Berlin; erste Auflage 1912). Siehe auch STEINBERG 2013.

85 SCHMUHL 2016, S. 224; MARTIN et al. 2020b, S. 30.

Fachgesellschaft im Mai 1934.[86] Auf regionaler Ebene in Bayern konnte er im Zusammenhang mit dem Sterilisationsgesetz ebenfalls Spielräume nutzen: Offenbar auf seine Intervention hin war bereits im April 1934 vom Staatsministerium des Innern verfügt worden, dass Universitätskliniken nicht als geschlossene Anstalten zu gelten hatten.[87] Noch 1936 war es ihm möglich, sich öffentlich gegen eugenische Schwangerschaftsabbrüche bei „Geisteskranken“ auszusprechen – in den von der Reichsärztekammer herausgegebenen *Richtlinien für Schwangerschaftsunterbrechung und Unfruchtbarmachung aus gesundheitlichen Gründen*.[88] Ob er allerdings seine Spielräume im klinischen Alltag tatsächlich nutzte, wie er nach dem Krieg behauptete, um Patientinnen und Patienten durch falsche Diagnosen vor der Zwangssterilisation zu schützen, bleibt unklar. Wahrscheinlich ist das angesichts von Bumkes früherer Angabe, „Erbkranke“ würden durch die Klinik regelhaft angezeigt, allerdings nicht.[89] Jedenfalls dürfte die Nachkriegsbehauptung Bumkes, er habe das „Gesetz zur Verhütung erbkranken Nachwuchses“ sabotiert, zumindest stark übertrieben sein.[90] Ebenso dürfte die von Hanns Hippius (1925–2021) und seinen Mitautoren aufgestellte Behauptung nicht oder nur in geringem Umfang den Tatsachen entsprechen, Bumke habe Verlegungen in die Anstalt Eglfing-Haar untersagt, nachdem er von der „Aktion T4“ und den Transporten aus der Anstalt

86 Schmuhl 2016, S. 218–228. So wies Bumke auf das Recht auf Berufung auch für als geschäftsunfähig angesehene Menschen hin, bei denen Erbgesundheitsgerichte die Sterilisation beschlossen hatten. Deswegen werde in München bei jedem Geschäftsunfähigen ein Vertreter bestellt, der dann meistens auf die Berufung verzichte (ebenda, S. 221). Hier scheint es Bumke mehr um Rechtssicherheit gegangen zu sein als um die Belange der Patientinnen und Patienten selbst. Das gilt auch für eine weitere Kritik am damals bestehenden Verfahren, nämlich an der Pflicht der Kliniken, die Betroffenen erst nach Zwangssterilisation zu entlassen, so dass Angehörige zögerten, ihre Verwandten in die Klinik oder die Anstalt zu bringen. Da Bumke sich in diesem Zusammenhang dafür aussprach, dass Kliniken nicht als geschlossene Häuser geführt werden sollten, damit sie sich nicht um ihr „Beobachtungsmaterial“ brächten, scheint es ihm zumindest auch um die Funktion der Klinik als Einrichtung für Lehre und Forschung gegangen zu sein, nicht ausschließlich um das Patientenwohl, sonst hätte er die gleiche Forderung auch für die Anstalten erheben müssen (Zitat ebenda, S. 222).

87 Brief von Bumke an das Bayerische Staatsministerium des Innern vom 9. Mai 1934, abgedruckt in Hippius et al. 2005, S. 124–125: Bumke bezieht sich in diesem Schreiben auf einen Brief, den er am 17.4.1934 an das Bayerische Staatsministerium für Unterricht und Kultus über die Erfahrungen mit dem „Gesetz zur Verhütung erbkranken Nachwuchses“ geschrieben hatte. In diesem Brief sei es unter anderem darum gegangen, dass Patienten und Angehörige die Klinik mieden, um die Sterilisation zu vermeiden, und dass es daher sinnvoll sei, „der Klinik den Charakter als geschlossene Anstalt“ zu nehmen, denn dies habe zur Folge, dass die Klinik keine Anträge auf Sterilisation mehr stellen müsse. Stattdessen sollten allerdings Anzeigen der Patienten nach dem Gesetz erfolgen, auf deren Basis dann der Amtsarzt den Antrag stellen würde (so dass für die Betroffenen nur der Amtsarzt als Akteur sichtbar werden sollte, nicht aber die Klinik). Durch die Verfügung des Staatsministeriums des Innern vom 25.4.1934 sei dies umgesetzt worden. Zusätzlich erscheine es ihm sinnvoll, die „Psychiatrische und Nervenklinik“ in „Nervenklinik“ umzubenennen, da nach seiner Beobachtung ein altes Misstrauen gegen psychiatrische Kliniken wieder aufflamme.

88 Hippius et al. 2005, S. 123; Bumke 1940, S. 126 (die Richtlinien von 1936 waren 1940 mit Bumkes Text neu aufgelegt worden).

89 Vgl. Anmerkung 85. Die Klinik übernahm also die Anzeige „Erbkranker“ und trat nicht nach außen als Antragstellerin auf. Gleichwohl ging mit der Anzeige auch die Initiative für ein Erbgesundheitsverfahren von der Klinik aus, die demnach mit der Verlagerung des Antrags auf den Amtsarzt nicht die betroffenen Patientinnen und Patienten schützte, sondern eher den eigenen Ruf.

90 Martin et al. 2020b, S. 31–32, geben – kritisch kommentierend – ein Zitat Bumkes aus einem Interview mit Leo Alexander (1905–1985), der im Auftrag der Amerikaner Interviews mit deutschen Medizinern führte, im Juni 1945 wieder, in dem Bumke eine solche „Sabotage“ behauptet, auch über den eigenen Wirkungsort München hinausgehend: „The incidence of schizophrenia had greatly diminished in Germany.“ Ein solches Ausmaß an „Sabotage“ erscheint abwegig: Die Diagnose „Schizophrenie“ führte nach derjenigen des „Schwachsinns“ am zweithäufigsten zur Zwangssterilisation, vgl. Bock 1986, S. 302–303.

in Tötungsanstalten erfahren habe.[91] Insgesamt entsteht das Bild eines nicht nur im akademischen Kontext machtvollen Psychiaters und Neurologen, von dem andere erwarteten, dass er eine kritische Position vertreten könnte. Dies tat er in begrenztem Umfang (vor allem, soweit es die Belange seiner Klinik betraf); insgesamt verstand er es offenbar, sich ohne größeres Engagement für das Regime doch mit diesem zu arrangieren und zu kooperieren.

Die Rolle des Marburger Ordinarius Ernst Kretschmer, der sich in den 1920er Jahren von einer wissenschaftlichen Außenseiterposition zu einem anerkannten und im biologischen Mainstream verankerten Psychiater entwickelt hatte,[92] lässt sich in mancher Hinsicht ähnlich beschreiben, wenn er auch deutlich stärker in Fachgremien engagiert war. Dem für seine Konstitutionslehre und für seine psychotherapeutische Ausrichtung bekannten Psychiater, ebenfalls nicht Mitglied in der NSDAP, gelang es in der Zeit des Nationalsozialismus, sich in der psychiatrischen Fachgesellschaft in der Kerngruppe um Rüdin zu etablieren und eine zentrale Stellung auch in der Nachkriegszeit zu bewahren.[93] Zwar enthielt auch Kretschmers wissenschaftlicher Ansatz Elemente, die nicht mit der im Nationalsozialismus vorherrschenden Rassenlehre kompatibel waren (er hatte die Bedeutung der „Rassenmischung“ für die Entstehung „genialer Menschen“ hervorgehoben),[94] doch herrschte während des Nationalsozialismus der Eindruck vor, er bemühe sich, im Sinne des Regimes zu arbeiten.[95] Dies galt für den Bereich der Erbgesundheit bis in die praktische Tätigkeit als Beisitzer in einem Erbgesundheitsobergericht, für seine im Kontext der Leistungsmedizin angesiedelten Forschungsprojekte und seine Tätigkeit als Militärpsychiater.[96] Philipp Rauh (*1976) und Sascha Topp (*1974) kommen zu dem Schluss, dass er sich aufgrund „einer sicheren beruflichen Stellung“

91 Hippius et al. 2005, S. 123. Einschränkend geben die Autoren an, dass ein dauerhafter Verzicht auf Verlegungen aufgrund von Überfüllung nicht möglich gewesen sei. Vgl. dazu kritisch Martin et al. 2020b. Die Studie von Jähnel et al. 2015 versuchte, anhand einer Analyse der Diagnosen und Verlegungen aus der Zeit von November 1937 bis August 1941 der Frage nachzugehen, ob sich eine Veränderung des Verlegungsverhaltens im Herbst 1940 nachweisen lässt. Dabei kommen die Autoren zwar zu dem Schluss, dass sich das Verlegungsverhalten während der „Aktion T4“ und im Kontrollzeitraum nicht signifikant unterscheide, dass aber ein gewisser Rückgang in den Verlegungen zwischen September und Dezember 1940 vereinbar mit der Annahme sei, das Personal habe sich bemüht, die Patientinnen und Patienten zu schützen. Da Bumke aber spätestens im Juli 1940 über die laufende „Aktion T4“ informiert wurde, sind die Ergebnisse der Studie, die eine Reihe von Fehlern enthält, ohnehin eingeschränkt verwertbar. Klar ist jedenfalls, dass im gesamten Zeitraum Verlegungen nach Eglfing-Haar stattfanden, so dass eine generelle Verweigerung der üblichen Verlegungspraxis, sei sie auch vorübergehend, ausgeschlossen werden kann.

92 Rauh und Topp 2019, S. 130–137: Kretschmers Habilitationsschrift von 1918 zum sensitiven Beziehungswahn war als nicht ausreichend biologisch fundiert wahrgenommen worden, woraufhin dieser ab seinem folgenden Buch von 1921 – *Körperbau und Charakter* – das biologische Element in seine Theorie einbezog und steigende Anerkennung erfuhr.

93 Schmuhl 2016: Kretschmer trat zwar 1933 als Vorsitzender der Allgemeinen Ärztlichen Gesellschaft für Psychotherapie zurück, wurde aber von Rüdin als Vertreter der Psychotherapie in dessen Netzwerk in der psychiatrisch-neurologischen Fachgesellschaft eingebunden (ebenda, S. 53–57). Zu Kretschmers zentraler Rolle für die Reorganisation der psychiatrischen Fachgesellschaft in der Nachkriegszeit siehe ebenda, S. 398–405. Dafür spielte eine Rolle, dass Kretschmer als unbelastet galt bzw. sich geradezu als Gegner des Nationalsozialismus inszenierte, hierzu Müller 2007.

94 Kretschmers Buch *Geniale Menschen* erschien 1929; Rauh und Topp 2019, S. 143.

95 Ein Beispiel für eine solche Bewertung durch einen nationalsozialistischen Funktionär gibt Schmuhl 2016, S. 111. 1933 hatte Kretschmer das „Bekenntnis der deutschen Professoren an den deutschen Universitäten und Hochschulen zu Adolf Hitler und dem nationalsozialistischen Staat“ unterzeichnet.

96 Rauh und Topp 2019, S. 159, 162–166. Was Kretschmers konkrete Haltung in der Gutachtenpraxis in Sterilisationsverfahren betraf, galt er als zurückhaltend und abwägend, was ihm u. a. bei Rüdin den Vorwurf eines Bedenkenträgers eintrug, vgl. Rauh und Topp 2019, S. 160; und Schmuhl 2016, S. 286.

eine gewisse Unabhängigkeit in einzelnen Bereichen leisten konnte, bei ansonsten weitgehender Anpassung an die politische Situation.[97]

Anders liegt der Fall bei dem aus Österreich stammenden Maximinian DE CRINIS (1889–1945), der als früher und überzeugter Nationalsozialist (Parteieintritt 1931) aus politischen Gründen Ordinarius an der Charité – und spätestens durch diese Position zu einem „führenden Mann“ geworden war.[98] An seiner fachlichen Eignung waren immer wieder Zweifel geäußert worden (und auch in die Leopoldina wurde er erst 1943 im dritten Anlauf aufgenommen).[99] Er kam über seine politische Zugehörigkeit zu seiner akademischen Position und konnte diese dann zusätzlich als Machtfaktor einsetzen. Er war Mitglied verschiedener einflussreicher politischer Gremien, Ministerialreferent für medizinische Fachfragen im Amt Wissenschaft des Reichsministeriums für Wissenschaft, Erziehung und Volksbildung und gilt als „graue Eminenz“ der Patientenmorde.[100] Man könnte ihn neben RÜDIN als einflussreichsten Vertreter der gesamten Gruppe ansehen, gleichzeitig hatte dies bei ihm am wenigsten mit fachlicher Anerkennung durch Kollegen zu tun. Sein Pfund war die primäre Politiknähe.

Zwei Wissenschaftler kommen in dieser Gruppe in den Blick, die ähnliche berufliche Positionen innehatten, sich aber eher am Rande oder außerhalb der im NS machtvollen Netzwerke bewegten. Das scheint für August BOSTROEM zuzutreffen, den Schüler BUMKES, der wie erwähnt unter Eingeweihten als Gegner der Patientenmorde galt. 1932 war er aus München nach Königsberg berufen worden, 1939 nach Leipzig. 1942 wechselte BOSTROEM, der 1937 in die NSDAP eingetreten war, allerdings an die Reichsuniversität Straßburg, die als deutsche Universität auf besetztem Gebiet besonders stark im Sinne des nationalsozialistischen Regimes ausgerichtet war.[101] Dort war er auch als beratender Psychiater des Deutschen Heeres im Wehrkreis V eingesetzt,[102] starb aber bereits zwei Jahre später im Alter von 58

97 RAUH und TOPP 2019, S. 166. Als eine weitere Parallele zwischen BUMKE und KRETSCHMER kann benannt werden, dass KRETSCHMER nach dem Krieg behauptete, gegen die „Euthanasie“ gesprochen zu haben, die seine Klinik nicht direkt betraf. Gleichwohl sind Verlegungen aus der Marburger Klinik in die Marburger Landesheilanstalt bekannt, wo die betroffenen Patientinnen und Patienten gefährdet waren. Vgl. RAUH und TOPP 2019, S. 163; EBNER 2010, S. 140. KRETSCHMER 1963, S. 158, betonte in seinen Lebenserinnerungen, dass seine Klinik und seine Patienten nicht betroffen gewesen seien. Auch deutete er mit dem Satz „daß nun jeder an seinem Platz und soweit seine Stimme reichte, Einspruch erhob, der dann von Mund zu Mund weiterging; der Widerstand der Bevölkerung konnte so von den verschiedensten Persönlichkeiten und Gruppen her allmählich so verstärkt werden, daß die Aktion zuletzt noch gestoppt wurde, ehe sie ihr Werk ganz getan hatte“ an, dass er zu einem Widerstand gegen die Patientenmorde beigetragen hätte.

98 Zur Biographie von DE CRINIS: KREUTER 1996, Bd. 1, S. 237–238; JASPER 1991; SCHMIEDEBACH 2018.

99 ROELCKE 2016, S. 9, weist darauf hin, dass DE CRINIS im Rahmen des Berufungsverfahrens nach Berlin als „wissenschaftlich eher durchschnittlich qualifizierter Psychiater“ eingeschätzt worden war und schließlich im Jahr 1938 gegen das ausdrückliche Votum des Dekans der Medizinischen Fakultät, Richard SIEBECK (1883–1965), berufen worden war; vgl. auch den Beitrag von ROELCKE im vorliegenden Band. Dokumente zu der Zuwahl DE CRINIS’ finden sich in Halle, Archiv Leopoldina, Matrikelmappe 4706, Maximinian DE CRINIS, und zeigen, dass es Wahlvorschläge von 1938, 1941 und schließlich 1943 gab. Kritisch äußerte sich vor allem KRETSCHMER am 31.1.1939, er halte die Voraussetzungen für nicht erfüllt. Den Vorschlag aus dem Jahr 1943 befürwortete er schließlich, wenn auch ohne Enthusiasmus: „Die wesentlichen Leistungen von Professor de Crinis sind in vorstehendem Antrag übersichtlich zusammengefasst. Der Schwerpunkt derselben liegt auf dem Gebiet der feineren Anatomie der Hirnrinde; diese Arbeiten haben, soviel ich sehe, weitgehend Anerkennung gefunden. Der Antrag […] kann befürwortet werden.“

100 DÖRNER et al. 2000, S. 87; SÜSS 2003, S. 356, Anmerkung 213.

101 MOSER 2022.

102 BERGER 1998, S. 257. BERGER weist darauf hin, dass BOSTROEM die militärische Aufgabe „nebenher“ erledigt und nur kurze Berichte verfasst habe, und er erwähnt BOSTROEMS Briefwechsel mit dem in Bethel tätigen Karsten JASPERSEN im Zusammenhang mit Überlegungen, sich gegen die Patientenmorde zu wenden.

Jahren. Kretschmer hatte ihn 1943 zur Aufnahme in die Leopoldina vorgeschlagen, wobei er Bostroems Vielseitigkeit hervorhob und ihn als „kluge[n], urteilsfähige[n] Eklektiker von vorbildlicher Sachlichkeit“ bezeichnete.[103] Nach 1933 erweiterte Bostroem das Themengebiet seiner Publikationen in Richtung Eugenik und Wehrpsychiatrie.[104] An der Leipziger Klinik richtete Bostroem eine „erbwissenschaftliche Abteilung“ ein.[105] Insgesamt scheint er zum jetzigen Kenntnisstand zwar ein anerkannter Ordinarius gewesen zu sein, allerdings nicht vergleichbar mit der machtvollen Position seines Lehrers Bumke. In der Frage einer Reaktion auf die „Aktion T4“ war Bostroem zumindest kurzfristig deutlich aktiver als Bumke, weiterer Dissens zur nationalsozialistischen Gesundheitspolitik ist jedoch bislang nicht erkennbar, im Gegenteil eher ein Aufgreifen als relevant angesehener Themen.[106]

Auch der Frankfurter Ordinarius Karl Kleist (1879–1960) war zumindest in der Fachgesellschaft keine zentrale Figur und kann als weiteres Beispiel für eine ambivalente Haltung gegenüber der Gesundheitspolitik des nationalsozialistischen Regimes gelten. Er war Sachverständiger in den Bereichen Erbgesundheit und Militär und insofern keineswegs „nur“ ein unpolitischer Forscher.[107] Was die Sterilisationspraxis betrifft, vertrat er allerdings auch öffentlich einen zurückhaltenden Standpunkt, was ihm Kritik, beispielsweise von Rüdin, aber letztlich offenbar keine größeren Schwierigkeiten einbrachte.[108] Kleist trat in die NSDAP

103 Halle, Archiv Leopoldina, Matrikelmappe 4698, August Bostroem, Wahlvorschlag von Kretschmer 17.4.43.

104 So publizierte er die Aufsätze „Der seelische Zustand der Truppe“ (1939), „Psychische Störungen nach Hirnschüssen“ (1940), „Zur Frage der Pervitin-Verordnung“ (1941). Halle, Archiv Leopoldina, Matrikelmappe 4698, August Bostroem, Publikationsverzeichnis. Zur Erbgesundheitsthematik veröffentlichte Bostroem u. a. das Buch *Über das Gesetz zur Verhütung erbkranken Nachwuchses vom Standpunkt des Psychiaters* 1934, vgl. den Artikel: August Karl Bostroem. in: Professorenkatalog der Universität Leipzig / Catalogus Professorum Lipsiensium, https://research.uni-leipzig.de/catalogus-professorum-lipsiensium/leipzig/Bostroem_588 [25. 3. 2023].

105 Möhler 2020, S. 609–610. Diese Abteilung richtete Bostroem nach Möhler für seinen Mitarbeiter Nikolaus Jensch (1913–1964) ein, der 1944 in seiner Monographie *Untersuchungen zu entmannten Sittlichkeitsverbrechern* Fälle aus der Leipziger Nervenklinik, aber auch aus Konzentrationslagern und Zuchthäusern verwandte. Bostroem dürfte über diese Forschungen im Bilde gewesen sein. Zu Jenschs Biographie Wolfert und Steinberg 2009, Möhler 2020, S. 976, zu Bostroem S. 953–954.

106 Es stellt sich die Frage, warum gerade Bostroem auf den Lehrstuhl der Reichsuniversität Straßburg berufen wurde (auch wenn vermutlich nicht bekannt war, dass er sich in der Korrespondenz mit Jaspersen gegen die „Aktion T4“ ausgesprochen hatte). In diesem Zusammenhang ist es bemerkenswert, dass nach Bostroems Tod als sein Nachfolger von de Crinis als Repräsentant des Reichsministeriums für Wissenschaft, Erziehung und Volksbildung der Göttinger Ordinarius Gottfried Ewald (1888–1963) berufen wurde, vgl. Moser 2022, S. 47. Ewalds Ablehnung der Patientenmorde dürfte de Crinis bekannt gewesen sein. Zu Ewald siehe Beyer 2013. Zu Boestroems Wirken an der psychiatrischen Klinik in Straßburg vgl. Münch 2022, nach deren Ausführungen sich Bostroems Verhalten gegenüber Verlegungen von Klinikpatienten in Anstalten, aus denen Transporte in Tötungsanstalten oder Hungersterben stattfanden (im Fall von Straßburg Stephansfeld und Hoerdt), nicht von dem der Psychiatrie-Ordinarien im Deutschen Reich unterschied: Solche Verlegungen fanden statt. Möhler 2020, S. 610, erwähnt, dass Bostroem laut elsässischer Zeitzeugen im Wintersemester 1943/44 in seiner Vorlesung auf die „Euthanasie“ Bezug genommen und das Urteil über Leben und Tod auf der Basis eines Fragebogens verurteilt habe. Vgl. zu dieser öffentlichen Verurteilung der „Euthanasie“, die sich nicht überprüfen lässt, auch Kammerer 1996.

107 Zu Kleist als beratendem Psychiater des Heeres Berger 1998, u. a. S. 54, wo Kleist (neben Bumke) unter die „politisch mißliebige[n], aber herausragende[n] Wissenschaftler“ eingeordnet wird. Ein auf S. 93 wiedergegebenes Zitat von Kleist, in dem er Menschen mit „schwerer Psychopathie“ eine verminderte Zurechnungsfähigkeit zuschreibt, was eine Rückstellung vom Dienst an der Front rechtfertigen konnte, deutet auf einen vergleichsweise milderen Umgang mit den betroffenen Soldaten hin.

108 Schmuhl 2016, S. 229–230, führt aus, dass sich Kleist in einem Erbgesundheitsgutachten Bonhoeffers Auffassung angeschlossen hatte, Menschen mit der Diagnose einer manisch-depressiven Erkrankung seien nicht zu sterilisieren, und dass daraufhin das Frankfurter Erbgesundheitsobergericht eine entsprechende Linie

ein, aber erst 1940 – also etwa zu der Zeit, in der er sich nach Alexander MITSCHERLICH (1908–1982) und Fred MIELKE (1922–1959) als einer von wenigen nachweisbar gegen die „Euthanasie" wandte.[109] 1939 in die Leopoldina aufgenommen, schrieb er in seinem Lebenslauf: „Dass wir uns an den neuen Heilbestrebungen und den erbgesundheitlichen Aufgaben lebhaft beteiligen, ist selbstverständlich."[110]

Dieses Zitat von KLEIST mit seiner Grundaussage der Kooperation mit dem Regime in zentralen Fragen, wenn auch in unterschiedlicher und abgestufter Art und Weise, lässt sich auf alle in diesem Abschnitt dargestellten „führenden Männer" beziehen. Nur einer von ihnen, Maximinian DE CRINIS, war mit Sicherheit ein überzeugter Nationalsozialist, ein weiterer (RÜDIN) sah als Eugeniker große Chancen in der Zusammenarbeit mit dem Regime. Doch auch die übrigen verhielten sich weitestgehend loyal den politischen Vorgaben gegenüber. Zugleich wird deutlich, dass sie alle aufgrund ihrer abgesicherten Positionen nicht gezwungen waren, größere Konzessionen zu machen, und Spielräume nutzen konnten.[111] Wie weitgehend dies möglich war – und in wie geringem Ausmaß die Spielräume genutzt wurden – zeigt sich beispielweise an der Kritik der Praxis der Erbgesundheitsverfahren und im Fall von Karl KLEIST an den extremen Sparmaßnahmen im psychiatrischen Anstaltssystem und an den Patientenmorden. Doch letztere hätte wohl nur in einem Zusammenwirken einer größeren Gruppe eine Chance gehabt, kam so aber nicht zustande. Es entsteht der Eindruck, dass die einflussreichen Wissenschaftler dieser Gruppe dafür zu sehr auf den eigenen Wirkungskreis konzentriert waren, sofern sie nicht ohnehin in die Psychiatriepolitik im Nationalsozialismus involviert waren und diese vorantrieben.

5. „Praktiker"

Eine dritte Gruppe, die sich in der Psychologischen Sektion ausmachen lässt, sind diejenigen, die vor allem auf die Praxis orientierte Forschung betrieben, womit hier vor allem direkt für militärische Zwecke oder die Rüstungsindustrie anwendbare Forschung gemeint ist. Hier ist die besondere Situation der Disziplin Psychologie zu bedenken, die seit der Zeit

vertrat. Dieses Urteil sei von Kritikern als „Frankfurter Fehlurteil" bezeichnet worden. KLEIST verwendete ein zum Teil von der weitgehend üblichen psychiatrischen Nosologie abweichendes diagnostisches System, das auch prognostische Aussagen (gegebenenfalls relevant für Sterilisationsgutachten) zur Folge haben konnte. Zur Konzeptgeschichte der Kleistschen Nosologie NEUMÄRKER und BARTSCH 2003.

109 KLEE 2003, S. 315. Nach BERGER 1998, S. 272, stellte KLEIST erst 1941 einen Aufnahmeantrag für den Eintritt in die NSDAP, die Mitgliedschaft wurde aber auf den 1.7.1940 rückdatiert. MARTIN et al. 2020g, S. 82, verweisen auf MITSCHERLICH und MIELKE 1962, S. 204. Dort heißt es über die Ärzteschaft: „Von den aus ihren Reihen nachweisbar erfolgten Einsprüchen seien namentlich hier nur die Psychiater Prof. Ewald und Prof. Kleist und der Tuberkuloseforscher Prof. Kurt Klare genannt." Schon 1938 hatte KLEIST in einem Inspektionsbericht der hessischen Anstalten auf ungenügende Pflege und Ernährung hingewiesen, wodurch ihm Patientinnen und Patienten gefährdet erschienen, hierzu PLATEN-HALLERMUND 1993, S. 42; KLEE 1983, S. 47; KATER 2000, S. 243. VERDENHALVEN et al. 2023, S. 643, führen zur Verlegungsrate aus der Frankfurter Klinik in hessische Heil- und Pflegeanstalten aus, diese sei von 24,38% im Jahr 1940 auf 15,98% im Jahr 1941 (Beginn der „Aktion T4" in Hessen) gefallen. KLEIST war seit 1937 Mitglied im Kuratorium des Berliner Kaiser-Wilhelm-Instituts für Hirnforschung (und dürfte spätestens in dieser Funktion Mitwisser der „Euthanasie" geworden sein): SCHMUHL 2000, S. 33–34; SCHMUHL 2016, S. 295 (Gleiches gilt für PETTE, ebenda).

110 Halle, Archiv Leopoldina, Matrikelmappe 4482, Karl KLEIST. Er fügte hinzu: „Ich und ein Oberarzt der Klinik sind Mitglieder des Erbgesundheitsobergerichts, ein anderer Oberarzt ist im Erbgesundheitsgericht tätig."

111 MARTIN et al. 2020g, S. 80.

um die Jahrhundertwende um die Etablierung als eigenständiges Fach an den Universitäten bemüht war, teils in Abgrenzung, teils in Kooperation mit Philosophie und Pädagogik.[112] Dabei spielte inhaltlich die Richtung der experimentellen Psychologie eine besonders große Rolle, was sich unter anderem in der Namensgebung der Fachgesellschaft zeigte, aus der die Deutsche Gesellschaft für Psychologie hervorging: Die 1904 in Gießen gegründete Gesellschaft für experimentelle Psychologie wurde 1929 in Deutsche Gesellschaft für Psychologie umbenannt.[113] Seit den 1920er Jahren, nachdem sich im Ersten Weltkrieg psychologische Expertise als militärisch bedeutsam Anerkennung erworben hatte, wurde zunehmend das Argument der Praxistauglichkeit der Disziplin in den Debatten und Auseinandersetzungen um Lehrstuhlbesetzungen eingebracht. So argumentierte Karl Marbe (1869–1953), späteres Mitglied der Leopoldina, auf einem Kongress der Gesellschaft für experimentelle Psychologie im Jahr 1921, sich mit diesem Argument für die Einrichtung eigenständiger psychologischer Professuren einzusetzen (und die Psychologie damit nicht mehr als Teilgebiet der Philosophie zu verstehen): Man könne von Regierungen nicht verlangen, große Mittel für rein theoretische Disziplinen zur Verfügung zu stellen, für „praktische Dinge aber hat jede verständige Regierung eine offene Hand“.[114] Insbesondere im Nationalsozialismus spielte die praktische Relevanz der Wissenschaft eine besonders große Rolle bei der Wiederbesetzung von Lehrstühlen (auch verdrängter jüdischer und oppositioneller Dozenten) und bei deren Neueinrichtung. Der Psychologe und Psychologiehistoriker Ulfried Geuter (*1950) beschreibt in diesem Kontext ein „Primat der praktischen Relevanz“.[115] Bedenkt man, dass die Zusammensetzung der psychologischen Sektion der Leopoldina zu einem nicht geringen Teil das Zusammenwirken eines Netzwerks von experimentell forschenden Psychologen darstellte, und dass zur Etablierung der Disziplin das Argument der praktischen Relevanz für den Staat schon seit längerem eine besondere Bedeutung hatte, so erscheint nicht verwunderlich, dass diese Zusammenhänge auch in den Stellungnahmen für die Aufnahme in die Leopoldina eine große Rolle spielen.

So wurde 1940 der Leopoldina-Wahlvorschlag für Karl Marbe von dem bekannten Experimentalpsychologen Narziß Ach (1871–1946), von 1907 bis 1922 Ordinarius in Königsberg, anschließend bis zur Emeritierung 1937 in Göttingen,[116] damit begründet, Marbes Arbeiten seien „grundlegend für weite Gebiete der praktischen Anwendung der Psychologie“, bei-

112 Geuter 1988, S. 85–99.

113 Hierzu und auch generell zum Verhältnis von Psychiatrie und Psychologie Roelcke 2008, S. 131–148.

114 Das Zitat stammt aus Marbes Aufsatz „Die Stellung und Behandlung der Psychologie an den Universitäten“ im *Preußischen Jahrbuch* 1921, hier S. 204, zitiert nach Geuter 1988, S. 93.

115 Geuter 1988, S. 115.

116 Ebenda, S. 564. Ach war seinerseits vom Obmann der psychologischen Sektion Jaensch 1938 als „Begründer der empirischen Psychologie der Willensvorgänge“ bezeichnet worden – auch dies im Krieg höchst relevant. Ach hatte im Ersten Weltkrieg bereits mit einer Firma zusammengearbeitet, die Apparate für die Luftschifffahrt herstellte. In seinem Lebenslauf betonte er: „Erwähnt sei auch, dass die Einrichtung der gesamten Wehrmachtpsychologie, deren militär. Leiter wiederholt in Göttingen gewesen ist, auf das innigste mit dem Göttinger Institut verknüpft war. Ein grosser Teil der Wehrmachtspsychologen sind Schüler von mir, so auch die wissenschaftlichen Leiter der Heeres-, der Marine- und der Luftfahrtpsychologie. […] In den letzten Jahren bestand reger Gedanken- und Personalaustausch zwischen dem arbeitswissenschaftlichen Institut der Deutschen Arbeitsfront und dem Göttinger Institut.“ Halle, Archiv Leopoldina, Matrikelmappe 4425, Narziß Ach, Wahlvorschlag Jaensch vom 10.2.1938 und Lebenslauf. Ach wurde zwar 1938 emeritiert, wirkte aber weiter bei der Förderung der praktisch orientierten Psychiater, wie das Beispiel der Leopoldina zeigt. Zu Ach, der 1933 das „Bekenntnis der deutschen Professoren an den deutschen Universitäten und Hochschulen zu Adolf Hitler und dem nationalsozialistischen Staat“ unterzeichnete, Geuter 1988, S. 564; Stock 2017a.

spielsweise die Bestimmung von zu Unfällen neigenden Persönlichkeiten. Hervorgehoben wurden von Ach weiterhin Arbeiten zur „Psychologie der Werbung (1927), die Wertreklame (1930) u. dgl., wie er [Marbe] überhaupt im Verein mit seinen Schülern für das gesamte Gebiet der praktischen Psychologie und so zum Nutzen unserer Volksgemeinschaft sehr fruchtbar gewesen ist. Hierher gehören auch seine Eignungsprüfungen für die verschiedenartigsten Berufe.“[117]

Ebenfalls 1938 heißt es sehr konkret in dem Wahlvorschlag für den Leipziger Professor für Psychologie Wilhelm Wirth (1876–1952): „Neuerdings wandte Wirth die Psychophysik auch im Gebiet der Wehrwissenschaft an, indem er einen Apparat zur Einübung des Schießens und Zielens konstruierte, der ohne Bedarf von Munition benutzt werden kann [...]“.[118] Ähnlich erwähnte auch Johannes von Allesch (1882–1967), seit 1938 Ordinarius für Psychologie in Halle, 1940 in seinem Lebenslauf neben weitgespannten Interessen zu einer neuen „Einordnung des Seelisch-Geistigen in die gesamten Naturvorgänge“: „Daneben sind noch Untersuchungen im Gang, die ein praktisches Ziel verfolgen. Es sind solche für das Heer, für die Industrie und für Probleme der Arbeitsfront.“[119] Max Simoneit (1896–1962) war ohnehin Heerespsychologe und leitete von 1930 bis 1942 die zentrale Prüfstelle für Offiziersanwärter, das Psychologischen Laboratorium beim Reichswehr- und Reichskriegsministerium.[120] Sogar für Willy Hellpach (1877–1955), früherer badischer Unterrichtsminister und als „Völkerpsychologe“ bekannt, wird hervorgehoben, er habe sich in den letzten Jahren insbesondere mit Fragen der Psychopharmakologie, zum Beispiel der „funktionelle[n] Differenzierung der psychischen Stimulantien“ beschäftigt.[121]

Man kann als im Vordergrund stehende Reaktion auf den Nationalsozialismus die Intensivierung von ohnehin bestehenden Forschungsinteressen und Anwendungsmöglichkeiten beschreiben. Eignungsprüfungen und Ähnliches fielen in das Fachgebiet der Psychologie, das sich in einem längeren Prozess über Jahrzehnte etabliert hatte, nicht zuletzt aufgrund seiner Praxisnähe. Im Nationalsozialismus stieg die Bedeutung praxistauglicher Resultate weiter an. Die Vertreter dieser Gruppe waren also aufgrund ihrer Forschungsgebiete insbesondere nah an den militärischen Interessen des Staates und gewannen an Bedeutung, indem sie diesen thematischen Anreiz aufnahmen.[122]

117 Halle, Archiv Leopoldina, Matrikelmappe 4603, Karl Marbe, Wahlvorschlag von Narziß Ach vom 27.8.1940. Zu Marbe: Geuter 1988, S. 575; Stock 2017d.

118 Halle, Archiv Leopoldina, Matrikelmappe 4433, Wilhelm Wirth, Wahlvorschlag von Erich Jaensch 10.2.1938. Zu Wirth: Geuter 1988, S. 581 sowie Stock 2017e, S. 483, der u. a. ausführt, Wirth sei Mitglied in der NSDAP gewesen und habe zu denjenigen deutschen Professoren gehört, die 1933 das „Bekenntnis der deutschen Professoren an den deutschen Universitäten und Hochschulen zu Adolf Hitler und dem nationalsozialistischen Staat“ unterzeichneten.

119 Halle, Archiv Leopoldina, Matrikelmappe 4536, Johannes von Allesch, Lebenslauf 1940. Geuter 1988, S. 564; Allesch 2017a.

120 Geuter 1988, S. 580; Lück 2017b.

121 Halle, Archiv Leopoldina, Matrikelmappe 4723, Willy Hellpach, Wahlvorschlag ist von Narziß Ach vom 26.6.1944. Der Gebrauch von Stimulantien durch Soldaten zur Leistungssteigerung erschien im Zweiten Weltkrieg als ein sehr praxisrelevantes Thema: Eckart 2012, S. 223–224. Zu Hellpach: Geuter 1988, S. 570–571; Stock 2017b.

122 In diese Gruppe könnte man auch weitere Wissenschaftler einordnen, die im Bereich der Erbgesundheit forschten – hier bestand die Möglichkeit der unmittelbaren Einflussnahme, wobei Grundlagenforschung und angewandte Forschung nicht voneinander getrennt werden können, beispielsweise Rüdin oder Lange (die jedoch unter den „führenden Männern“ erscheinen).

6. „Ideologen“

Andere Psychologen scheinen sich von dieser Gruppe abzuheben, da sie sich teils bei ebenfalls grundsätzlicher Ausrichtung an der experimentellen Psychologie im Nationalsozialismus mehr auf Weltanschauliches konzentrierten, nicht zuletzt, um die eigene Disziplin voranzubringen. Hier kann als Beispiel der Obmann der neuen Leopoldina-Sektion Erich JAENSCH (1883–1940) gelten.[123] Er war seit 1913 Professor für Philosophie in Marburg, was wegen seiner experimentalpsychologischen Ausrichtung zu heftigen Kontroversen geführt hatte,[124] und so hatte er seine Wahl in die Leopoldina 1919 als „Stärkung und als geistige[n] Rückhalt in dem Existenzkampf“ dieser Disziplin angesehen.[125] Ganz deutlich offenbart sein Publikationsverzeichnis nach 1933 eine Ausrichtung auf NS-typische Themen mit Titeln wie *Die Wissenschaft und die deutsche völkische Bewegung* (1933), *Wehrhaftigkeit im Geist* (1933).[126] In seiner Schrift *Der Gegentypus* von 1938 formulierte er eine früher beschriebene Typenlehre (in der es um unterschiedlich ausgeprägte Integration des vegetativen und des übrigen Nervensystems ging) so um, dass sie aus seiner Sicht die Rassenlehre zu unterstützen geeignet war.[127] Aufwertung der eigenen Disziplin im Austausch für den Versuch einer psychologischen Fundierung der Rassenlehre scheint sein Angebot gewesen zu sein, als Experte für „die Politik“ zu fungieren.[128]

Ähnlich kann der Jaensch-Schüler Oswald KROH (1887–1955) eingeordnet werden, der als Ordinarius in Berlin und Vorsitzender der Deutschen Gesellschaft für Psychologie einflussreichste Psychologe dieser Zeit. Er befasste sich ebenfalls mit Typenlehre, setzte aber daneben einen stärkeren Akzent auf Pädagogik. Mit seiner Schrift *Völkische Anthropologie als Grundlage deutscher Erziehung* (1934) wollte er sicherlich die Grenzen der psychologischen Wissenschaft überschreiten. Ihm wurde bei der Aufnahme in die Leopoldina bescheinigt: „Oswald Kroh verbindet experimentelles Geschick mit der Fähigkeit der Anwendung der Ergebnisse dieser Untersuchungen auf praktischem Gebiete, insbesondere das der Pädagogik.“[129] Auch berufspolitisch war er sehr aktiv. Auf KROH geht die 1941 in Kraft gesetzte Diplom-Prüfung für Psychologen zurück, welche den Berufsstand der Diplom-Psychologen in Deutschland begründete und damit die Psychologie als akademische Disziplin stärkte.[130] An diesen Aktivitäten waren auch Philipp LERSCH (1898–1972) und Friedrich SANDER (1889–1971) beteiligt.[131]

123 KREUTER 1996, Bd. 2, S. 641–644. Zu JAENSCHS Position als Obmann der psychologischen Sektion GERSTENGARBE 2016a, S. 386–387. Nach JAENSCHS Tod 1940 übernahm ACH diese Funktion.

124 GEUTER 1988, S. 86–87.

125 Halle, Archiv Leopoldina, Matrikelmappe 3435, Erich JAENSCH, Dankesbrief nach Aufnahme vom 13. 12. 1919.

126 Halle, Archiv Leopoldina, Matrikelmappe 3435, Erich JAENSCH, Schriftenverzeichnis von 1935. Zu JAENSCH: METZGER 1974; GEUTER 1988, S. 572. Wie JAENSCH sich seit 1933 in seinen Publikationen an weltanschaulichen Interessen des Regimes ausrichtete, so zeigte er seine Zustimmung zum nationalsozialistischen Staat auch durch seinen Parteieintritt 1933 und durch seine Unterzeichnung des „Bekenntnis der deutschen Professoren an den deutschen Universitäten und Hochschulen zu Adolf Hitler und dem nationalsozialistischen Staat“ im selben Jahr; LÜCK 2017a.

127 SCHEERER 1985, S. 50.

128 ASH und GEUTER 1985, S. 264, erwähnen JAENSCH im Zusammenhang mit der Einschätzung KATERS 2000 (Typ des „Überläufers“ trotz höheren Alters).

129 Halle, Archiv Leopoldina, Matrikelmappe 4564, Oswald KROH, Stellungnahme von Narziß ACH vom 28.4.1940. Wie JAENSCH trat auch KROH 1933 in die NSDAP ein; STOCK 2017c.

130 Zu KROHS Rolle für die Gestaltung der Prüfungsordnung GEUTER 1988, S. 324–351. Vgl. auch RETTER 1982.

131 Zu LERSCH in diesem Zusammenhang GEUTER 1988, S. 324. LERSCH soll hier daher der Gruppe der „Ideologen“ zugeordnet werden, zudem wegen seiner Charakterkunde. Vor 1933 wäre er eher den „Praktikern“ zuzuordnen gewesen, da er von 1925 bis 1933 am Psychologischen Laboratorium des Reichswehrministeriums arbeitete und mit

SANDER schrieb in seinen 1972 erschienenen Lebenserinnerungen, er habe gemeinsam mit KROH „1941 die erste Diplomprüfungsordnung für Psychologen ausgearbeitet“.[132] Tatsächlich ist dies das einzige Detail aus der Zeit des Nationalsozialismus, das SANDER in seine „Selbstdarstellung“ aufnahm. Ansonsten lässt sich aus dem Text nur indirekt erschließen, dass SANDER 1945 aus seiner Stellung als Hochschullehrer entlassen worden war, denn er berichtete: „Mich intensiv mit Goethe beschäftigen zu können, gab mir nach dem zweiten Weltkrieg eine Zeit durch äußere Umstände auferlegter Muße die lang ersehnte Möglichkeit. Ich fand dabei [...] geniale Vorwegnahmen gestaltpsychologischer und morphotypologischer Einsichten, die mich in der dunklen Zeit geradezu erhellten.“[133] Er hatte sich, als letzter Schüler Wilhelm WUNDTS (1832–1920) aus der experimentellen Psychologie kommend,[134] der Gestaltpsychologie gewidmet und diese in den Dienst nationalsozialistischer Pädagogik gestellt.[135] SANDER hatte 1933 einen Ruf auf das durch die Verdrängung des jüdischen Wissenschaftlers Wilhelm PETERS (1880–1963) freigewordene Ordinariat in Jena erhalten und engagierte sich in der Folge als Verbandspolitiker.[136] Die von SANDERS Lehrer, dem Leipziger Ordinarius Felix KRUEGER (1874–1948), schon in den 1920er Jahren vertretene Richtung der Ganzheitspsychologie gilt als in ideologischer Hinsicht besonders anschlussfähig an im Nationalsozialismus bedeutsame Themengebiete, da sie beispielsweise die biologische Fundierung von Gemeinschaft vertrat.[137] Auch KRUEGER, seit 1932 Mitglied der Leopoldina und später der psychologischen Sektion zugeordnet, sah die Machtübernahme durch das nationalsozialistische Regime zunächst als „Realisierung seiner Theorie“ und bediente sich entsprechender Rhetorik.[138] Doch geriet er 1936 in die Kritik im Zusammenhang mit einer „philosemitischen“ Äußerung, wurde 1937 beurlaubt, 1938 emeritiert und siedelte 1944 in die Schweiz über.[139] Insgesamt wird bei Betrachtung dieser Gruppe deutlich, dass ideologische Annäherungen im Dienst der Stärkung der eigenen Disziplin und damit konkreten berufspolitischen Interessen standen.

der Entwicklung einer charakterologischen Eignungsprüfung für Offiziersanwärter betraut war; THOMAE 1985. LERSCH trat nicht in die NSDAP ein, unterzeichnete aber das „Bekenntnis der deutschen Professoren an den deutschen Universitäten und Hochschulen zu Adolf Hitler und dem nationalsozialistischen Staat“; RENNER 2017.

132 SANDER 1972, S. 332.

133 Ebenda, S. 329.

134 Ebenda, S. 314: Hier berichtet SANDER anekdotisch, WUNDT habe ihn in der Zeit vor dem Ersten Weltkrieg in persönlichen Gesprächen als seinen letzten Assistenten bezeichnet.

135 Unter anderem nutzte SANDER dabei seine 1934 aufgenommene Tätigkeit als Herausgeber der *Zeitschrift für Jugendforschung*: WITTMANN 2002, S. 315. SANDER gehörte neben Felix KRUEGER zur Leipziger Schule der Gestaltpsychologie und wandte sich im Sinne einer Ganzheitspsychologie von der Lehre WUNDTS ab; SIX 2017, S. 389.

136 WITTMANN 2002, S. 313 und 317. Dabei verwendete er stark und antisemitisch aufgeladene Rhetorik, was ihn 1960 seine Nachkriegskarriere kostete.

137 GEUTER 1985, hier S. 70–71. Zu SANDERS Parallelisierung von „Volksgemeinschaftsideologie und psychologische[r] Ganzheitslehre“ GEUTER 1988, S. 279–280.

138 GEUTER 1985, S. 73. KRUEGER war nicht Parteimitglied; WOLFRADT 2017. Allerdings unterzeichnete er das „Bekenntnis der deutschen Professoren an den deutschen Universitäten und Hochschulen zu Adolf Hitler und dem nationalsozialistischen Staat“.

139 GEUTER 1985, S. 77–83. Auf S. 81 schätzt GEUTER die kritisierten Äußerungen als „punktuellen Widerstand“ ein, der nicht aufwiegen könnte, dass KRUEGER ein wissenschaftliches Weltbild präsentiert habe, „das als Nährstoff für die nationalsozialistische Politik konsumiert werden musste“.

7. „Spezialisten“

Eine fünfte Gruppe umfasst Mediziner, die vorwiegend als Fachleute für ein abgegrenztes Spezialgebiet galten, die also nicht wegen der Breite ihrer Erfahrung oder ihres Einflusses inner- oder außerhalb ihrer *Scientific Community* galten und in die Leopoldina gewählt worden waren. Auch sie konnten auf die veränderten Bedingungen im Nationalsozialismus reagieren, beispielsweise mit ihrer Forschungsstrategie. Ordnet man hier Hans Berger (1873–1941) zu, den zurückgezogenen Erfinder des Elektroenzephalogramms (EEG), so ist in dieser Hinsicht keine Veränderung festzustellen.[140] Von seiner Position her – er war von 1919 bis zu seiner Emeritierung 1938 Ordinarius für Psychiatrie in Jena – würde es auf den ersten Blick naheliegen, Berger den „führenden Männern“ im Übergang zu den „Nestoren“ zuzuordnen. Jedoch bewegte er sich nicht innerhalb der bedeutsamen Netzwerke, und auch sein Forschungsgebiet lag außerhalb des Mainstreams.[141] Er selbst schrieb anlässlich seiner Aufnahme in die Leopoldina 1937 in seinen Lebenslauf: „Besondere Ehrungen sind mir nur von der Leopoldina zuteil geworden, die als Einzige meine Verdienste als Forscher anerkannte, indem sie mich zum Mitglied machte.“[142] Doch auch der von (fach-)politischen Entwicklungen weitgehend isoliert wirkende Berger reagierte auf die Situation im Nationalsozialismus durch seine Mitarbeit als Richter im Erbgesundheitsgericht Jena.[143]

Man kann in diese Gruppe weiterhin einen klinischen Forscher und zwei Hirnforscher einordnen. Bei dem klinischen Forscher handelt es sich um den Neurologen Georges Schaltenbrand (1897–1979).[144] Er wurde 1941 im Alter von 44 Jahren in die Leopoldina aufgenommen, vier Jahre nachdem er Ordinarius für Neurologie in Würzburg geworden war. Von ihm ist bekannt, dass er 1940 in der Anstalt Werneck Versuche unternahm, Multiple Sklerose auf dortige Patienten zu übertragen.[145] Er initiierte also ethisch „deregulierte“ Forschung, wie sie während des Krieges in weitgehend rechtsfreien Räumen, nicht nur in Konzentrationslagern, sondern auch in psychiatrischen Anstalten und Krankenhäusern der besetzten Gebiete durchgeführt wurde und die damit eine „besonders radikale Form der medizinischen Wissensproduktion darstellte“.[146] Schaltenbrand ist einer derjenigen Wissenschaftler, die die sich unter den Bedingungen des Nationalsozialismus ergebenden Möglichkeiten für ihre Forschung am Menschen nutzten. Diese im Kontext der Medizinverbrechen besonders bedeutsa-

140 Kreuter 1996, Bd. 1, S. 97–98. Zur Erfindung des EEG Borck 2005, zur Biographie Bergers S. 28–36.

141 Im Wahlvorschlag für die Aufnahme in die Leopoldina vom 26.12.1937 findet sich zur Begründung nur ein Satz: „Sorgfältige Studien über das Encephalogramm.“ In dem Gutachten von Edgar Douglas Adrian (1889–1977) aus Cambridge vom 28.12.37 heißt es zum Schluss (S. 7): „May I add in conclusion that it was […] pleasure to have the opportunity of writing in support of Prof. Berger, for all of us must admire one who works patiently, with little recognition, on a line of his own and is able in the end to bring his researches to a triumphant conclusion.“ Halle, Archiv Leopoldina, Matrikelmappe 4421, Hans Berger, Wahlvorschlag und Gutachten.

142 Halle, Archiv Leopoldina, Matrikelmappe 4421, Hans Berger, Lebenslauf 1938. 1940 wurde Berger für den Nobelpreis vorgeschlagen, erhielt ihn jedoch nicht. Weitere Vorschläge 1942 und 1947 konnten nicht mehr erfolgreich sein, da Berger bereits verstorben war, vgl. Gerhard et al. 2005.

143 Klee 2005, S. 41, zählt auch fördernde Mitgliedschaft der SS auf. Die Tätigkeit am Erbgesundheitsgericht datiert er auf 1938/39.

144 Kreuter 1996, Bd. 3, S. 1243–1250.

145 Martin et al. 2020c; Weindling 2015, S. 34.

146 Roelcke und Duckheim 2014, S. 261. Zu dieser Thematik auch Weindling 2017.

me Reaktionsform zeigt sich für die in diesem Aufsatz untersuchten Leopoldina-Mitglieder der psychiatrisch-neurologischen Sektion an seinem Beispiel.[147]

Es finden sich zudem zwei Hirnforscher. Richard Arwed PFEIFER (1877–1957), der sich 1920 in Leipzig für Psychiatrie und Neurologie habilitiert hatte und im Lauf der Jahre zum außerplanmäßigen Professor aufgestiegen war, leitete in Leipzig das 1937 gegründete Hirnforschungsinstitut bis zu dessen Zerstörung 1943 (und dann nach dem Krieg wieder). Als Spezialist für die „Erforschung des Zentralnervensystems“ wurde er 1932 für die Leopoldina vorgeschlagen, und er publizierte auch vorwiegend zu dieser Thematik – vor und nach 1933.[148]

Der andere ist der österreichische Psychiater und Neurologe Eduard GAMPER (1887–1938), der sich in den 1920er Jahren mit einer ethisch fragwürdigen Arbeit im Bereich der Hirnforschung einen Namen gemacht hatte.[149] Er hatte seit 1930 einen Lehrstuhl an der Deutschen Universität in Prag inne und engagierte sich dort laut einer Einschätzung des Auswärtigem Amtes 1936 „im Kampf um die nationale Behauptung“ der Deutschen Universität.[150] Dabei muss offenbleiben, ob dies als eine Reaktion auf den Nationalsozialismus anzusehen ist. Eine „großdeutsche“ Einstellung dagegen ist belegt.[151]

Bei PFEIFER ist dagegen ein später Versuch festzustellen, sich mit einem seiner Themen im Sinne des Regimes an die Öffentlichkeit zu wenden: Als Fachmann für das Gehirn hatte er auch über Kreativität geschrieben, und so wandte er sich 1944 in den *Leipziger Neuesten Nachrichten* mit einer Art Durchhalteparole an deren Publikum: „Feindliche Terrorflieger“ könnten nationale Schätze zerstören, deutsche Begabung und Leistungsfähigkeit würden aber „weiter leben“.[152]

147 MARTIN et al. 2020c, S. 44, bescheinigen dem Neurologen eine eher positive Haltung zum Nationalsozialismus. Er unterzeichnete das „Bekenntnis der Professoren an den deutschen Universitäten und Hochschulen zu Adolf Hitler und dem nationalsozialistischen Staat“ vom 11. November 1933, war vorübergehend Mitglied in der SA, trat 1937 in die NSDAP ein und war Mitglied im Nationalsozialistischen Deutschen Ärztebund.

148 Halle, Archiv Leopoldina, Matrikelmappe 4033, Richard Arwed PFEIFER, Wahlvorschlag, Publikationsverzeichnis 1906–1932, Publikationsverzeichnis bis 1939 mit maschinenschriftlichen Nachträgen, bis 1940. PFEIFERS Biographie ist insbesondere bezogen auf die Zeit des Nationalsozialismus noch nicht ausreichend erforscht. STEINBERG et al. 2013, S. 468–469, behandeln zwar die Frage nach PFEIFERS Reaktion auf die nationalsozialistische Machtübernahme, jedoch nicht erschöpfend. Ihre Angaben (z. B. „Another fact underlines Pfeifer's non-conformism: as head of the Brain Research Institute associated with the Department, he was offered human brains of indeterminate origin for use in experiments; he rejected them. We also have sufficient reason to believe that in private Pfeifer was against Nazi eugenic laws.“) erscheinen nicht ausreichend belegt.

149 KREUTER 1996, Bd. 1, S. 425–426. Vgl. auch die Nachrufe von SPATZ 1938 und KRAL 1938. Der Wahlvorschlag für die Aufnahme in die Leopoldina stammt von Otfrid FOERSTER und fokussiert auf eine hirnpathologische Arbeit: „Seine bedeutendste Arbeit ist seine Studie über ein Mittelhirnkind, das er selbst mit größter Sorgfalt gepflegt und auf das genaueste klinisch beobachtet und untersucht hat und dessen Centralnervensystem er nach dem Tode einer eingehenden systematischen Untersuchung unterzogen hat.“ Halle, Archiv Leopoldina, Matrikelmappe 4350, Eduard GAMPER, Wahlvorschlag FOERSTER 1936. GAMPER hatte das ohne Großhirn geborene „Mittelhirnkind“ 1922 „gleichsam adoptiert“, um nach dem Tod ohne Einspruch der Mutter eine Obduktion vornehmen zu können: GAMPER 1925, S. 155. Vgl. RUZICKA et al. 2022, die GAMPERS Haltung zum Nationalsozialismus nicht thematisieren.

150 Halle, Archiv Leopoldina, Matrikelmappe 4350, Eduard GAMPER, Schreiben des Auswärtigen Amtes vom 29.5.1936: „Die Deutsche Gesandtschaft in Prag hat sich zu Ihrer Anfrage wie folgt geäußert: ‚Gegen die Ernennung von […] bestehen keine Bedenken. Professor Gamper, ein gebürtiger Tiroler, ist national einwandfrei und positiv zum Dritten Reich eingestellt. Er steht unter den medizinischen Professoren im Kampf um die nationale Behauptung der hiesigen Deutschen Universität in vorderster Front. Eine Auszeichnung von Professor Gamper wird seitens der Gesandtschaft aufrichtig begrüßt.“

151 So schrieb Hugo SPATZ in seinem Nachruf: „Der Zukunft der Hirnforschung und Groß-Deutschland galten in stillen Stunden unsere Träume.“ SPATZ 1938, S. 1069.

152 Halle, Archiv Leopoldina, Matrikelmappe 4033, Richard Arwed PFEIFER.

8. Fazit

Die Betrachtung dieser fünf Gruppen macht zunächst im Grunde eine Selbstverständlichkeit deutlich: wie vielfältig die Reaktionen auf den Nationalsozialismus sein konnten und waren, wie sehr eine „reine“ und unpolitische Wissenschaft eine Illusion ist. Die Reaktionen hingen nicht nur von der Positionierung der Wissenschaftler gegenüber dem Nationalsozialismus ab, etwa dokumentiert durch einen Parteieintritt oder durch die Unterzeichnung des „Bekenntnis der Professoren an den deutschen Universitäten und Hochschulen zu Adolf Hitler und dem nationalsozialistischen Staat“.[153] Je nach Altersgruppe, Autorität, mehr oder weniger einschlägiger Forschungsrichtung waren nicht nur die Anknüpfungspunkte unterschiedlich, als Fachleute zu agieren und sich auch damit im nationalsozialistischen Staat einzubringen, sondern auch diejenigen, zu einem politisch wirksamen Experten zu werden. Die Spielräume, die sich jeweils öffneten, ob und wie sie genutzt wurden, differierten also deutlich.

Mit diesem Aufsatz wurde der Versuch unternommen, von einer konkreten Gruppe anerkannter Wissenschaftler ausgehend Muster von Reaktionen auf die sich in der Zeit des Nationalsozialismus ergebenden Bedingungen und Möglichkeiten zu unterscheiden. Dabei wurden Typen gebildet und die jeweils im Vordergrund stehenden Reaktionen berücksichtigt. Um nun die Verantwortlichkeit der einzelnen Wissenschaftler in die Tiefe gehend erfassen zu können, wäre es notwendig, ihre individuelle Publikationstätigkeit, ihre Forschungspraxis und ihre sonstige Berufspraxis genauer zu analysieren.

Die vorgeschlagene Typologie ist kein Instrument, die „NS-Belastung“ bzw. Verantwortung für die unterschiedlichen Verhaltensweisen im Nationalsozialismus zu hierarchisieren: Gruppenunabhängig konnten verschiedene Abstufungen der Kooperation mit dem Regime und der Verantwortung für Unrecht beschrieben werden. In der Darstellung der Gruppen kam auch die Beteiligung an Medizinverbrechen in den Blick. Unter den „Nestoren“ gilt dies für Max Nonne, der mit seiner Autorität die Kinder-„Euthanasie“ in Hamburg beförderte,[154] während die „führenden“ Männer, sofern sie nicht wie Ernst Rüdin und Maximinian de Crinis direkt beteiligt waren, als aktive Klinikleiter durch die übliche Praxis der Anstaltsverlegungen – alle zumindest über den größeren Teil der Zeit Mitwisser der Patientenmorde – involviert wurden, wobei sie selten und kaum öffentlich wahrnehmbar Kritik übten. Die Zwangssterilisation trugen sie ohnehin insgesamt mit, wobei sich gerade anhand einiger Interventionen zur Eingrenzung der Zahl der Betroffenen zeigt, wo Spielräume existierten. Verbrecherische Forschung am Menschen kam bei dieser ersten Annäherung in einem Fall in den Blick, bei dem „Spezialisten“ Georges Schaltenbrand.[155] Bei den Psychologen – „Praktikern“ wie „Ideologen“ – zeigten sich andere Anknüpfungspunkte der Kooperation mit dem Regime, vor allem in kriegswichtiger Forschung und Möglichkeiten der Zusammenarbeit mit der Rüstungsindustrie und in weltanschaulich-rhetorischen Einlassungen, einschließlich

153 Das „Bekenntnis“ unterzeichneten aus der untersuchten Gruppe die Psychiater und Neurologen Kretschmer, Pette und Schaltenbrand sowie die Psychologen Ach, Jaensch, Krueger, Lersch und Wirth.

154 Dies kommt der „innermedizinischen und öffentlichen Autorisierung“ der Patientenmorde nahe, die Roelcke 2022, S. 163, als konkrete Form der Beteiligung an den „Euthanasie“-Verbrechen beschrieben hat.

155 Zu nennen ist in diesem Zusammenhang nochmals die Rolle Rüdins als (Ko-)Initiator und Unterstützer der Forschung an Kindern im Kontext der „Euthanasie“; Roelcke 2000, 2006. Weitere Forschung wäre notwendig, um die Aktivtäten der „Erbwissenschaftlichen Abteilung“ Bostroems in Leipzig zu klären, da sein Habilitand Jensch möglicherweise Gefängnisinsassen und Konzentrationslagerhäftlinge in seine Forschung einbezogen hat; Möhler 2020, S. 609–610. Dies wäre ein weiterer Beleg für Übergänge zwischen Forschung in Kliniken und in Konzentrationslagern, wie sie in Weindling 2017 thematisiert wurden.

Antisemitismus,[156] die auch für die weitere Profilierung der eigenen Disziplin genutzt wurden. Die einzigen beiden frühzeitigen Emeritierungen aus (zumindest zum Teil) politischen Gründen fanden sich bei den Vertretern der Psychologie.

Deutlich wurde, dass die Typisierung der Reaktionsformen zwar für die Beschreibung der Beteiligung an Medizinverbrechen nicht notwendig ist, jedoch lenkt sie die Perspektive auf ein breiteres Feld von Wissenschaftlern, auf ihre Anknüpfungspunkte an die sich im Nationalsozialismus bietenden Möglichkeiten, auf die vielfältigen Verhaltensweisen in einer sich verändernden Alltagspraxis zwischen Routine und Extrem. Es kommt ein Spektrum mit zahlreichen Abstufungen und Graustufen, Konstellationen und Netzwerken in den Blick, das möglicherweise das Verständnis für Übergänge zwischen medizinischem Alltag und Medizinverbrechen schärft. Die Mitgliedschaft in der Akademie Leopoldina ist dabei ein Faktor unter anderen, der Spielräume eröffnen konnte, vor allem als Einflussfaktor bei der Gestaltung von Netzwerken in der *Scientific Community*, an Schnittstellen zur Politik oder bei der Etablierung von Disziplinen, wie eingangs am Beispiel Rüdin dargestellt.

Literatur

Abderhalden, Emil: Mitgliederverzeichnis 1933. In: Abderhalden, Emil: Bericht über die Tätigkeit der Kaiserlich-Carolinisch Deutschen Akademie der Naturforscher von 1.1.1932 bis 31.3.1933. S. 29–52. Halle: Druck von Gebauer-Schwetschke 1933

Abderhalden, Emil: Mitgliederverzeichnis 1937. In: Abderhalden, Emil: Bericht über die Tätigkeit der Kaiserlich-Carolinisch Deutschen Akademie der Naturforscher von 1.4.1933 bis 31.3.1937. S. 33–59. Halle: Buchdruckerei des Waisenhauses 1937

Allesch., Christian G: Allesch, Johannes von. In: Wolfradt, Uwe, Billmann-Mahecha, Elfriede, und Stock, Armin (Hrsg.): Deutschsprachige Psychologinnen und Psychologen 1933–1945. Ein Personenlexikon, ergänzt um einen Text von Erich Stern. 2. Aufl., S. 9–10. Wiesbaden: Springer Fachmedien 2017

Allesch., Christian G: Driesch, Hans. In: Wolfradt, Uwe, Billmann-Mahecha, Elfriede, und Stock, Armin (Hrsg.): Deutschsprachige Psychologinnen und Psychologen 1933–1945. Ein Personenlexikon, ergänzt um einen Text von Erich Stern. 2. Aufl., S. 88–89. Wiesbaden: Springer Fachmedien 2017

Ash, Mitchell G., und Geuter, Ulfried: NDSAP-Mitgliedschaft und Universitätskarriere in der Psychologie. In: Graumann, Carl F. (Hrsg.): Psychologie im Nationalsozialismus. S. 263–278. Berlin, Heidelberg, New York, Tokyo: Springer 1985

Ash, Mitchell G.: Wissenschaft und Politik als Ressourcen füreinander. In: vom Bruch, Rüdiger, und Kaderas, Brigitte (Hrsg.): Wissenschaften und Wissenschaftspolitik. Bestandsaufnahmen zu Formationen, Brüchen und Kontinuitäten im Deutschland des 20. Jahrhunderts. S. 32–51. Stuttgart: Steiner 2002

Ash, Mitchell G.: Die Kaiser-Wilhelm-Gesellschaft im Nationalsozialismus [Rezension]. NTM – Zeitschrift für Geschichte der Wissenschaften, Technik und Medizin *18*, 79–118 (2010)

Autengruber, Peter, Nemec, Birgit, Rathkolb, Oliver, und Wenninger, Florian: Die Straßennamen Wiens als politische Erinnerungsorte. Bericht der Historikerkommission. 2013;
URL: http://www.wien.gv.at/kultur/strassennamen/strassennamenpruefung.html [20.5.2024]

Beddies, Thomas: Zwangssterilisation und „Euthanasie“. Die Psychiatrische und Nervenklinik der Charité unter Karl Bonhoeffer und Maximinian de Crinis. In: Helmchen, Hanfried (Hrsg.): Psychiater und Zeitgeist. Zur Geschichte der Psychiatrie in Berlin. S 275–287. Lengerich: Pabst Science Publishers 2010

Berger, Georg: Die beratenden Psychiater des deutschen Heeres 1939 bis 1945. Frankfurt (Main): Peter Lang 1998

Beyer, Christof: Gottfried Ewald und die „Aktion T4“ in Göttingen. Der Nervenarzt *84*, 1049–1055 (2013)

Binding, Karl, und Hoche, Alfred: Die Freigabe der Vernichtung lebensunwerten Lebens. Ihr Maß und ihre Form. Leipzig: Meiner 1920

156 Dieser Aspekt wird in der beschriebenen Gruppe vor allem bei Sander und Jaensch deutlich. Nach Roelcke 2022, S. 161, ist Beteiligung an „Gleichschaltung“ und Diskriminierung in Institutionen in eine Beurteilung einzubeziehen.

Bock, Gisela: Zwangssterilisation im Nationalsozialismus. Studien zur Rassenpolitik und Frauenpolitik. (Schriften des Zentralinstituts für Sozialwissenschaftliche Forschung der Freien Universität Berlin *48*). Opladen: Westdeutscher Verlag 1986

Borck, Cornelius: Hirnströme: eine Kulturgeschichte der Elektroenzephalographie. Göttingen: Wallstein 2005

Bostroem, August: Über das Gesetz zur Verhütung erbkranken Nachwuchses vom Standpunkt des Psychiaters. Ohne Ort und Verlag 1934

Bostroem, August: Der seelische Zustand der Truppe. Veröffentlichungen aus dem Gebiete des Heeres-Sanitätswesens *1939*, 17–30 (1939)

Bostroem, August: Psychische Störungen nach Hirnschüssen. Münchener Medizinische Wochenschrift *87*, 985–988 (1940)

Bostroem, August: Zur Frage der Pervitin-Verordnung. Medizinische Wochenschrift *88*, 490–491 (1941)

Brückner, Burkhart, Thönnissen, Jessica, und Fabri, Ansgar: Bumke, Oswald. In: Biographisches Archiv der Psychiatrie. 2016; URL: biapsy.de/index.php/de/9-biographien-a-z/123-bumke-oswald (9.11.2022)

Bumke, Oswald: Kultur und Entartung. Berlin: Springer [1]1912, [2]1922

Bumke, Oswald: Erinnerungen und Betrachtungen. Der Weg eines Deutschen Psychiaters. München: Richard Pflaum 1952

Burlon, Marc: Die „Euthanasie“ an Kindern während des Nationalsozialismus in den zwei Hamburger Kinderfachabteilungen. Diss. med. Hamburg 2009

Coché, Stefanie: Psychiatrie und Gesellschaft: psychiatrische Einweisungspraxis im „Dritten Reich“, in der DDR und der Bundesrepublik 1941–1963. Göttingen, Bristol (CT, USA): Vandenhoeck & Ruprecht 2017

Czech, Herwig, Hildebrandt, Sabine, Reis, Shmuel P., Chelouche, Tessa, Fox, Matthew, González-López, Esteban, Lepicard, Etienne, Ley, Astrid, Offer, Miriam, Ohry, Avi, Rotzoll, Maike, Sachse, Carola, Siegel, Sari J., Šimůnek, Michal, Teicher, Amir, Uzarczyk, Kamila, Villiez, Anna von, Wald, Hedy S., Wynia, Matthew K., and Roelcke, Volker: The Lancet Commission on medicine, Nazism, and the Holocaust: historical evidence, implications for today, teaching for tomorrow. The Lancet *402*, 1867–940 (2023)

Dörner, Klaus, Ebbinghaus, Angelika, und Linne, Karsten (Hrsg.): Der Nürnberger Ärzteprozeß 1946/47. Wortprotokolle, Anklage- und Verteidigungsmaterial, Quellen zum Umfeld. Erschließungsband. München: Saur 2000

Ebner, Susanne: Schizophrene Patienten in der Marburger Universitätspsychiatrie während des Zweiten Weltkrieges. Diss. med. Marburg 2010

Eckart, Wolfgang U.: Medizin in der NS-Diktatur. Ideologie, Praxis, Folgen. Köln: Böhlau 2012

Eisenberg, Ulrike: Der schwedische Neurochirurg Herbert Olivecrona (1891–1980) und seine Kontakte nach West- und Ost-Deutschland im Kalten Krieg. Medizinhistorisches Journal *57*, 133–181 (2022)

Fangerau, Heiner, Martin, Michael, und Karenberg, Axel: Neurologen und Neurowissenschaftler: Wer war ein Nazi? Zum Umgang mit der NS-Belastung in der Geschichte der deutschen Medizin. Der Nervenarzt *91* (Suppl. 1), 3–12 (2020)

Faulstich, Heinz: Hungersterben in der Psychiatrie 1914–1949. Mit einer Topographie der NS-Psychiatrie. Freiburg (im Breisgau): Lambertus 1998

Friedlander, Henry: The Origins of Nazi Genocide. From Euthanasia to the Final Solution. Chapel Hill, London: The University of North Carolina Press 1995

Gamper, Eduard: Bau und Leistungen eines menschlichen Mittelhirnwesens (Arhinencephalie mit Encephalocele). Zugleich ein Beitrag zur Teratologie und Fasersystematik. Zeitschrift für Neurologie und Psychiatrie *102*, 154–235 (1926)

Gaupp, Robert: Die Freigabe der Vernichtung lebensunwerten Lebens. Deutsche Strafrechtszeitung-Zeitung *7*/11–12, Sp. 332–337 (1920)

Gaupp, Robert: Johannes Lange. Zeitschrift für die gesamte Neurologie und Psychiatrie *163*/29 (1938)

Gawlich, Max: Eine Maschine, die wirkt: die Elektrokrampftherapie und ihr Apparat, 1938–1950. Paderborn: Schöningh 2018

Gerhard, Uwe-Jens, Schönberg, Anke, und Blanz, Bernhard: „Hätte Berger das Ende des zweiten Weltkrieges noch erlebt – gewiss wäre er ein Anwärter auf den Nobelpreis geworden“. Hans Berger und die Legende vom Nobelpreis. Fortschritte Neurologie Psychiatrie *73*, 156–160 (2005)

Gerstengarbe, Sybille: Die Leopoldina und ihre jüdischen Mitglieder. In: vom Bruch, Rüdiger, Gerstengarbe, Sybille, Thiel, Jens, und Renkert, Simon (Hrsg.): Wissenschaftsakademien im Zeitalter der Ideologien. Politische Umbrüche – wissenschaftliche Herausforderungen – institutionelle Anpassungen. Acta Historica Leopoldina Nr. *64*, 419–446 (2014)

Gerstengarbe, Sybille: Die Leopoldina im „Dritten Reich“. In: Gerstengarbe, Sybille, Thiel, Jens, und vom Bruch, Rüdiger: Die Leopoldina. Die Deutsche Akademie der Naturforscher zwischen Kaiserreich und früher DDR. S. 231–427. Berlin: be.bra wissenschaft verlag 2016a

GERSTENGARBE, Sybille: Die Leopoldina in der SBZ und frühen DDR. In: GERSTENGARBE, Sybille, THIEL, Jens, und VOM BRUCH, Rüdiger: Die Leopoldina. Die Deutsche Akademie der Naturforscher zwischen Kaiserreich und früher DDR. S. 429–495. Berlin: be.bra wissenschaft verlag 2016b

GEUTER, Ulfried: Das Ganze und die Gemeinschaft – Wissenschaftliches und politisches Denken in der Ganzheitspsychologie Felix Kruegers. In: GRAUMANN, Carl F. (Hrsg.): Psychologie im Nationalsozialismus. S. 55–87. Berlin, Heidelberg, New York, Tokyo: Springer 1985

GEUTER, Ulfried: Die Professionalisierung der deutschen Psychologie im Nationalsozialismus. Frankfurt (Main): Suhrkamp 1988

GRADMANN, Christoph: Leben in der Medizin. Zur Aktualität von Biographie und Prosopographie in der Medizingeschichte. In: PAUL, Norbert, und SCHLICH, Thomas (Hrsg.): Medizingeschichte. Probleme und Perspektiven. S. 243–265. Frankfurt (Main): Campus 1998

GÜTT, Arthur, RÜDIN, Ernst, und RUTTKE, Falk: Gesetz zur Verhütung erbkranken Nachwuchses vom 14. Juli 1933 mit Auszug aus dem Gesetz gegen gefährliche Gewohnheitsverbrecher und über Maßregeln der Sicherung und Besserung vom 24. Nov. 1933. München: Lehmann 1934

GUNDLACH, Horst: Metamorphosen der Psychologie zwischen 1860 und 1989 und deren Reflexe in den Akademien zu Leipzig, Berlin und Halle. In: VOM BRUCH, Rüdiger, GERSTENGARBE, Sybille, THIEL, Jens, und RENKERT, Simon (Hrsg.): Wissenschaftsakademien im Zeitalter der Ideologien. Politische Umbrüche – wissenschaftliche Herausforderungen – institutionelle Anpassungen. Acta Historica Leopoldina Nr. *64*, 217–241 (2014)

HALLING, Thorsten, BJÖRK, Ragnar, FANGERAU, Heiner, und HANSSON, Nils: Leopoldina: Ein Netzwerk für künftige Nobelpreisträger für Physiologie oder Medizin. Sudhoffs Archiv *102*, 211–232 (2018)

HARDERS, Levke, und LIPPHARDT, Veronika: Kollektivbiographie in der Wissenschaftsgeschichte als qualitative und problemorientierte Methode. Traverse *2*, 81–91 (2006)

HELMCHEN, Hanfried: Bonhoeffers Position zur Sterilisation psychisch Kranker. Der Nervenarzt *86*, 77–82 (2015)

HINZ-WESSELS, Annette: Der Umgang der Deutschen Akademie der Wissenschaften zu Berlin und der Deutschen Akademie der Naturforscher Leopoldina mit den NS-Medizinverbrechen ihrer Mitglieder nach 1945. In: VOM BRUCH, Rüdiger, GERSTENGARBE, Sybille, THIEL Jens, und RENKERT, Simon (Hrsg.): Wissenschaftsakademien im Zeitalter der Ideologien. Politische Umbrüche – wissenschaftliche Herausforderungen – institutionelle Anpassungen. Acta Historica Leopoldina Nr. *64*, 375–393 (2014)

HIPPIUS, Hanns, MÖLLER, Hans-Jürgen, MÜLLER, Norbert, und NEUNDORFER, Gabriele: Die Psychiatrische Klinik der Universität München 1904–2004. Heidelberg: Springer 2005

HOFER, Hans-Georg: Gleichschaltung und Verlust, Erneuerung und Expansion: Die Medizinische Fakultät der Universität Bonn 1933–1973. In: BRUCHHAUSEN, Walter, HOFER, Hans-Georg, HOLZGREVE, Wolfgang, und SCHOTT, Heinz: Die Medizinische Fakultät. In: BECKER, Thomas, und ROSIN, Philipp (Hrsg.): Die Natur- und Lebenswissenschaften. Geschichte der Universität Bonn Bd. *4*, S. 79–122. Göttingen: V&R unipress 2018

HOHENDORF, Gerrit: Der Tod als Erlösung vom Leiden. Geschichte und Ethik der Sterbehilfe seit dem Ende des 19. Jahrhunderts in Deutschland. Göttingen: Wallstein 2013

JAENSCH, Erich: Die Wissenschaft und die deutsche völkische Bewegung. Marburg: Elwertsche Verlagsbuchhandlung 1933

JAENSCH, Erich: Wehrhaftigkeit im Geist. (1934)

JAENSCH, Erich: Der Gegentypus. Psychologisch-anthropologische Grundlagen deutscher Kulturphilosophie, ausgehend von dem was wir überwinden wollen. Leipzig: Barth 1938

JÄHNEL, Daniela, MAYR, Andreas, und MÜLLER, Norbert: Die Nervenklinik München während der „Aktion T4“. Entlassungsdiagnosen, Verweildauer und Verlegungsverhalten. Nervenheilkunde *34*, 285–292 (2015)

JASPER, Hinrich: Maximinian de Crinis: (1889 – 1945). Eine Studie zur Psychiatrie im Nationalsozialismus. Husum: Matthiesen 1991

JENSCH, Nikolaus: Untersuchungen zu entmannten Sittlichkeitsverbrechern. (Sammlung psychiatrischer und neurologischer Einzeldarstellungen *22*). Leipzig: Thieme 1944

KAMINSKY, Uwe: Eugenik als Sozialutopie und Gesellschaftspolitik. In: HEDWIG, Andreas, und PETTER, Dirk (Hrsg.): Auslese der Starken – „Ausmerzung“ der Schwachen. Eugenik und NS-„Euthanasie“ im 20. Jahrhundert. S. 13–25. Marburg 2017

KAMINSKY, Uwe: Sterilisation und NS-„Euthanasie“: Marginalisierung und Notstandsdenken. In: OSTERLOH, Jörg, und SCHULTE, Jan Erik (Hrsg.): „Euthanasie“ und Holocaust: Kontinuitäten, Kausalitäten, Parallelitäten. (Schriftenreihe der Gedenkstätte Hadamar *1*). S. 111–136. Paderborn: Brill, Schöningh 2021

KAMMERER, Théophile: La faculté de médecine nazie de Strasbourg. Un psychiatre opposant: August Bostroem. L'information psychiatrique *72*, 789–791 (1996)

KATER, Michael H.: Ärzte als Hitlers Helfer. Hamburg, Wien: Europa-Verlag 2000

KATNER, Wilhelm: Gaupp, Robert. In: Neue Deutsche Biographie Bd. *6*, S. 100–101. 1964; [Online-Version]. URL: https://www.deutsche-biographie.de/pnd116468696.html#ndbcontent (4.1.2023)

KAUFMANN, Doris.: Einleitung. In: KAUFMANN, Doris (Hrsg.): Geschichte der Kaiser-Wilhelm-Gesellschaft im Nationalsozialismus. Bestandsaufnahme und Perspektiven der Forschung Bd. *1*, S. 9–17. Göttingen 2000

KLEE, Ernst: „Euthanasie“ im NS-Staat. Die „Vernichtung lebensunwerten Lebens“. Frankfurt (Main): Fischer 1983

KLEE, Ernst: Das Personenlexikon zum Dritten Reich. Wer war was vor und nach 1945. 2., akt. Aufl. Frankfurt (Main): Fischer 2005

KRAL, Adalbert: Eduard Gamper. Monatsschrift für Psychiatrie und Neurologie *100*, 129–136 (1938)

KRETSCHMER, Ernst: Körperbau und Charakter. Untersuchungen zum Konstitutionsproblem und zur Lehre von den Temperamenten. Berlin: Springer 1921

KRETSCHMER, Ernst: Geniale Menschen. Berlin: Springer 1929

KRETSCHMER, Ernst: Gestalten und Gedanken. Stuttgart: Georg Thieme 1963

KREUTER, Alma: Deutschsprachige Neurologen und Psychiater. Ein biographisch-bibliographisches Lexikon von den Vorläufern bis zur Mitte des 20. Jahrhunderts. 3 Bde. München, New Providence, London, Paris: Saur 1996

KROH, Oswald: Völkische Anthropologie als Grundlage deutscher Erziehung. Esslingen: Burgbücherei 1934

KUMBIER, Ekkehardt, und HAACK, Kathleen: Alfred Hauptmann – Schicksal eines deutsch-jüdischen Neurologen. Fortschritte Neurologie Psychiatrie *70*, 204–209 (2002)

LÜCK, Helmut E.: Jaensch, Erich. In: WOLFRADT, Uwe, BILLMANN-MAHECHA, Elfriede, und STOCK, Armin (Hrsg.): Deutschsprachige Psychologinnen und Psychologen 1933–1945. Ein Personenlexikon, ergänzt um einen Text von Erich STERN. 2. Aufl., S. 210–211. Wiesbaden: Springer Fachmedien 2017a

LÜCK, Helmut E.: Simoneit, Max. In: WOLFRADT, Uwe, BILLMANN-MAHECHA, Elfriede, und STOCK, Armin (Hrsg.): Deutschsprachige Psychologinnen und Psychologen 1933–1945. Ein Personenlexikon, ergänzt um einen Text von Erich STERN. 2. Aufl., S. 415–417. Wiesbaden: Springer Fachmedien 2017b

MARBE, Karl: Die Stellung und Behandlung der Psychologie an den Universitäten. Preußisches Jahrbuch *1921*, S. 202–210 (1921)

MARTIN, Michael, FANGERAU, Heiner, und KARENBERG, Axel: Neurologie und Neurologen in der NS-Zeit: Voraussetzungen und Rahmenbedingungen vor und nach 1933. Nervenarzt *87* (Suppl. 1), 5–17 (2016a)

MARTIN, Michael, FANGERAU, Heiner, und KARENBERG, Axel: Neurologie und Neurologen in der NS-Zeit: Auswirkungen und Folgen von 1945 bis heute. Der Nervenarzt *87* (Suppl. 1), 42–52 (2016b)

MARTIN, Michael, FANGERAU, Heiner, und KARENBERG, Axel: Max Nonne (1861–1959) und seine Einstellung zur „Euthanasie“. Der Nervenarzt *91* (Suppl. 1), 13–21 (2020a)

MARTIN, Michael, FANGERAU, Heiner, und KARENBERG, Axel: Oswald Bumke (1877–1950) – Schweigen als Widerstand? Der Nervenarzt *91* (Suppl. 1), 29–34 (2020b)

MARTIN, Michael, FANGERAU, Heiner, und KARENBERG, Axel: Georg Schaltenbrand (1897–1979) und seine „entgrenzte Forschung“ zur Multiplen Sklerose. Der Nervenarzt *91* (Suppl. 1), 43–52 (2020c)

MARTIN, Michael, FANGERAU, Heiner, und KARENBERG, Axel: Neurowissenschaftler am Kaiser-Wilhelm-Institut für Hirnforschung im „Dritten Reich“: Oskar Vogt – Hugo Spatz – Wilhelm Tönnis. Der Nervenarzt *91* (Suppl. 1), 89–99 (2020d)

MARTIN, Michael, KARENBERG, Axel, und FANGERAU, Heiner: Die ambivalente Haltung des Otfrid Foerster (1873–1941). Der Nervenarzt *91* (Suppl. 1), 22–28 (2020e)

MARTIN, Michael, KARENBERG, Axel, und FANGERAU, Heiner: Heinrich Pette (1887–1964) und die schwierige Bewertung seiner Rolle von der Weimarer Republik bis in die BRD. Der Nervenarzt *91* (Suppl. 1), 35–42 (2020f)

MARTIN, Michael, KARENBERG, Axel, und FANGERAU, Heiner: Zwischen „Affirmation und Kritik“: Karl Kleist und Viktor von Weizsäcker zwischen 1933 und 1945. Der Nervenarzt *91* (Suppl. 1), 80–88 (2020g)

MARTIN, Michael, KARENBERG, Axel, und FANGERAU, Heiner: Späte Zwangsemigration ohne Perspektive: Alfred Hauptmann und Adolf Wallenberg. Der Nervenarzt *93* (Suppl. 1), 42–51 (2022)

METZGER, Wolfgang: Jaensch, Erich. In: Neue Deutsche Biographie Bd. *10*, S. 287–288. 1974; [Online-Version]. URL: https://www.deutsche-biographie.de/pnd118711415.html#ndbcontent (4. 1. 2023)

MEYER-LENZ, Johanna: Der Neurologe Max Nonne (1861–1959) und die „Aufarbeitung“ der „Kindereuthanasie“ in Hamburg seit 1945. Verflochtene Geschichten. Schriftenreihe Deutsche Gesellschaft für Geschichte der Nervenheilkunde *23*, 315–349 (2017)

MITSCHERLICH, Alexander, und MIELKE, Fred: Medizin ohne Menschlichkeit. Dokumente des Nürnberger Ärzteprozesses. Frankfurt (Main): Fischer 1962

MÖHLER, Rainer: Die Reichsuniversität Straßburg 1940–1944. Eine nationalsozialistische Musteruniversität zwischen Wissenschaft, Volkstumspolitik und Verbrechen. Stuttgart: Kohlhammer 2020

MOSER, Gabriele: „Haut lieu de la science allemande et bastion de l’esprit national-socialiste“: la Reichsuniversität Straßburg et sa faculté de médecine en Alsace annexée de fait. In: BONAH, Christian, SCHMALTZ, Florian, et WEIND-

LING, Paul (Eds.): La faculté de médecine de la Reichsuniversität Straßburg et l'hôpital civil sous l'annexion de fait national-socialiste 1940–1945. Vie des cliniques au quotidien, expérimentations humaines criminelles, collections médico-scientifiques, biographies des victimes et du personnel de la faculté de médecine et préconisations concernant les politiques mémorielles. (Rapport final de la Commission historique pour l'histoire de la faculté de médecine de la Reichsuniversität Straßburg 2017–2022); pp. 47–63. Strasbourg: Université de Strasbourg 2022; URL: https://www.unistra.fr/fileadmin/upload/unistra/universite/historique/Rapport_final_Reichsuniversitat_Strassburg_corr.pdf (3. 1. 2023)

MÜLLER, Roland: „Viele haben, mehr als ich, in Not und Tod gelitten“. Die Rolle Ernst Kretschmers bei der Kontinuitätssicherung der Psychiatrie. In: OEHLER-KLEIN, Sigrid, und ROELCKE, Volker (Hrsg.): Vergangenheitspolitik in der universitären Medizin nach 1945. Institutionelle und individuelle Strategien im Umgang mit dem Nationalsozialismus. S. 387–405. Stuttgart: Steiner 2007

MÜNCH, Lea: La clinique de psychiatrie et ses patients. In: BONAH, Christian, SCHMALTZ, Florian, et WEINDLING, Paul (Eds.): La faculté de médecine de la Reichsuniversität Straßburg et l'hôpital civil sous l'annexion de fait national-socialiste 1940–1945. Vie des cliniques au quotidien, expérimentations humaines criminelles, collections médico-scientifiques, biographies des victimes et du personnel de la faculté de médecine et préconisations concernant les politiques mémorielles. (Rapport final de la Commission historique pour l'histoire de la faculté de médecine de la Reichsuniversität Straßburg 2017–2022); pp. 65–72. Strasbourg: Université de Strasbourg 2022; URL: https://www.unistra.fr./fileadmin/upload/unistra/universite/historique/Rapport_final_Reichsuniversitat_Strassburg_corr.pdf (3. 1. 2023)

NEUMÄRKER, Klaus-Jürgen, und BARTSCH, Andreas J.: Karl Kleist (1879–1960) – A pioneer of neuropsychiatry. History of Psychiatry *14*, 411–458 (2003)

PALMEN, Lotte, EISENBERG, Ulrike, KARENBERG, Axel, FANGERAU, Heiner, und HANSSON, Nils: „Ein zu internationaler Berühmtheit gelangter Forscher und Arzt“: Otfrid Foerster (1873–1941) als Nobelpreiskandidat. Der Nervenarzt *93*, 720–727 (2022)

PEIFFER, Jürgen: Hirnforschung im Zwielicht. Beispiele verführbarer Wissenschaft aus der Zeit des Nationalsozialismus. Julius Hallervorden – H. J. Scherer – Berthold Ostertag. Husum: Matthiesen 1997

PLATEN-HALLERMUND, Alice: Die Tötung Geisteskranker in Deutschland. Reprint der Erstausgabe von 1948. Bonn: Psychiatrie-Verlag 1993

RAUH, Philipp: Der Münchener Kriegskongress der Psychiater und Neurologen vom September 2016 – Ränkespiele, Inszenierungen und Kontroversen. In: BECKER, Thomas, FANGERAU, Heiner, FASSL, Peter, und HOFER, Hans-Georg: Psychiatrie im Ersten Weltkrieg. S. 43–65. Konstanz: UVK Verlagsgesellschaft 2018

RAUH, Philipp, und TOPP, Sascha: Konzeptgeschichten. Zur Marburger Psychiatrie im 19. und 20. Jahrhundert. Göttingen: V&R unipress 2019

Reichsärztekammer (Hrsg.): Richtlinien für Schwangerschaftsunterbrechung und Unfruchtbarmachung aus gesundheitlichen Gründen. München: Lehmanns [1]1936, [2]1940

RENNER, Karl-Heinz: Lersch, Philipp. In: WOLFRADT, Uwe, BILLMANN-MAHECHA, Elfriede, und STOCK, Armin (Hrsg.): Deutschsprachige Psychologinnen und Psychologen 1933–1945. Ein Personenlexikon, ergänzt um einen Text von Erich STERN. 2. Aufl., S. 273–274. Wiesbaden: Springer Fachmedien 2017

RETTER, Hein: Kroh, Oswald. In: Neue Deutsche Biographie Bd. *13*, S. 68–69. 1982; [Online-Version]. URL: https://www.deutsche-biographie.de/pnd119417952.html#ndbcontent (2. 1. 2023)

ROELCKE, Volker: Psychiatrische Wissenschaft im Kontext nationalsozialistischer Politik und „Euthanasie“: Zur Rolle von Ernst Rüdin und der Deutschen Forschungsanstalt/Kaiser-Wilhelm-Institut für Psychiatrie. In: KAUFMANN, Doris (Hrsg.): Die Kaiser-Wilhelm-Gesellschaft im Nationalsozialismus. S. 112–150. Göttingen: Wallstein 2000

ROELCKE, Volker: Funding the scientific foundations of race policies: Ernst Rüdin and the impact of career resources on psychiatric genetics, ca 1910–1945. In: ECKART, Wolfgang U. (Ed.): Man, Medicine, and the State. The Human Body as an Object of Government Sponsored Medical Research in the 20th Century; pp. 73–87. Stuttgart: Steiner 2006

ROELCKE, Volker: Rivalisierende „Verwissenschaftlichungen des Sozialen“: Psychiatrie, Psychologie und Psychotherapie im 20. Jahrhundert. In: REULECKE, Jürgen, und ROELCKE, Volker (Hrsg.): Wissenschaften im 20. Jahrhundert: Universitäten in der modernen Wissenschaftsgesellschaft. S. 131–148. Stuttgart: Steiner 2008

ROELCKE, Volker: Auf der Suche nach der Politik in der Wissensproduktion: Plädoyer für eine historisch-politische Epistemologie. Berichte zur Wissenschaftsgeschichte *33*, 176–192 (2010a)

ROELCKE, Volker: Deutscher Sonderweg? Die eugenische Bewegung in europäischer Perspektive bis in die 1930er Jahre. In: ROTZOLL, Maike, HOHENDORF, Gerrit, FUCHS, Petra, RICHTER, Paul, ECKART, Wolfgang U., und MUNDT, Christoph (Hrsg.): Die nationalsozialistische „Euthanasie“-Aktion T4 und ihre Opfer. Geschichte und ethische Konsequenzen für die Gegenwart. S. 47–55. Paderborn: Schöningh 2010b

ROELCKE, Volker: Psychiatrie im Nationalsozialismus. Historische Kenntnisse, Implikationen für aktuelle ethische Debatten. Der Nervenarzt *81*, 1317–1325 (2010c)

ROELCKE, Volker: Ernst Rüdin: Renommierter Wissenschaftler – radikaler Rassenhygieniker. Der Nervenarzt *83*, 303–310 (2012)

ROELCKE, Volker: Richard Siebeck in der Zeit des Nationalsozialismus und sein Verhalten zur Thematik „Medizin im Nationalsozialismus“ in der Nachkriegszeit. Forschungsbericht im Auftrag der Deutschen Gesellschaft für Psychoanalyse, Psychotherapie, Psychosomatik und Tiefenpsychologie. Berlin, Gießen: 2016; URL: https://www.uni-giessen.de/de/fbz/fb11/institute/histor/ueberuns/mitarbeiter/Roelcke/Roelcke2016Siebeck (25. 3. 2023)

ROELCKE, Volker: „Täterschaft“ und Täter in der Medizin zur Zeit des Nationalsozialismus: Umrisse einer Typologie unter Berücksichtigung konkreter Handlungskontexte. In: RAUH, Philipp, VOGGENREITER, Marion, UDE-KOELLER, Susanne, und LEVEN, Karl-Heinz (Hrsg.): Medizintäter: Ärzte und Ärztinnen im Spiegel der NS-Täterforschung. S. 135–164. Köln: Böhlau 2022

ROELCKE, Volker, und DUCKHEIM, Simon: Medizinische Dissertationen aus der Zeit des Nationalsozialismus: Potential eines Quellenbestands und erste Ergebnisse zu „Alltag“, Ethik und Mentalität der universitären medizinischen Forschung bis (und ab) 1945. Medizinhistorisches Journal *49*, 260–271 (2014)

RUZICKA, Evzen, HINTERHUBER, Hartmann, und FÖRSTL, Hans: Eduard Gamper (1887–1938): Cases and accidents. Journal of Neurology *269*, 1802–1808 (2022)

SANDER, Friedrich: Friedrich Sander. In: PONGRATZ, Ludwig J., TRAXEL, Werner, und WEHNER, Ernst G. (Hrsg.): Psychologie in Selbstdarstellungen. S. 309–333. Bern: Hans Huber 1972

SCHEERER, Eckart: Organische Weltanschauung und Ganzheitspsychologie. In: GRAUMANN, Carl F. (Hrsg.): Psychologie im Nationalsozialismus. S. 15–53. Berlin, Heidelberg, New York, Tokyo: Springer 1985

SCHIMMELPENNING, Gustav W.: Oswald Bumke (1877–1950). His life and work. History of Psychiatry *4*, 483–497 (1993)

SCHMIEDEBACH, Heinz-Peter: Psychiatrie im Nationalsozialismus an der Charité und in Berlin. Berlin: be.bra 2018

SCHMUHL, Hans-Walter: Rassenhygiene, Nationalsozialismus, Euthanasie. Von der Verhütung zur Vernichtung „lebensunwerten Lebens“, 1890–1945. Göttingen: Vandenhoeck und Ruprecht 1987

SCHMUHL, Hans-Walter: Hirnforschung und Krankenmord. Das Kaiser-Wilhelm-Institut für Hirnforschung 1937–1945. (Forschungsprogramm „Geschichte der Kaiser-Wilhelm-Gesellschaft im Nationalsozialismus“ *1*). Berlin: MPI für Wissenschaftsgeschichte 2000

SCHMUHL, Hans-Walter: „Euthanasie“ und Krankenmord. In: JÜTTE, Robert, ECKART, Wolfgang U., SCHMUHL, Hans-Walter, und SÜSS, Winfried (Hrsg.): Medizin und Nationalsozialismus. Bilanz und Perspektiven der Forschung. 2. Aufl., S. 214–255. Göttingen: Wallstein 2011

SCHMUHL, Hans-Walter: Die Gesellschaft Deutscher Neurologen und Psychiater im Nationalsozialismus. Berlin, Heidelberg: Springer 2016

SCHRÖDER, Wilhelm Heinz: Kollektive Biographien in der historischen Sozialforschung: Eine Einführung. In: SCHRÖDER, Wilhelm Heinz (Hrsg.): Lebenslauf und Gesellschaft. Zum Einsatz von kollektiven Biographien in der historischen Sozialforschung. Stuttgart: Klett-Cotta 1985

SCHRÖDER, Wilhelm Heinz: Kollektivbiographie: Spurensuche, Gegenstand, Forschungsstrategie. Historical Social Research Suppl. *23*, 74–152 (2011);
URL: http://nbn-resolving.de/urn:nbn:de:0168-ssoar-337699 (3. 1. 2023)

SILBERZAHN-JANDT, Gudrun, und SCHMUHL, Hans-Walter: Friedrich Mauz – T4-Gutachter und Militärpsychiater. Der Nervenarzt *83*, 321–328 (2012)

SIX, Bernd: Sander, Friedrich. In: WOLFRADT, Uwe, BILLMANN-MAHECHA, Elfriede, und STOCK, Armin (Hrsg.): Deutschsprachige Psychologinnen und Psychologen 1933–1945. Ein Personenlexikon, ergänzt um einen Text von Erich STERN. 2. Aufl., S. 388–389. Wiesbaden: Springer Fachmedien 2017

SPATZ, Hugo: Eduard Gamper zum Andenken. Münchener Medizinische Wochenschrift *85*, 1068–1070 (1938)

STEINBERG, Holger: Oswald Bumke in Leipzig. Jenseits von Kraepelin, Freud und Rüdin'scher Entartungslehre. Der Nervenarzt *79*, 348–356 (2008)

STEINBERG, Holger: Oswald Bumke (1877–1950). Journal of Neurology *260*, 2444–2445 (2013)

STEINBERG, Holger, CARIUS, Dirk, und HIMMERICH, Hubertus: Richard Arwed Pfeifer – A pioneer of 'medical pedagogy' and an opponent of Paul Schröder. History of Psychiatry *24*, 459 –476 (2013)

STOCK, Armin: Ach, Narziß. In: WOLFRADT, Uwe, BILLMANN-MAHECHA, Elfriede, und STOCK, Armin (Hrsg.): Deutschsprachige Psychologinnen und Psychologen 1933–1945. Ein Personenlexikon, ergänzt um einen Text von Erich STERN. 2. Aufl., S. 7–8. Wiesbaden: Springer Fachmedien 2017a

STOCK, Armin: Hellpach, Willy. In: WOLFRADT, Uwe, BILLMANN-MAHECHA, Elfriede, und STOCK, Armin (Hrsg.): Deutschsprachige Psychologinnen und Psychologen 1933–1945. Ein Personenlexikon, ergänzt um einen Text von Erich STERN. 2. Aufl., S. 170–172. Wiesbaden: Springer Fachmedien 2017b

STOCK, Armin: Kroh, Oswald. In: WOLFRADT, Uwe, BILLMANN-MAHECHA, Elfriede, und STOCK, Armin (Hrsg.): Deutschsprachige Psychologinnen und Psychologen 1933–1945. Ein Personenlexikon, ergänzt um einen Text von Erich STERN. 2. Aufl., S. 257–258. Wiesbaden: Springer Fachmedien 2017c

STOCK, Armin: Marbe, Karl. In: WOLFRADT, Uwe, BILLMANN-MAHECHA, Elfriede, STOCK, Armin (Hrsg.): Deutschsprachige Psychologinnen und Psychologen 1933–1945. Ein Personenlexikon, ergänzt um einen Text von Erich STERN. 2. Aufl., S. 298–300. Wiesbaden: Springer Fachmedien 2017d

STOCK, Armin: Wirth, Wilhelm. In: WOLFRADT, Uwe, BILLMANN-MAHECHA, Elfriede, und STOCK, Armin (Hrsg.): Deutschsprachige Psychologinnen und Psychologen 1933–1945. Ein Personenlexikon, ergänzt um einen Text von Erich STERN. 2. Aufl., S. 415–417. Wiesbaden: Springer Fachmedien 2017e

SÜSS, Winfried: Der „Volkskörper“ im Krieg. Gesundheitspolitik, Gesundheitsverhältnisse und Krankenmord im nationalsozialistischen Deutschland 1939–1945. München: Oldenbourg 1998/1999

THIEL, Jens: Nutzen und Grenzen des Generationenbegriffs für die Wissenschaftsgeschichte. Das Beispiel der „unabkömmlichen“ Geisteswissenschaftler am Ende des Dritten Reiches. In: MIDDELL, Matthias, THOMS, Ulrike, und UEKOETTER, Frank (Hrsg.): Verräumlichung, Vergleich, Generationalität. Dimensionen der Wissenschaftsgeschichte. S. 111–132. Leipzig: Akademische Verlagsanstalt 2004

THIEL, Jens: Die Leopoldina in der Weimarer Republik. In: GERSTENGARBE, Sybille, THIEL, Jens, und VOM BRUCH, Rüdiger: Die Leopoldina. Die Deutsche Akademie der Naturforscher zwischen Kaiserreich und früher DDR. S. 121–229. Berlin: be.bra wissenschaft verlag 2016

THOMAE, Hans: Lersch, Philipp. In: Neue Deutsche Biographie Bd. *14*, S. 319–320. 1985;
[Online-Version]. URL: https://www.deutsche-biographie.de/pnd118779656.html#ndbcontent (4. 1. 2023)

TOPP, Sascha, und PEIFFER, Jürgen: Das MPI für Hirnforschung in Gießen. Institutskrise nach 1945, die Hypothek der NS-„Euthanasie“ und das Schweigen der Fakultät. In: OEHLER-KLEIN, Sigrid (Hrsg.): Die Medizinische Fakultät der Universität Gießen im Nationalsozialismus und in der Nachkriegszeit. Personen und Institutionen, Umbrüche und Kontinuitäten. S. 539–607. Stuttgart: Steiner 2007

TRIARHOU, Lazaros C.: Professor Otto Marburg, universal neurologist and the ‘dean of teachers’. Wiener Klinische Wochenschrift *120*, 622–630 (2008)

VERDENHALVEN, Moritz, VAHLE, Albert, und HOFSTÄDTER, Ataraxia: Verlegungsraten der Universitätsnervenklinik Frankfurt am Main im Nationalsozialismus. Der Nervenarzt *94*, 640-646 (2023)

WEBER, Matthias M.: Ernst Rüdin. Eine kritische Biographie. Berlin, Heidelberg, New York, London, Paris, Tokyo, Hong Kong, Barcelona, Budapest: Springer 1993

WEINDLING, Paul: Victims and Survivors of Nazi Human Experiments. Science and Suffering in the Holocaust. London, New Delhi, New York, Sydney: Bloomsbury 2015

WEINDLING, Paul (Eds.): From Clinic to Concentration Camp: Reassessing Nazi Medical and Racial Research, 1933–1945. London, New York: Routledge, Taylor & Francis 2017

WILLER, Stefan: Biographie – Genealogie – Generation. In: KLEIN, Christian (Hrsg.): Handbuch Biographie. Methoden, Traditionen, Theorien. S. 87–94. Stuttgart, Weimar: J. B. Metzler 2009

WITTMANN, Simone: Zur „paradoxen Doppelnatur des Intellektuellen“. Der Fall Friedrich Sander. Psychologie und Geschichte *10*, 309–322 (2002)

WOLFERT, Raimund, und STEINBERG, Holger: Der Homosexuelle als „störende Persönlichkeit“. Nikolaus Jensch und seine psychiatrisch-genetischen Studien. Fortschritte der Neurologie, Psychiatrie *77*, 444–450 (2009)

WOLFRADT, Uwe: Krueger, Felix. In: WOLFRADT, Uwe, BILLMANN-MAHECHA, Elfriede, und STOCK, Armin (Hrsg.): Deutschsprachige Psychologinnen und Psychologen 1933–1945. Ein Personenlexikon, ergänzt um einen Text von Erich STERN. 2. Aufl., S. 260–261. Wiesbaden: Springer Fachmedien 2017

WULF, Stefan: Nonne, Max. In: Neue Deutsche Biographie Bd. *19*, S. 333–335. 1999;
[Online-Version]. URL: https://www.deutsche-biographie.de/pnd118588532.html#ndbcontent

Prof. Dr. Maike ROTZOLL
Philipps-Universität Marburg
Institut für Geschichte der Pharmazie und Medizin
Roter Graben 10
35037 Marburg
Bundesrepublik Deutschland
Tel.: +49 6421 2822830
Fax: +49 6421 2822878
E-Mail: maike.rotzoll@uni-marburg.de

Künstliche Intelligenz.
Perspektiven auf epistemische, praktische und historiographische Herausforderungen

NAL-historica Nr. 83
(vormals Abhandlungen der Deutschen Akademie der Naturforscher Leopoldina: Acta Historica Leopoldina)
Herausgegeben von: Dinah Pfau (München)
(2023, 204 Seiten, 11 Abbildungen, 24,00 Euro, ISBN: 978-3-8047-4413-4)

Die „Künstliche Intelligenz“ (KI) verspricht, eine Vielzahl von genuin menschlichen Tätig- und Fähigkeiten ins Digitale zu überführen und zu automatisieren. Damit verändern sich technisches Zugriffsvermögen *auf die Welt* und die Handlungsfähigkeit *in der Welt* in unabsehbarer Weise. Neben dem Verlust von traditionellen Arbeitsplätzen und Tätigkeitsfeldern entstehen neue Chancen für innovative Perspektiven des Arbeitens und Lebens. Die Wissenschaften, nicht nur die computeraffinen Naturwissenschaften, sondern auch die Geistes- und Sozialwissenschaften, aber auch die Politik werden von der transformativen Kraft der KI in ihren vielfältigen Formen und Zugangsweisen verändert und müssen auf die damit verbundenen Herausforderungen reagieren. Der Band zeigt aus verschiedenen Blickwinkeln die historische Entwicklung der KI (insbesondere in der Bundesrepublik Deutschland), den aktuellen Stand von Technik und Einsatz sowie vermeintlich absehbare zukünftige Tendenzen dieser Schlüsseltechnologie.

Wissenschaftliche Verlagsgesellschaft Stuttgart

NAL-historica Nr. *86*, 177–189 (2024), doi: 10.26164/leopoldina_10_01239

NSDAP-Mitglieder in den Akademien der Wissenschaften. Berlin, Göttingen, Heidelberg, Leipzig, München und Wien im Vergleich

Johannes Feichtinger und Sandra Klos (Wien, Österreich)

Zusammenfassung

In diesem Artikel wird ein Vergleich zwischen den im Verband wissenschaftlicher Körperschaften zusammengeschlossenen Akademien der Wissenschaften (Berlin, Göttingen, Heidelberg, Leipzig, München und Wien) bezüglich der Anzahl der Parteiangehörigen unter den Mitgliedern gezogen. Die vergleichende Analyse der NS-Belastung der Gelehrtengesellschaften im „Dritten Reich" zeigt, dass die Akademie der Wissenschaften in Wien unter ihren Mitgliedern einen der höchsten Anteile an NSDAP-Mitgliedern – rund die Hälfte – aufwies. Diese „Selbstnazifizierung" erwies sich letztlich nicht als gewinnbringend: Die politische Linientreue eröffnete der Wiener Akademie keine erweiterten Handlungsspielräume, und sie verhinderte nicht die weitere Provinzialisierung des Wissenschaftsstandorts Wien in der Zeit des Nationalsozialismus.

Abstract

In this article, a comparison is made between the academies of sciences united in the Association of Scientific Bodies (*Verband wissenschaftlicher Körperschaften*, i.e. Berlin, Göttingen, Heidelberg, Leipzig, Munich and Vienna) with regard to the number of Nazi party members among the members of the respective Academies. This comparative analysis of the learned societies in the "Third Reich" relating to their involvement in the national-socialist regime shows that the Academy of Sciences in Vienna had among its members one of the highest proportions of NSDAP members – about half. The academy's self-nazification did not prove advantageous in the end. Party loyalty did not open up any extended scope for action for the Vienna Academy, and it did not prevent the further provincialization of Vienna as a science hub during the period of National Socialism.

Vergleichende Studien zu den NSDAP-Mitgliedern in den Akademien der Wissenschaften liegen bislang noch nicht vor. Einzelne Institutionen haben ihre Geschichte während des Nationalsozialismus gerade erst aufgearbeitet – als jüngste Beispiele die Leopoldina (Halle/Saale), die Wiener sowie die Göttinger Akademie.[1] In der neuen Wiener Akademiegeschichte konnte eine erstaunliche Zwischenbilanz gezogen werden: Die Akademie der Wissenschaften in Wien war – neben Heidelberg – diejenige mit dem prozentual höchsten Anteil von NSDAP-Mitgliedern unter den im Verband wissenschaftlicher Körperschaften (Berlin, Göttingen, Heidelberg, Leipzig, München, Wien, ab 1940 Prag[2]), dem sogenannten „Kartell", vereinigten gelehrten Körperschaften. In Wien waren 54 % aller Akademiemitglieder[3] nach

1 Vgl. Gerstengarbe 2016, Feichtinger und Mazohl 2022, Schauz 2022.

2 Konkrete Zahlen über die NSDAP-Mitgliedschaft von Mitgliedern der Deutschen Akademie der Wissenschaften, Prag, liegen derzeit nicht vor.

3 Die Kategorien der Mitgliedschaft lauten wie folgt: wM: wirkliche Mitglieder (in der NS-Zeit als oM: ordentliche Mitglieder geführt); kMI: korrespondierende Mitglieder im Inland (in der NS-Zeit als kM Reichsbürger geführt); kMA: korrespondierende Mitglieder im Ausland; EM: Ehrenmitglieder.

1945 als ehemalige NSDAP-Mitglieder registriert. In Berlin belaufen sich die Zahlen der ehemaligen Parteimitglieder auf rund 20 %, in München auf rund 25 %, in Göttingen auf rund 45 % und in Heidelberg auf rund 50 %.[4] In Österreich war die ehemalige Mitgliedschaft in der NSDAP – oder in einer ihrer Wehrverbände (SS, SA, NSKK, NSFK) – mit Ausnahme von Kriegsverbrechen[5] – das einzige Kriterium, das aufgrund des Verbotsgesetzes vom 8. Mai 1945 (BGBl. Nr.13/1945)[6] Rechtsfolgen im Sinne einer Belastung nach sich zog.

NS-Belastung wurde in Österreich durch Bundesgesetze – das Kriegsverbrechergesetz (1945) und die „Entnazifizierungsgesetze" – das Verbotsgesetz (1945), das Nationalsozialistengesetz (1947) und die Minderbelastetenamnestie (1948) – definiert. Das erste Entnazifizierungsgesetz richtete sich an formalen Kriterien – Beitrittszeitpunkt und nicht Grad der Involvierung – aus. 1945 wurden NSDAP-Mitglieder registriert, d.h. behördlich erfasst (Verbotsgesetz). Relevant war einzig der Zeitpunkt des Parteieintritts – vor oder nach dem „Anschluss". Im Falle von Beamtinnen und Beamten, die der Partei angehört hatten, prüften ab 1945 Sonderkommissionen, ob „sie jederzeit rückhaltlos für die unabhängige Republik Österreich eintreten" würden.[7] 1947 wurde zwischen „belasteten" (leitende Parteifunktion oder NS-Verbrecher) und „minderbelasteten" NSDAP-Mitgliedern unterschieden. Letztere wurden 1948 amnestiert, d. h., die Sühnefolgen wurden erlassen. Neben der Parteimitgliedschaft und dem Zeitpunkt des Parteieintritts gab es somit praktisch keine Bewertung auf gesetzlicher Grundlage für den Grad der individuellen Involviertheit in den Nationalsozialismus. Diese Gesetze bildeten auch die Grundlage für die Entnazifizierung der Akademie der Wissenschaften in Wien.

Grundsätzlich muss gesagt werden, dass die formelle Parteimitgliedschaft von Akademiemitgliedern allein kein hinreichendes Kriterium sein kann, um den Grad der Involvierung der jeweiligen Wissenschaftsakademie in den nationalsozialistischen Wissenschaftsbetrieb zu beschreiben. Zu berücksichtigen sind auch die Aktivitäten der Akademien und ihrer Mitglieder zur Legitimation nationalsozialistischer Herrschaft. Allerdings unterscheiden sich die im sogenannten „Kartell" vereinten Akademien hinsichtlich ihrer Aufgaben und Funktionen. So war die Akademie der Wissenschaften in Wien nicht nur Gelehrtengesellschaft, sondern zugleich auch der einzige außeruniversitäre Forschungsförderer und Forschungsträger. In Österreich bestand weder eine Dachorganisation zur Forschungsförderung wie die 1929 eingerichtete Deutsche Forschungsgemeinschaft (DFG, vormals Notgemeinschaft der deutschen Wissenschaft) noch eine mit der Kaiser-Wilhelm-Gesellschaft vergleichbare Trägerorganisation von Forschungsinstituten. Die Wiener Akademie war die einzige Wissenschaftsakademie im deutschsprachigen Raum, die in der Zeit des Nationalsozialismus über eigene personalführende Forschungsinstitute verfügte.[8] Wichtige Ergebnisse über den Grad der Involvierung der Wiener Akademie der Wissenschaften in nationalsozialistische Forschungsunternehmungen liegen vor, bieten sich jedoch wegen des funktionalen Unterschieds zu den „Kartell"ierten Schwesterakademien im „Altreich" für den Vergleich nicht an. Vergleichbar sind die Akademien nur auf der Mitgliederebene, insbesondere mit Bezug auf die NSDAP-Mitgliedschaft. Unter diesen Voraussetzungen – Vergleichbarkeit und Relevanz für die Entnazifizierung – wird im Folgenden die Parteimitgliedschaft als Vergleichskriterium herangezogen.

4 Vgl. Feichtinger et al. 2022, S. 131.

5 Vgl. Kriegsverbrechergesetz vom 26. Juni 1945 (BGBl. Nr. 32/1945).

6 Verbotsgesetz vom 8. Mai 1945 (BGBl. Nr. 13/1945), den beiden Gesetzesnovellen dazu (1. Verbotsgesetznovelle vom 15. August 1945: BGBl. Nr. 127/1945; 2. Verbotsgesetznovelle: BGBl. Nr. 16/1946).

7 Verbotsgesetz vom 8. Mai 1945 (BGBl. [Bundesgesetzblatt] Nr. 13/1945), Art. 4.

8 Vgl. Feichtinger et al. 2022, S. 119f.

Mit unserem Ansatz, die Parteimitgliedschaft zu einem relevanten Kriterium für einen internationalen Vergleich von NS-Belastung zu machen, der quantitative Aussagen zulässt, tragen wir diesen historischen Gegebenheiten Rechnung. Ausgehend von den Ergebnissen der neuen Geschichte der Österreichischen Akademie der Wissenschaften wird in diesem Artikel ein quantitativer Vergleich zwischen den „Kartell“ierten Akademien gezogen. Die Angaben zur NSDAP-Mitgliedschaft von Akademiemitgliedern wurden der vorhandenen Forschungsliteratur, den NSDAP-Mitgliederverzeichnissen, den Aktenbeständen des Bundesarchivs in Berlin sowie des Österreichischen Staatsarchivs, des Wiener Stadt- und Landesarchivs und des Archivs der Österreichischen Akademie der Wissenschaften entnommen. Zugleich wurde auf Erhebungen im Zuge der Entnazifizierungsverfahren in den jeweiligen Ländern nach 1945 zurückgegriffen. Wir betrachten im Folgenden zunächst das „Kartell“ der deutschen Akademien im Nationalsozialismus, diskutieren, welche Personen wir als Nationalsozialisten zählen werden, legen den Forschungsstand zur Preußischen, Bayerischen, Göttinger, Heidelberger und Sächsischen Akademie dar und gehen anschließend näher auf unsere Zählweise in der Akademie der Wissenschaften in Wien ein.

Das „Kartell“ im Nationalsozialismus

Die Akademien, die wir in unsere Untersuchung einbeziehen, sind die Preußische, die Bayerische, die Göttinger, die Heidelberger, die Sächsische und die Wiener Akademie der Wissenschaften. Die Leopoldina war bekanntlich nicht Teil des „Kartells“, wird aber dennoch an gegebener Stelle als Vergleichsakademie herangezogen.

Der Verband wissenschaftlicher Körperschaften („Kartell“) bestand seit 1893 und war dezentral organisiert. 1940 trat an seine Stelle der Reichsverband der deutschen Akademien der Wissenschaften, der noch im September gleichen Jahres in die Reichsakademie der deutschen Wissenschaft mit Sitz in Berlin überführt wurde. Gegen diese Zentralisierung gab es verständlicherweise Widerstand, der aber letztlich erfolglos blieb.[9] Unsere Forschungen haben ergeben, dass die in Wien im Frühjahr 1938 erarbeitete und im Juli vom Reichserziehungsministerium (REM) bestätigte Satzung als Vorbild für die ab Herbst 1938 in den „Kartell“ierten Akademien des „Altreichs“ eingeführten neuen Satzungen diente.[10] Gemäß dieser Satzung betrieb die Akademie der Wissenschaften in Wien ihre Forschungen im „Dienste des deutschen Volkes“ (§1).[11] Mit den neuen Satzungen wurde auch das Führerprinzip in den Akademien eingeführt. Auch konnten nur Bürgerinnen und Bürger des „Reichs“ inländische Akademiemitglieder sein. Die Berufung neuer Mitglieder unterlag der Bestätigung des Reichserziehungsministers. Sie konnte widerrufen werden.

Die Akademie der Wissenschaften in Wien versuchte sich in zwei Kernbereichen der Zweckforschung – der Volks- und Rasseforschung sowie der Erforschung neuer Formen der Energiegewinnung durch Kerntechnologie – zu profilieren.[12] Der von Akademiepräsident Heinrich Srbik (1878–1951) angestrebte institutionelle Ausbau der Akademie im Bereich Südostforschung sowie die Angliederung bestehender und Gründung neuer Institute (z. B.

9 Vgl. ebenda, S. 73.
10 Vgl. ebenda, S. 122–125.
11 *Vorläufige Satzung der Akademie Wien* 1939, S. 9.
12 Vgl. Feichtinger et al. 2022, S. 80–118.

Biologische Station Lunz, Institut für Kärntner Landesforschung) wurde vereitelt, der Handlungsspielraum der Akademie durch Berliner Zentralbehörden zusehends eingeschränkt. Insbesondere befürchtete das Reichserziehungsministerium eine unliebsame Konkurrenz zu einschlägig arbeitenden Forschungseinrichtungen im „Altreich“.[13] Die Preußische Akademie der Wissenschaften tat sich hervor durch ihr Projekt „Atlas des deutschen Lebensraumes in Mitteleuropa“. Die Heidelberger Akademie der Wissenschaften leitete die Unternehmung zur Sammlung und Herausgabe der „Deutschen Inschriften des Mittelalters“. Die Göttinger Akademie der Wissenschaften versuchte, im Dienst der Autarkie- und Rüstungspolitik des Nationalsozialismus tätig zu werden. Wien erweiterte durch das Akademieinstitut für Radiumforschung, das sich 1943 mit dem II. Physikalischen Institut der Universität Wien zum Vierjahresplan-Institut für Neutronenforschung zusammenschloss und vom Reichsamt für Wirtschaftsausbau gefördert wurde, erheblich das Grundlagenwissen über Energiegewinnung durch Kernspaltung. Dieses Forschungsprogramm war für den Uranverein aber nur von marginaler Bedeutung, sodass Wien in der NS-Kernforschung Peripherie blieb.[14]

Der Ausschluss jüdischer Mitglieder

Der Ausschluss jüdischer Akademiemitglieder würde eine eingehendere Beschäftigung verdienen. Da wir uns im Folgenden auf die NSDAP-Mitgliedschaften fokussieren, sei hier der Forschungsstand nur in aller Kürze zusammengefasst.[15] In Wien wurden in der NS-Zeit 21 Mitglieder (rund 10 %)[16] ausgeschlossen, in Berlin 14 (einschließlich der beiden Protestaustritte von Albert Einstein [1879–1955, ML 1932] 1933 und Abram Fjodorowitsch Joffé [1880–1960, ML 1958] 1938), in Heidelberg 13 (einschließlich eines aus Protest ausgetretenen Mitgliedes), in München 12. In Heidelberg konnten drei Mitglieder als „Mischlinge“ und „jüdisch Versippte“ an der Akademie verbleiben.[17] In München konnte ein als „jüdisch versippt“ eingestuftes Akademiemitglied seine Mitgliedschaft dank einer erfolgreichen Intervention bewahren.[18] In Göttingen wurde bis Mitte Dezember 1938 der Austritt von acht Mitgliedern erzwungen. Vier erklärten ihren Austritt aus Protest. Darüber hinaus wurden bis 1941 insgesamt 21 zumeist im Ausland tätige Mitglieder aus dem Mitgliederverzeichnis gestrichen.[19] In Leipzig erklärte das einzige ordentliche Mitglied jüdischer Herkunft seinen Austritt. Zwei korrespondierende Mitglieder wurden ausgeschlossen.[20] Eine Ausnahme bildete die Akademie der Naturforscher

13 Das Vereinsvermögen und das Institut Biologische Station Lunz wurden 1939 durch den Stillhaltekommissar nicht der Akademie in Wien, sondern der Kaiser-Wilhelm-Gesellschaft übertragen. Das Institut für Kärntner Landesforschung wurde trotz vorheriger Verhandlungen mit der Akademie 1942 als Reichsinstitut eröffnet, vgl. Feichtinger et al. 2022, S. 44, 76.

14 Vgl. ebenda, S. 113–118.

15 Zusammenfassend vgl. Feichtinger et al. 2022, S. 131–136; für die einzelnen Akademien vgl. Wolgast 2009, S. X–XIII; Stoermer 2013a, S. 304–307; Berg 2013, S. 188f.; Stock und Nötzoldt 2014; Paul 2015, S. 111–119; Gerstengarbe 2016, S. 389–399; Feichtinger et al. 2022, S. 33–43 (Auflistung der ausgetretenen bzw. ausgeschlossenen Mitglieder), 131–136; Schauz 2022, S. 209–225, 269–299.

16 Der prozentuelle Anteil von ausgeschlossenen Mitgliedern zur Gesamtzahl der Mitglieder der jeweiligen Akademien ist – mit Ausnahme von Wien und Halle – derzeit noch nicht eruiert.

17 Vgl. Wolgast 2009, S. XIII.

18 Vgl. Stoermer 1995, S. 96–99.

19 Eine detaillierte Aufstellung der Ausgeschlossenen und erzwungenen Austritte in der Göttinger Akademie der Wissenschaften findet sich in Schauz 2022, S. 223f.

20 Vgl. Paul 2015, S. 113f.

Leopoldina in Halle an der Saale. Sie umfasste 1938 rund 900 Mitglieder, war nicht im „Kartell“ der deutschen Akademien vertreten und konnte in der NS-Zeit ihre Satzung weitgehend frei von Vorgaben durch das Reichserziehungsministerium gestalten. 94 Mitglieder der Leopoldina wurden gestrichen, ohne dass diese davon in Kenntnis gesetzt wurden.[21]

An den jeweiligen Akademien sind verschiedene Formen des Ausschlusses zu unterscheiden: erzwungene Ausschlüsse, dem erzwungenen Ausschluss zuvorkommende Austritte, Streichungen mit und ohne Kenntnisnahme durch die betroffenen Mitglieder und Austritte von nichtbetroffenen Mitgliedern aus Solidarität und Protest. Sieht man von Albert Einstein ab, der 1933 seine Mitgliedschaft in Berlin und München auf Hinweis der Akademie niederlegte, erfolgten die Ausschlüsse nicht auf Initiative der Akademien. Sie fanden ab 1938 auf der Grundlage der vom Reichserziehungsminister eingeforderten Änderung der jeweiligen Akademiesatzungen und auf Berliner Druck durch die Akademieleitungen statt und zogen sich bis 1942 hin. Die Ausschlüsse unterschieden sich gravierend hinsichtlich der Art und des Grades der Publikmachung. Streichungen in Mitgliederlisten konnten mit Bleistift ohne Publikmachung erfolgen (Leopoldina),[22] Ausschlüsse – wie im Falle Wiens – auch auf Anweisung des Reichserziehungsministeriums durch namentliche Nennung der Betroffenen.[23] So versuchte Akademiepräsident Heinrich Srbik den Ausschluss des Geologen und ordentlichen Mitglieds Franz Eduard Suess (1867–1941), dessen Vater Eduard Suess (1831–1914) der Akademie zur Jahrhundertwende als Präsident zu internationalem Ansehen verholfen hatte, durch Intervention im Reichserziehungsministerium noch zu verhindern, allerdings erfolglos. In der Februar-Sitzung 1940 musste die Akademie „zur Kenntnis“ nehmen, dass durch einen REM-Erlass vom 2. Dezember 1939 „Franz Eduard Suess als Mitglied der Akademie ausgeschieden ist“.[24] Suess war das erste Akademiemitglied, das namentlich vom Reichserziehungsministerium aus der Mitgliederliste gestrichen wurde.

Welche Nationalsozialistinnen und Nationalsozialisten?

Die neuere Forschung seit den 1990er Jahren unterscheidet bei Täterinnen und Tätern vielschichtige Profile sowie Typologien, die helfen sollen, Beteiligung und Teilhabe, Mitmachen und proaktives Handeln genauer zu bestimmen.[25] Ein solch differenziertes Verständnis von NS-Belastung unterscheidet sich eklatant von der zeitgenössischen Zugangsweise, vor allem in der unmittelbaren Nachkriegszeit. Die Machthierarchien während der nationalsozialistischen Herrschaft waren so diffus, dass es im Nachhinein schwer zu sagen ist, wer wem gegenüber als loyaler Nationalsozialist galt. Sehr wahrscheinlich ist jedoch, dass die formelle Mitgliedschaft in der NSDAP nur eines von vielen Kriterien war. Allerdings wurde die Parteimitgliedschaft, vor allem aus pragmatischen Gründen, zum Schlüsselfaktor der Entnazifizierung in Deutschland und Österreich.[26] Die zeitgenössisch durchgeführten und dokumentierten Nachforschungen zu Mitgliedschaften in NS-Organisationen sind bis heute Ausgangspunkt für Rekonstruktionen zu nationalsozialistischen Akademiemitgliedern. Im vorliegenden Bei-

21 Vgl. Gerstengarbe 2016, S. 389–399.
22 Vgl. ebenda, S. 391f.
23 Vgl. Feichtinger et al. 2022, S. 35–43.
24 Archiv ÖAW, Protokoll der Gesamtsitzung v. 9.2.1940 (A 950).
25 Vgl. Bajohr 2013.
26 Stiefel 1981, Meissl et al. 1986, Vollnhals und Schlemmer 1991, Frei 2006, Halbrainer et al. 2021, Feichtinger und Klos 2021, Klos und Feichtinger 2022.

trag wird daher formelle Parteizugehörigkeit, nicht ideologische Überzeugung oder opportunistische Mittäterinnen- und Mittäterschaft vorrangig untersucht. Systematisch behandelt werden können hier weder antisemitische Professorennetzwerke, wie z. B. die „Bärenhöhle" an der Universität Wien, die lange vor 1938 Habilitationen von jüdischen Nachwuchswissenschaftlerinnen und Nachwuchswissenschaftlern verhinderte und deren Mitglieder – mit wenigen Ausnahmen – auch zu Akademiemitgliedern gewählt wurden,[27] noch dem Nationalsozialismus ideologisch nahestehende Akademiemitglieder, die nicht in die Partei eintraten, wie z. B. der Kulturgeograph und Raum- und Südostforscher Hugo HASSINGER (1877–1952, ML 1940). HASSINGER entwickelte im Auftrag der für Zwangsumsiedlungen und Deportationen zuständigen NS-Behörden Pläne bzw. Konzepte und konnte seine Forschungen nach 1945 im Rahmen der Österreichischen Akademie der Wissenschaften ganz unbehelligt fortführen und sogar ausbauen, da er nie Parteimitglied gewesen war.[28]

Doch zurück zu denjenigen Akademiemitgliedern, die auch die Entnazifizierungsbehörden als „Nationalsozialisten" erfassten. Um deutlich zu machen, mit welcher Datengrundlage wir arbeiten, müssen wir zunächst kurz erklären, wie die Entnazifizierungsbehörden vorgegangen sind und was ihre Kriterien und Klassifizierungssysteme waren. Im befreiten Deutschland waren zunächst die Alliierten, später deutsche Spruchkammern für die Entnazifizierungsverfahren zuständig.[29] In der Sowjetischen Besatzungszone wurden neben NS-Amtsträgern auch Denunzierte und politische Gegnerinnen und Gegner von ihren Stellungen entfernt und teilweise inhaftiert.[30] Die Amerikanerinnen und Amerikaner unterschieden in Hauptschuldige, Belastete, Minderbelastete, Mitläuferinnen und Mitläufer und Entlastete. Britinnen und Briten sowie Französinnen und Franzosen übernahmen das amerikanische System zwar, jedoch fielen die Verfahren durchschnittlich deutlich milder aus als in der amerikanischen Besatzungszone.[31]

In Österreich waren von Beginn an nicht die Besatzungsmächte, sondern der am 27. April 1945 wiederhergestellte österreichische Staat für die Entnazifizierung hauptzuständig.[32] Im ersten Entnazifizierungsgesetz, dem Verbotsgesetz vom 8. Mai 1945 (BGBl. Nr.13/1945), gab es eine Registrierungspflicht für alle Mitglieder der NSDAP oder ihrer vier Wehrverbände (SS, SA, NSKK und NSFK). Innerhalb der NSDAP-Mitglieder unterschied die Entnazifizierungsgesetzgebung zwischen „illegalen" und „einfachen" Parteimitgliedern. In Österreich war die NSDAP zwischen dem 1. Juli 1933 und dem 13. März 1938 offiziell verboten gewesen. Wer in dieser Zeit dennoch Parteimitglied war, galt als „Illegaler" (in der NS-Terminologie als „Alter Kämpfer") und hatte sich laut dem Verbotsgesetz des Hochverrats schuldig gemacht.[33]

---

27 Vgl. TASCHWER 2015; TASCHWER 2016, S. 221–242.

28 Vgl. FEICHTINGER et al. 2022, S. 94; FEICHTINGER und GEIGER 2022, S. 223–236.

29 Vgl. VOLLNHALS und SCHLEMMER 1991.

30 Vgl. BOLDORF 2009, S. 287, 302.

31 Vgl. WEINKE 2002, S. 26, 36; MÖHLER 1997, S. 175–192.

32 Vgl. KLOS und FEICHTINGER 2022, S. 166.

33 Als illegale NSDAP-Mitglieder wurden jene eingestuft, die zwischen 1. Juli 1933 und 13. März 1938 jemals der NSDAP oder einem ihrer Wehrverbände (SS, SA, NSKK, NSFK) angehört hatten. Der Tatbestand der Illegalität inkludierte auch die Förderung der Gliederungen der NSDAP, der angeschlossenen Verbände und von nationalsozialistischen Organisationen durch finanzielle Zuwendungen. Er zog im Zuge der Entnazifizierung verschärfte Sühnemaßnahmen wie dauerhafte vorzeitige Pensionierungen oder langjährige Berufsverbote nach 1945 nach sich, vgl. STIEFEL 1981, S. 84–100; Verbotsgesetz vom 8. Mai 1945 (BGBl. Nr. 13/1945), den beiden Gesetzesnovellen dazu (1. Verbotsgesetznovelle vom 15. August 1945: BGBl. Nr. 127/1945; 2. Verbotsgesetznovelle: BGBl. Nr. 16/1946).

Das zweite Entnazifizierungsgesetz war das sogenannte Nationalsozialistengesetz von 1947 (BGBl. Nr. 25/1947). Es führte eine weitere Differenzierung unter den Parteimitgliedern ein. Bislang waren „einfache“ Parteimitglieder nur registrierungspflichtig, „illegale“ vom Staatsdienst ausgeschlossen. Nun aber sollte noch zwischen „belasteten“ und „minderbelasteten“ Personen unterschieden werden. Belastete Personen waren vor allem Parteimitglieder in leitender Stellung und NS-Verbrecher, Minderbelastete alle anderen. 1948 wurden die im Nationalsozialistengesetz vorgesehenen Sühnefolgen für Minderbelastete (außer „Illegale“) durch das Bundesverfassungsgesetz vom 21. April 1948 (BGBl. Nr. 99/1948) schließlich vorzeitig beendet (Minderbelastetenamnestie). Alle ein Jahr zuvor als minderbelastet eingestuften Personen wurden 1948 mit einem Schlag begnadigt und konnten in ihre Ämter zurückkehren, ausgenommen ehemalige Illegale. Universitätslehrerinnen und -lehrern, die diesen Tatbestand erfüllten, wurde die 1945 entzogene Lehrbefugnis oft erst Mitte der 1950er Jahre wieder erteilt.

Der Forschungsstand: NSDAP-Mitglieder im Akademievergleich

Der Forschungsstand in Bezug auf die NSDAP-Mitgliedschaft von Akademiemitgliedern divergiert von Akademie zu Akademie: Listen mit namentlicher Nennung der ordentlichen Mitglieder, die zugleich Parteimitglied waren, liegen einzig für die Göttinger Gelehrtengesellschaft und für die Akademie der Wissenschaften in Wien vor. Von der Preußischen Akademie der Wissenschaften zu Berlin,[34] der Heidelberger Akademie der Wissenschaften[35] und der Bayerischen Akademie der Wissenschaften[36] sind die Namen nur vereinzelt bekannt und nicht in Listen erfasst. In der Literatur ist angeführt, wie viele Nationalsozialistinnen und Nationalsozialisten zu unterschiedlichen Zeitpunkten als ordentliche Mitglieder in die einzelnen Akademien berufen wurden und wie viele Mitglieder nach 1945 wegen ihrer NS-Vergangenheit von der Mitgliederliste gestrichen bzw. wieder als Mitglieder zugelassen wurden.

An der Berliner Akademie der Wissenschaften wurden in der Akademiewahl im März 1939 unter der Federführung des kommissarischen Klassensekretärs und NSDAP-Mitglieds Ludwig Bieberbach (1886–1982, ML 1924) 14 neue Mitglieder gewählt. Als Kriterium für die Zuwahl nannte er neben der ausgezeichneten fachlichen Qualifikation auch „eine besondere politische Qualifikation“.[37] In den Jahren 1942 bis 1945 wurden noch 15 weitere ordentliche Mitglieder gewählt, unter ihnen zweifellos arrivierte Wissenschaftler wie Werner Heisenberg (1901–1976, ML 1933), aber auch Wissenschaftsverwalter, die dem NS-Regime nahestanden.[38] 1945 wurden von den vor 1939 zugewählten ordentlichen Mitgliedern fünf und von den danach gewählten ordentlichen Mitgliedern zehn wegen ihrer NS-Vergangenheit von der Mitgliederliste gestrichen.[39] Bei einer Gesamtzahl von 69 ordentlichen Mitgliedern (Sommer 1945) war jedes fünfte Akademiemitglied (21,7 %) Parteimitglied gewesen.[40]

34 Vgl. Grau et al. 1979, S. 150 (die Rede ist von 14 ausgeschlossenen oM); Nötzoldt 1996, 2000; Walther 2000, S. 113 (die Rede ist von 15 ausgeschlossenen oM); Nötzoldt 2018, S. 382f.

35 Vgl. Wennemuth 1994, S. 373–377; Wennemuth 2018; Wolgast 2009, S. XIV.

36 Vgl. Stoermer 1995, S. 100–107; Stoermer 2013, S. 204–206; Berg 2014.

37 Archiv der Berlin-Brandenburgischen Akademie der Wissenschaften, II-5-139, Bl. 64f., Sitzung der physikalisch-mathematischen Klasse vom 19. 1. 1939, Mitteilung von Bieberbach, zitiert nach Walther 2000, S. 108.

38 Vgl. Walther 2000, S. 113.

39 Vgl. Nötzoldt 2018, S. 382f.

40 Vgl. Walther 2000, S. 108–113; Nötzoldt 2018, S. 382f.; die Zahlen divergieren teilweise mit jenen bei Grau et al. 1979.

In der Bayerischen Akademie der Wissenschaften waren bis 1940 nur zwei Mitglieder der NSDAP beigetreten, ihre Präsidenten Karl Alexander von Müller (1882–1964) und Mariano San Nicolò (1887–1955). 1940 wurden 32 neue ordentliche Mitglieder in die Akademie aufgenommen, darunter 15 NSDAP-Mitglieder. Bis 1945 kamen noch weitere sechs Parteimitglieder hinzu. Im Mai 1945 zählte die Bayerische Akademie 78 ordentliche Mitglieder, davon hatten 20 der Partei angehört. Somit war rund jedes vierte ordentliche Mitglied (25,6 %), vorwiegend Vertreter der historisch-philologischen Fächer, Parteimitglied gewesen.[41]

Die Heidelberger Akademie der Wissenschaften hatte bereits in den Jahren 1934/35 fünf überzeugte Nationalsozialisten, vorwiegend Naturwissenschaftler, zugewählt (u. a. den Physiologen Johann Daniel Achelis [1898–1963, ML 1941]), der als „der eigentliche (politische) Führer der Akademie“[42] seit 1937 eine Art „Selbstgleichschaltung“ der Akademie betrieb).[43] 1945 schloss die Akademie, sie wurde 1947 wiedereröffnet. Zu diesem Zeitpunkt war die Hälfte der Mitglieder des Jahres 1945 wieder zugelassen. Die andere Hälfte (27 %) galt nach dem Gesetz zur Befreiung von Nationalsozialismus und Militarismus vom 5. März 1946 als „belastet“.[44] Sie wurden entlastet oder zu „Mitläufern“ erklärt.[45]

In der Gesellschaft der Wissenschaften zu Göttingen (ab 1940 Akademie der Wissenschaften) trat die Mehrheit der nach 1933 zugewählten Mitglieder in die NSDAP ein, während von den vor 1933 gewählten Mitgliedern nur wenige diesen Schritt vollzogen. Unter den vor 1933 gewählten ordentlichen Mitgliedern befanden sich fünf, die sich zum NSDAP-Beitritt entschlossen.[46] Unter den danach gewählten ordentlichen Mitgliedern befanden sich zwei, die bereits vor 1933 in die NSDAP eingetreten waren: der Physiker Georg Joos (1894–1959, 1935 oM), der nach dem Verbot der Partei 1923 wieder ausgetreten war, sich aber ab 1933 wieder für die NSDAP betätigte, und der Mineraloge Friedrich Drescher-Kaden (1894–1988, 1936 oM, ML 1940), der 1932 der NSDAP beigetreten war.[47] Drescher-Kaden wurde am 1. April 1939 zum ersten „Präsidenten“ der Gesellschaft der Wissenschaften zu Göttingen ernannt. Zwischen 1933 und 1945 wählte die Göttinger Gelehrtengesellschaft 41 neue ordentliche Mitglieder. Mehr als die Hälfte davon (24) trat der NSDAP bei.[48]

Unter den 65 Leopoldina-Mitgliedern, die zwischen 1933 und 1945 zeitweise oder ständig in Halle lebten, befanden sich 25 NSDAP-Mitglieder (38 %).[49] Über die Sächsische Akademie der Wissenschaften zu Leipzig liegen derzeit keine genauen Zahlen zu Parteimitgliedschaften vor.[50]

41 Vgl. Stoermer 1995, 2013a; Stoermer 2013b (Kommentar).

42 Wennemuth 1994, S. 376.

43 Wennemuth 2018, S. 481. Die 1934/35 gewählten NSDAP-Mitglieder waren Eugen Fehrle (1880–1957), Johann Daniel Achelis, Fritz Eichholtz (1889–1967), Heinrich Vogt (1890–1968), Julius Wilser (1888–1949).

44 Das von der US-Besatzungsmacht initiierte Gesetz zur Befreiung von Nationalsozialismus und Militarismus vom 5. März 1946 unterschied zwischen fünf Graden von „Verantwortlichkeit“: „Hauptschuldige“, „Belastete“, „Minderbelastete“, „Mitläufer“, „Entlastete“, vgl. Gesetz zur Befreiung von Nationalsozialismus und Militarismus, Art. 4–13. Die Kategorie „Belastete“ wird in Art. 7–10 beschrieben.

45 Wennemuth 1994, S. 558; Wennemuth 2018, S. 493.

46 Vgl. Schauz 2022, S. 180f.; darin befindet sich auch eine Aufstellung der NSDAP-Mitglieder einschließlich der Angaben zum Jahr der Wahl in die Gelehrtengesellschaft und zum NSDAP-Beitritt.

47 Vgl. ebenda.

48 Vgl. ebenda.

49 Vgl. Gerstengarbe 2016, S. 282.

50 Vgl. Paul 2015.

Der Forschungsstand: Die Akademie der Wissenschaften in Wien

Im Rahmen der Arbeitsgruppe „Geschichte der Österreichischen Akademie der Wissenschaften 1947–2022“ wurde der nationalsozialistische Mitgliederbestand umfassend erhoben: Dieser konnte nicht aus den publizierten Mitgliederverzeichnissen eruiert werden, da die Akademie zwischen 1945 und 1948 keine Verzeichnisse dieser Art veröffentlichte. Der Mitgliederstand von 1945 wurde aus unveröffentlichten Archivquellen rekonstruiert (siehe Abb. 1).[51]

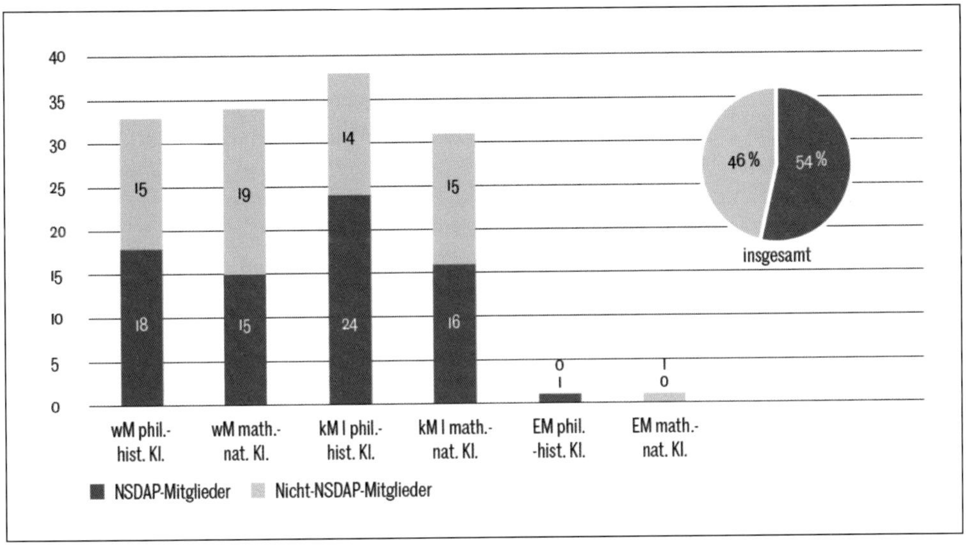

Abb. 1 Rekonstruktion der NSDAP-Mitgliedschaft von Mitgliedern der Akademie der Wissenschaften in Wien im Mai 1945 (Grafik erstellt von Sandra Klos[52])

Die Erhebungen ergaben folgendes Bild: Vor dem „Anschluss“ 1938 gab es unter den 136 inländischen Akademiemitgliedern sieben „illegale“ NSDAP-Mitglieder (2 wM und 5 kMI).[53] Nach dem „Anschluss“ traten weitere 24 der bereits gewählten Akademiemitglieder (oM und kM Reichsbürger) der Partei bei.

Ab 1938 waren satzungsmäßig 176 ordentliche und korrespondierende Mitglieder (Reichsbürger) vorgesehen. Zwischen 1938 und 1944 wurden 112 neue Mitglieder (oM und

51 Archiv ÖAW, Allg. Akten, Nr. 446/1946, Übersicht über das Verhältnis der inländischen Mitglieder der Akademie der Wissenschaften in Wien zur NSDAP; vgl. Klos et al. 2022, S. 384f.

52 Vgl. Klos et al. 2022, S. 384f.

53 Zur „Illegalität“ siehe oben; die 7 „illegalen“ NSDAP-Mitglieder waren der Archäologe Hermann Junker (1877–1962), der vor 1933 auch Mitglied der Berliner und der Münchner Akademien war und nach 1945 auch der Leipziger Akademie wurde; der Musikwissenschaftler Robert Lach (1874–1958), der zugleich auch Mitglied der Münchner Akademie war; der Botaniker und kommissarische Rektor der Universität Wien Fritz Knoll, der zugleich auch Mitglied der Deutschen Gesellschaft der Wissenschaften und Künste in Prag sowie Mitglied und Adjunkt der Leopoldina war; der Mathematiker Karl Mayrhofer; der Historiker Harold Steinacker (1875–1965); der Chemiker Anton Skrabal (1877–1957, ML 1932) und der Kirchenrechtler Arnold Pöschl (1880–1959).

kM Reichsbürger) gewählt. Unter den Neugewählten befanden sich nach derzeitigem Wissensstand 33 NSDAP-Mitglieder. 20 davon waren vor dem 13. März 1938 der Partei beigetreten, 13 danach. Da bislang für die Akademien des „Altreiches" nur die NSDAP-Mitgliedschaft von ordentlichen Mitgliedern zahlenmäßig erhoben ist, beschränken wir uns in dieser Auswertung in Bezug auf Wien zunächst auf diese Mitgliederkategorie. Von den 31 zwischen 1939 und 1944 neu zugewählten ordentlichen Mitgliedern waren nach derzeitigem Kenntnisstand 13 Mitglied der NSDAP (42 %). Im Sommer 1945 umfasste die Wiener Akademie der Wissenschaften 67 wirkliche Mitglieder. Davon hatten 33 der NSDAP angehört, d.h. rund die Hälfte (darunter 15 wM in der mathematisch-naturwissenschaftlichen Klasse, 18 wM in der philosophisch-historischen Klasse). Für Wien liegen auch die Zahlen zur NSDAP-Mitgliedschaft der korrespondierenden Mitglieder vor. Von den 69 korrespondierenden Mitgliedern im Inland hatten 40 der NSDAP angehört (58 %).

Die Akademie überprüfte ab Juni 1945 selbst die NSDAP-Mitgliedschaften ihrer Mitglieder im Sinne des Verbotsgesetzes. Die Mitgliedschaft der ehemaligen Parteimitglieder wurde bis zu ihrer Entlastung (Nationalsozialistengesetz 1947 bzw. Minderbelastetenamnestie 1948) in der Akademie „ruhend gestellt".[54] Die Ausweichlösung der „Ruhendstellung" von Akademiemitgliedschaften hatte der Akademievizepräsident Richard Meister (1881–1964) im August 1945 gefunden, um die Akademie aufgrund der großen Anzahl an betroffenen Mitgliedern handlungsfähig zu erhalten. Im Oktober 1945 schloss die Akademie vier wirkliche Mitglieder, die „illegale" NSDAP-Mitglieder gewesen waren, aus: den kommissarischen Rektor der Universität Wien Fritz Knoll (1883–1981, ML 1936, 1937 NSDAP), den Mathematiker Karl Mayrhofer (1899–1969, 1937 Nationalsozialistischer Lehrerbund, 1938 NSDAP), den Anatomen und Wiener Universitätsrektor Eduard Pernkopf (1888–1955, 1933 NSDAP) sowie den Orientalisten Viktor Christian (1885–1963, 1933 NSDAP-Anwärter, 1938 NSDAP, SS). Als „ausgeschieden" wurden 1946 weiters der Prähistoriker Oswald Menghin (1888–1973, ML 1936) und der Techniker Friedrich Schaffernak (1881–1951) geführt. Im ersten veröffentlichten Mitgliederverzeichnis für das Jahr 1948[55] schienen beinahe sämtliche ab 1945 „ruhend gestellten", „ausgeschlossenen" und „ausgeschiedenen" Akademiemitglieder wieder auf. Die Mitgliedschaft des ehemaligen „Anschluss"-Unterrichtsministers Oswald Menghin, der 1948 nach Buenos Aires geflüchtet war, wurde als letzte im Jahr 1959 reaktiviert.[56]

Ergebnis

Als Ergebnis der vergleichenden Analyse lässt sich festhalten, dass die Akademie der Wissenschaften in Wien diejenige unter den zum „Kartell" gehörenden Akademien mit dem höchsten Prozentsatz (54 %) an NSDAP-Mitgliedern war.[57] Die Parteimitgliedschaft wurde für den

54 Eine namentliche Auflistung der Parteimitglieder unter den oM der Akademie der Wissenschaften in Wien befindet sich in Klos et al. 2022, S. 379–381.

55 *Verzeichnis der Mitglieder* 1949.

56 Vgl. Klos und Feichtinger 2022.

57 Das neue ÖAW-Geschichte Portal MINE (Members | Institutions | Networks | Events), das 2025 online gehen wird, kann diese Daten zur Parteimitgliedschaft und Akademiemitgliedschaft auch noch mit anderen Funktionen innerhalb der Akademie, die wir ebenfalls erhoben haben, kombinieren, vgl. Klos et al. 2022, S. 379–385 (zur NSDAP-Zugehörigkeit der Mitglieder der Akademie der Wissenschaften in Wien).

Vergleich zwischen den zum „Kartell“ gehörenden Akademien als wesentliches Kriterium für Belastung herangezogen. Die NSDAP-Mitgliedschaft ist eines von wenigen Merkmalen, die Vergleiche zwischen den Akademien zulassen, ohne dass durch dieses Merkmal hinreichende Aussagen über den Involvierungsgrad der Akademien bzw. ihrer Mitglieder in den Nationalsozialismus getroffen werden können. In Österreich war die Parteimitgliedschaft das zentrale Kriterium zur Feststellung von Belastung und damit verbundenen Rechtsfolgen im Rahmen der Entnazifizierungsverfahren in der Nachkriegszeit.

Hervorzuheben ist auch, dass die Ausschlüsse von Mitgliedern jüdischer Herkunft ab 1938 aufgrund von Satzungsänderungen erfolgten, die das Reichserziehungsministerium den zum „Kartell“ zählenden Akademien aufgezwungen hatte. Wien verzeichnete keinen einzigen Protestaustritt, konnte aber – im Unterschied zu den Akademien im „Altreich – auch kein einziges Mitglied, das die „rassengesetzlichen“ Kriterien nicht erfüllte, vor dem Ausschluss retten.

Die Akademie der Wissenschaften in Wien nazifizierte sich nicht nur über ihren Mitgliederbestand, sondern auch als Forschungsträger durch NS-relevante Forschungsunternehmungen. Die Nazifizierung erwies sich aber letztlich als wenig einträglich. Aufgrund institutioneller Konkurrenz seitens des „Altreichs“ und hegemonialer Interessenslagen scheiterte der angestrebte Ausbau der Akademie, des einzigen institutefühtenden außeruniversitären Forschungsträgers in der „Ostmark“. Was vom Nationalsozialismus blieb, war eine zunehmende Provinzialisierung des Wissenschaftsstandorts Wien. Zugleich kehrten die ehemaligen Nationalsozialisten ab 1948 wieder als Mitglieder in die Akademie zurück.

Literatur

Bajohr, Frank: Neuere Täterforschung. In: Docupedia-Zeitgeschichte, 18. 6. 2013, http://docupedia.de/zg/Neuere_Taeterforschung (abgerufen am 17. 10. 2022)

Berg, Matthias: Nationalsozialistische Akademie oder Akademie im Nationalsozialismus? Die Bayerische Akademie der Wissenschaften und ihr Präsident Karl Alexander von Müller. In: Graf, Friedrich Wilhelm (Hrsg.): Wendepunkte. Studien zur Wissenschaftsgeschichte der Bayerischen Akademie der Wissenschaften. (Beiträge zur Geschichte der Bayerischen Akademie der Wissenschaften *2*), S. 173–202. Regensburg: Verlag Friedrich Pustet 2013

Berg, Matthias: Karl Alexander von Müller. Historiker für den Nationalsozialismus. (Schriftenreihe der Historischen Kommission bei der Bayerischen Akademie der Wissenschaften *88*). Göttingen: Vandenhoeck & Ruprecht 2014

Boldorf, Marcel: Brüche oder Kontinuitäten? Von der Entnazifizierung zur Stalinisierung in der SBZ/DDR (1945–1952). Historische Zeitschrift *289*, 287–323 (2009)

Feichtinger, Johannes, und Geiger, Katja: Transformierte Kontinuitäten. Akademieforschung nach 1945 im Schatten des Nationalsozialismus. In: Feichtinger, Johannes, und Mazohl, Brigitte (Hrsg.): Die Österreichische Akademie der Wissenschaften 1847–2022. Eine neue Akademiegeschichte (Denkschriften der Gesamtakademie *88*). Bd. *2*, S. 201–248. Wien: Verlag der Österreichischen Akademie der Wissenschaften 2022

Feichtinger, Johannes, Geiger, Katja, und Sienell, Stefan: Die Akademie der Wissenschaften in Wien im Nationalsozialismus und im Kontext der Akademien im „Altreich“. In: Feichtinger, Johannes, und Mazohl, Brigitte (Hrsg.): Die Österreichische Akademie der Wissenschaften 1847–2022. Eine neue Akademiegeschichte (Denkschriften der Gesamtakademie *88*). Bd. *2*, S. 11–142. Wien: Verlag der Österreichischen Akademie der Wissenschaften 2022

Feichtinger, Johannes, und Klos, Sandra: Entnazifizierung an der Österreichischen Akademie der Wissenschaften. Diskurse, Rechtliche Grundlagen, Etappen und Ergebnisse. In: Halbrainer, Heimo, Korbel, Susanne, und Lamprecht, Gerald (Hrsg.): Der „schwierige“ Umgang mit dem Nationalsozialismus an österreichischen Universitäten. Die Karl-Franzens-Universität Graz im Vergleich. S. 391–402. Graz: Clio Verlag 2021

Feichtinger, Johannes, und Mazohl, Brigitte (Hrsg.): Die Österreichische Akademie der Wissenschaften 1847–2022. Eine neue Akademiegeschichte (Denkschriften der Gesamtakademie *88*). 3 Bde. Wien: Verlag der Österreichischen Akademie der Wissenschaften 2022

Frei, Norbert: Transnationale Vergangenheitspolitik: der Umgang mit deutschen Kriegsverbrechern in Europa nach dem Zweiten Weltkrieg. Göttingen: Wallstein 2006

Gerstengarbe, Sybille: Die Leopoldina im Dritten Reich. In: Gerstengarbe, Sybille, Thiel, Jens, und vom Bruch, Rüdiger (Hrsg.), unter Mitarbeit von Renkert, Simon, und Nenninger, Sophia: Die Leopoldina. Die Deutsche Akademie der Naturforscher zwischen Kaiserreich und früher DDR. S. 389–399. Berlin: be.bra Wissenschaft Verlag 2016

Gesetz zur Befreiung von Nationalsozialismus: Gesetz zur Befreiung von Nationalsozialismus und Militarismus vom 5. März 1946, mit Ausführungsvorschriften, Formblättern, der Anweisung für die Auswerter der Meldebogen und der Rangliste in mehrfarbiger Wiedergabe. München: Biederstein Verlag 1948

Grau, Conrad, Schlicker, Wolfgang, und Zeil, Liane: Die Jahre der faschistischen Diktatur 1933 bis 1945. (Die Berliner Akademie der Wissenschaften in der Zeit des Imperialismus *3*), S. 150–154. Berlin: Akademie-Verlag 1979

Halbrainer, Heimo, Korbel, Susanne, und Lamprecht, Gerald (Hrsg.): Der „schwierige" Umgang mit dem Nationalsozialismus an österreichischen Universitäten. Die Karl-Franzens-Universität Graz im Vergleich. Graz: Clio Verlag 2021

Klos, Sandra, und Feichtinger, Johannes: Die Praxis der Entnazifizierung an der Akademie (1945–1948). In: Feichtinger, Johannes, und Mazohl, Brigitte (Hrsg.): Die Österreichische Akademie der Wissenschaften 1847–2022. Eine neue Akademiegeschichte. (Denkschriften der Gesamtakademie *88*). Bd. *2*, S. 163–199. Wien: Verlag der Österreichischen Akademie der Wissenschaften 2022

Klos, Sandra, Schlögl, Mathias, und Andorfer, Peter: ÖAW M|I|N|E: Auswertungen und Struktur der Webapplikation zu Mitgliedern, Institutionen, Netzwerken und Ereignissen der ÖAW. In: Feichtinger, Johannes, und Mazohl, Brigitte (Hrsg.): Die Österreichische Akademie der Wissenschaften 1847–2022. Eine neue Akademiegeschichte. (Denkschriften der Gesamtakademie *88*). Bd. *3*, S. 367–398. Wien: Verlag der Österreichischen Akademie der Wissenschaften 2022

Meissl, Sebastian, Mulley, Klaus-Dieter, und Rathkolb, Oliver (Hrsg.): Verdrängte Schuld, verfehlte Sühne. Entnazifizierung in Österreich 1945–1955. Wien: Verlag für Geschichte und Politik 1986

Möhler, Rainer: Politische Säuberung im Südwesten unter französischer Besatzung. In: Düwell, Kurt, und Matheus, Michael (Hrsg.): Kriegsende und Neubeginn: Westdeutschland und Luxemburg zwischen 1944 und 1947. (Geschichtliche Landeskunde *46*), S. 175–192. Stuttgart: Steiner 1997

Nötzoldt, Peter: Zur Zuwahlpolitik an der Akademie der Wissenschaften in Berlin 1945–1949. Sitzungsberichte der Leibnitz-Sozietät *15/7/8*, 147–159 (1996)

Nötzoldt, Peter: Strategien der deutschen Wissenschaftsakademien gegen Bedeutungsverlust und Funktionsverarmung. In: Fischer, Wolfram (Hrsg.), unter Mitarbeit von Hohlfeld, Rainer, und Nötzoldt, Peter: Die Preußische Akademie der Wissenschaften zu Berlin 1914–1945. (Forschungsberichte der Interdisziplinären Arbeitsgruppen der Berlin-Brandenburgischen Akademie der Wissenschaften *8*), S. 237–277. Berlin: Akademie Verlag 2000

Nötzoldt, Peter: Die Deutsche Akademie der Wissenschaften zu Berlin zwischen Tradition und Anpassung (1946–1972). In: Feichtinger, Johannes, und Uhl, Heidemarie (Hrsg.): Die Akademien der Wissenschaften in Zentraleuropa im Kalten Krieg. Transformationsprozesse im Spannungsfeld von Abgrenzung und Annäherung. (Sitzungsprotokolle der philosophisch-historischen Klasse *890*), S. 365–397. Wien: Verlag der Österreichischen Akademie der Wissenschaften 2018

Paul, Saskia: „stark sein im Geiste, klar in der Welt, fest im Dienste an unserem Volk" – Die Sächsische Akademie der Wissenschaften zu Leipzig von ihrer Reorganisation bis zur Akademiereform (1945–1974). S. 111–119. Leipzig: S. Hirzel 2015

Schauz, Désirée: Umkämpfte Identitäten. Die Göttinger Akademie der Wissenschaften und ihre Mitglieder 1914–1965. Göttingen: Wallstein Verlag 2022

Stiefel, Dieter: Entnazifizierung in Österreich. Wien, München, Zürich: Europaverlag 1981

Stock, Günter (Hrsg.), und Nötzoldt, Peter (Verfasser): Vertrieben aus rassistischen Gründen. Die Akademie der Wissenschaften 1933–1945. Ausstellung im Rahmen des Berliner Themenjahres 2013: ‚Zerstörte Vielfalt. Berlin 1933 – 1938 – 1945'. Berlin: Berlin-Brandenburgische Akademie der Wissenschaften 2014

Stoermer, Monika: Die Bayerische Akademie der Wissenschaften im Dritten Reich. In: Seidler, Eduard, Scriba, Christoph J., und Berg, Wieland (Hrsg.): Die Elite der Nation im Dritten Reich. Das Verhältnis von Akademien und ihrem wissenschaftlichen Umfeld zum Nationalsozialismus. Acta Historica Leopoldina Nr. *22*, 89–111 (1995)

Stoermer, Monika: Die Akademie im Dritten Reich. In: Graf, Friedrich Wilhelm (Hrsg.): Wendepunkte. Studien zur Wissenschaftsgeschichte der Bayerischen Akademie der Wissenschaften (Beiträge zur Geschichte der Bayerischen Akademie der Wissenschaften *2*), S. 287–333. Regensburg: Verlag Friedrich Pustet 2013a

Stoermer, Monika: Kommentar zum Vortrag von Matthias Berg. In: Graf, Friedrich Wilhelm (Hrsg.): Wendepunkte. Studien zur Wissenschaftsgeschichte der Bayerischen Akademie der Wissenschaften. (Beiträge zur Geschichte der Bayerischen Akademie der Wissenschaften *2*), S. 203–208. Regensburg: Friedrich Pustet 2013b

Taschwer, Klaus: Hochburg des Antisemitismus. Der Niedergang der Universität Wien im 20. Jahrhundert. Wien: Czernin 2015

Taschwer, Klaus: Geheimsache Bärenhöhle. Wie eine antisemitische Professorenclique nach 1918 an der Universität Wien jüdische Forscherinnen und Forscher vertrieb. In: Fritz, Regina, Rossoliński-Liebe, Grzegorz, und Starek, Jana (Hrsg.): Alma mater antisemitica: Akademisches Milieu, Juden und Antisemitismus an den Universitäten Europas zwischen 1918 und 1939. S. 221–242. Wien: New Academic Press 2016

Verzeichnis der Mitglieder: Verzeichnis der Mitglieder. In: Almanach der Akademie der Wissenschaften in Wien für das Jahr 1948. Jg. *98*, S. 15–42. Wien: Rohrer 1949

Vollnhals, Clemens, und Schlemmer, Thomas: Entnazifizierung. Politische Säuberung und Rehabilitierung in den vier Besatzungszonen 1945–1949. München: Dt. Taschenbuch Verlag 1991

Vorläufige Satzung Akademie Wien: Vorläufige Satzung der Akademie der Wissenschaften in Wien, genehmigt mit Erlaß des Reichsministers für Wissenschaft, Erziehung und Volksbildung, vom 22. Juli 1938, WN 1966. In: Almanach der Akademie der Wissenschaften in Wien für das Jahr 1938. Jg. *88*, S. 9. Wien: Hölder-Pichler-Tempsky 1939

Walther, Peter T.: „Arisierung“, Nazifizierung und Militarisierung. Die Akademie im „Dritten Reich“. In: Fischer, Wolfram (Hrsg.), unter Mitarbeit von Hohlfeld, Rainer, und Nötzoldt, Peter: Die Preußische Akademie der Wissenschaften zu Berlin 1914–1945. (Forschungsberichte der Interdisziplinären Arbeitsgruppen der Berlin-Brandenburgischen Akademie der Wissenschaften *8*), S. 87–118. Berlin: Akademie Verlag 2000

Weinke, Annette: Die Verfolgung von NS-Tätern im geteilten Deutschland: Vergangenheitsbewältigung 1949–1969 oder: eine deutsch-deutsche Beziehungsgeschichte im Kalten Krieg. Paderborn, Wien: Schöningh 2002

Wennemuth, Udo: Wissenschaftsorganisation und Wissenschaftsförderung in Baden. Die Heidelberger Akademie der Wissenschaften 1909–1949. (Supplemente zu den Sitzungsberichten der Heidelberger Akademie der Wissenschaften. Philosophisch-Historische Klasse *8*), S. 373–377. Heidelberg: Universitätsverlag C. Winter 1994

Wennemuth, Udo: Die Heidelberger Akademie der Wissenschaften in der Nachkriegszeit. Kontinuitäten und Brüche. In: Feichtinger, Johannes, und Uhl, Heidemarie (Hrsg.): Die Akademien der Wissenschaften in Zentraleuropa im Kalten Krieg. Transformationsprozesse im Spannungsfeld von Abgrenzung und Annäherung (Sitzungsprotokolle der philosophisch-historischen Klasse *890*), S. 477–506. Wien: Verlag der Österreichischen Akademie der Wissenschaften 2018

Wolgast, Eike: Die im Dritten Reich entrechteten und vertriebenen Mitglieder der Heidelberger Akademie der Wissenschaften. Biographische Porträts. Heidelberg: Universitätsverlag C. Winter 2009

Dr. Johannes Feichtinger
Österreichische Akademie der Wissenschaften
Institut für Kulturwissenschaften
Bäckerstraße 13
A-1010 Wien
Österreich
Tel.: +43 1 515 813315
E-Mail: johannes.feichtinger@oeaw.ac.at

Sandra Klos
Österreichische Akademie der Wissenschaften
Institut für Kulturwissenschaften
Bäckerstraße 13
A-1010 Wien
Österreich
Tel.: +43 1 515 814403
E-Mail: Sandra.Klos@oeaw.ac.at

Haeckels ambivalentes Vermächtnis

NAL-historica Nr. 84
(vormals Abhandlungen der Deutschen Akademie der Naturforscher Leopoldina: Acta Historica Leopoldina)
Herausgegeben von: Thomas BACH (Jena), Christina BRANDT (Jena), Heiner FANGERAU (Düsseldorf) und Kristian KÖCHY (Kassel)
(2023, 176 Seiten, 6 Abbildungen, 23,00 Euro, ISBN: 978-3-8047-4414-1)

Der Zoologe Ernst HAECKEL (1834–1919) aus Jena gehört zu den schillerndsten Akteuren der Biologiegeschichte. Im Fokus des Bandes steht die Rezeption seines vielfältigen Werkes zu verschiedenen Zeiten und in unterschiedlichen Gesellschaften. Dabei werden unter differierenden Aspekten die Beziehungen zwischen Naturwissenschaften, insbesondere Evolutionsbiologie, Naturphilosophie und politischen Dimensionen in HAECKELS Wirken aufgearbeitet. Die Beiträge untersuchen die Rezeptionsgeschichte des Haeckelschen Schaffens in der Zeit des Nationalsozialismus und unter den Bedingungen der DDR. Sie analysieren HAECKEL als Opponenten sowohl des mystischen Spiritismus als auch des Neukantianismus im frühen 20. Jahrhundert oder beschäftigen sich mit der Popularisierung naturwissenschaftlicher Erkenntnisse am Beispiel von HAECKELS Publikationsstrategien. Zudem werden Dispute um Darstellungen und Bilder HAECKELS und ihr Einfluss auf Biologielehrbücher in den USA nachgezeichnet.

Wissenschaftliche Verlagsgesellschaft Stuttgart

Zu Leopoldina-Mitgliedern im Nationalsozialismus: Exemplarische Biografien

NAL-historica Nr. *86*, 193–211 (2024), doi: 10.26164/leopoldina_10_01240

The Virologist Eugen Haagen (1898–1972) as a Late Nazi Election to the Leopoldina of a Virologist and Professor of Hygiene at the Reichsuniversität Straßburg

Paul WEINDLING (Oxford, United Kingdom)

Abstract

Eugen HAAGEN (1898–1972) trained as virologist in Berlin and in Rockefeller Foundation laboratories in New York. He was appointed to a chair of hygiene at the Reichsuniversität Straßburg in 1942. He conducted extensive experimental research on Sinti and Roma transferred at his request from Auschwitz to Natzweiler concentration camp. He was elected to the Leopoldina in 1944. After the war he took a research job in microbiology at the newly reconstituted Berlin-Buch medical research institute in the Soviet zone. He was arrested by the British and then transferred to French custody. His Leopoldina membership was cancelled when he was convicted of war crimes of coerced experimentation on Sinti and Roma from Auschwitz. When released in 1956 from French custody, he returned to the Federal Republic where he resumed research in microbiology.

Zusammenfassung

Eugen HAAGEN (1898–1972) wurde in Berlin und in den Laboren der Rockefeller-Stiftung in New York zum Virologen ausgebildet. 1942 wurde er auf einen Lehrstuhl für Hygiene an der Reichsuniversität Straßburg berufen. Er führte umfangreiche experimentelle Untersuchungen an Sinti und Roma durch, die auf seinen Wunsch von Auschwitz in das Konzentrationslager Natzweiler transportiert wurden. 1944 wurde er in die Leopoldina gewählt. Nach dem Krieg nahm er eine Forschungsstelle in Berlin-Buch in der Sowjetischen Besatzungszone an. Er wurde von den Briten verhaftet und dem französischen Gewahrsam überstellt. Seine Leopoldina-Mitgliedschaft wurde 1955 wegen seiner Verurteilung als Kriegsverbrecher für Menschenversuche an Sinti und Roma aus Auschwitz annulliert. Nach seiner Entlassung im Jahr 1956 nahm er seine mikrobiologische Forschung in der Bundesrepublik Deutschland wieder auf.

1. Introduction

The appointment of Niels Eugen HAAGEN (1898–1972) in 1942 at the new Reich University of Straßburg as professor of hygiene was controversial because of his specialised laboratory-based focus. HAAGEN went on to exploit concentration camp prisoners transported from Auschwitz for virological research. In 1944 HAAGEN was elected to the Leopoldina. In 1955, he was stripped of his Leopoldina membership when he was condemned by a French court as a Nazi medical criminal. The loss of his membership was exceptional at the Leopoldina. It was very rare that a German physician convicted or suspected of scientific crimes should have any penalty: Josef MENGELE (1911–1979) and Horst SCHUMANN (1906–1983) had their academic degrees withdrawn by their former universities (Frankfurt am Main and Munich for MENGELE, and Halle in 1961 for SCHUMANN), but again this was rare as most convicted Nazi medical criminals retained their degrees.

As a laboratory-based virologist, HAAGEN was opposed for appointment as professor of hygiene at the *Reichsuniversität Straßburg* by a combination of academic and Nazi Party interests as too much of a specialist as opposed to an academic with expertise in multiple aspects of microbiology and public health. In favour of HAAGEN was that virology was an innovative branch of microbiology with the expectation of new vaccines for yellow fever and typhus (*Fleckfieber*), needed by the German military during the war in North Africa and in Poland and Russia. However, HAAGEN did not represent competence in a broad range of public health areas associated with "Hygiene" as a multi-faceted academic discipline. Other staff covered civic health in Strasbourg and its region.

HAAGEN was born in Berlin in 1898. Prior to his appointment in Strasbourg he was at the Robert Koch Institute in Berlin. The controversy over HAAGEN's general competence represented a longstanding divide in hygiene as an academic specialism going back to the era of Robert KOCH (1843–1910), who in his time was criticised as unsuited to a university chair of hygiene as a bacteriological specialist. As a virologist, HAAGEN's competence in microbiology was narrow in focus: but there was an expectation of scientific innovation relevant to the war and ultimately of scientific discoveries, which would raise the prestige of the new Reich University medical faculty.

At Strasbourg, HAAGEN became suspect of deadly human experiments and of biological warfare involvements. The evidence for both sets of accusations needs to be considered in some detail. HAAGEN's research on yellow fever and on typhus (*Fleckfieber*) vaccination first took place at the detention camp of Schirmeck in German-annexed Alsace, and then on Sinti and Roma sent to HAAGEN's from Auschwitz at nearby Natzweiler concentration camp. The Allies identified HAAGEN as engaging with biological warfare research. Allied biological warfare teams subjected HAAGEN to considerable scrutiny after arrest in 1945, and he was interrogated and held at Nuremberg during the war crimes trials (BAYLE 1950).

After evacuating from Strasbourg in October 1944, HAAGEN was determined to continue his research. When he began working at a virological laboratory complex at Berlin-Buch in the Soviet zone of occupation, he was subject to an entrapment operation. British war crimes investigators returned him to Nuremberg in October 1946 and then sent him to French custody for trial on August 14, 1947 (WEINDLING 2022). The release of HAAGEN from French custody in 1956 and his return to research in the Federal Republic of Germany showed that criminal medical scientists received state support for further research.

2. Historiography of Haagen

HAAGEN has a dual reputation as virologist and war criminal. However, Paul WEINDLING (*1953) looked at the period when HAAGEN was Rockefeller Foundation funded (WEINDLING 2009). Raphael TOLEDANO (*1980) comprehensively researched his scientific research on typhus and the victims, which he presented in meticulous detail (TOLEDANO 2010). Christian BONAH (*1965) and Florian SCHMALTZ (*1968) looked closely at his prosecution in his trials (BONAH and SCHMALTZ 2017). The University of Strasbourg's Commission on the Medical Faculty of the Reich University provided an opportunity for comprehensive review, including HAAGEN's Swedish contacts and the complex issues of victim identification (WEINDLING 2022).

3. Background

In 1933 HAAGEN became a full member of the *Reichsgesundheitsamt*, and in 1935 he joined the Robert Koch Institute. He was in the United States from late October 1928 to mid-1929 at the Rockefeller Institute for Medical Research. HAAGEN learned techniques of cell culture with Rhoda ERDMANN (1870–1935) – she was later persecuted by the Nazis – in Berlin. He returned to New York to work at the Yellow Fever laboratories of the Rockefeller Foundation from January 1931 until December 1934. HAAGEN worked with Max THEILER (1899–1972), who received a Nobel Prize for yellow fever research for developing a safe, standardised vaccine in 1951 (WEINDLING 2009). HAAGEN insisted that his research was for the good of humanity and similarly merited a Nobel Prize rather than a criminal sentence (THÉOLLEYRE 1952). He was though never actually nominated for the Prize, and in 1937 Adolf HITLER (1889–1945) imposed a ban on Germans receiving the Prize.[1]

HAAGEN was willing to experiment on "inferior" racial groups; racial biological research did occur from time to time at the Rockefeller Laboratories. He used blood samples from "colored patients".[2] He became involved in the pro-Nazi Bund while in New York.[3] He proudly told his American hosts how HITLER's Berlin was "in a much better condition", and he marvelled at the achievements of the Nazis.[4] In 1934 he was back at the nazified *Reichsgesundheitsamt*, praising HITLER's cures for "the new Germany", lecturing on his yellow fever research at the *Berliner Medizinischen Gesellschaft*, and planning to continue yellow fever studies (HAAGEN 1934). Fully in sympathy with Nazism, he joined the Robert Koch Institute in 1935 and the NSDAP on 1 May 1937 (membership number 5 973 624).[5] HAAGEN was member of the NSV (National Socialist Welfare Organisation), the *Reichsbund der Deutschen Beamten*, the *Reichsluftschutzbund* as well as in the *NS-Fliegerkorps*. HAAGEN was not an SS member, but in November 1943 he asked anatomist August HIRT (1898–1945) to mediate for access to Natzweiler concentration camp for research on transferred Sinti and Roma, raising the question of how much he knew about the transfer and killing of Jews from Auschwitz.[6] While the yellow fever trials with a live vaccine found their culmination in human experiments at the nearby Schirmeck detention camp, HAAGEN's typhus experiments at Natzweiler were on a more ambitious scale.[7]

4. Appointment at Strasbourg

Dekan Johannes STEIN (1896–1967) of the Reich University Medical Faculty Strasbourg was attracted by appointing the virologist HAAGEN as a convinced National Socialist who could

1 https://www.nobelprize.org/nomination/archive/search_people.php.

2 WEINDLING 2009. Ralph MUCKENFUSS to SAWYER, 8 May 1933, Rockefeller Archive Center (RAC) RF RG 5/4/13/141 HAAGEN to Wilbur Augustus SAWYER (1879–1951), 3 Nov 1930, April 5, 1932, Aug. 3, 1933.

3 HUNT 1991, p. 11.

4 Scientific staff biographies folder 21 Eugen Haagen. HAAGEN to SAWYER Aug 3, 1933, Rockefeller Archive Center RU 450.1. Virus Lab, 439 Scientific Reports, Box 3, RU RG6 IHB/D Ser 4.

5 Eugen Haagen NSDAP membership record, National Archives and Records Administration (NARA) Berlin Document Center.

6 GOUDSMIT 1947, pp. 73–75.

7 HAAGEN 1934. HAAGEN to Frederick RUSSELL, 12 May 1934; HAAGEN to SAWYER, 13 March 1933. SAWYER to HAAGEN, March 26, 1934, Aug. 6, 1935. SAWYER to Alan GREGG, April 5, 1934, Rockefeller Archive Center RF 5/4/13/141.

raise the University's research profile. A further incentive was that HAAGEN (1934) could contribute to military operations by containing epidemic infectious disease.[8] STEIN saw the potential of virology for large scale production of vaccines and for the German military as well as for his specific interest in influenza. HAAGEN came to Strasbourg in November 1941; but the local NSDAP opposed his appointment as a narrow specialist. So too did the Berlin professor of hygiene Heinrich ZEISS (1888–1949), whose geo-medical outlook contrasted to the microbiological approach to disease control.[9] HAAGEN's teaching began in Summer Semester 1942; his appointment as Ordinarius was only fully confirmed in November 1943, two years after arrival in Strasbourg.

HAAGEN took over the hygiene institute from the first German and the French eras.[10] One priority for HAAGEN was removal of materials from the Pasteur Museum as a relic of the former KOCH-PASTEUR dispute with its nationalist overtones (TOLEDANO 2010).

HAAGEN brought his assistant Brigitte CRODEL (1907–2005), who had worked under HAAGEN since 1929, and the SS doctor Helmuth GRÄFE (1911–1952) came with him from Berlin, where both supported HAAGEN's testing of yellow fever vaccine on patients from the Wittenau psychiatric hospital.[11] CRODEL and GRÄFE supported HAAGEN's research at Natzweiler concentration camp.

HAAGEN needed expertise in various aspects of hygiene, but at the height of the war, available expertise was limited.[12] The appointments were disparate in terms of background, and some staff members were opposed to HAAGEN. Overall, in a staff of 28 identified persons, there were 11 females. There was a divide in terms of males with German nationality having superior scientific posts; the German and French (mainly Alsatian) women occupied either secretarial or laboratory assistant posts.[13]

The Strasbourg hygiene institute was heavily militarised.[14] HAAGEN resumed the rank of *Luftwaffe Oberstabsarzt* in 1943, and claimed for the Hygiene Institute the status of a "Wehrbetrieb". The deputy director was Albrecht KAIRIES (1902–1944), who was born at Memel in the eastern Baltic, and was *außerordentlicher Professor* (associate professor) in 1943. As a result of HAAGEN's attending a meeting on penicillin in Berlin on 19 July 1944, KAIRIES became involved in attempts to culture penicillin at Strasbourg although he was fatally wounded on 23 November 1944.[15] On 25 November 1944, HAAGEN's institute was hit by an Allied bomb, demolishing the eastern wing of the building when four staff members were killed.[16] An Allied bomb also struck the institute in mid-October 1944 when Russian prisoners had to clear the debris.[17]

8 HAAGEN 1934; TOLEDANO 2010, pp. 86–87.

9 TOLEDANO 2010, pp. 88–89.

10 Ibidem, pp. 18, 62–64, 658–666.

11 HINZ-WESSELS 2008, pp. 56–57. CRODEL, Nuremberg Medical Trial, affidavit 17 April 1947, https://nuremberg.law.harvard.edu/documents/232-affidavit-in-form-of-questionnaire?q=%2Acrodel#p.2. Archives de France B35/276 report by HOCHWALD.

12 TOLEDANO 2010, pp. 92–95.

13 Archives de France B35/265. Inspection of the Hygiene Institute Strassburg, 7 December 1944, Part III Institute of Hygiene of the University, The National Archives WO 188/689.

14 The National Archives WO 188/689.

15 KAIRIES to MORRELL, 22.7.1944, Archives de France BB 35/265.

16 Carlo HENZE, W. [William] J. CROMARTIE: Medical Targets in Strasbourg Area, CIOS Black List Item 24 Medical, report, Medical Targets in Strasbourg Area, 17–21 National Archives and Records Administration RG 112/295A/ box 10 File Strasbourg.

17 Hochbauamt to HAAGEN, 17.10.1944 Archives de France BB 35/265.

The Alsatian Friedrich/Frédéric TRENSZ (1901–1990) was supported by STEIN and HAAGEN. In 1941 TRENSZ joined the NSDAP, and from 1942 he was a German national. He directed the *Medizinaluntersuchungsanstalt*. He praised the new German science as rejecting the French style of medical research. He became *Privatdozent*, and on 23 November 1944, he was appointed apl. (associate) professor in hygiene and bacteriology. During 1943–1944, TRENSZ was in dispute with HAAGEN over income from the *Medizinaluntersuchungsanstalt* for routine bacteriological tests (MÖHLER 2019).[18]

HAAGEN's teaching was on epidemiology (especially influenza, rheumatic diseases, and *Fleckfieber*) and military hygiene, and research was conducted on insect vectors. Brigitte CRODEL was HAAGEN's devoted laboratory assistant, having worked with him at the Reich Health Office and then the Robert Koch Institute, and she supported HAAGEN's research in Natzweiler.[19] The Berlin professor of hygiene ZEISS, who was antagonistic to HAAGEN, criticised CRODEL as tainted by part-Jewish blood.[20] HAAGEN's marriage broke down with his wife Svea, who was originally Swedish, and by 1952 CRODEL was betrothed to HAAGEN.

5. Research at Strasbourg and Fort Ney (Fransecky)

HAAGEN regarded his institute as a military installation. From the outbreak of war, HAAGEN was expert adviser (*beratender Hygieniker*) of the *Luftwaffe*, receiving special commissions from *Reichsmarschall* Hermann GÖRING (1893–1946).[21] In 1943 he resumed his *Luftwaffe* rank, when he worked with a medical aviation network with his nominal superiors the bacteriologist Gerhard ROSE (1896–1992) and Oskar SCHRÖDER (1891–1959), both later tried at Nuremberg. He collaborated with Eugen GILDEMEISTER (1878–1945), who was Director of the Robert Koch Institute, on military related topics of immunisation against *Fleckfieber* and yellow fever. HAAGEN also researched on diphtheria, and with Dekan STEIN on influenza.

HAAGEN's Institute had special facilities for virus research. HAAGEN was in touch with the Colonial Institute Amsterdam to obtain access to primates for experimental research. The Allied scientific intelligence organisation CIOS (Combined Intelligence Objectives Sub-committee) reported that HAAGEN had obtained penicillin from the Netherlands.[22] On 1 July 1944, the Japanese embassy Berlin contacted HAAGEN with the request for penicillin specimens. The Japanese were also interested in HAAGEN's influenza and yellow fever research.[23] HITLER's myth of a *Wunderwaffe* aroused Allied expectations of extensive and original research in biological and chemical warfare, that were not to be fulfilled.

18 STEWART for ALEXANDER, AOF C 3623 . 51 d. 23721 Dossier: Dr Haagen, Eugen 1946–1954. Note: this file was seen at the former Archive of the French Occupation of Germany, now moved to the Archive of the Foreign Ministry, Paris. On TRENSZ, see https://rus-med.unistra.fr/w/index.php/Friedrich/Frédéric_Trensz.

19 Affidavit in form of questionnaire concerning Dr Haagen's typhus experiments, Questionnaire. 17 April 1947, Nuremberg Medical Trial Documents https://Nuremberg.law.harvard.edu.

20 TOLEDANO 2010, pp. 88–89.

21 Reichserziehungsministerium note 7. Sept. 1943, National Archives and Records Administration RG 242 A 3345-DS-B031 frame 830. HAAGEN to HENSCHEN, 29 April 1943, Henschen papers, Karolinska Library, Stockholm.

22 TOLEDANO 2010, pp. 462–465. CIOS Medical Targets in the Strasbourg Area, 1945. [The CIOS Reports concerned military intelligence and circulated during 1945 to 1946 and can be found in: National Archives and Records Administration].

23 https://www.washingtonpost.com/archive/politics/1979/02/03/in-wartime-japan-sought-penicillin-jet/3c970d39-dc1f-4dde-818f-0b53dae703c9/ The National Archives WO 188/ 689.

On 3 and 4 December 1944, the Americans reported on the link between fume exposure chambers at Fort Ney (close to Strasbourg) and HAAGEN's Hygiene Institute. A bacteriological and chemical laboratory was found deep in the Fort. Yellow fever virus and vaccine from HAAGEN's laboratory and from the Colonial Institute Amsterdam were identified there.[24] Whether HAAGEN was at all involved in offensive or defensive biological warfare preparations remains unresolved.

The mysterious Fort Fransecky/Fort Ney laboratory installed in the former Maginot Line Fort was the object of close attention first from the French military, then various US and British intelligence agencies. The accusation was that HAAGEN's experimental facilities and nearby military installations were disguised as an "Electro-technical institute". Despite the meticulous description of contents and layout in a vast site, the laboratories had been rapidly but extensively cleared: thus the German research there remained unresolved.[25] There was uncertainty as to HAAGEN's role, although the American intelligence agencies, notably ALSOS and CIOS, believed the Fort to be significant. ALSOS reported that although there was capacity at Fort Fransecky for biological warfare research, there was no proof that such topics were actually under investigation.[26]

6. Funded Research

HAAGEN held substantial grants from the *Reichsforschungrat/Deutsche Forschungsgemeinschaft*:

In 1943/44 HAAGEN's portfolio of grants were on: *Fleckfieber*/typhus, Ikterus/Hepatitis epidemica, Influenza, Spirochäte illnesses (syphilis, leptospirosis: Weil's Disease, field and harvest fever, relapsing fever; Borrelia-induced diseases) and typhus vaccines (with GILDEMEISTER, Director of the Robert Koch Institute). Additional funds came from the Reich Air Ministry between 1940 and 1944 for yellow fever vaccine, and experimental virus and cytological research. These funds supported his experiments at Schirmeck detention camp and then at Natzweiler, as HAAGEN claimed costs of phone calls to the camps, petrol and equipment.[27]

HAAGEN maintained an international academic profile within the parameters of neutral Europe during World War 2. Research institutes in Rome, Stockholm, and Spain invited HAAGEN as a prestigious guest. In late October 1943, HAAGEN went to Stockholm to deliver lectures on experimental vaccine research, where he was supported by the pathologist Folke HENSCHEN (1881–1977) at the Karolinska Institute.[28]

24 Memorandum for Brig. SIMMONS from Gaylord W. ANDERSON, German BW Strasbourg, 1 Jan. 1945. Yellow Fever Vaccine for Examination, 28 Dec 1944, National Archives and Records Administration RG 112/295A/box 10 File Strasbourg.

25 William HOWARD, Bacteriological Warfare, 11 Dec. 1944, The National Archives WO 188/689. Friedrich GRUNSKE, Letter to Eugen HAAGEN concerning Japanese interest in his yellow fever research, 7.3.1944, Nuremberg document (NO-139).

26 W. [William] J. CROMARTIE, Carlo HENZE, Report of Investigation of Medical Targets in the Strassburg Area, ALSOS Mission, The National Archives WO 188/689.

27 HAAGEN report to Reichsforschungsrat President 12 Jan. 1944, Nuremberg Document NO-138, https://Nuremberg.law.harvard.edu AdeF BB35/273 Folder: Influenza Epidemies (grippe).

28 Karolinska Library, correspondence with HAAGEN, Henschen papers. Note: the Henschen papers have no classificatory numbers.

7. Haagen's Research at Schirmeck-Vorbrück Detention Camp and Natzweiler Concentration Camp

Although only 4 kilometres from each other, the camps of Schirmeck-Vorbrück and Natzweiler were administratively distinct. Schirmeck-Vorbrück was a detention camp under the Alsace Gauleiter, and so more accessible for HAAGEN. It was where HAAGEN conducted his first series of coerced experiments. As has been described by TOLEDANO (2010), the yellow fever vaccine was tested at Schirmeck, as at the time it was a priority for the North Africa campaign. This research was abandoned mid-1943. Then *Fleckfieber*, as it was relevant for the Barbarossa campaign, became the greater priority, resulting in ambitious vaccine development programmes (WEINDLING 2021). Fleckfieber vaccine was first tested at Schirmeck. In all, TOLEDANO identifies 90 to 110 prisoners, at least two of whom died at Schirmeck.[29]

It is by no means straightforward to document the experimental tests on prisoners, and to identify the victims as named persons. It was in HAAGEN's interest to minimise and conceal any deaths caused by experiments with live typhus vaccine. HAAGEN conducted vaccination experiments on a large scale on prisoners. According to the Arolsen/International Tracing Service Report *Pseudo-medizinische Versuche im Sicherungslager Vorbruck-Schirmeck und KL Natzweiler, Fleckfieber Impfstoff Versuche*[30] and *Victims of Biomedical Research under NS. Collaborative Database of Medical Victims*, a source which names victims, the following victims can be identified:

- Experiments with vaccines.
  For experiments with vaccines for cholera, paratyphoid A & B, smallpox, diphtheria at Natzweiler during 1944, including on: Gilbert Henri-Gabriel GUIGNARD (*1922) and Pierre CHOFFEL (*1903), both from Vesoul. Several "comrades" were held by the victims to have died.[31]
- Influenza.
  Influenza vaccine was tested on medical personnel, students, and then on concentration camp prisoners. Whereas HAAGEN claimed he only used students for influenza research, it appears that he experimented on 30 prisoners, mainly female. Five can be identified, four French and one German.[32] The German Roma was Willy HERZBERG, who was transferred from Auschwitz. HERZBERG was also used for typhus vaccine and the phosgene experiments. HAAGEN mentioned the new mouse lung influenza vaccine was tested on some 200 subjects.[33] The results were inconclusive.
- Yellow Fever.
  These experiments began in June 1942 running to mid-August 1943. They were conducted on ten named persons, eight Poles and two French (from Lorraine), who all survived.

29 TOLEDANO 2010, pp. 462–465.

30 Internationaler Suchdienst (ITS) Bad Arolsen Internationaler Suchdienst 1969.

31 Bundesarchiv Koblenz. Bundesfinanzministerium B126/61128. Politisches Archiv Berlin B 81 324 (Part 1 img 61–62); B 81 978 (img 10–11).

32 TOLEDANO 2010, pp. 518–519, 585–586. National Archives and Records Administration, HAAGEN interrogation by [John J.] MONIGAN, 14.11.1945. Archives de France BB/35/276 Nov 21, 1946, To [probably James M.] MCHANEY, from A. HOCHWALD. Subject: Trip to Strasbourg, evidence of René Columbin WAGNER. Database: Victims of Biomedical Research under National Socialism.

33 HAAGEN to Reichsforschungsrat President, 12 January 1944 NO-139 https://Nuremberg.law.harvard.edu Archives de France BB35/273.

The *Luftwaffe* medical services ordered on 14 July 1943 that yellow fever vaccine development should cease.[34]
– Typhus (*Fleckfieber*).

On 17 March 1943, a major meeting of vaccine researchers was held in Strasbourg. By May 1943, HAAGEN had a scheme for a factory at Strasbourg to produce a new type of typhus vaccine.[35] The *Wehrmacht* and *Waffen-SS* had major plans to achieve large scale production of typhus vaccines. Cracow and Lemberg were military centres to produce the louse-gut vaccine, which was an intricate process. Buchenwald became the major testing centre of different vaccines under the SS doctor Erwin DING (1912–1945). On 19 April 1944, HAAGEN presented a detailed plan for large scale manufacturing of Fleckfieber vaccines for the *Wehrmacht* and *Luftwaffe*. The plan was to produce 100,000 doses each month.[36]

HAAGEN's experiments at Natzweiler were designed to develop a live vaccine in response to the severe shortage of such vaccines: the problem was that a live vaccine could be deadly. TOLEDANO (2010) sees HAAGEN as competing with SS physician and bacteriologist DING at Buchenwald, where the scheme was to test and produce a vaccine, using the Durand-Giroud production process from the Pasteur Institute. DING's superior Joachim MRUGOWSKY (1905–1948) planned to visit HAAGEN in Strasbourg on 10 July 1944.[37] Both Strasbourg and the compound of SS Hygiene Institute at Buchenwald were meant to develop large-scale vaccine producing plants. Strasbourg was to serve the German military, and although HAAGEN drew up a detailed plan in terms of equipment and personnel, the scheme for large scale manufacture of a new vaccine came to nothing.

HAAGEN's live vaccine for typhus (*Fleckfieber*) was intrinsically dangerous. The dangers of the scarification procedure were duly noted in a post-war evaluation by the International Scientific Committee, running concurrently with the Nuremberg Trials.[38] The experiments were approved by *Reichsarzt* SS Ernst-Robert GRAWITZ (1899–1945), Karl BRANDT (1904–1948) as having emergency powers over clinical research, and the Robert Koch Institute President GILDEMEISTER. HAAGEN took advice from Paul GIROUD (1898–1989) at the Institut Pasteur on the rabbit lung culture method, and considered this as an alternative to the US method of egg culture of Herald Cox (1907–1986).[39]

On 26 May 1943, HAAGEN, supported by his longstanding assistants CRODEL and GRÄFE, carried out the first experiments at Schirmeck detention camp. HAAGEN hoped to combine doses of the live typhus vaccine with the HAAGEN-GILDEMEISTER/Robert Koch Institute-Cox vaccine. The idea was to use an attenuated killed vaccine first, and then the more powerful live vaccine.[40] In all, there were three series of experiments at Schirmeck from May to November 1943, the final series on 4 October 1943.[41] The first group of experimental subjects

34 The National Archives WO 188/689.
35 TOLEDANO 2010, p. 200.
36 TOLEDANO 2010, p. 206. Herstellung von Fleckfieberimpfstoff to Reichsminister d Luftfahrt, f. 93 HAAGEN plan 19.4.1944, Archives de France BB 35/265. http://nuremberg.law.harvard.edu/transcripts/1-transcript-for-nmt-1-medical-case?seq=1437.
37 WEINDLING 2021; BAYLE 1950, pp. 1179–1181; TOLEDANO 2010, p. 200.
38 Report by Ronald HARE, HARE papers, Contemporary Medical Archives Centre, Wellcome Library, PP/HAR/B7, 45. TOLEDANO 2010, p. 225.
39 GIROUD to HAAGEN 1 June 1943 Archives de France BB 35/265. TOLEDANO 2010, pp. 225–226.
40 WEINDLING 2000, S. 358.
41 TOLEDANO 2010, pp. 217–226.

were Polish prisoners brought to the camp. Their identities remain unclear. Viktor Eugene Schuh (*1914) gave an affidavit: "Source remembers that all names of the people who gave the blood samples were Slavonic names with the exception of the names Buck, Adloff and Hirtz, which he remembers."[42] Georges Hirtz, the camp apothecary from Strasbourg, gave evidence on 8 January 1947 that two died out of 14 or 24 prisoners experimented on.[43]

Larger scale experiments were subsequently conducted at Natzweiler concentration camp. To use facilities at Natzweiler concentration camp and prisoners there, Haagen was advised by the SS anatomist August Hirt to contact Wolfram Sievers (1905–1948), the *SS-Ahnenerbe* administrator on 16 August 1943. Hirt had set the precedent for shipping research subjects from Auschwitz to Natzweiler where they were killed with poison gas in August 1943.[44] Haagen continued to place demands through Hirt as his main contact to the "Hauptamt SS", as when seeking permission to publish a paper on vaccination. Haagen approached Hirt explaining that the inoculation with live vaccine caused fever, so that new tests were necessary.

The anatomist Hirt facilitated the transfer of Sinti and Roma from Auschwitz on 12 November 1943 through Sievers of the *SS-Ahnenerbe* research organisation. Haagen was allocated Block 8 at Natzweiler for his typhus research. After facilitating the transfer of research subjects from Auschwitz, Haagen complained to Hirt on 15 November 1943 about the poor physical condition of the first transport of 100 Roma, when 18 died on the transport back to Auschwitz, and only 20 were deemed possible to be rendered fit.[45] These 18 deaths show the appalling conditions in which the Sinti and Roma were held by the Germans, but their rejection by Haagen also contributed to their deaths. There were no Jewish research subjects exploited by Haagen in contrast to Hirt.

Haagen insisted that the new batch of prisoners from Auschwitz be aged between 20 and 40. On 30 September 1943, the *Reichsführer* SS Office of Applied Scientific Defence Research agreed to arrange the second transport. The second batch, which arrived on 12 December 1943, consisted of 89 Sinti and Roma, who were claimed to have been dismissed from the *Wehrmacht*; they were selected, as Haagen wanted, as test subjects corresponding to German soldiers. Although Edith Schmidt (1899–1970) alleged that up to 50 prisoners died from the effects of the live vaccine, it appears that 50 unvaccinated prisoners were infected with *Fleckfieber* rickettsiae. In addition to the 18 rejected prisoners who died, further prisoners died as severely weakened from the high fever endured, resulting in 29 deaths.[46]

SS-*Obersturmführer* Dr med Helmuth Erich Gräfe was assistant to Haagen and assisted with the experiments, as did the trusted Brigitte Crodel (Haagen 1944a, b, c). Crodel's notebook from May 1943 to July 1944 was an important source for reconstructing the typhus experiments.[47] The 80 Roma were divided into two groups in late January 1944, one immunised and the other not, and both groups were infected. At the same time, Rose as chief

---

42 Archives de France BB 35/265 for Schuh affidavit.

43 Toledano 2010, pp. 253–254;
also: https://nuremberg.law.harvard.edu/documents/232-affidavit-in-form-of-questionnaire?q=crodel#p.10. Archives de France BB35/265 SEA Georg Hirtz affidavit 29 Nov 1946, and evidence of Victor Schuh. Le Republicain Lorrain 13. 5. 1954.

44 Toledano 2010, p. 129.

45 Goudsmit 1946, pp. 74–75. Also, see the "Victims of Biomedical Research under NS Database", Leopoldina Research Center for victims who died on the return journey to Auschwitz.

46 Toledano 2010, pp. 257–259.

47 The notebook is cited at the Nuremberg Medical Tribunal as Doc. NO 3852. It is reprinted in the ITS Arolsen Report Pseudo-medizinische Versuche in Sicherungslager Vorbruck-Schirmeck und KL Natzweiler, 3.2.1969.

sanitary inspector of the *Luftwaffe* pressed HAAGEN to have comparative research with other vaccines at Buchenwald.[48]

Taking the initial rejected transport together with the following transport, 184 named victims of the *Fleckfieber* research can be identified. A high proportion were Roma. Maurice MARZELLE (1898–1945) was among the French resistance claiming that he was also selected for experiments but that he had been protected by evasive action in the camp.[49] Typhus (*Fleckfieber*) experiments took place on a smaller scale at Schirmeck and then on a large scale at Natzweiler. For Schirmeck, at least two French prisoners, Paul L. (1923–1997)[50] and Charles DUBAIL (1913, Pfetterhouse in Alsace, –1995), can be identified. At Natzweiler, 197 persons can be identified by name. 184 are identified as Sinti or (the majority) as Roma. There were 29 deaths, and at least 165 of the victims survived HAAGEN's experimental infections on 27 January and 25 May 1944.[51]

HAAGEN vehemently denied that any deaths (he qualified this as "hardly any deaths") occurred during the actual experiment, thereby maintaining his innocence. His protestation depended on taking a restricted time view, excluding a longer-term view of the full effects of the dangerous live vaccine. The deaths occurred among prisoners who were severely weakened by the live vaccine, or who had been rejected by HAAGEN and died on the return journey. This explains the conflicting narratives.

The Polish victim details are in the Archive of National Memory in Warsaw. Jean André CHAUVIN (*1912) is known by a failed compensation application to the French state.[52] Only 9 victims received compensation.

The research was supported by the Natzweiler *Lagerarzt Untersturmführer* Dr Werner ROHDE (1904–1946), and he in turn deputed a Dutch prisoner doctor Gerrit Jacobus KREDIET (1885–1945).[53] On 21 October 1944, HAAGEN was anxious to obtain the fever curves prepared by KREDIET, who was transferred to Dachau, where he reputedly died in February 1945.[54] Edith SCHMIDT stated as witness that 50–60 of the persons died, whereas CRODEL, in an affidavit (given when she was in the Soviet zone at Berlin-Buch on 17 April 1947), and HAAGEN, during his later trials, vehemently denied this.[55]

On 9 May 1944, HAAGEN pressed HIRT to organise the supply of an additional 200 prisoners for experiments. Of these, 50 were to be controls, who he planned to infect without having any immunity.[56] This further batch of prisoners appears not to have been sent.

The 30 deaths included prisoners who died on the journey back to Auschwitz – HAAGEN's rejection of these, as they were too frail, making him indirectly responsible. Other prisoners died after the experiment rather than during it. Again, there is the issue of indirect responsibility. HAAGEN claimed to have adhered to the Hippocratic Oath but conceded that there could have been a few unintended deaths. This explains the discrepancy between the 30 prisoners

48 Archives de France BB 35/265, ROSE to HAAGEN, 13. 12. 1943.
49 Bundesarchiv Koblenz B126/61158 for Natzweiler victims.
50 Full name not known.
51 TOLEDANO 2010, p. 136.
52 "Victims of Biomedical Research under NS. Collaborative Database", Leopoldina Research Centre. Bundesarchiv Koblenz B126/61111. Leopoldina Research Centre, Halle: Archives de France 20010535/10 Chauvin file.
53 HAAGEN to RO[H]DE, 16. 11. 1944, http://nuremberg.law.harvard.edu/documents/1165-letter-to-dr-rode?q=*#p.1.
54 HAAGEN to Lagerarzt Dachau 21. 10. 1944. Archives de France BB35/265 http://nuremberg.law.harvard.edu/transcripts/1-transcript-for-nmt-1-medical-case?seq=10617 NO–133. HLSL item 1157.
55 https://nuremberg.law.harvard.edu/documents/232-affidavit-in-form-of-questionnaire?q=crodel#p.10.
56 HAAGEN to HIRT, 9. 5. 1944, 27. 6. 1944, Archives de France BB35/265.

who died and HAAGEN's protestations of innocence.[57] He felt that his dedication to rid humanity of diseases justified his conduct. Here he was supported by Rudolf WOHLRAB (1909–1995) (who had spent the war in Warsaw) and Felix VON BORMANN (1901–1978), who researched on Soviet prisoners of war, on behalf of the *Deutsche Gesellschaft für Hygiene und Mikrobiologie*, which lobbied for HAAGEN's release from French custody as detrimental to his health.[58]

After the war, HAAGEN stated that he had no contacts with the SS, and only gave protective vaccinations, and did not mention deliberate infection of research subjects. He discussed the possibility of human experiments with the military internal medical adviser Kurt GUTZEIT (1893–1957) and Arnold DOHMEN (1906–1980), by then at the University of Giessen, but who visited HAAGEN at Strasbourg. DOHMEN then infected the eleven Jewish boys transferred at his request from Auschwitz to Sachsenhausen in September 1944, and conducted painful liver punctures on them.[59]

8. Escape and Capture

The bombing of the Hygiene Institute began in September 1944. Coincidentally, HAAGEN began removal of equipment and experimental records in September 1944; he was absent in October, and returned to Strasbourg early November. He finally departed from Strasbourg on 10 November 1944 with equipment and records. He demanded return of equipment from the *Lagerarzt* of Natzweiler as late as 14 November 1944.[60]

In late 1944, HAAGEN was the prime target for Allied liberators of Strasbourg. HAAGEN was suspected by Western Allied intelligence as involved in biological warfare research. Exactly why and on the basis of which specific intelligence is not clear. The further question arises whether his institute was deliberately targeted for aerial bombing because of suspicions of germ warfare.[61] The US frontline intelligence unit ALSOS considered HAAGEN as a priority. On 1 January 1945 the ALSOS team produced a comprehensive overview on biological warfare at Fort Ney and the Hygiene Institute at Strasbourg.[62] The French officer GROMBACHER noted that ALSOS had seized the accounts and correspondence of HAAGEN's Institute:

> "Nevertheless I undertook a new investigation which met with success. I found some documents, some in a drawer in the secretary's desk and some in the refrigerator in the basement. These documents appeared to me sufficiently conclusive as to constitute a record of war crimes."[63]

57 HAAGEN, „Moralische Verteidigung“, Henschen papers, Karolinska Library.

58 Denkschrift zum Prozess HAAGEN, Henschen papers, Karolinska Library.

59 HAAGEN to GUTZEIT, 27. 6. 1944, Archives de France BB35/265.

60 Medical Case, HAAGEN to RO[H]DE, 16 September 1944, NO 136, http://nuremberg.law.harvard.edu/documents/1167-letter-to-eugen-haagen?q=evidence:no*#p.1.

61 The National Archives WO 188/689 Investigation of medical laboratories in Strasburg. Includes 38 photographs depicting: Bacterial warfare: medical targets, Strasbourg area: translation of personal notes found in Professor Otto BICKENBACH's laboratory at Fort Fransecky (formerly Fort Ney).

62 BARNES diary, 9, 11, 12 April 1945; Hoover Institution, Stanford: Pash papers, box 2/7. National Archives and Records Administration, RG 319 IRR Personal box, Strasbourg. American Institute of Physics, Washington DC Goudsmit papers, John BARNES to GOUDSMIT, 11 Oct. 1949. GOUDSMIT to W. J. CROMARTIE, 9 Sept. 1949. M. C. HENDERSON to GOUDSMIT, 5 Sept. 1949. KRAYER to GOUDSMIT, 9 Aug. 1949. GOUDSMIT to Otto KRAYER, 12 Aug. 1949. Carlo HENZE, W. J. CROMARTIE: Medical Targets in Strasbourg Area, CIOS Black List Item 24, report, Medical Targets in Strasbourg Area.

63 HAAGEN Investigation by Dr GROMBACHER, April 28th, 1947, Strasbourg. Prosecutor [James M.] MCHANEY's copy: annotated "See Page 3! OCCWC transl of Doc NO-3846" Archives de France BB 35/276.

Although the documents were sent to Washington DC, the US authorities ingenuously released Haagen on 15 June 1946, permitting his return to Saalfeld in Thuringia, which was now in the Soviet zone. The address was Chemisches Institut, Feengrotten. Haagen then travelled to Bad Neustadt in the American zone to inquire about possibilities, but decided things were more promising in the Russian zone.[64] Haagen outlined these events to the US prosecutor Robert Kempner (1899–1993), attempting to show his detention after Saalfeld was illegal.[65] Haagen complained to his Swedish colleague Henschen that his US detention was inhumane, and his books and working papers were stolen from him.[66] His release – just before medical suspects were evaluated for the Medical Trial at Nuremberg – showed the lack of coordination between Allied agencies. His entrapment and re-arrest by the British was spurred on by concern that Haagen should not remain in Russian hands.[67] It meant that Haagen was returned to Strasbourg as a military prisoner in the Citadelle. He declared that he was a martyr and no criminal.[68]

The German biological warfare programme was meant to be defensive, as Hitler was ambivalent over its use. Haagen was identified as a potential contributor. A report by CIOS (the Combined Intelligence Organisation Subcommittee, an inter-Allied scientific intelligence organisation, comprehensively evaluating academic and industrial sites) was produced on "Medical Targets in the Strasbourg Area".[69] The University was similarly evaluated by the British.

Haagen removed laboratory items and papers to Germany, most likely to Thuringia where he was captured. Haagen's activities in this period are shadowy. He traced the papers on the Natzweiler victims, but his motives are unclear in terms of obliterating the research or finalising the results; and any possible engagement with biological warfare. Crodel rejoined Haagen in Germany. After entering Strasbourg on 24 November 1944, the ALSOS biological warfare (BW) experts captured Haagen's stocks of germ cultures. ALSOS set up headquarters in Haagen's comfortable apartment, and secured whatever of his papers he had left.[70]

The ALSOS mission continued its advance into Germany, and interrogated Haagen on 21 April 1945. There followed a sequence of arrest and release. ALSOS arrested Haagen at a hospital in Saalfeld in Thuringia in June 1945 as part of its sweep of German biological warfare experts. He was promptly interrogated concerning vaccines and pharmacological research, notably on penicillin. ALSOS prioritised Haagen's suspected role in offensive germ warfare. Haagen was retained in US custody as a potential witness during the Nuremberg International Military Tribunal. He was eventually released, although he complained bitterly about this first period of detention as well as the loss of his books and papers.

The US reports on biological warfare did not mention Haagen, focusing on other figures, notably the bacteriologist Heinrich Kliewe (1892–1969) and the *Stellv. Reichsgesund-*

64 Eugen Haagen to Svea Haagen no date, Henschen papers, Karolinska Library.

65 Archives de France BB 35/265 Letter Haagen, Palace of Justice, 1 June 1947 to "Dear Professor" [Kempner].

66 Haagen to Henschen, Saalfeld 12.9.1946, Henschen papers, Karolinska Library.

67 Colmar AOF (= Archives of the French Occupation of Germany, now transferred to the French Foreign Ministry Archive), AJ C 3623 p. 51 d. 23721 Dossier: Dr Haagen, Eugen 1946–1954. August 12, 1949, Goudsmit to Haagen, Aug. 12, 1949, Henderson to Goudsmit, 5 Sept. 1949, regarding the location of biological warfare papers, American Institute of Physics, Washington DC Goudsmit papers.

68 Haagen to Henschen, 25. 3. 1947 and 7. 7. 1947, Henschen papers, Karolinska Library.

69 German BW-Strasbourg, Memorandum for Brig. General James S. Simmons, 1 January 1945, File Strasbourg, NARA (Suitland) RG 112/295A/Box 10.

70 Goudsmit 1947, p. 66.

heitsführer Kurt BLOME (1894–1969) at Nesselstedt.[71] HAAGEN clearly felt more secure in the Soviet zone of occupation. On 1 October 1946, he heard of Soviet interest in the rare psittacosis virus from Brigitte CRODEL, and contacted the Soviet occupation authorities offering his skills as a researcher. There had been an outbreak of psittacosis (parrot fever) when HAAGEN arrived in the United States in 1929, and he published on psittacosis in 1937 (HAAGEN und KRÜCKEBERG 1937). His former Robert Koch Institute colleague, Stefan WINKLE (1911–2006), was given the task of developing a psittacosis research station for the Soviet zone. Here – as Erhard GEISSLER (*1930) points out (GEISSLER 1999) – the Soviets were probably interested in a potential biological weapon. From October 1946, HAAGEN went to work at an institute for virus and tumour research under the Soviets at the former *Kaiser-Wilhelm-Institut* at Berlin-Buch, which (as he pointed out when again in US custody) had originally been built with funds from the Rockefeller Foundation. He was Director of Virus and Tumour Research.[72] On 1 September 1946, HAAGEN drew up a plan for a large-scale institute involving laboratories, clinical facilities and animal breeding. Priority areas were cancer and influenza research with cancer tumour studies as an aetiological problem and as arising from genetic and exogenous factors. HAAGEN's work was supported by Vice-President Maxim ZETKIN (1883–1965) and came under direction of the new German Academy of Sciences in the Russian zone.[73] He claimed that his re-arrest was prompted by his collaboration with the Soviet military, as his new institute was suspect as a germ warfare centre.

Group Captain Anthony SOMERHOUGH (1906–1960), the energetic head of the British war crimes office, decided to trap HAAGEN in Berlin, luring him to West Berlin, and then offer him to the surprised French on the basis that the Strasbourg police had issued an arrest order in 1945.[74] Psittacosis indeed had germ warfare potential.

British intelligence lured HAAGEN to West Berlin on the pretence that his sister was ill, and arrested him on 16 November 1946 (WEINDLING 2001). HAAGEN was defiant and outraged at the astute intelligence operation.[75] This was just a few weeks too late for his inclusion in the Nuremberg Medical Trial as defendant, and the British kept him in isolation. HAAGEN protested that he was illegally "kidnapped". He complained about deprivations of what he felt was the harsh custody by the British.[76] HAAGEN wrote to his sister that he feared his cold conditions would cause him to contract pneumonia.[77] The lack of hygiene and hair cutting prompted him to comment: "The last bit of hygienics gets lost as does my shaving stick too. I probably return to the life of primitive man and with more or less good odours …".[78]

HAAGEN was held as a French prisoner first at Baden-Baden and then in Strasbourg, then Nuremberg and then in Metz (BONAH und SCHMALTZ 2018). HAAGEN self-pityingly lamented his experience to the prosecuting lawyer, KEMPNER, hoping for sympathy, as KEMPNER's

71 WEINDLING 2000, pp. 387–392.

72 Eugen HAAGEN: Institut f Virus- und Geschwulstkrankheiten, 1 September 1946, BArch, DQ 1/39 Bundesarchiv Berlin. My thanks to Gabriele MOSER for the reference to this document.

73 GEISSLER 1999, p. 763.

74 AOF Colmar (relocated to the French Foreign Ministry Archives), Justice C 3623 p. 51 d. 23721 Dossier: Dr Haagen, Eugen 1946–1954. BAOR Zonal Office of the Legal Adviser 17 August 1948.

75 Archives de France BB 35/265, HAAGEN to KEMPNER.

76 Elizabeth VOIGT-HAAGEN to Thomas RIVERS and Simon FLEXNER, Feb. 22, 1947, Rockefeller Archive Center, Sleepy Hollow RAC RU 450.1.

77 Ibidem. HAAGEN to Elisabeth VOIGT, 8 Dec, 14 Dec, 22 Dec 1946.

78 Ibidem. HAAGEN to Elisabeth VOIGT, 16 Jan 1947.

parents were the bacteriologists Lydia Rabinowitsch-Kempner (1871–1935) and Walter Kempner (1870–1920), both who had worked under Robert Koch:

> "When I went to visit my sister in Berlin-Zehlendorf in the American sector, I was taken away from her house under threat of force by a sergeant of the British Secret Service, without his being able to produce a warrant of arrest or any other official document, that is I was kidnapped in the truest sense of the word, and taken in a British truck to a British guard room, where I was kept for 2 days in a dark cell and repeatedly beaten and hit severely.
>
> From there I was taken by rail to MINDEN. On the journey the sergeant threatened that he would shoot me if I made my identity known to the Russians should they search the train. My stay in the British camp for War Criminals in MINDEN was kept secret for 2 and half months. I was then turned over to the French, who took me to STRASBOURG … where case being prepared against former professors.
>
> I was transferred here as a witness on 16/17 May 1947."[79]

The German defence lawyers accused the Allies of deliberately concealing Haagen from them, so that he could not be called as defence witness for the fellow *Luftwaffe* bacteriologist Gerhard Rose, who was on trial at Nuremberg. Haagen's defence lawyer Frédéric Hoffet (1906–1969) unsuccessfully approached the Rockefeller Foundation and its researchers for a testimonial as to his scientific importance. But the Foundation officers were disgusted at what was emerging about wartime German science (Weindling 2002).[80]

For his part, Haagen tried to use his pre-war contacts to resume his research, and for them to exonerate him from charges of war crimes. But to ALSOS he admitted to experiments on 80 subjects, although he denied that there were any deaths.[81] ALSOS could not find evidence of Haagen's involvement in biological warfare, although they remained convinced that he was a leading force in this type of work. He was again interrogated at Nuremberg on 14 November 1945 by John J. Monigan (†1972), who appeared as more concerned with scientific innovation than criminality.[82] ALSOS discovered evidence concerning links between Haagen and Rose concerning the testing of the typhus vaccine produced at the State Serum Institute Copenhagen and other research sponsored by the *Luftwaffe*.[83] These documents were sent to the Nuremberg prosecutors.[84] Haagen's work for the Rockefeller Foundation was brought to the Nuremberg Tribunal's attention on 17 April 1947.[85] Haagen's wartime research was discussed by Richard Bieling (1888–1967) and Heinrich Heinlein (1897–1961) in the *Fiat Review of German Science Report on Virus Diseases of Man*, published in 1947.[86]

Haagen's self-image was that of being an innovative researcher and a martyr to scientific dedication. The Nuremberg prosecutors did not accept his self-righteous claims. They were dissatisfied with what had been discovered about the wartime activities of Haagen. They interrogated Wolfram Sievers in August 1946 about Haagen's research, but Sievers

79 Typhus Archives de France BB 35/276 Documents de l'instruction.

80 Haagen to Rivers, 21 April 1947, Rockefeller Archive Center RU 450.1.

81 *Anonymous* 1954. Sievers interrogation 28 August 1946, pp. 3–4, National Archives and Records Administration Microfilm M 1019/68.

82 Archives de France BB 35/265, Haagen. Documents de l'instruction.

83 National Archives and Records Administration RG 319 entry 82a Alsos box 4, Rose to Haagen, 2 December 1943. Haagen to Rose, 8 December 1943. NO-122 Letter dated 13 December 1943 from Oberstabsarzt Prof. Rose to Prof. Dr Eugen Haagen re: vaccination experiments on prisoners.

84 Ibidem. Office of the United States Chief of Culture to Col. R. L. Hopkins, 11 January 1946.

85 Nuremberg Medical Trial Microfiche Edition 2/6169. RAC RU 45.01 folder 21, Rivers to Simon Flexner, Dec. 18, 1928. Leo Alexander papers, Medical Archives, Duke University, Durham, North Carolina 4/35 Alexander to McHaney, 'Adviser to the Court', 29 April 1947.

86 Cf Bieling and Heinlein 1947, pp. 122–123.

insisted that the vaccine research was funded by the military and the Reich Research Council (that was actually the case) rather than by the SS (SCHMALTZ 2017). SIEVERS had visited the mustard gas research installations at Schirmeck, Natzweiler and Strasbourg on 24–25 January 1944. He falsely claimed that all the experimental subjects had volunteered in line with Heinrich HIMMLER's (1900–1945) stipulations that prisoners would receive a pardon, and that no deaths resulted from HAAGEN's experimental typhus research in Natzweiler.[87] This was another of SIEVERS' many invented fictions told in his defence. HIRT was HAAGEN's intermediary with SIEVERS.

The prosecuting lawyer Arnost HORLICK-HOCHWALD (original name Ernst HOCHWALD [birth/death not known]; originally Czech but working for the US prosecution) went to Strasbourg to gather data where he discussed the HAAGEN case with the forensic medicine specialist Camille SIMONIN (1891–1961) (FORNIER 1962).[88] The affidavits collected stated that HAAGEN had a laboratory at the Natzweiler concentration camp. Edith SCHMIDT, who was assistant to HAAGEN, stated that spotted fever experiments during 1943–1944 in Natzweiler on foreign nationals, especially Poles and Gypsies, killed 50 to 60 persons, read the notes which were made by an assistant of HAAGEN, Miss CRODEL, and could find out from these notes that two-thirds of 150 used victims died as a result of these experiments. Dr GRÄFE stated that only Poles were used "and these are not human beings".[89] HAAGEN published jointly with GRÄFE, who was an SS officer, on developing a live vaccine.[90]

Leo ALEXANDER (1905–1985), the expert witness for the prosecution at the Medical Case at Nuremberg from December 1946 to August 1947, supported the investigation of HAAGEN during a visit to the Netherlands. ALEXANDER located two Dutch witnesses Johan BROERS (1913–1980), who was a medical student and prisoner assistant to HAAGEN, and Gerrit NALES (1915–?), who helped define the case as a murder case by giving details of HAAGEN's individual victims.[91] ALEXANDER noted:

> "The fact that Mr Nales knew the names, dates and places of birth in regard to most of Haagen's victims added an air of definiteness which helped the judges to find themselves on familiar ground, namely on the ground of murder cases of definite specific persons. After each name he was asked whether he saw the corpses and he said 'yes' and in most cases added specific statements that he, himself, walked the corpse before sending it to the morgue from the autopsy room. The great definiteness was impressive and a sort of relief from the nameless murdered masses which we dealt with on so many other occasions."[92]

HAAGEN was transferred for the second time to Nuremberg as witness and appeared in court on 17 June 1947 (his 49th birthday) for prolonged testimony and cross examination lasting three days. He insisted that he delivered protective vaccinations rather than deliberately infecting.[93] HAAGEN's activities were furthermore closely scrutinised as incriminating three defendants involved in aviation medicine: Hermann BECKER-FREYSENG (1910–1961), ROSE and Oscar SCHRÖDER. HAAGEN was shown to be well networked in aviation medical circles,

87 SIEVERS interrogation, 28 August 1946, pp. 1–4.
88 Documents de l'instruction. Typhus, Nov 21, 1946, To MCHANEY, from A. HOCHWALD. Subject: Trip to Strasbourg, Archives de France BB/35/276.
89 Documents de l'instruction. Typhus AdeF BB/35/276.
90 HAAGEN und GRÄFE 1943, p. 281.
91 Leo ALEXANDER to Phyllis ALEXANDER, 1 July 1947, Alexander Family papers, Boston. ALEXANDER to MCHANEY, "Two Important Witnesses against Dr. Haagen", 28 May 1947 APD 4/35. BAYLE 1950, pp. 1189–1197.
92 Leo ALEXANDER to Phyllis ALEXANDER, 1 July 1947, Alexander Family papers.
93 BAYLE 1950, pp. 1295–1303.

and much time was given to his witness statements and critical evidence.[94] After his interrogation on 9 July 1947, Chief Prosecutor Telford TAYLOR (1908–1998) was convinced of HAAGEN's criminality:

"Apparent that H. should be tried as a war criminal, and he understands that the French government plans to institute appropriate proceedings against H. in the near future."[95]

HAAGEN felt betrayed by former Alsatian staff. A Natzweiler prisoner accused him of complicity in germ warfare experiments when test subjects died.[96] HAAGEN was transferred back to the French, but this was to Metz on 14 August 1947 when the Medical Trial proceedings were at an end. It was clear that he had his own trial by the French in prospect although this took some years.[97]

HAAGEN pulled legal strings in the United States after his transfer, and certain American lawyers pressed the Nuremberg authorities to make documents available to HAAGEN's defence. They believed that these showed that there were no fatalities from HAAGEN's experiments.[98] HAAGEN insisted on his status as a scientist, when interrogated at Nuremberg in July 1947 by ALEXANDER and by Natzweiler camp survivors in July 1947: "'What I have done, I did for the sake of humanity,' he said, but Mr Hulst [Lambert Anthonie HULST (1905–1996)] interrupted him and said that experiments against the will of the patient are plain vivisection. Dr Haagen did not agree."[99]

During 1947 the International Scientific Committee (a joint British and French initiative) evaluated HAAGEN's experiments.[100] HAAGEN's publications with GILDEMEISTER, CRODEL and GRÄFE, US interrogations and copies of HAAGEN's correspondence were sent to the bacteriologist Ronald HARE (1899–1986). The former assistant Edith SCHMIDT testified (although as conjecture) that out of 150 to 200 persons who were experimented on, 50 prisoners died.[101] HARE concluded that HAAGEN's method of injection and then scarification was original but dangerous, and often fatal.[102]

HAAGEN – along with the phosgene researcher Otto BICKENBACH (1901–1971) – was tried by a French military tribunal in Metz in December 1952. HAAGEN presented himself as a victimised invalid and an unjustifiably villainised scientist of high medical and moral integrity. He strenuously denied any deaths, and that his sole motive was to save lives.[103] Spectacularly, HAAGEN was unable to stand in court at Metz, where he reclined as if a chronic invalid (he was vigorous once released back to Germany). The issue was the criminality of HAAGEN's experiments against his claims of the rightfulness of his research.[104] HAAGEN was condemned to lifelong forced labour. On appeal, HAAGEN was retried at Lyon

94 Trials of the war criminals. The Medical Case, vol. 1, pp. 519–539.
95 Documents de l'instruction. Typhus Letter HAAGEN, Palace of Justice, 1 June 1947, TAYLOR to "Dear Professor" [to KEMPNER] AdeF BB/35/276.
96 HAAGEN to HENSCHEN, 7. 7. 1947, Henschen papers.
97 "201 files" box 11 Eugen Haagen NARA RG 338.
98 FEDDE to W. MORSE April 21, 1949 NARA RG 153/86-3-1 Box 10.
99 Leo ALEXANDER: Interrogation of HAAGEN, 9 July 1947, Alexander papers, Durham NC, 4/35.
100 For the history of the ISC, WEINDLING 2010, pp. 124–126, 152–156.
101 Ronald HARE: Report, 45, Hare papers, Contemporary Medical Archives Centre, Wellcome Library, PP/HAR/B7, 45. HARE to SOMERHOUGH, War Crimes Group, 16 Dec 1947, The National Archives WO309/471. WEINDLING 2004, pp. 320–323.
102 HARE, Report.
103 HAAGEN text, Henschen papers.
104 L'experimentation est une crime, le Republicain Lorrain, 13 May 1954.

in 1954. His twenty-year sentence was then commuted, so that he was released (BONAH and SCHMALTZ 2017).

The French were reluctant to impose a long sentence on this unrepentant scientist. This was partly because of HAAGEN's previous long detention and partly because of the changed political climate at a time of Franco-German rapprochement. HAAGEN considered that the victims should be grateful for the immunity conferred by his experiments, and that he should have received a Nobel Prize for yellow fever vaccine research rather than a custodial sentence.[105]

HAAGEN became a member of the German Academy of Natural Sciences Leopoldina in 1944. He cited this membership with pride as evidence of his scientific credentials, and postwar to reject accusations of his unethical criminality.[106] But he was not to retain this distinction. The Academy (by then in the Soviet zone/German Democratic Republic) registered HAAGEN's guilt by striking him from the membership lists on July 21, 1955, on the authority of President Kurt MOTHES (1900–1983). This was a unique sanction against a scientist who was an evident war criminal. A note in his file at the Leopoldina archive states: „Aktennotiz: Das Mitglied Eugen Haagen ist wegen begangener Verbrechen von einem französischen Militärgericht zu vieljähriger Freiheitsstrafe verurteilt worden. Die Akademie muß deshalb seinen Namen in der Matrikel löschen. 21.7.1955 Mitglied ist als gelöscht zu betrachten. [President] Mothes"[107]

Otherwise, HAAGEN retained his professional status in the Federal Republic.[108] While in prison, the publishers Dietrich STEINKOPFF (1901–1970) and Jürgen STEINKOPFF (1928–1979) encouraged him to work on a handbook of virology.[109] The Federal government and West German medical chambers successfully lobbied the French for release of HAAGEN.[110] HAAGEN soon returned to virus research at the *Bundesforschungsanstalt für Viruskrankheiten der Tiere* in Tübingen in the Federal Republic of Germany as a guest researcher. The ethos of the academic community at Tübingen was strongly revisionist as regards Nazi crimes. Two Federal German investigations against him were terminated.

HAAGEN (1965, 1974) finally wrote two substantial volumes on virology, and published on cell cultures with HAAGEN-CRODEL (1957), by then his wife. HAAGEN became professor at the Tübingen-based *Bundesforschungsanstalt für Virusforschung*. He received *Deutsche Forschungsgemeinschaft* funding:

1956: Chemotherapeutische bzw. chemoprophylaktische Versuche bei Viruskrankheiten der Tiere
1958: 1. Chemotherapeutische bzw. chemoprophylaktische Versuche bei Viruskrankheiten der Tiere
1958: 2. Gegenseitiges Verhalten von Tuberkelbazillen und Zellen in der Gewebekultur sowie Wirkung von Chemotherapeutizis [sic] in tuberkuloseinfizierten Zellkulturen
1959: 1. Chemotherapeutische und chemoprophylaktische Versuche bei Viruskrankheiten der Tiere
1959: 2. Das gegenseitige Verhalten von Tuberkelbazillen und Zellen in der Gewebekultur.[111]

HAAGEN is ranked as one of three prime criminal researchers at Natzweiler along with BICKENBACH and HIRT. HAAGEN continued to deny his guilt: this denial was generally accepted by his

105 SIMON 1952. Documents de l'instruction. Typhus, Nov 21, 1946, To MCHANEY from A. HOCHWALD. Subject: Trip to Strasbourg, Archives de France BB/35/276.
106 Denkschrift zum Prozess HAAGEN, HAAGEN text, Henschen papers.
107 GERSTENGARBE et al. 1994. For the full quotation see Eugen HAAGEN entry in: "Victims of Biomedical Research under NS. Collaborative Database of Medical Victims".
108 GEISSLER 1999, pp. 113–114.
109 *Dr Dietrich Steinkopff Verlag* in HAAGEN 1965: pp. viii–ix.
110 KLEE 2001, pp. 191.
111 My thanks to Gabriele MOSER for these funding details.

academic and professional colleagues in the Federal Republic of Germany, who regarded him as a pioneer in virology and as mistreated by the Western Allies. HAAGEN died on 3 August 1972.

HAAGEN was part of networks of Nazi experimenters. Research at Natzweiler was facilitated by the SS anatomist HIRT and the *SS-Ahnenerbe*. HAAGEN's typhus research and production plans were aligned with DING and MRUGOWSKY at Buchenwald, and the hepatitis research was in collaboration with fellow scientists Kurt GUTZEIT and Arnold DOHMEN. HAAGEN continued his hepatitis research on some five prisoners at Natzweiler (TOLEDANO 2010). The study by GEISSLER (1999) states categorically that HAAGEN was not involved in preparations for biological warfare.[112] Against this should be set the finding of HAAGEN's microbiological specimens at Fort Ney and his interest in psittacosis research. It would be reasonable to state that HAAGEN had an interest in military utilisation of his virology, although the matter of biological warfare remains unresolved. For the Leopoldina, his condemnation in the French court provided a clear reason for cancelling his membership.

Literature

Anonymous: Deutsche Wissenschaftler vor dem Militärgericht in Lyon. Ärztliche Mitteilungen *11*, 362–364 (1954)

BAYLE, François: Croix gammée contre Caducée. Paris: Imprimerie Nationale 1950

BIELING, Richard, and HEINLEIN, Heinrich: Virus Diseases of Man. Wiesbaden: Field Information Technical 1947

BONAH, Christian, and SCHMALTZ, Florian: From Witness to Indictee. Eugen Haagen and his Court Hearings from The Nuremberg Medical Trial (1946–47) to the Struthof Medical Trials (1952–54). In: WEINDLING, Paul (Ed.): From Clinic to Concentration Camp: Reassessing Nazi Medical and Racial Research, 1933–1945; pp. 293–317. Abingdon: Routledge 2017

BONAH, Christian, und SCHMALTZ, Florian: The reception of the Nuremberg Code and its impact on medical ethics in France: 1947–1954. Wiener klinische Wochenschrift *130*, 199–202 (2018)

FORNIER, Laure-Marie-Xavière Lotti: La Vie et l'oeuvre de Camille-Léopold Simonin: ancien élève de l'École du service de santé militaire, professeur de médecine légale et de médecine sociale à la Faculté de médecine de Strasbourg (1891–1961). Haguenau: Impr. de Haguenau 1962

GEISSLER, Erhard: Biologische Waffen – nicht in Hitlers Arsenalen. Münster: Lit 1999

GERSTENGARBE, Sybille, THIEL, Jens, und VOM BRUCH, Rüdiger: Die Leopoldina. Berlin: BeBra 2016

GOUDSMIT, Samuel A.: ALSOS. The Failure in German Science. London: Sigma 1947

HAAGEN, Eugen: Das Gelbfieber. Neue Forschungsergebnisse. Deutsche Medizinische Wochenschrift *26*, 983 (1934)

HAAGEN, Eugen. Viruskrankheiten des Menschen: unter besonderer Berücksichtigung der experimentellen Forschungsergebnisse. Bd. *1*. Darmstadt: Steinkopff 1964

HAAGEN, Eugen. Viruskrankheiten des Menschen: unter besonderer Berücksichtigung der experimentellen Forschungsergebnisse. Bd. *2*. Darmstadt: Steinkopff 1974

HAAGEN, Eugen, und CRODEL, Brigitte: Versuche mit einem neuen getrockenen Fleckfieberimpstoff. Zentralblatt für Bakteriologie, Parasitenkunde und Infektionskrankheiten (Erste Abteilung) *7*, 307–311 (1944a)

HAAGEN, Eugen, und CRODEL, Brigitte: Versuche mit einem neuen getrockenen Fleckfieberimpstoff. II. Mitteilung. Zentralblatt für Bakteriologie, Parasitenkunde und Infektionskrankheiten (Erste Abteilung) *7*, 369–373 (1944b)

HAAGEN, Eugen, und CRODEL, Brigitte: Versuche mit einem neuen getrockneten Fleckfieberimpfstoff. Zeitschrift für Hygiene und Infektionskrankheiten *126*/7, 307–311 (1944c)

HAAGEN, Eugen, und GRÄFE, Hellmuth: Zur Frage der Herstellung von lebenden Trockenimpfstoffen. Zentralblatt für Bakteriologie Abt. 1. Originale *150*/5, 275–282 (1943)

HAAGEN, Eugen, and HAAGEN-CRODEL, Brigitte: Über das Vorkommen sogenannter cytopathogener Effekte in „normalen" Zellkulturen. Zeitschrift für Hygiene *144*, 181–201 (1957)

HAAGEN, Eugen, und KRÜCKEBERG, Bodo: Zum Psittakoseproblem. Betrachtungen auf Grund von Beobachtungen und Untersuchungen im Jahre 1935/1936. Aus dem Institut Robert Koch, Berlin: Richard Schoetz 1937

112 GEISSLER 1999, S. 752–753.

HINZ-WESSELS, Annette: Das Robert Koch-Institut im Nationalsozialismus. Berlin: Kadmos Kulturverlag 2008
HUNT, Linda: Secret Agenda. The United States Government, Nazi Scientists, and Project Paperclip, 1945 to 1990. New York: St. Martin's Press 1991
KLEE, Ernst: Deutsche Medizin im Dritten Reich. Frankfurt: S. Fischer 2001
MÖHLER, Rainer: Die Reichsuniversität Straßburg 1940–1944. Eine nationalsozialistische Musteruniversität zwischen Wissenschaft, Volkstumspolitik und Verbrechen. Universität des Saarlandes 2019
SCHMALTZ, Florian: Chemical Weapons Research on Soldiers and Concentration Camp Inmates in Nazi Germany. In: FRIEDRICH, Bretislav, HOFFMANN, Dieter, RENN, Jürgen, SCHMALTZ, Florian, und WOLF, Martin (Eds.): One Hundred Years of Chemical Warfare: Research, Deployment, Consequences; pp. 229–258. Cham: Springer 2017
SIMON, I.: Les médecins criminals nazis Bickenbach, Haagen et Hirt du Camp de Struthof et le procès de Metz. Revue de la médecine hébraïque *6*/3, 133–142 (1952/53)
THÉOLLEYRE, Jean-Marc: Le tribunal militaire de Metz se transporte aujourd'hui au camp de Struthof. Le Monde, 18 Decembre 1952 (1952)
TOLEDANO, Raphael: Les Expériences Médicales du Professeur Eugen Haagen. Thèse de doctorate en médecine. Université de Strasbourg 2010
WEINDLING, Paul: Epidemics and Genocide in Eastern Europe, 1890–1945. Oxford: Oxford University Press 2000
WEINDLING, Paul: Auf der Spur von Medizinverbrechen: Keith Mant (1919–2000) und sein Debut als forensischer Pathologe. 1999. Zeitschrift f. Sozialgeschichte des 20. und 21. Jahrhunderts *16*, 129–139 (2001)
WEINDLING, Paul: "Out of the Ghetto": The Rockefeller Foundation Confronts German Medical Sciences after the Second World War. In: SCHNEIDER, William H. (Ed.): The Rockefeller Philanthropy & Modern Biomedicine: International Initiatives from World War I to the Cold War; pp. 208–222. Bloomington: Indiana University Press 2002
WEINDLING, Paul: Nazi Medicine and the Nuremberg Trials: From Medical War Crimes to Informed Consent. Basingstoke: Palgrave-Macmillan 2004 (Paperback edition 2006)
WEINDLING, Paul: The extraordinary career of the virologist Eugen Haagen. In: HULVERSCHEIDT, Marion, and LAUKÖTTER, Anja (Hrsg.): Infektion und Institution: Zur Wissenschaftsgeschichte des Robert Koch-Instituts im Nationalsozialismus. S. 232–249. Göttingen: Wallstein 2009
WEINDLING, Paul: John Thompson. Psychiatrist in the Shadow of the Holocaust. Rochester: Rochester University Press 2010
WEINDLING, Paul (Hrsg.): Fleckfieberforschung im Nationalsozialismus. Joachim Mrugowskys Fleckfieber-Abhandlung und seine Tätigkeit als Hygieniker der Waffen-SS. Acta historica Leopoldina *76* (2021)
WEINDLING, Paul: Eugen Haagen (1898–1972), professeur d'hygiène à la Reichsuniversität Straßburg, virologiste et expérimenteur sur des êtres humains. In: BONAH, Christian, SCHMALTZ, Florian, und WEINDLING, Paul (Eds.): La faculté de médecine de la Reichsuniversität Straßburg et l'hôpital civil sous l'annexion de fait nationale-socialiste 1940–1945. Vie des cliniques au quotidien, expérimentations humaines criminelles, collections médico-scientifiques, biographies des victimes et du personnel de la faculté de médecine et préconisations concernant les politiques mémorielles. Rapport final de la Commission historique pour l'histoire de la faculté de médecine de la Reichsuniversität Straßburg 2017–2022; pp. 349–369. Strasbourg: PUS, Presses universitaires de Strasbourg 2022

Prof. Paul WEINDLING, PhD
Headington Campus
Oxford Brookes University
Department of History, Philosophy and Religion
Tonge Building
OX3 0BP Oxford
United Kingdom
E-Mail: pjweindling@brookes.ac.uk

Fleckfieberforschung im Nationalsozialismus. Joachim Mrugowskys Fleckfieber-Abhandlung und seine Tätigkeit als Hygieniker der Waffen-SS

Acta Historica Leopoldina Nr. 76
Herausgegeben von: Paul Weindling (Oxford, Großbritannien)
(2021, 395 Seiten, 6 Abbildungen, 5 Tabellen, 8 tabellarische Zusammenstellungen, 29,95 Euro, ISBN: 978-3-8047-4109-6)

Der Arzt und Biologe sowie hohe SS-Führer Joachim Mrugowsky (1905 – 1948) gehört zu den Schlüsselfiguren der Medizin in der NS-Zeit und ist ein entscheidender Vertreter ihrer Moralvorstellungen. Er muss als Vordenker einer „Medizin ohne Menschlichkeit" und wichtiger Koordinator tödlicher Humanexperimente in Konzentrationslagern angesehen werden. Nach dem Ende des NS-Staates war er einer der wenigen hochrangigen Ärzte, die im Nürnberger Ärzteprozess anklagt wurden. Für die von ihm begangenen Verbrechen wurde er zum Tode verurteilt. In der Zeit des Prozesses verfasste Mrugowsky eine Schrift über das „Fleckfieber mit einer allgemeinen Theorie der Entstehung von Krankheit und Immunität", die eine wichtige Quelle zur Fleckfieberforschung und SS-Hygiene darstellt. Sie wird hier in einer kritischen Edition, ergänzt durch Studien zu Biographie und wissenschaftspolitischem Umfeld Mrugowskys, umfassend analysiert.

Wissenschaftliche Verlagsgesellschaft Stuttgart

NAL-historica Nr. *86*, 213–232 (2024), doi: 10.26164/leopoldina_10_01241

Das Leopoldina-Mitglied Johannes Stark (1874–1957): Duell mit der Dogmatik

Lisa Stolz (Halle/Saale)

Zusammenfassung

Die Erinnerungen an Johannes Stark (1874–1957) sind von zwei scheinbar widersprüchlichen Umständen geprägt: Einerseits wurde er als Physik-Nobelpreisträger gefeiert, andererseits war er ein früher Verfechter der antimodernen und antisemitischen „Deutschen Physik". Dieser Beitrag widmet sich der komplexen Geschichte seiner NS-Belastung und deren späterer Darstellung im Fachmedium *Physikalische Blätter*. Stark bewegte sich zwischen ideologischem Eifer und taktischem Opportunismus und erlebte sowohl reale als auch subjektiv empfundene Marginalisierung. Im Mittelpunkt stehen Starks Mitgliedschaft in der Leopoldina, die er bereits 1938 verlassen wollte, seine Vorschläge für den Nobelpreis, der Konflikt mit der Universität Würzburg und sein Entnazifizierungsverfahren. Zudem wird untersucht, wie Starks Rolle in den *Physikalischen Blättern* kontextualisiert wurde. Es zeigt sich, dass besonders sein Versuch, durch politischen Druck Einfluss in der Physikgemeinschaft zu erlangen, zu seiner fachlichen Isolation führte, mehr als sein Engagement im Nationalsozialismus selbst. Die Akzentuierung seiner politischen Tätigkeiten und die gleichzeitige Vernachlässigung seiner wissenschaftlichen Errungenschaften in den Debatten könnten dazu beigetragen haben, das Bild einer ‚unpolitischen' Physik in der Nachkriegszeit zu festigen. Dies unterstreicht die Notwendigkeit weiterer Forschung über die Wahrnehmung und die Rezeption von Physikerinnen und Physikern, die während des Nationalsozialismus tätig waren.

Abstract

The remembrances of Johannes Stark (1874–1957) are marked by two seemingly contradictory circumstances: On one hand, he was celebrated as a Physics Nobel Laureate; on the other, he was an early advocate of the anti-modern and anti-Semitic "Deutsche Physik". This paper addresses the complex history of his Nazi-era burden and its subsequent portrayal in the specialist journal *Physikalische Blätter*. Stark navigated between ideological fervour and tactical opportunism, experiencing both real and subjectively perceived marginalisation. Central to the examination are Stark's membership in the Leopoldina, which he wanted to leave as early as 1938, his nominations for the Nobel Prize, his conflict with the University of Würzburg, and his denazification process. Additionally, the manner in which Stark's role was framed in the *Physikalische Blätter* is analysed. It emerges that particularly his attempt to wield influence in the physics community through political pressure led to his professional isolation, more than his involvement in National Socialism itself. The emphasis on his political activities, coupled with the concurrent neglect of his scientific achievements in debates, may have contributed to solidifying the image of an 'apolitical' physics in the post-war perception. This underscores the necessity for further research into the perception and reception of physicists active during the Nazi era.

1. Einleitung

„Mein Herr, in früheren Zeiten hätte ich Sie zum Duell gefordert. Fühlen Sie sich geohrfeigt."[1] Diese Worte richtet Johannes Stark (1874–1957) 1932 in der Preußischen Akademie der Wis-

1 Schiemann 1989, 00:07:55–00:08:03.

senschaften an Albert EINSTEIN (1879–1955) – allerdings nur im Film. In der DDR-Produktion *Albert Einstein* aus dem Jahre 1989 fragt der fiktionalisierte Max PLANCK (1858–1947) im Anschluss nach den Gründen für STARKS Empörung, und ihm wird erklärt, EINSTEIN habe STARK in der Presse als „Giovanni Fortissimo" betitelt.[2] Tatsächlich ist diese Bezeichnung keine Kreation EINSTEINS, sondern stammte aus einem Brief des Physikers Arnold SOMMERFELD (1868–1951) an EINSTEIN.[3] SOMMERFELD fing damit nicht nur STARKS sehr prägnanten Charakter ein, er spielte auch spöttisch auf STARKS Selbstverständnis an, erinnert der Ausdruck doch an die Meister der Renaissance. Dass STARK so charakterisiert wurde, deutet zugleich auf die schwierige Beziehung zwischen ihm und seiner wissenschaftlichen Gemeinschaft hin. Klaus HENTSCHEL (*1961) bezeichnet, in Anlehnung an Mark WALKER (*1959), die antisemitische und rassistische „Deutsche Physik", als deren prominenter Vertreter STARK gilt, als „willkommenen Prügelknaben" der Nachkriegsjahre, mit dem man von etwaigen eigenen Belastungen ablenken konnte.[4] Philip BALL (*1962) konstatiert ebenfalls: „[A]ll the guilt of the National Socialist era could be transferred […]. Better still, one could use this division to apportion scientific competence: the Aryan physicists were universally poor scientists, their opponents always proficient."[5] Dennoch bezeichnet BALL selbst in derselben Publikation STARK als „mediocrity who struck lucky".[6] In der kürzlich in England entfachten Debatte um die Notwendigkeit der Umbenennung des Stark-Effekts, für den STARK 1919 den Nobelpreis erhielt, stellt der Wissenschaftshistoriker und Philosoph Robert P. CREASE (*1953) in der *Physics World* die offene Frage, ob eine Umbenennung letztlich suggeriere, Physik werde nur von moralisch integren Personen betrieben.[7]

Obwohl die andere prominente Persönlichkeit der „Deutschen Physik", Philipp LENARD (1862–1947), ebenfalls häufig in den bereits erwähnten Publikationen genannt wird, liegt der Fokus der aktuellen Debatte in England sowie im Film aus DDR-Zeiten hauptsächlich auf STARK.[8] Vanessa OSGANIAN (*1991) betont indes jüngst erneut, dass nicht nur STARK und LENARD, sondern auch weitere Physiker zu den Vertretern der „Deutschen Physik" zählten.[9] Woher rührte und rührt dann aber dieser individualisierte Blick? Der Beitrag möchte dies für Johannes STARK untersuchen und die Hypothese überprüfen, dass es zur Beantwortung dieser Frage nicht nur der Untersuchung der Belastung, sondern auch der Analyse der Konstruktion der Belastung bedarf. Ein spezifisches *Framing* in fachöffentlichen Diskursen könnte, so die Annahme, Aufschluss darüber liefern, warum Belastung als individualisiert wahrgenommen werden kann. Durch *Framing*, also einer speziellen Kontextualisierung oder Betonung in der Kommunikation, können Verhaltensweisen und Meinungen beeinflusst, aber auch eine größere Agenda gesetzt werden.[10]

Für die Untersuchung wird STARKS Leben und die Rezeption seiner Person nach 1945 chronologisch aufgearbeitet werden. STARKS Wirken während des Nationalsozialismus wurde bereits ausführlich aufgearbeitet: Neben Walter STÖCKER (Lebensdaten unbekannt), Armin

2 Vgl. ebenda, 00:08:05-00:09:00.
3 Vgl. SOMMERFELD an EINSTEIN vom 30. 12. 1937, in HERMANN 1968, S. 117–118, hier S. 118.
4 HENTSCHEL 2005, S. 90. Vgl. dazu auch WALKER 1994.
5 BALL 2013, S. 105.
6 Ebenda, S. 89.
7 Vgl. MACINTYRE 2021, CREASE 2022.
8 Vgl. für den Effekt dann etwa JOHNSTON 2021.
9 Vgl. OSGANIAN 2020.
10 Vgl. BULLOCK und SHULMAN 2020.

HERMANN (1933–2024), Alan D. BEYERCHEN (*1945) und den schon genannten Autoren haben insbesondere Dieter HOFFMANN (*1948) und Andreas KLEINERT (*1940) einen bedeutenden Beitrag zur Aufarbeitung von STARKS Leben geleistet.[11] Die beiden zuletzt genannten Autoren werden bald den Briefwechsel zwischen STARK und LENARD aus den Jahren 1933 bis 1947 veröffentlichen, auf den im weiteren Verlauf Bezug genommen wird.[12] Daneben werden auch die Akten zu STARK im Archiv der Leopoldina und der Universität Würzburg, wo STARK zeitweilig tätig war, ausgewertet. Im zweiten Teil, der sich mit der Zuweisung von Belastung beschäftigt, werden dann die *Physikalischen Blätter* (*PB*) bis zu deren Umbenennung im Jahre 2002 analysiert. Die *PB* gelten als physik-politisch,[13] daher werden dort auch Themen diskutiert, die das Schnittfeld von Fachgemeinschaft, Politik und Gesellschaft berühren. Mithin scheinen sie für die Beantwortung der Forschungsfrage besonders geeignet zu sein.

2. Duell um Anerkennung: Biographie bis 1945

STARK wurde am 15. April 1874 auf dem Bauernhof Schickenhof, der zur Gemeinde Thansüß gehörte, in der Oberpfalz geboren. Im Gegensatz zu vielen anderen Physik-Nobelpreisträgern seiner Zeit stammte er daher nicht aus einer Professorenfamilie.[14] Der Versuch STARKS, auf dem Maximilianeum in München, einem Institut für talentierte Studenten, aufgenommen zu werden, scheiterte. Trotz exzellenter Noten wurden seine mathematischen Fähigkeiten als nicht außergewöhnlich genug erachtet. STARK selbst führte die Ablehnung jedoch auf seine Herkunft zurück. Er studierte dennoch Physik, Mathematik, Chemie und Kristallographie in München, wo er auch 1897 promoviert wurde. Danach verließ er die bayerische Hauptstadt gen Göttingen, um zu habilitieren.[15]

STARK trat bereits zu Beginn seiner akademischen Karriere energisch für sich ein. Als die Fachzeitschrift *Annalen der Physik und Chemie* auf Anraten PLANCKS einen Beitrag STARKS ablehnte, da PLANCK diesen als zu ungesichert einschätzte, bestritt STARK konfrontativ PLANCKS Autorität, entschuldigte sich dafür aber später. Diese Episode hatte auch keine Konsequenzen, ebenso wenig wie STARKS Herkunft: 1906 wurde STARK außerordentlicher Professor, arbeitete an der Technischen Hochschule Hannover und wurde schließlich 1909 ordentlicher Professor an der Technischen Hochschule Aachen. Diesen Posten verdankte er wahrscheinlich dem Engagement SOMMERFELDS, mit dem er sich später überwerfen sollte. Eine spätere Berufung nach Göttingen unterstützte SOMMERFELD wohl nicht, und auch die Mathematiker der Universität sprachen sich gegen STARK aus. Daraufhin nahm STARK 1917 einen Ruf nach Greifswald an.[16]

Seitdem Pieter ZEEMAN (1865–1943) 1896 die Aufspaltung von Spektrallinien im magnetischen Feld beobachtet hatte, hatten viele Physiker versucht, diese auch im elektrischen Feld nachzuweisen. Die Fachwelt kam aber überein, dass der Effekt im elektrischen Feld zu

11 Vgl. u. a. STÖCKER 2001, HERMANN 1966, BEYERCHEN 1980, HOFFMANN 1982, KLEINERT 2002.
12 Die Verfasserin dankt Andreas KLEINERT und Dieter HOFFMANN herzlich für die Möglichkeit, das Manuskript einzusehen.
13 Vgl. HENTSCHEL 2005, S. 20.
14 Vgl. STÖCKER 2001, S. 5. Für Werner HEISENBERG etwa: SCHIEMANN 2008, S. 17. Für Max BORN: VAN RAHDEN 2008, S. 53. Für Max PLANCK: BAUMGARTEN 1997, S. 131.
15 Vgl. STÖCKER 2001, S. 5–7, 13–26.
16 Vgl. ebenda; ECKERT 2013, S. 427–431.

schwach wäre, um ihn wahrnehmen zu können. Trotzdem arbeitete STARK lange an diesem Projekt und konnte schließlich 1913 die Aufspaltung der Spektrallinien in einem starken elektrischen Feld nachweisen.[17] STARK erhielt für diese Entdeckung, den Stark-Effekt, zwischen 1910 und 1914 mehrere Preise und wurde korrespondierendes Mitglied der Akademien in Göttingen, Rom, Leiden, Wien und Kalkutta.[18] Diese Entdeckung war für die Quantentheorie wichtig, und STARK hätte damit eigentlich die Weichen gestellt, ein noch bekannterer Name in der modernen Physik zu werden: So wurde er zwischen 1914 und 1919 elf Mal für den Physik-Nobelpreis vorgeschlagen, u. a. von PLANCK. 1919 erhielt STARK schließlich diesen Preis. Anders als in den vorherigen Jahren wurde STARK in diesem Jahr jedoch nur von einer einzigen Person vorgeschlagen: dem Physiknobelpreisträger des Jahres 1905, Philipp LENARD.[19]

1920 nahm STARK einen Ruf nach Würzburg an, wo er auch den Vorstand des Physikalischen Instituts übernahm und ein deutlich höheres Gehalt erhielt.[20] Das Geld des Nobelpreises legte er parallel laut eigener Aussagen in Aktien einer Porzellanfabrik, Immobilien in Regensburg und Weiden sowie Waldgrundstücken in der Oberpfalz an.[21] Doch schon kurz nach seinem Einstand überwarf sich STARK, der zudem mit gesundheitlichen Problemen zu kämpfen hatte, mit seinen Würzburger Kollegen und verließ die Universität im Streit. Auslöser war die Habilitationsschrift eines seiner Schüler, Ludwig GLASER (1889–vermutlich 1945), die von seinen Würzburger Kollegen abgelehnt wurde. STARK verstand das als Misstrauensvotum. Das bayerische Staatsministerium konnte STARK 1921 nicht davon überzeugen, in seinem Amt zu bleiben, und bereits zum Ende des Jahres musste das Ministerium der Entlassung auf Gesuch zustimmen. STARK wurde zugesprochen, sich weiter als ordentlicher Universitätsprofessor bezeichnen zu dürfen.[22] In den folgenden Jahren scheiterte STARK bei dem Versuch, tatsächlich wieder auf eine Professur berufen zu werden: Bei vakanten Stellen in Berlin (1922), Tübingen (1924), Breslau und Marburg (beide 1926), Heidelberg (1927) und München (1928) wurde STARK nicht berücksichtigt. Die Berliner Berufung scheint unter anderem durch Max VON LAUES (1879–1960, ML 1926) Eintreten verhindert worden zu sein.[23] STARK übernahm in dieser Zeit Tätigkeiten in der Porzellanfabrik, in die er investiert hatte, geriet dort aber in Streitigkeiten mit dem Direktor. Neben anderen Investitionen betätigte sich STARK als Berater für die Platinschmelze Heraeus in Hanau und die Gelsenkirchener Bergwerke. Er verlegte seinen Lebensmittelpunkt zudem kurzzeitig nach München, wo er mehr Kontakte zu nationalsozialistischen Kreisen hatte.[24]

Bereits 1924 schrieb Philipp LENARD in der *Großdeutschen Zeitung*, die nach dem Verbot des *Völkischen Beobachter* 1923 vorübergehend als dessen Ersatz diente, über „Hitlergeist

17 Vgl. STARK und EPSTEIN 1965; HERMANN 1994, S. 140; KOX 2013, S. A63–A66.
18 Vgl. KUHN 1957, hier S. 371.
19 Vgl. *Nobel Prize Outreach* 2018a; HUEBENER und LÜBBIG 2011, S. 145.
20 Vgl. Bayer. Staatsministerium für Unterricht und Kultus an den Senat der Universität Würzburg vom 6. 9. 1920, in: UA Wü PA 837.
21 Vgl. STARK 1987, S. 58.
22 Vgl. Bayer. Staatsministerium für Unterricht und Kultus an den Senat der Universität Würzburg vom 9. 9. 1921 und 28. 11. 1921, in: UA Wü PA 837. Zitat: Abschrift vom 13. 1. 1938 eines Schreiben STARKS an die Universität vom 30. 9. 1921, in: UA Wü PA 837; STARK 1987, S. 61. Ludwig GLASERS, der in Würzburg noch a. o. Professor, aber aufgrund ständiger Querelen 1932 entlassen wurde, vgl. Personalakte Ludwig GLASER, UA Wü PA60.
23 Vgl. NEWTON 1995, S. 1900–1901; HOFFMANN 1982, S. 94.
24 Vgl. STARK an LENARD vom 15. 2. 1933, in KLEINERT und HOFFMANN 2022, S. 14–17; LENARDS Gutachten betreffend die Eignung von Professor Dr. Johannes STARK zum Präsidenten der Physikalisch-Technischen Reichsanstalt, in KLEINERT und HOFFMANN 2022, S. 18–19; STARK 1987, S. 64–80, 113–117.

und Wissenschaft“. STARK unterzeichnete diese enthusiastische Solidarisierung mit Adolf HITLER (1889–1945). Kurz darauf verteidigte er HITLER im *Völkischen Kurier*, HITLER bedeute nicht Hetze.[25] Die beiden Physik-Nobelpreisträger LENARD und STARK gelten heute wohl auch aufgrund der durch den Preis exponierten Rolle als die Galionsfiguren der sogenannten „Deutschen Physik“. Diese hatte in der Zeit der Weimarer Republik sowie in der Zeit des Nationalsozialismus allerdings weitere Anhänger, was in der Rezeptionsgeschichte der Bewegung später oftmals nicht oder nur randständig erwähnt wurde. Die „Deutsche Physik“ manifestierte sich 1936 dann aber insbesondere in LENARDS gleichnamigem Werk, das mit einem rassistischen und antisemitischen Vorwort publiziert wurde.[26] Der Fokus lag im Lehrbuch und bei den Vertretern der „Deutschen Physik“ auf der Experimentalphysik, die theoretische Physik wurde als „jüdisch“ weitgehend abgelehnt.[27]

STARK scheint bewusst gewesen zu sein, dass die Interaktion mit den Nationalsozialisten eine heikle Angelegenheit war. In seiner Privatkorrespondenz äußerte er sich 1933 gegenüber LENARD jedenfalls weniger überschwänglich:

> „Nicht Juden und unsere sonstigen Gegner fürchte ich, sondern die Anmaßung, den Neid und die Intrige in den führenden nationalsozialistischen Kreisen. Wir müssen die Dinge sehen, wie sie wirklich sind. Leute wie ich und Sie sind im nationalsozialistischen Führerkreis nicht geschätzt. Erstens sind wir alt und allein schon darum minderwertig; zweitens haben wir etwas geleistet und dies empfinden viele in der Umgebung Hitlers als einen Vorwurf für sich; drittens sind wir Männer der Wissenschaft, denen nicht große Worte, sondern nur klare Erkenntnisse imponieren und Wissenschaft ist Hitler grundsätzlich unsympathisch.“[28]

Öffentlich bestritt STARK ein Jahr später in der britischen Fachzeitschrift *Nature* nationalsozialistische Eingriffe in die Freiheit von Wissenschaft und Forschung. Die Entlassungspolitik und die Konzentrationslager der Nationalsozialisten verharmloste er; es gehe lediglich darum, ein jüdisches Monopol zu regulieren.[29] In dieser Rolle gefiel sich STARK, wie seiner Korrespondenz mit LENARD zu entnehmen ist.[30] Archibald Vivian HILL (1886–1977) fasste STARKS Haltung in seiner in *Nature* erschienenen Erwiderung als „politischen Antisemitismus“ zusammen.[31]

STARK fiel zu Beginn seiner Karriere nicht durch Antisemitismus auf, eine negative Veränderung wird oft auf die Umbrüche des Ersten Weltkrieges zurückgeführt, zeigte sich aber schon zuvor.[32] Als STARK 1909 die ordentliche Professur in Aachen angenommen hatte, pflegte er wohl zunächst ein gutes Verhältnis zu jüdischen Kollegen, etwa zum Mathematiker Otto BLUMENTHAL (1876–1944, ML 1923).[33] Als BLUMENTHAL auf einer Berufungsliste nur jüdische Kollegen platzierte, interpretierte STARK dies als Klüngelei. Parallel dazu war er gerade selbst für einen Lehrstuhl in Prag abgelehnt worden. Zudem machte STARK neben SOMMERFELD die jüdischen Mathematiker in Göttingen dafür verantwortlich, nicht nach Göttingen berufen worden zu sein.[34] 1933 versuchte STARK auch über LENARD, eine Untersuchung von

25 Vgl. HOSER 2006; STÖCKER, S. 39.
26 Vgl. LENARD 1944; BEYERCHEN 1980, S. 172–194.
27 Vgl. ECKERT 2013, S. 465.
28 Johannes STARK an Philipp LENARD 20.4.1933, in KLEINERT 1980, S. 35–36.
29 Vgl. STARK 1934, S. 290.
30 Vgl. STARK an LENARD vom 22.2.1934, in: KLEINERT und HOFFMANN 2022, S. 112–113, hier S.113.
31 Vgl. HILL 1934, S. 290.
32 Vgl. BALL 2013, S. 89.
33 BLUMENTHAL verstarb 1944 in Theresienstadt, für eine Übersicht vgl. auch die zu ihm im Projekt „Biographische Studien zu Leopoldina-Mitgliedern im Nationalsozialismus“ erscheinende Biografie der Autorin.
34 Vgl. STÖCKER 2001, S. 21; HERMANN 1966, S. 280–281.

SOMMERFELDS Herkunft zu initiieren, und erklärte, SOMMERFELDS Eltern hätten „scheußliche[] Judengesichter".[35] Dies deutet an, dass STARKS antisemitische Äußerungen vielleicht auch nicht nur auf Antisemitismus beruhten, sondern er vielmehr auch Personen, die er als seine Feinde wahrnahm, als „jüdisch" klassifizierte.

Nach seinem Weggang aus Würzburg zu Beginn der 1920er Jahre versuchte STARK noch, sich durch wissenschaftliche Erkenntnisse erneut zu etablieren: STARK sträubte sich insbesondere gegen die gerade postulierte Quantenmechanik. Ende der 1920er Jahre intendierte er, diese mit der klassischen Physik in Einklang zu bringen. Seine Überlegungen dazu wurden zwar in den *Annalen der Physik* veröffentlicht, fanden aber keinen positiven Widerhall. Im Gegenteil, sie provozierten einen endgültigen öffentlichen Bruch mit SOMMERFELD.[36]

Auch STARKS Wahlvorschläge für den Nobelpreis, wozu er als Preisträger berechtigt war, in dieser Zeit und dann während des Nationalsozialismus sind aufschlussreich. Insgesamt reichte er in seinem Leben 14 Nominierungen ein. Noch 1929 nominierte er den Experimentalphysiker Walther GERLACH (1889–1979, ML 1940) und den theoretischen Physiker Otto STERN (1888–1969). STERN war jüdischer Herkunft und musste 1933 emigrieren; LENARD gegenüber sprach STARK 1933, also nur wenige Jahre nach der Nominierung, dagegen von dem „Hamburger Juden Stern".[37] 1930 schlug STARK zudem den indischen Physiker Sir Chandrasekhara Venkata RAMAN (1888–1970) vor. Beide Nominierungen, die STERNS und RAMANS, lassen sogar vermuten, dass für STARK hier Physik wichtiger war als Antisemitismus oder Rassismus. Die Nominierungen sprechen auch gegen ein mangelndes Verständnis von Physik. Bei RAMAN zeigt sich dies etwa auch dadurch, dass dieser den Nobelpreis für den Nachweis des Raman-Effekts 1930 erhielt, den der österreichische Theoretiker Adolf SMEKAL (1895–1959, ML 1931) zuvor vorhergesagt hatte. STARK nominierte aber nur RAMAN, obwohl er den Theoretiker STERN kurz zuvor für den Stern-Gerlach-Versuch mitnominiert hatte und SMEKAL in mehreren nationalsozialistischen Verbänden tätig war. Doch SMEKAL hatte sich 1921 SOMMERFELD angeschlossen und gegen einen wissenschaftlichen Artikel STARKS argumentiert. Vielleicht bedingte dies STARKS Schweigen, aber SMEKAL wurde auch von den anderen Nominierenden nicht genannt: Neben STARK, dem einzigen deutschen Vorschlagenden, war RAMAN unter anderem von Niels BOHR (1885–1962, ML 1932) und Prince Louis-Victor DE BROGLIE (1892–1987, ML 1934), mithin Pionieren der modernen Physik, nominiert worden.[38] Und auch STERN erhielt 1943 den Nobelpreis.[39] STARK schlug zudem den Neuseeländer und Experimentalphysiker Ernest Lord RUTHERFORD (1871–1937, ML 1932), Chemie-Nobelpreisträger des Jahres 1908, zwischen 1931 und RUTHERFORDS Tod 1937 fünfmal für den Physik-Nobelpreis vor. Die meisten Nominierungen RUTHERFORDS gehen damit auf STARK zurück.[40] Im Januar 1937 war „Reichsdeutschen" durch HITLER untersagt worden, Nobelpreise anzunehmen, eine Reaktion auf die Verleihung des Friedens-Nobelpreises an Carl VON OSSIETZKY (1889–1938) im Jahre zuvor.[41] Natürlich nominierte STARK mit RUTHERFORD kei-

35 STARK an LENARD vom 3.10.1933, in KLEINERT und HOFFMANN 2022, S. 70.

36 Für eine Aufarbeitung und Bewertung von STARKS Konzept vgl. KLEINERT 2002. Vgl. auch ECKERT 2013, S. 427–431.

37 Vgl. STARK an LENARD vom 15. 2. 1933, in KLEINERT und HOFFMANN 2022, S. 14–17, hier S. 16; *Nobel Prize Outreach AB* 2018a, SEGRÈ 1973, S. 225.

38 Vgl. *Nobel Prize Outreach AB* 2018b; SINGH 2018; EBERLE 2023; KRAGH 2011, S. 348.

39 Vgl. SEGRÈ 1973, S. 231.

40 Vgl. *Nobel Prize Outreach AB* 2018c.

41 Vgl. SCHMALTZ 2005, S. 376.

nen „Reichsdeutschen“, und die Nominierung war nicht verboten, aber die Einreichung eines Wahlvorschlags spricht für eine weitere Anerkennung des Preises.

Dennoch zeigte STARK mit Beginn der 1930er Jahre mehr politisches Engagement für die nationalsozialistische Ideologie, was sich äußerst vorteilhaft auf seinen weiteren Werdegang auswirken sollte: STARK hatte sich trotz des Bekenntnisses zu HITLER in der *Großdeutschen Zeitung* aus dem Jahre 1924 lange gegen einen Parteieintritt gewehrt. Nachdem eine erneute Anstellung an einer Universität aber mehrfach gescheitert war, trat er am 1. April 1930 der NSDAP bei und tat sich die nächsten drei Jahre als politischer Aktivist hervor. Seine Themen reichten dabei von der Kritik an der katholischen Kirche und am Schulsystem bis zu Lobreden auf HITLER. Durch diese publizistischen Tätigkeiten scheint STARK sich über die Verlage ein neues, politisches Netzwerk an Kontakten aufgebaut zu haben. Als Friedrich PASCHEN (1865–1947, ML 1914) als Leiter der Physikalisch Technischen Reichsanstalt (PTR) 1933 zwangspensioniert wurde, wurde STARK am 1. Mai 1933 zum Präsidenten der Institution ernannt. Laut STARK wollte PLANCK eigentlich Max VON LAUE auf diesem Posten sehen. Es folgten Versuche STARKS, seine Stellung durch die Konzentration von Macht auf sich noch weiter auszubauen, er löste etwa das Kuratorium der PTR auf. Von sich selbst gab er nun öffentlich kund, dass er für HITLER kämpfe. Während seiner Zeit als Präsident war STARK darauf bedacht, die Rolle der PTR auszubauen, und förderte etwa die Akustik enorm. STARK war im Oktober 1937 als PTR-Präsident der Verantwortliche für eine Anstalt mit „130 wissenschaftlichen Beamten und Angestellten, 179 technischen Beamten und Angestellten, 58 Beamten und Angestellten der Verwaltung und von 76 weiteren Hilfskräften“. Mithin hatte er nun seine einflussreichste Position inne. STARK blieb bis 1939 Präsident der PTR, mit 65 Jahren ging er in den Ruhestand. Während der Jahre 1934 bis 1936 leitete STARK zudem die Notgemeinschaft der deutschen Wissenschaft, die Vorgängerorganisation der Deutschen Forschungsgemeinschaft. 17 der von ihm dort eingereichten 18 Anträge wurden bewilligt, nur einer hatte sich bereits auf andere Weise erledigt. Sechs dieser Anträge waren bereits zwischen 1927 und 1930 genehmigt worden, was zeigt, dass die *Scientific Community* auch in dieser Zeit bereit war, STARK zu unterstützen. Die meisten Anträge wurden allerdings 1937 und 1938 bewilligt. STARK geriet in diesen Jahren jedoch auch in Konflikt mit dem Reichsministerium für Wissenschaft, Erziehung und Volksbildung (REM), dem die PTR unterstellt war.[42] Bei der PTR setzte STARK zwar nicht auf damals als modern verstandene, etwa quantenmechanische, Forschung, aber er verschaffte ihr Mittel und ließ sie ausbauen.[43]

Auf einer Tagung der Deutschen Physikalischen Gesellschaft (DPG) in Würzburg im September 1933 wollte STARK seine Stellung noch weiter ausbauen und den Vorsitz der Gesellschaft ebenfalls übernehmen. Dies verhinderte Max VON LAUE, indem er eine Rede hielt und auf Galileo GALILEI (1564–1642), mithin indirekt auf dessen Standhaftigkeit unter politischem Druck anspielte. STARK empfand dieses Argument als abstrus, verlor die Wahl daraufhin aber trotzdem.[44]

Ein Jahr später, 1934, wurde STARK zur Leopoldina hinzugewählt; wer ihn dafür vorschlug, lässt sich nicht rekonstruieren. Er wurde allerdings gleichzeitig mit mehreren anderen Physikern, einschließlich ausländischen wie Prince Louis-Victor DE BROGLIE, auf-

42 Vgl. HOFFMANN 1982, S. 96–99; HUEBENER und LÜBBIG 2011, S. 142–146; MERTENS 2004, S. 71–79; BEYERCHEN 1980, S. 165–171; *Gepris Historisch* 2023; STARK an LENARD vom 15. 2. 1933, in KLEINERT und HOFFMANN 2022, S. 14–17, hier S. 14.

43 Vgl. HUEBENER und LÜBBIG 2011, S. 142–146.

44 Vgl. ZEITZ 2006, S. 42–48; BEYLER 2007, S. 76.

genommen.[45] Da STARKS Akte ein Titelbild der *Umschau in Wissenschaft und Technik* aus demselben Jahr beigefügt wurde, liegt die Vermutung nahe, dass STARKS institutioneller Aufstieg seine Aufnahme in die Akademie der Naturforscher bedingte. Auf dem Titelblatt war nebst einer Zeichnung STARKS zu lesen, dass er „der neuernannte Präsident der ‚Notgemeinschaft der deutschen Wissenschaft'" sei.[46] Doch auch sein Verhältnis zur Leopoldina endete schnell im Konflikt, und STARK verlangte bereits 1938, aus dem Mitgliederverzeichnis gestrichen zu werden. Als Grund nannte er die Mitgliedschaft des damaligen Präsidenten Emil ABDERHALDEN (1877–1950, ML 1912) in der Päpstlichen Akademie der Wissenschaften, die STARK nicht akzeptieren wollte: „Nun hat der Papst die Naturforschung im Mittelalter zu unterdrücken versucht und noch heute lehnt er die Gültigkeit der Vererbungsgesetze ab."[47] Er warf der Akademie aus seiner Sicht letztlich die Unterstützung von Dogmatik vor. ABDERHALDEN rechtfertigte sich umgehend, betonte evangelisch zu sein, sich im Zugzwang gefühlt zu haben, aber bereit wäre, die Mitgliedschaft aufzugeben. Er habe nur nach Vorschrift gehandelt, sei der Eugenik gegenüber aber schon lange positiv eingestellt.[48] Nach Quellenlage scheint STARK darauf nicht reagiert zu haben, ABDERHALDENS mehr als dreiseitige Ausführungen verweisen aber bereits darauf, als wie gravierend und gefährlich er STARKS Vorwurf empfunden haben muss.

Die Gegner STARKS aus dem REM beauftragten 1936 Werner HEISENBERG (1901–1976, ML 1933) und andere Physiker, eine Denkschrift über die Auswirkungen der „Deutschen Physik" zu verfassen. Darin äußerten die Autoren, die deutsche Physik befinde sich in einer misslichen Lage, es fehle an Nachwuchs, gerade im Bereich der theoretischen Physik. Die Angriffe der „Deutschen Physik" auf andere deutsche Physiker hätten zu dieser Situation beigetragen, zudem erzeugten solche Anfeindungen eine negative Außenwirkung im Ausland. 75 Physikprofessoren unterzeichneten diese Stellungnahme.[49] Der Konflikt der beiden Lager wurde so nochmals verschärft. STARK setzte, als eine Professur in München vakant wurde, zum Angriff an. In der offiziellen SS-Zeitung *Das Schwarze Korps*, die darauf spezialisiert war, Informationen durch die „Zuschriften" von „Unzufriedenen, Frustrierten und Verleumder[n]" zu erlangen,[50] erschien ein äußerst brisanter, ungezeichneter Artikel. In diesem wurde gegen HEISENBERG gehetzt; er sei ein, wie der „Volksmund" es ausdrücke, „[w]eißer Jude", also qua Charakter „Jude", der „Ossietzky der Physik" und müsse folglich aus dem deutschen „Geistesleben […] verschwinden".[51] STARK schrieb einen auf derselben Seite platzierten Artikel darüber, wie die „‚Wissenschaft' […] politisch [versagte]", und pflichtete dem anonymen Autor bei, blieb dabei aber vergleichsweise sachlich.[52] Die ähnlichen Formulierungen in beiden Beiträgen lassen vermuten, dass STARK den anonymen diffamierenden Artikel verfasst oder zumindest mitverfasst haben könnte. Die Geschäftsführer der DPG waren entsetzt, aber nicht ob des Inhaltes, den sie für eine Privatstreitigkeit hielten,

45 Vgl. Protokoll zur Sitzung vom 14.11.1934, in: Leopoldina-Archiv, P1/05.

46 Vgl. Leopoldina-Archiv, M1/4248; P1/05. Zitat nach Titelbild *Die Umschau in Wissenschaft und Technik* vom 16. 9. 1934, in: M1/4248.

47 STARK an ABDERHALDEN vom 9. 2. 1938, in: Leopoldina-Archiv, P2 114/01/06.

48 Vgl. Leopoldina-Archiv, M1/4248; ABDERHALDEN an STARK vom 11.2.1938, in: Leopoldina-Archiv, P2 114/01/06.

49 Vgl. HERMANN 1993, hier S. 119.

50 Vgl. ZECK 2002, S. 113.

51 Vgl. *O. A.* 1937, S. 28; Zitate ebenda.

52 Vgl. STARK 1937, S. 28; Zitat ebenda.

sondern darüber, dass STARK überhaupt für das *Schwarze Korps* schrieb.[53] Die Situation war für HEISENBERG zunächst brisant, und er erhielt keinen Ruf nach München. Dank familiärer Vernetzungen konnte er aber weiteren Schaden von seiner Person abwenden und sollte selbst später als intellektueller Kopf des nationalsozialistischen Uranprojekts zu einer kontroversen Persönlichkeit werden. Schon die Existenz des sogenannten „Uranvereins“ mit seinen vielen theoretischen Physikern, wie HEISENBERG, zeigt, dass die „Deutsche Physik“ für die Nationalsozialisten mangels Relevanz zumindest zu Kriegszeiten in der Praxis nie bestimmend wurde.[54] STARK vertrat weiterhin öffentlich die These, vor allem in der Physik wirke durch Personen wie HEISENBERG und SOMMERFELD immer noch ein „jüdischer Einfluß“ und eine „dogmatische Einstellung“, für ihn war theoretische Physik also eher eine Glaubenssache.[55]

Ab 1935 hatte STARK erstmals begonnen, seinen Fortgang aus Würzburg öffentlich auf seine Gegnerschaft zu EINSTEIN zurückzuführen. Der antisemitische Ton könnte jedoch wiederum zumindest teilweise taktischer Natur gewesen sein: Bei einer Entlassung aufgrund eines Kampfes gegen einen Juden hätten STARKS Jahre ohne Anstellung rückwirkend als Dienstzeit gegolten und sich auf seine bald anstehenden Pensionsansprüche ausgewirkt.[56] Die Universität wehrte sich vehement gegen den Vorwurf, STARK erwiderte: „Freilich findet sich darüber nichts in den offiziellen Akten.“[57] Doch auch in einem Schreiben STARKS aus dem Jahre 1921 wurde EINSTEIN nicht erwähnt.[58] STARK, den Max BORN (1882–1970, ML 1958) als „Genie in der Bedienung von Geräten“ beschrieb,[59] war zu Beginn des 20. Jahrhunderts einer der ersten Unterstützer von EINSTEIN gewesen. EINSTEINS Veröffentlichungen aus dem Jahre 1905 hatten nicht die sofortige Außenwirkung, die retrospektiv gerne auf sie projiziert wird. STARK bot EINSTEIN jedoch an, ein Referat in dem von STARK herausgegebenen *Jahrbuch für Radioaktivität und Elektronik* zu übernehmen, was EINSTEIN jedoch ablehnte. Der Möglichkeit, dort sein Relativitätsprinzip zu erläutern, stimmte er aber zu.[60] Als EINSTEIN 1909 auf der Salzburger Naturforscherversammlung über Lichtquanten referierte, stimmte ihm allein STARK zu.[61] Einige Jahre später sollten sich beide zwar überwerfen, Stein des Anstoßes war damals aber wahrscheinlich eine Prioritätsstreitigkeit, nicht EINSTEINS jüdische Herkunft.[62]

1939 ging STARK dann in den Ruhestand, und die „Deutsche Physik“ wurde 1940 auf den sogenannten „Münchner Religionsgesprächen“, einer Aussprache zwischen „Deutschen“ Physikern und ihren Gegnern, endgültig zurückgedrängt.[63]

Der Pensionär STARK zog sich zwar nach Traunstein zurück, fand jedoch auch hier keine Ruhe; abermals zerstritt er sich, diesmal mit den dortigen NS-Lokalgrößen. Nach eigenen Aussagen in der Nachkriegszeit drohte ihm ein SS-Sturmbannführer gar mit dem Konzen-

53 Vgl. ebenda; *O. A.* 1937; BEYLER et al. 2007; ECKERT 2007, S. 146–155.
54 Vgl. WALKER 1995, S. 61–63; ECKERT 2007; S. 146–155. Zum Uranprojekt vgl. etwa WALKER 2022.
55 Vgl. STARK 1941; Zitate ebenda, S. 21, 23.
56 Vgl. Naturwissenschaftliche Fakultät an se. Magnifizenz den Rektor der Universität Würzburg 5.9.1938, in: UA Wü PA 837; Johannes STARK an den Dekan der Philosophischen Fakultät der Universität Würzburg 30. 9. 1921, in: UA Wü PA 837; Abschrift vom 13. 1. 1938 des Schreibens Johannes STARKS an die Philosophische Fakultät vom 30. 9. 1921, in: UA Wü PA 837; STÖCKER 2001, S. 35–37.
57 Vgl. STARK an den Dekan vom 28. 12. 1937, in: UA Wü PA 837.
58 Vgl. Abschrift vom 13. 1.1938 eines Schreibens STARKS an die Philosophische Fakultät vom 30.9.1921, in: UA Wü PA 837.
59 BORN 1975, S. 133.
60 Vgl. HERMANN 1966.
61 Vgl. MEYENN 2011, S. 31; PAIS 1986, S. 415.
62 Vgl. HENTSCHEL 2017, S. 142–143.
63 Vgl. WALKER 1990, S. 88.

trationslager. Ein Parteiaustrittsgesuch aus dem Jahre 1943 wurde, so STARK weiter, nicht umgesetzt. Er habe darin Schikane gesehen, tatsächlich zahlte er aber bis Kriegsende seinen Mitgliedsbeitrag. Die frühere Schwiegertochter STARKS hatte nach der Scheidung STARKS Hof in Eppenstatt bei Traunstein 1944 zugesprochen bekommen, in seinem Haus in Traunstein logierten Angehörige der SS – nach STARK gegen seinen Willen. Zwischen den Parteien entstanden heftige Streitigkeiten, wohl aber mehr persönlicher als politischer Natur.[64]

3. Duell mit dem *Erlkönig*: Entnazifizierungsverfahren und Rezeption

Traunstein befand sich in der amerikanischen Besatzungszone. In dieser wurde STARK am 28. Juni 1945 verhaftet und kurzzeitig gefangen gehalten. In dem von ihm später im Kontext der „Entnazifizierung" ausgefüllten Fragebogen stufte sich STARK selbst als „entlastet" ein. Er erklärte, 1937 bis 1939 „Ehrenmitglied ohne Funktion" des Instituts zur Erforschung der Judenfrage gewesen zu sein, womit er wohl das Institut zum Studium der Judenfrage in Berlin meinte,[65] ebenso Mitglied bei der NS-Volkswohlfahrt. Letzteres sei nur „auf Druck" seiner Ortsgruppe hin geschehen, einen Nachweis dafür führte er nicht an. Seine Parteimitgliedschaft gab er an, allerdings nur von 1930 bis 1943.[66] Am Ende seines Entnazifizierungsverfahrens wurde STARK am 9. Juli 1947 gemäß Art. 5 Ziffer 6 des *Befreiungsgesetzes* als „Hauptschuldiger" verurteilt.[67] Die Spruchkammer Traunstein, die nur aus juristischen Laien bestand, sah mehrere Punkte des Art. 5 Ziffer 6 als erfüllt an: STARK habe erheblichen Nutzen aus dem „Dritten Reich" gezogen und sich propagandistisch betätigt. Die Spruchkammer verurteilte den Physiker entsprechend zu vier Jahren Arbeitslager, zu anschließender gemeinnütziger Arbeit und zum Einzug seines Vermögens bis auf den „notwendigsten Lebensunterhalt".[68] Kurz nach dem Urteilsspruch erlitt der damals 73-jährige STARK einen Herzinfarkt, weswegen er die Strafe zunächst nicht antreten musste.[69] Im Urteil selbst finden sich einige faktische Fehler, etwa wurde aufgrund des Entnazifizierungsausschusses der PTR in Göttingen angegeben, STARK habe als Rektor in München Kollegen übergangen, die keine Anhänger der „Deutschen Physik" gewesen wären.[70] Doch STARK war dort nie Rektor; die Geschichte könnte sich im Kern aber auf den unterbliebenen Ruf an HEISENBERG bezogen haben. STARKS Angriff auf HEISENBERG spielte bei seiner Verurteilung eine große Rolle, zudem wurde auf seine Errungenschaften und auf seinen komplizierten Charakter eingegangen.[71] James FRANCK (1882–1964, ML 1958), Physik-Nobelpreisträger des Jahres 1925, jüdisch

64 STARK spricht nur von einem Herrn „Ende", vgl. STARK 1987, S. 136–137. Vgl. auch STÖCKER 2001, S. 104–112.

65 Diese Angabe wurde sonst in der Literatur ungeprüft übernommen (etwa: STÖCKER 2001, S. 107), die Autorin hält dies aber für fragwürdig, da ansonsten die Jahreszahlen nicht stimmen könnten und sich zudem die Mitgliedschaft im Institut zum Studium der Judenfrage besser in STARKS Lebenslauf einpassen lässt. STARKS Arbeit in Berlin fällt mit der Existenz des Instituts zum Studium der Judenfrage in Berlin zusammen, vgl. FINKENBERGER 2012, RUPNOW 2012.

66 Vgl. Meldebogen auf Grund des Gesetzes zur Befreiung von Nationalsozialismus und Militarismus vom 5.3.1946, Johannes STARK vom 27. 4. 1946, in: StAM-SpkA K 2609.

67 Vgl. Urteil der Spruchkammer Traunstein, 9. 7. 1947, in: StAM-SpkA K 2609; KLEINERT 1983, S. 18–19.

68 Vgl. Urteil der Spruchkammer Traunstein, 9. 7. 1947, in: StAM-SpkA K 2609; Zitat ebenda; STÖCKER 2001, S. 107.

69 Vgl. Urteil der Spruchkammer Traunstein, 9. 7. 1947, in: StAM-SpkA K 2609; KLEINERT 1983, S. 14–15.

70 Vgl. Entnazifizierungsausschuss PTR Göttingen 22. 4. 1947, in: StAM-SpkA K 2609.

71 Vgl. Urteil der Spruchkammer Traunstein, 9. 7. 1947, in: StAM-SpkA K 2609; Urteil der Berufungskammer vom 26. 7. 1949, in: StAM-SpkA K 2609; KLEINERT 1983, S. 16–17.

und 1933 von Deutschland in die USA emigriert, äußerte sich von dort über STARK: STARK sei Nationalsozialist gewesen, er könne sich aber nicht vorstellen, dass STARK an wirklichen Verbrechen beteiligt gewesen sei.[72] SOMMERFELD, HEISENBERG und VON LAUE wandten sich indes gegen STARK.[73]

Die 1943 gegründeten *Physikalischen Blätter* (*PB*) wollten bereits 1947 über das Entnazifizierungsverfahren gegen den Nobelpreisträger berichten, die Spruchkammer genehmigte dies jedoch nicht.[74] STARKS Versuche zum „Einfluß des elektrostatischen Feldes auf Licht“ wurden noch vor dem Urteilsspruch trotz des laufenden Verfahrens in den *Blättern* publiziert.[75] Kurz nach der Urteilsverkündung stritten sich STARK und VON LAUE dann in den *PB*: Ein Beitrag STARKS war durch die Herausgeber gekürzt worden, da aus Herausgebersicht in diesen Passagen andere Physiker attackiert worden waren. Den Vorwurf, den VON LAUE und SOMMERFELD während des Gerichtsverfahrens vorgebracht hatten, STARK habe versucht, eine Diktatur in der Physik aufzubauen, bestritt STARK nun in den *PB*. Er habe sich gegen das Ministerium RUST und für die Physik eingesetzt, „ein wirklicher Forscher“ müsse zudem „eine Diktatur über eine Wissenschaft für einen Unsinn halten [...].“[76] Das kann als Angriff auf VON LAUE gelesen werden, aber auch als Indiz dafür, dass STARK sich in seiner Identität als Wissenschaftler negativ berührt fühlte. In STARKS Lebenserinnerungen, die er 1945 in alliierter Haft verfasst hatte, die aber erst Dekaden später publiziert wurden, hatte er HITLER vorgeworfen, seine politische Macht zu sehr auf untere politische Ebenen aufgeteilt zu haben.[77] Grundsätzlich war STARK demnach nicht gegen Machtzentralisierung eingestellt. Als Beweis für ihren Vorwurf führten SOMMERFELD und VON LAUE während des Gerichtsverfahrens und dann in den *PB* jedenfalls STARKS Würzburger Rede aus dem Jahre 1933 an. Aus dem offiziellen Tagungsbericht sei ein entscheidender Satz STARKS gestrichen worden, mit dem dieser seine Rede drohend beendet habe: „Und bist Du nicht willig, so brauch’ ich Gewalt.“[78] Dieses Zitat aus Johann Wolfgang VON GOETHES (1749–1832, ML 1818) Ballade *Erlkönig* kann so verstanden werden, dass STARK mithilfe von politischem Druck in die Fachgemeinschaft eingreifen wollte.

In einem Berufungsverfahren in München wurde das ursprüngliche Urteil der Spruchkammer gegen STARK aufgehoben, und die Richter stuften den Physiker nur noch als „Minderbelasteten“ ein.[79] Während des Verfahrens wurde auch EINSTEIN um eine Beurteilung STARKS gebeten. EINSTEIN beschrieb STARKS Charakter zwar als von einem „paranoiden Grundzug“ bestimmt, bescheinigte aber, nicht unter STARK gelitten zu haben.[80] Auch VON LAUE wollte STARK nun helfen, was dieser jedoch ablehnte.[81] Die Juristen der Berufungsinstanz argumentierten, die Streitigkeit muteten wie ein fachinterner Streit an, zu dem kein Experte befragt werden könne, da keiner unbefangen sei. Das erstinstanzliche Urteil habe

72 Vgl. James FRANCK an Dr. E. U., London, vom 5. 3. 1947, in: StAM-SpkA K 2609.
73 Vgl. KLEINERT 1983, S. 18–19.
74 Vgl. ebenda, S. 13.
75 Vgl. STARK 1947a.
76 Vgl. STARK 1947b; Zitat ebenda, S. 272. Die Anmerkungen der Herausgeber finden sich ebenda in Fußnote 1.
77 Vgl. STARK 1987, S. 134–135.
78 Vgl. LAUE 1947, GOETHE 1988, STARK 1933.
79 Vgl. Urteil der Berufungskammer vom 26. 7. 1949, in: StAM-SpkA K 2609; Zitat ebenda; vgl. auch KLEINERT 1983, S. 16, 23–24.
80 Vgl. Albert EINSTEIN an den Senatsvorsitzenden SCHLEIFER 14. 5. 1949, in: Albert Einstein Archives, Hebrew University of Jerusalem, Dokument 22 366.
81 Vgl. KLEINERT 1983, S. 21.

Hörensagen und voreingenommenen Meinungen zu viel Beachtung geschenkt, entlastende Umstände seien nicht berücksichtigt worden. Die Richter sahen in STARK, der mittlerweile mehrere Herzinfarkte erlitten hatte, keine Gefahr für die Demokratie. STARK wurde zu einer Geldstrafe von 1000 DM verurteilt und nahm diese an.[82] Auch wenn Entnazifizierungsverfahren generell dazu tendierten, mildere Urteile zu fällen,[83] ist der Fall STARK hier doch signifikant, da ein Nobelpreisträger zunächst als „Hauptschuldiger" verurteilt wurde und auch Fachinterna in eine andere Öffentlichkeit gebracht wurden.

Dass sich das *Erlkönig*-Zitat etablieren würde, schien zunächst unwahrscheinlich. 1951 wollte VON LAUE STARKS *Erlkönig*-Zitat endgültig durch ein Stenogramm, einer in Kurzschrift verfassten Mitschrift der Rede aus dem Jahre 1933, unbestreitbar machen. Ernst BRÜCHE (1900–1985), der damalige Herausgeber der *PB*, lehnte dies jedoch ab, denn „das ‚Tausendjährige Reich'" solle „eigentlich mit allen Nachwehen zu Ende sein". Er resümierte, die *PB* hätten jetzt ein anderes Profil.[84] Im selben Monat veröffentlichten die *PB* dann Kurzbiographien über deutsche Nobelpreisträger, von denen eine auch über STARKS Leben berichtete. Die *Blätter* würdigten sein experimentelles Geschick, umgingen jedoch behutsam die kontroversen Aspekte. Für die Zeit nach 1919 wurde lediglich festgehalten, dass STARK nun ein zurückgezogenes Leben führe.[85] Beim Bericht über die Lindauer Nobelpreisträger-Tagung 1953 wurde STARKS Name nicht genannt, was aber kein Übergehen war, STARK war vielmehr schlicht wohl nicht eingeladen gewesen.[86] Und auch der Nachruf auf STARK, als dieser 1957 verstarb, unterschied sich letztlich nicht signifikant von anderen, allein eine Fotografie fehlte.[87] Der weitgehend unbekannte Autor des Nachrufes, Karl KUHN (Lebensdaten unbekannt),[88] lobte STARK, benannte aber auch dessen Engagement im „Dritten Reich". Dabei relativierte er STARKS Handeln jedoch partiell, indem er darauf verwies, dieser sei von HITLER geblendet worden. STARK habe zwar negative Eigenschaften gehabt, so KUHN, aber auch eine „[u]nverwüstliche Arbeitskraft".[89] 1953 war bereits der 50-jährigen Entdeckung des Stark-Effektes gedacht worden, und dabei wurde STARK zumindest beiläufig erwähnt.[90] In den 1950ern zeichnete sich demnach zwar ein ambivalentes, doch für STARK eher von der „Schlußstrich-Mentalität" geprägtes Bild ab, die auch sonst dem deutschen Zeitgeist entsprach.[91]

In den 1960er Jahren änderte sich die Rezeption um STARK jedoch, und der Ton wurde kritischer, aber auch sarkastischer:

---

82 Vgl. Urteil der Berufungskammer vom 26. 7. 1949, in: StAM-SpkA K 2609; Zitat ebenda; vgl. auch KLEINERT 1983, S. 16, 23–24.

83 Vgl. STÖCKER 2001, S. 104–107; BULLINGER 2013, S. 16–18; GÜCKEL 1995, S. 74–76, 82–85.

84 Vgl. Ernst BRÜCHE an Max VON LAUE 15. 5. 1951, zitiert nach: HENTSCHEL 2005, S. 95.

85 Vgl. *O. A.* 1951, S. 219–220.

86 Die Unterlagen der Anfangszeit der Nobelpreisträgertagung sind in deren Archiv nicht mehr vorhanden, dies ist jedoch die Einschätzung von Herrn Nikolaus TURNER, Geschäftsführer der Nobelpreisträgertagung, und Frau Beate HEIN-BENNETT, Tochter des Initiators Dr. Franz Karl HEIN, freundliche Auskunft von Herrn TURNER und Frau HEIN-BENNETT, beide vom 11. 9. 2019.

87 Vgl. etwa HERTZ und VON LAUE 1955, BORN 1964, DÜRR 1976. Sogar LENARD erhielt im selben Jahr zu seinem 10. Todestag einen Text mit Bild, vgl. RAMSAUER 1957.

88 KUHN hatte vor LENARDS Tod zumindest zeitweise in Kontakt mit diesem gestanden, vgl. KLEINERT 2010, S. 3–4.

89 Vgl. KUHN 1957; Zitat ebenda, S. 371.

90 Vgl. GERLACH 1959, RÜCHARDT 1953.

91 Vgl. FREI 1997, S. 19. So ebenfalls vermutet in HENTSCHEL 2005, S. 95.

„Boshafte Physiker behaupteten, daß Führerprinzip und Personalunion sich für die PTR ungemein nützlich ausgewirkt hätten und erzählten: Die PTR brauchte Geld. Stark schrieb also einen Antrag in seinem Dienstzimmer der PTR. Dann fuhr er zur DNG [= Deutsche Notgemeinschaft] und übergab dort seine Mappe mit dem Antrag der Sekretärin, setzte sich an seinen Dienstschreibtisch, klingelte und fragte, was vorläge. ‚Mehrere Anträge, darunter auch ein Antrag der PTR über 100 000 DM.‘ Stark las ihn durch, nickte zustimmend: ‚Bewilligt!‘ und unterschrieb. Dann packte er den bewilligten Antrag in seine Mappe und kehrte wohlgelaunt zur PTR zurück.“ [92]

Der Seitenhieb galt hier also nicht nur STARK, sondern warf auch ein Schlaglicht auf einen weiteren Kreis an Profiteuren. STARKS damaliger Nachfolger in der PTR, Abraham ESAU (1884–1955, ML 1938), den VON LAUE einige Jahre vor der Publikation des Artikels als einen der prominentesten Vertreter des Nationalsozialismus in der Physik bezeichnet hatte, wurde vom anonymen Autor dagegen eine noch schwierigere Persönlichkeit als STARKS bescheinigt.[93] 1966 wurde in den *PB* zudem ein Zitat des Physikers Jonathan ZENNECK (1871–1959) abgedruckt, welches er 1947 in seinem Spruchkammer-Gutachten über STARK abgegeben hatte: „Wissen Sie, der Johannes Stark ist ja ein ziemlich verrückter Knochen, das muß man schon zugeben, aber solche Bauernlackel, wie sie in einer Spruchkammer sitzen, sollten sich nicht erdreisten, über einen Nobelpreisträger zu urteilen.“ Der anonyme Autor der Zusammenstellung von ZENNECKS bissigen Zitaten fügte kaustisch an, dass STARK „daraufhin keine ernsthaften Schwierigkeiten hatte“.[94] Der Verfasser insinuierte demnach, dass ZENNECK entgegen seiner Intention STARK einen Bärendienst erwiesen hatte, schließlich wurde STARK damals zunächst als „Hauptschuldiger“ verurteilt.

Ab dieser Zeit war der Diskurs um STARK in den *PB* stark durch den Wissenschaftshistoriker und Physiker Armin HERMANN (1933–2024) geprägt, der zumindest Mitte der 1960er Jahre auch in Kontakt mit STARKS Familie stand.[95] Während HERMANN anfangs unkommentiert darauf verwies, dass STARK etwa als einziger Physiker EINSTEIN 1909 zugestimmt habe, fügte er zu dieser Episode bald ein Georg Wilhelm Friedrich HEGEL (1770–1831) zugeschriebenes Zitat an: „Nur ein einziger meiner Hörer hat mich verstanden, und der hat mich falsch verstanden.“[96] Was dem Umstand eine negativere Färbung gab. Gegen Ende der 1960er Jahre vertrat HERMANN die Auffassung, die *PB* hätten nur wegen der Agitation LENARDS und STARKS gegründet werden müssen. Diese hätten allein die „jüdischen Kollegen“ aus Deutschland vertrieben, die Nationalsozialisten hätten dies nur hingenommen. Aber „[t]rotz des Einsatzes der Machtmittel des Dritten Reiches“ habe die „Deutsche Physik“ nicht reüssieren können. LENARD und STARK als „Fremdkörper in der Gemeinschaft“ markiert zu haben, so HERMANN, sei „eine Ehrenrettung“ für die Fachgemeinschaft.[97] Die *PB* waren 1943 in einer Zeit der kriegsbedingten Papierknappheit gegründet und 1944 unter der Prämisse, die „Wichtigkeit [der Physik] für Deutschlands Zukunft zu unterstreichen“, erstmals veröffentlicht worden.[98] Die *Scientific Community* erstrahlte durch HERMANNS Deutung dagegen umso heller, indem STARK und LENARD als mächtige Gegner der restlichen Fachgemeinschaft dargestellt wurden. Zudem wirkten die *PB* an sich so unpolitischer, als sie aufgrund ihrer Gründungsumstände sein konnten. Die 1960er Jahre markierten zudem einen Wendepunkt für die Wissenschaftsgeschichte, die in dieser Zeit

92 *O. A.* 1962, S. 323.
93 Vgl. ebenda; HOFFMANN und STUTZ 2003, S. 169–171; RUSINEK 1998, S. 44–45.
94 Zitiert nach *O. A.* 1966.
95 Vgl. HERMANN 1965, S. 5.
96 Zitat HERMANN 1979, S. 13. Vgl. ansonsten etwa HERMANN 1963; HERMANN 1967, S. 449; HERMANN 1969a, S. 435; HERMANN 1969b, S. 52.
97 Vgl. HERMANN 1969c, S. 547, Zitate ebenda.
98 BRÜCHE 1944, S. 2.

an Bedeutung gewann.[99] Auch wenn hagiographisch anmutende Darstellungen einzelner Personen in der Physik dennoch nicht ungewöhnlich waren,[100] zeichnete sich für STARK ein anderes Bild ab, und besonders HERMANN setzte im Folgejahrzehnt entscheidende Gegenakzente. Dabei blieb er zwar meinungsstark, aber dennoch kritisch. Als in den 1975 veröffentlichten Memoiren des Nobelpreisträgers und Emigranten Max BORN fälschlicherweise angegeben wurde, der „unausstehliche Mensch" STARK habe „wahrscheinlich [...] die deutsche wissenschaftliche Kriegsforschung geleitet", korrigierte HERMANN dies.[101] HERMANN zweifelte jedoch auch STARKS Kompetenz an, theoretische Physik zu verstehen, und griff das *Erlkönig*-Zitat auf.[102] Und auch ein Schüler SOMMERFELDS benutzte dieses angebliche Zitat STARKS, um die übrigen Physiker der damaligen Zeit mit VON LAUE vergleichen zu können: „Dieser Widerstand gegen das Dritte Reich war für die überwiegende Zahl unserer Physiker charakteristisch."[103] Der Possessivartikel schloss damit STARK aus der Gemeinschaft der damaligen deutschen Physiker und gleichzeitig auch die Politik aus der Physik sprachlich aus.

Zu Beginn der 1980er Jahre spielte STARK eine Nebenrolle im größten öffentlichen Skandal der Geschichte der *PB*. Dem Astrophysiker Albrecht UNSÖLD (1905–1995) ging es eigentlich um die von ihm als zu hagiographisch empfundene Darstellung EINSTEINS, trotz dessen Rolle bei der Entwicklung der Atombombe. Er mahnte an, bei wissenschaftlichen Überzeugungen werde mit unterschiedlichem Maß gemessen, denn EINSTEIN habe wie LENARD und STARK sich auch im hohen Alter nicht mehr mit neuen Theorien anfreunden können. Diese unterschiedliche Bewertung vergleichbarer Umstände prangerte er auch für die Bewertung von Belastung an: „Sollen wir die Tätigkeit von *Lenard* und *Stark* als verbrecherisch bezeichnen? Dann müßten wir diese Bezeichnung noch in höherem Maße auf *F*[ritz] *Haber* anwenden, der 1917 – nicht auf höheren Befehl – den *Gaskrieg* erfand."[104]

Das heißt allerdings nicht, dass dort nur rein negative Aspekte über STARK Platz hatten. In den 1980ern wurde durch Andreas KLEINERT (*1940, ML 1998) die Fehlannahme korrigiert, LENARD und STARK hätten die vakant werdende Präsidentschaft in der Kaiser-Wilhelm-Gesellschaft für sich beanspruchen wollen.[105] KLEINERT veröffentlichte auch am Ende der 1980er Jahre als Herausgeber erstmalig die Autobiographie, die STARK in Gefangenschaft nach dem Krieg verfasst hatte. In einem Vorwort zu dem Text mahnte KLEINERT an, STARK werde stets aus der Perspektive derer gezeigt, mit denen er sich überworfen habe.[106] STARK teilte seinen Text in „Wissenschaftliche" und „Politische Erinnerungen", wobei erste das Gros des Buches bestimmten und etwa seine Kindheitserinnerungen umfassten. Dies zeigt auch bei ihm selbst eine scharfe Trennung zwischen Physik und Politik sowie eine eigene Einordnung in die erste Kategorie. Von HITLER zeigte er sich enttäuscht.[107] Auch wenn durch die Publikation STARKS Worte nun öffentlich wurden, geriet er in den *PB* in den 1980ern doch

99 Vgl. SOMMER et al. 2017, S. 2–3.

100 Vgl. HENTSCHEL 2003.

101 BORN 1975, S. 134. Vgl. ansonsten dazu HERMANN 1973, 1977.

102 Vgl. HERMANN 1975, S. 546.

103 Vgl. WELKER 1979, S. 190; BEYLER 2007, S. 76.

104 Vgl. UNSÖLD 1980, S. 337–338; Zitat ebenda, S. 338. Zum Skandal vgl. dann ROLLNIK 1981, UNSÖLD 1981, *Herausgeber Physikalische Blätter* 1981, HAAF 1982, TREUSCH 1982, HERMANN 1982. Bezüglich EINSTEINS Einfluss auf das amerikanische Atomwaffenprojekt vgl. etwa SCHWEBER 2008, S. 42–62.

105 Vgl. KLEINERT 1980; Albert Einstein Archives, Hebrew University of Jerusalem, Dokument 15057-0.

106 Vgl. KLEINERT 1980, S. III.

107 Vgl. STARK 1987, für die „wissenschaftlichen Erinnerungen" S. 5–101, für die „politischen" S. 103–137, zur Enttäuschung über HITLER insbesondere S. 135.

teils in Vergessenheit, da nun oftmals der Stark-Effekt erwähnt wurde, ohne auf den Physiker zu verweisen.[108] Dieser Umstand lässt STARK als Person noch mehr in den Hintergrund treten, da der Stark-Effekt ein starkes elektrisches Feld benötigt. Die Annahme, der Effekt sei nach dem starken elektrischen Feld benannt, ist ohne Kontext daher nicht unwahrscheinlich.

Sowohl in den 1990ern als auch im neuen Jahrtausend war STARK in den *PB* dann insbesondere durch wissenschaftshistorische Aufarbeitung und als Nobelpreisträger präsent.[109] Auch der umstrittene Artikel aus dem *Schwarzen Korps*, in dem HEISENBERG angegriffen worden war, wurde nun besprochen.[110] HERMANN blieb bei seinem Fokus auf STARK und versah ein Bild des Nobelpreisträgers mit einer vielsagenden Bildunterschrift: „Johannes Stark ‚ist vollkommen übergeschnappt' und ‚krakehlt [sic!] mit jedem Menschen'."[111] Das Zitat stammt aus einem Brief von Ludwig HOPF (1884–1939), einem Schüler SOMMERFELDS, an EINSTEIN aus dem Jahre 1912, in dem HOPF auch erwähnte, STARK habe empfindlich darauf reagiert, wenn man ihn seiner Ansicht nach nicht genug zitierte.[112] Der *Erlkönig* blieb auch in den 1990ern präsent, nach der Umbenennung des Blattes in *Physik Journal* war dort von einem „gescheiterten ‚Staatsstreich'" STARKS auf der Würzburger Physikertagung 1933 zu lesen.[113] Auch dies rückt STARKS damaliges Handeln sprachlich in einen politischen, nicht wissenschaftlichen Kontext.

Insbesondere das *Erlkönig*-Zitat wurde demnach über viele Dekaden hinweg zu einem essentiellen Pfeiler der Rezeption STARKS in den *PB*. In bedeutenden Leitmedien wie der *Frankfurter Allgemeinen Zeitung* und der *Süddeutschen Zeitung* wurde zwar – u. a. auch von HERMANN – über STARK berichtet und auch über die Würzburger Tagung. Das *Erlkönig*-Zitat findet sich dort jedoch nicht, vielmehr konzentrierte man sich vorrangig auf die Angriffe STARKS gegen HEISENBERG und EINSTEIN.[114]

4. Schlussbetrachtung

Obwohl die Szene des eingangs zitierten Films fiktionalisiert war, spiegelte die gezeigte Konstellation doch die innerfachliche Dynamik wider: STARK als tradierter Provokateur, der sich selbst provoziert wähnte. Zur Zeit des Ersten Weltkriegs, als STARK mit der Entdeckung des nach ihm benannten Effekts wissenschaftlich brillierte, verhärteten sich seine Ansichten. Schon zu Beginn der Weimarer Republik trat er kurzzeitig öffentlich für HITLER ein, wirklich publizistisch tätig wurde er allerdings erst gegen Ende der Republik, als er sich im Abseits akademischer Möglichkeiten sah. Dieses Engagement trug zu seinem schnellen Aufstieg im Nationalsozialismus bei; bis zu seiner Pensionierung 1939 war er vor allem Präsident der PTR und zeitweise auch der Notgemeinschaft der Deutschen Wissenschaft. Sein Handeln vor und während des Nationalsozialismus kann auch oftmals als opportunistisch gewertet werden. Er

108 Die Suchanfrage für die *PB* hierfür war: „Stark-Effekt" – Johannes. Bis dahin immer 2 bis 5 Treffer, 1980er: 20 Treffer, 1990er: 23 Treffer.

109 Vgl. etwa *Tagungskalender Mitgliederversammlung DPG* 2001; HEDENUS 2003, S. 71; KANT 2001, S. 78–79.

110 Vgl. DREISIGACKER und RECHENBERG 1995, S. 138.

111 Vgl. HERMANN 1995a; HERMANN 1995b, Zitat ebenda S. 618.

112 Vgl. HOPF an EINSTEIN vom 20. 2. 11912, in: SCHULMANN und KOX 1993, S. 416–417, hier S. 417; ECKERT 2013, S. 214–215.

113 Vgl. WALCHER 1991, S. 17.

114 Vgl. etwa HERMANN 1976, URBAN 1994. Eine detaillierte Analyse erscheint entsprechend als notwendig und wird in einem größeren Umfang, mit weiteren Personen als Referenz, in die Dissertation der Autorin eingebunden werden.

begründete seinen Weggang aus Würzburg erst mit seiner Gegnerschaft zu EINSTEIN, als ihm das finanzielle Vorteile einbringen konnte. Und auch seine antisemitischen Äußerungen waren häufig offenbar auf persönliche Konflikte zurückzuführen. STARKS Zugewinn an Einfluss, der auch in der Zuwahl zur Leopoldina 1934 zum Ausdruck kam, ging einher mit Querelen, in der politischen und der wissenschaftlichen Sphäre. STARK betrachtete sich oft als Benachteiligten und handelte entsprechend, was letztendlich vielleicht auch dazu führte, dass er auch als solcher behandelt wurde. Das vermeintliche Duell mit der Dogmatik, die er sowohl der theoretischen Physik als auch der Leopoldina vorwarf, war vielleicht ein Duell mit sich selbst.

Der individualisierte Blick auf STARKS Belastung könnte jedenfalls mit seinem streitbaren Charakter, den seine Kollegen oft bemerkten, zusammenhängen. Besonders STARKS Versuch, 1933 durch ideologische Unterstützung noch mehr Macht zu erlangen, scheint von der Fachgemeinschaft als untragbar angesehen worden zu sein. Dass STARK damals vor Publikum GOETHES Worte „Und bist du nicht willig, so brauch' ich Gewalt" zitierte, wird in seiner Fachgemeinschaft jedenfalls als gegeben angenommen und steht symbolisch für einen von dieser so empfundenen direkten Angriff auf die vermeintliche Unabhängigkeit der Physik von der Politik. Dies wurde durch die mediale Kommunikation nach STARKS Entnazifizierungsverfahren, bei dem er letztlich als „Minderbelasteter" eingestuft wurde, evident. Das vermeintliche *Erlkönig*-Zitat wurde im Fachblatt *PB* über Dekaden hinweg immer wieder angeführt. Dieses Framing fand in Medien, die für eine breitere Öffentlichkeit bestimmt waren, nicht statt. Was zeigt, dass man sich des fachinternen Charakters des Vorwurfs bewusst war. Die Heranziehung des Zitats diente dabei auch der Abgrenzung von STARK, um zu belegen, dass man selbst nicht belastet war. Ähnlich wie Balladen oft von lebensverändernden Ereignissen erzählen, wurde das *Erlkönig*-Zitat in der Rezeption durch konstante Wiederholung zu einem signifikanten Ereignis. Die Assoziation eines Eingriffs in die Physik mithilfe von Politik durch einen Physiker könnte zusätzlich erklären, warum die Betonung von STARKS Mittelmäßigkeit ein selten hinterfragtes Narrativ ist. Dem mag vielleicht so gewesen sein, es grenzte aber auch die Politik erneut von der Physik ab: Der stark individualisierte Blick auf die „Deutsche Physik" trug demnach, wie etwa BALL (2013) beschreibt, nicht nur zur Aufwertung der Fachgemeinschaft bei, im Falle STARKS stabilisierte sich so auch das Paradigma der unpolitischen Physik, indem man zumindest auch aufgrund von Antipathie seine Belastung besonders betonte. Eine weiterreichende, vergleichende Untersuchung scheint demnach geboten.

Archive

Albert Einstein Archives, Hebrew University of Jerusalem:
- Dokument 22 366
- Dokument 15057-0

Leopoldina Archiv:
- Matrikelmappe STARK M1/4248
- P1 – Protokolle 05
- P2 – Wahlen 114/01/06 Ausgeschiedene Mitglieder 1933–1940

Staatsarchiv München
- StAM-SpkA K 2609 Entnazifizierung STARK, Johannes

Universitätsarchiv Würzburg:
- Personalakte Johannes STARK = UA Wü PA 837
- Personalakte Ludwig GLASER = UA Wü PA60

Literatur

Ball, Philip: Serving the Reich. The Struggle for the Soul of Physics under Hitler. London, Chicago: Chicago University Press 2013

Baumgarten, Marita: Professoren und Universitäten im 19. Jahrhundert. Zur Sozialgeschichte deutscher Geistes- und Naturwissenschaftler. Göttingen: Vandenhoeck & Ruprecht 1997

Beyerchen, Alan D.: Wissenschaftler unter Hitler. Physiker im Dritten Reich. Mit einem Vorwort von Professor Karl D. Bracher. Aus dem Amerikanischen von Erica und Peter Fischer. Köln: Kiepenheuer & Witsch 1980

Beyler, Richard H.: Rahmenbedingungen und Autoritäten der Physikergemeinschaft im Dritten Reich. In: Hoffmann, Dieter, und Walker, Mark (Hrsg.): Physiker zwischen Autonomie und Anpassung. S. 59–90. Weinheim: Wiley-VCH 2007

Beyler, Richard, Eckert, Michael, und Hoffmann, Dieter: Die Planck-Medaille. In: Hoffmann, Dieter, und Walker, Mark (Hrsg.): Physiker zwischen Autonomie und Anpassung. S. 217–235. Weinheim: Wiley-VCH 2007

Born, Max: James Franck. Physikalische Blätter *20*, 324–327 (1964)

Born, Max: Mein Leben. Die Erinnerungen des Nobelpreisträgers. München: Nymphenburger Verlagshandlung 1975

Brüche, Ernst: Zur Einführung. Physikalische Blätter *1*, 2–4 (1944)

Bullinger, Ruth Elisabeth: Belastet oder entlastet? Dachauer Frauen im Entnazifizierungsverfahren. München: Herbert Utz 2013

Bullock, Olivia M., und Shulman, Hillary C.: Framing. In: Van den Bulck, Jan, Ewoldsen, David, Mares, Marie-Louise, und Scharrer, Erica (Eds.): The International Encyclopedia of Media Psychology; pp. 1–6. Hoboken, NJ: John Wiley & Sons 2020

Crease, Robert P.: The Ethical Dilemmas of Renaming Scientific Principles that Honour Fallen Idols. Physics World vom 26. 12. 2022. https://physicsworld.com/a/the-ethical-dilemmas-of-renaming-scientific-principles-that-honour-fallen-idols/ (letzter Zugriff 26. 5. 2023)

Dreisigacker, Ernst, und Rechenberg, Helmut: Karl Scheel, Ernst Brüche und die Publikationsorgane. Physikalische Blätter *51*, 135–142 (1995)

Dürr, Hans-Peter: Abschied von Werner Heisenberg. Physikalische Blätter *32*, 97–104 (1976)

Eberle, Henrik: Adolf Smekal. In: Catalogus Professorum Halensis vom 3. 7. 2023. https://www.catalogus-professorum-halensis.de/smekaladolf.html (letzter Zugriff 6. 7. 2023)

Eckert, Michael: Die Deutsche Physikalische Gesellschaft und die „Deutsche Physik“. In: Hoffmann, Dieter, und Walker, Mark (Hrsg.): Physiker zwischen Autonomie und Anpassen. Die Deutsche Physikalische Gesellschaft und die „Deutsche Physik“. S. 139–172. Weinheim: Wiley-VCH 2007

Eckert, Michael: Arnold Sommerfeld. Atomphysiker und Kulturbote 1868–1951. Eine Biografie. Göttingen: Wallstein 2013

Finkenberger, Martin: Institut zum Studium der Judenfrage (Berlin). In: Benz, Wolfgang (Hrsg.): Handbuch des Antisemitismus. Judenfeindschaft in Geschichte und Gegenwart. Bd. *5*: Organisationen, Institutionen, Bewegungen. S. 325–326. Berlin, Boston: de Gruyter Saur 2012

Frei, Norbert: Vergangenheitspolitik. Die Anfänge der Bundesrepublik und die NS-Vergangenheit. 2., durchges. Aufl. S. 19. München: Beck 1997

Gepris Historisch (Hrsg.): Stark, Johannes. In: Gepris Historisch 1920–1945 vom 28. 3. 2023. https://gepris-historisch.dfg.de/person/5111852#faelle (letzter Zugriff 24. 4. 2023)

Gerlach, Walther: Edgar Meyer 80 Jahre. Physikalische Blätter *15*, 136 (1959)

Goethe, Johann Wolfgang von: Der Erlkönig. In: Grimm, Gunter E.: Deutsche Balladen. S. 92. Stuttgart: Reclam 1988

Gückel, Natascha: Spruchkammer und Persilscheine. In: Pöhlmann, Markus (Hrsg.): Kellerwohnung und Persilschein. Kriegsende und Neuanfang in Augsburg nach 1945. S. 74–95. Augsburg: Ed. Storia 1995

Haaf, Günter: Zensur im Verbandsblatt. *Die Zeit* vom 26.3.1982. https://www.zeit.de/1982/13/zensur-im-verbandsblatt (letzter Zugriff 4.10.2019)

Hedenus, Michael: Eugen Goldstein und die Kathodenstrahlen. Mit Astrophysik im Labor wurde der Entdecker der „Kanalstrahlen“ berühmt. Physikalische Blätter *56*, 71–73 (2000)

Hentschel, Klaus: Das Märchen vom Zauberer im weißen Kittel. Mythen um berühmte Experimente und Experimentatoren. Physik in unserer Zeit *34*, 225–231 (2003)

Hentschel, Klaus: Die Mentalität deutscher Physiker in der frühen Nachkriegszeit (1945–1949). (Studien zur Wissenschafts- und Universitätsgeschichte *11*). Heidelberg: Synchron 2005

Hentschel, Klaus: Lichtquanten. Die Geschichte des komplexen Konzepts und mentalen Modells von Photonen. Berlin, Heidelberg: Springer Spektrum 2017

Herausgeber Physikalische Blätter: Vorbemerkungen zu den folgenden beiden Beiträgen. Physikalische Blätter *37*, 229 (1981)

HERMANN, Armin: Das Jahr 1913 und der zweite Solvay-Kongreß. Physikalische Blätter *19*, 437–484 (1963)

HERMANN, Armin: Vorwort. In: STARK, Johannes, und EPSTEIN, Paul Sophus: Dokumente der Naturwissenschaft. Abteilung Physik. Bd. *6*: Der Stark-Effekt. Hrsg. von Armin HERMANN. S. 5. Stuttgart: Battenberg 1965

HERMANN, Armin: Albert Einstein und Johannes Stark. Briefwechsel und Verhältnis der beiden Nobelpreisträger. Sudhoffs Archiv *50*, 267–285 (1966)

HERMANN, Armin: Der Brückenschlag zwischen Mathematik und Technik. Arnold Sommerfelds Verdienste um eine wissenschaftliche technische Mechanik. Physikalische Blätter *23*, 442–449 (1967)

HERMANN, Armin (Hrsg.): Albert Einstein. Arnold Sommerfeld. Briefwechsel. 60 Briefe aus dem goldenen Zeitalter der modernen Physik. Basel, Stuttgart: Schwabe & Co 1968

HERMANN, Armin: Einstein aus der Salzburger Naturforscherversammlung 1909. Physikalische Blätter *25*, 433–436 (1969a)

HERMANN, Armin: Frühgeschichte der Quantentheorie (1899–1913). Mosbach in Baden: Physik Verlag 1969b

HERMANN, Armin: 25 Jahre Physikalische Blätter. Physikalische Blätter *25*, 547–551 (1969c)

HERMANN, Armin: Sicherung von Physiker-Nachlässen. Physikalische Blätter *29*, 471–472 (1973)

HERMANN, Armin: 130 Jahre Deutsche Physikalische Gesellschaft. Festvortrag. Physikalische Blätter *31*, 544–547 (1975)

HERMANN, Armin: Die Wissenschaft im totalitären Staat. FAZ vom 4. 2. 1976, S. 27 (1976)

HERMANN, Armin: Bücher. Born, Mein Leben. Physikalische Blätter *33*, 186–187 (1977)

HERMANN, Armin: Die Neue Physik. Der Weg in das Atomzeitalter. München: Moos 1979

HERMANN, Armin: Einstein und kein Ende. Physikalische Blätter *38*, 36–41 (1982)

HERMANN, Armin: Physik und Physiker im Dritten Reich. In: NEUENSCHWANDER, Erwin (Hrsg.): Wissenschaft, Gesellschaft und politische Macht. S. 105–126. Basel, Boston, Berlin: Birkhäuser 1993

HERMANN, Armin: Einstein. Der Weltweise und sein Jahrhundert. Eine Biographie. München, Zürich: Piper 1994

HERMANN, Armin: Die Deutsche Physikalische Gesellschaft 1899–1945. Physikalische Blätter *51*, F61–F105 (1995a)

HERMANN, Armin: Das goldene Zeitalter der deutschen Physik und die Emotionen der Physiker. Festvortrag zum 150-jährigen Jubiläum der DPG am 22.3.1995 in der Berliner Oper. Physikalische Blätter *51*, 613–619 (1995b)

HERTZ, Gustav, und LAUE, Max VON: Albert Einstein. 50 Jahre Relativitätstheorie und Lichtquanten. Physikalische Blätter *11*, 228–230 (1955)

HILL, Archibald Vivian: o. T. Nature vom 24. 2. 1934, S. 290 (1934)

HOFFMANN, Dieter: Johannes Stark. Eine Persönlichkeit im Spannungsfeld von wissenschaftlicher Forschung und faschistischer Ideologie. Philosophie und Naturwissenschaften in Vergangenheit und Gegenwart *22*, 90–101 (1982)

HOFFMANN, Dieter, und STUTZ, Rüdiger: Grenzgänger der Wissenschaft. Abraham Esau als Industriephysiker, Universitätsrektor und Forschungsmanager. In: HOSSFELD, Uwe, JOHN, Jürgen, LEMUTH, Oliver, und STUTZ, Rüdiger (Hrsg.): „Kämpferische Wissenschaft". Studien zur Universität Jena im Nationalsozialismus. S. 136–179. Köln, Weimar, Wien: Böhlau 2003

HOSER, Paul: Großdeutsche Zeitung vom 11. 5. 2006. In: Historisches Lexikon Bayerns https://www.historisches-lexikon-bayerns.de/Lexikon/Großdeutsche_Zeitung (letzter Zugriff 13. 6. 2024)

HUEBENER, Rudolf, und LÜBBIG, Heinz: Die Physikalisch Technische Reichsanstalt. Ihre Bedeutung beim Aufbau der modernen Physik. Wiesbaden: Vieweg+Teubner 2011

JOHNSTON, Hamish: Cutting through the quantum hype. Why the Stark effect should be renamed. Physics World 2. 12. 2021.
https://physicsworld.com/a/cutting-through-the-quantum-hype-why-the-stark-effect-should-be-renamed/ (letzter Zugriff 6. 7. 2023)

KANT, Horst: „… der Menschheit den größten Nutzen geleistet…"!? 100 Jahre Nobelpreis. Eine kritische Würdigung aus historischer Perspektive. Physikalische Blätter *57*, 75–79 (2001)

KLEINERT, Andreas: Lenard, Stark und die Kaiser-Wilhelm-Gesellschaft. Auszüge aus der Korrespondenz der beiden Physiker zwischen 1933 und 1936. Physikalische Blätter *36*, 35–43 (1980)

KLEINERT, Andreas: Das Spruchkammerverfahren gegen Johannes Stark. Sudhoffs Archiv *67*, 13–24 (1983)

KLEINERT, Andreas: Vorwort des Herausgebers. In: KLEINERT, Andreas (Hrsg.): Johannes Stark. Erinnerungen eines deutschen Naturforschers. S. III–VIII. Mannheim: Bionomica 1987

KLEINERT, Andreas: „Die Axialität der Lichtemission und Atomstruktur". Johannes Starks Gegenentwurf zur Quantentheorie. In: SCHÜRMANN, Astrid, und WEISS, Burghard (Hrsg.): Chemie – Kultur – Geschichte. Festschrift für Hans-Werner Schütt anlässlich seines 65. Geburtstages. S. 213–222. Berlin, Diepholz: GNT 2002

KLEINERT, Andreas: Geleitwort. „Habent sua fata libelli". Zur Geschichte des Manuskripts von Lenards Erinnerungen. In: SCHIRRMACHER, Arne (Hrsg.): Philipp Lenard. Erinnerungen eines Naturforschers. Kritisch annotierte

Ausgabe des Originaltyposkripts von 1931/1943. S. 3–6. Heidelberg, Dordrecht, London, New York: Springer 2010

Kleinert, Andreas, und Hoffmann, Dieter (Hrsg.): Philipp Lenard – Johannes Stark. Briefwechsel 1933–1947. Unveröffentlichtes Manuskript 2022

Kox, A. [Anne] J.: The discovery of the Stark effect and its early theoretical explanations. Annalen der Physik *525*, A63–A66 (2013)

Kragh, Helge: Conceptual objections to the Bohr atomic theory – Do electrons have a “Free will”? European Physical Journal H *36*, 327–352 (2011)

Kuhn, Karl: Johannes Stark †. Physikalische Blätter *13*, 370–371 (1957)

Laue, Max von: Bemerkung zu der vorstehenden Veröffentlichung von J. Stark. Physikalische Blätter *3*, 272–273 (1947)

Lenard, Philipp: Deutsche Physik in vier Bänden. Bd. *1*: Einleitung und Mechanik. 4. Aufl. München, Berlin: Lehmanns 1944

MacIntyre, Ben: “Führers of Physics” Shame the Nobel Prize. The Times 5.11.2021. https://www.thetimes.co.uk/article/fuehrers-of-physics-shame-the-nobel-prize-lp0tg26k9 (letzter Zugriff 26. 5. 2023)

Mertens, Lothar: „Nur politisch Würdige“. Die DFG-Forschungsförderung im Dritten Reich 1933–1937. Berlin: Akademie Verlag 2004

Meyenn, Karl: Paradoxien der Lichtquanten. In: Meyenn, Karl (Hrsg.): Eine Entdeckung von ganz außergewöhnlicher Tragweite. Schrödingers Briefwechsel zur Wellenmechanik und zum Katzenproblem. Bd. *1*, S. 30–32. Heidelberg, Dordrecht, London: Springer 2011

Newton, David E.: Johannes Stark 1874–1957. In: McMurray, Emily J. (Ed.): Notable Twentieth-Century Scientists. Vol. *4*. Index S–Z; pp. 1900–1901. New York, London, Bonn: Gale Research 1995

Nobel Prize Outreach AB: Johannes Stark. Nominations. Nobelprize.org 22.6.2018 (2018a). https://www.nobelprize.org/prizes/physics/1919/stark/nominations/ (letzter Zugriff 21.6.2021)

Nobel Prize Outreach AB: Sir Chandrasekhara Venkata Raman. Nominations. Nobelprize.org 22. 6. 2018 (2018b). https://www.nobelprize.org/prizes/physics/1930/raman/nominations/ (letzter Zugriff 21. 6. 2021)

Nobel Prize Outreach AB: Ernest Rutherford. Nominations. Nobelprize.org 22.6.2018 (2018c). https://www.nobelprize.org/prizes/chemistry/1908/rutherford/nominations/ (letzter Zugriff 21.6.2021)

O. A.: „Weiße Juden“ in der Wissenschaft. Das Schwarze Korps vom 15. 7. 1937, S. 28 (1937

O. A.: Der Nobelpreis für Physik. Physikalische Blätter *7*, 215–220 (1951)

O. A.: Von den Präsidenten der PTR. Physikalische Blätter *18*, 322–323 (1962)

O. A.: So sprach Wilhelm Adolf Jonathan Zenneck. Physikalische Blätter *22*, 442 (1966)

Osganian, Vanessa: Rudolf Tomaschek – An exponent of the “Deutsche Physik” movement. In: Forstner, Christian, and Walker, Mark (Eds.): Biographies in the History of Physics. Actors, Objects, Institutions; pp. 89–109. Cham: Springer 2020

Pais, Abraham: „Raffiniert ist der Herrgott …“ Albert Einstein. Eine wissenschaftliche Biographie. Aus dem Amerikanischen übersetzt von Roman U. Sexl, Helmut Kühnelt und Ernst Streeruwitz. Braunschweig: Vieweg 1986

Ramsauer, Carl: Philipp Lenard. Zum zehnten Todestag. Physikalische Blätter *13*, 219–222 (1957)

Rollnik, Horst: Zum Artikel von A. Unsöld. „Albert Einstein – Ein Jahr danach“. Physikalische Blätter *37*, 65 (1981)

Rüchardt, Eduard: Die Geschichte der Entdeckung des Stark-Effekts. Physikalische Blätter *9*, 124–128 (1953)

Rupnow, Dirk: Institut zur Erforschung der Judenfrage (Frankfurt am Main) In: Benz, Wolfgang (Hrsg.): Handbuch des Antisemitismus. Judenfeindschaft in Geschichte und Gegenwart. Bd. *5*. Organisationen, Institutionen, Bewegungen. S. 326–328. Berlin, Boston: de Gruyter Saur 2012

Rusinek, Bernd A.: Schwerte/Schneider. Die Karriere eines Spagatakteurs 1936–1995. In: König, Helmut (Hrsg.): Der Fall Schwerte im Kontext. S. 14–47. Opladen, Wiesbaden: Westdeutscher Verlag 1998

Schiemann, Georg (Reg.): Albert Einstein. Teil 1. DDR: DEFA 1989

Schiemann, Gregor: Werner Heisenberg. München: Beck 2008

Schmaltz, Florian: Kampfstoff-Forschung im Nationalsozialismus. Zur Kooperation von Kaiser-Wilhelm-Instituten, Militär und Industrie. Göttingen: Wallstein 2005

Schulmann, Robert, and Kox, A. [Anne] J. (Eds.): The Collected Papers of Albert Einstein. Vol. *5*: The Swiss Years. 1902–1914. Princeton: Princeton University Press 1993

Schweber, Silvan S.: Einstein & Oppenheimer. The Meaning of Genius. Cambridge (Mass.), London: Harvard University Press 2008

Segrè, Emilio: Otto Stern 1888–1969. Washington D.C.: National Academy of Sciences 1973. http://www.nasonline.org/publications/biographical-memoirs/memoir-pdfs/stern-otto.pdf (letzter Zugriff 21. 6. 2023)

SINGH, Rajinder: Celebrating the 90th anniversary of the Raman effect. Indian Journal of History of Science *53*, 50–58 (2018)

SOMMER, Marianne, MÜLLER-WILLE, Staffan, und REINHARDT, Carsten: Wissenschaftsgeschichte und Wissensgeschichte. In: SOMMER, Marianne, MÜLLER-WILLE, Staffan, und REINHARDT, Carsten (Hrsg.): Handbuch Wissenschaftsgeschichte. S. 2–18. Stuttgart: J. B. Metzler 2017

STARK, Johannes: Organisation der physikalischen Forschung. In: HORT, Wilhelm, und MOENCH, Fritz (Hrsg.): Vorträge, auf Veranlassung der Deutschen Physikalischen Gesellschaft, der Deutschen Gesellschaft für technische Physik und der Heinrich-Hertz-Gesellschaft zur Förderung des Funkwesens, gehalten auf dem 9. Deutschen Physiker- und Mathematikertag in Würzburg 1933. S. 1–3. Leipzig: J. A. Barth 1933

STARK, Johannes: International status and obligations of science. Nature vom 24. 2. 1934, p. 290 (1934)

STARK, Johannes: Die „Wissenschaft" versagt politisch. Das Schwarze Korps vom 15. 7. 1937, S. 28 (1937)

STARK, Johannes: Jüdische und deutsche Physik. In: MÜLLER, Wilhelm (Hrsg.): Jüdische und deutsche Physik. Vorträge zur Eröffnung des Kolloquiums für theoretische Physik an der Universität München. S. 21–55. Leipzig: Heling 1941

STARK, Johannes: Die Versuche von J. Stark. Physikalische Blätter *3*, 162 (1947a)

STARK, Johannes: Zu den Kämpfen in der Physik während der Hitler-Zeit. Physikalische Blätter *3*, 271–272 (1947b)

STARK, Johannes: Erinnerungen eines deutschen Naturforschers. Hrsg. von Andreas KLEINERT. Mannheim: Bionomica 1987

STARK, Johannes, und EPSTEIN, Paul Sophus: Dokumente der Naturwissenschaft. Abteilung Physik. Bd. *6*. Der Stark-Effekt. Hrsg. von Armin HERMANN. Stuttgart: Battenberg 1965

STÖCKER, Walter: Der Nobelpreisträger Johannes Stark (1874–1957). Eine politische Biographie. Tübingen: MVK 2001

Tagungskalender Mitgliederversammlung der DPG: Tagungskalender Mitgliederversammlung DPG 2001. Physikalische Blätter *56*, 104 (2000)

TREUSCH, Joachim: Tagungsnachlese. 46. Physikertagung 1982 vom 29. März bis 2. April in Münster. Physikalische Blätter *38*, 217–220 (1982)

UNSÖLD, Albrecht: Zur Diskussion gestellt. Albert Einstein – Ein Jahr danach. Physikalische Blätter *36*, 337–339 (1980)

UNSÖLD, Albrecht: Ein Jahr danach. Physikalische Blätter *37*, 229 (1981)

URBAN, Martin: Atombombe, Unschärferelation, Weltformel. SZ vom 4. 5. 1996, S. 905 (1996)

VAN RAHDEN, Till: Jews and Other Germans. Civil Society, Religious Diversity, and Urban Politics in Breslau, 1860–1925. Translated by Marcus BRAINARD. Madison, London: University of Wisconsin Press 2008

WALCHER, Wilhelm: Rückblicke aus gegebenem Anlaß. Physikalische Blätter *47*, 13–19 (1991)

WALKER, Mark: Die Uranmaschine. Mythos und Wirklichkeit der deutschen Atombombe. Berlin: Siedler 1990

WALKER, Mark: The nazification and denazifikation of physics. In: KERTZ, Walter (Hrsg.): Hochschule und Nationalsozialismus. S. 79–89. Braunschweig 1994

WALKER, Mark: Nazi Science. Myth, Truth, and the German Atomic Bomb. New York: Plenum Press 1995

WALKER, Mark: Did Werner Heisenberg understand how atomic bombs worked? Berichte zur Wissenschaftsgeschichte *45*, 219–244 (2022)

WELKER, Heinrich: Zum 100. Geburtstag von Albert Einstein, Max v. Laue, Otto Hahn und Lise Meitner. Physikalische Blätter *35*, 189–191 (1979)

ZECK, Mario: Das Schwarze Korps. Geschichte und Gestalt des Organs der Reichsführung SS. Tübingen: Max Niemeyer 2002

ZEITZ, Katharina: Max von Laue (1879–1960). Seine Bedeutung für den Wiederaufbau der deutschen Wissenschaft nach dem Zweiten Weltkrieg. Stuttgart: Franz Steiner 2006

Lisa STOLZ
Nationale Akademie der Wissenschaften Leopoldina
Zentrum für Wissenschaftsforschung
Emil-Abderhalden-Straße 36
06108 Halle (Saale)
Bundesrepublik Deutschland
Tel.: +49 345 47239156
E-Mail: lisa.stolz@leopoldina.org

NAL-historica Nr. *86*, 233–264 (2024), doi: 10.26164/leopoldina_10_01242

Das Leopoldina-Mitglied Richard Siebeck im Nationalsozialismus und in der frühen Nachkriegszeit

Volker ROELCKE ML (Gießen)

Zusammenfassung

Der Beitrag rekonstruiert die Haltung und das Handeln des Internisten und Leopoldina-Mitglieds Richard SIEBECK (1883–1965) im Nationalsozialismus und in der frühen Nachkriegszeit. Insbesondere im Bereich der Eugenik, der damit verbundenen „Erbgesundheitspflege“ und in militärmedizinischen Kontexten war SIEBECK sehr deutlich engagiert, wobei die in der historischen Forschung dokumentierten Handlungsspielräume von ärztlichen Akteuren deutlich machen, dass SIEBECKS Handeln nicht als Resultat von äußerem Zwang gedeutet werden kann. Der Beitrag zeigt, dass SIEBECK sich in verschiedenen Handlungskontexten durchaus unterschiedlich zu den Erwartungen der verschiedenen Machtinstanzen des nationalsozialistischen Regimes, zu dessen Herrschaftspraxis und zu den damit verbundenen Wertehierarchien verhielt. Der genaue Blick auf das Beispiel von SIEBECK im Nationalsozialismus illustriert darüber hinaus, dass die Einstellungen, konkreten Verhaltensweisen und auch Handlungsbegründungen von wissenschaftlichen Akteuren in diesem zeitlichen Rahmen nicht pauschal durch Kategorien wie „Täter“, „Mitläufer“, „Opfer“ oder „Gegner“ charakterisiert werden können und sich somit auch nicht durch eine Bewertung von „Belastung“ abbilden lassen. Vielmehr muss eine angemessene Beschreibung sowohl unterschiedliche spezifische Handlungskontexte (z. B. Forschung, Lehre, Hochschulpolitik, Verhalten gegenüber politischen Instanzen und Militär) als auch Veränderungen über die Zeit zwischen 1933 und 1945 berücksichtigen.

Abstract

The contribution describes the attitudes and activities of the specialist in internal medicine and member of the Leopoldina Richard SIEBECK (1883–1965) during the period of National Socialism and the early post-World War II period. SIEBECK was clearly engaged in the regime's eugenically inspired “hereditary health policies” (*Erbgesundheitspolitik*) and in contexts of military medicine during the war. The scope of action for physicians in these fields as documented in historical research shows that SIEBECK's behaviour in these contexts should not simply be interpreted as the result of external pressure. The contribution also clarifies that in different contexts, SIEBECK showed a range of behaviours towards the expectations of various political entities within the regime, towards it's concrete ruling practices, and the associated value hierarchies. The close view at the example of SIEBECK during National Socialism further illustrates that the attitudes, concrete activities, and also the justifications of behaviours by scientists during that period may not flatly be characterized by categories such as “perpetrator”, “follower”, “victim”, or “opponent”, and that it is inadequate to summarily evaluate these behaviours in terms of a “political burden”. Rather, an appropriate description has to take into account the various specific contexts of concrete activities (e.g. research, teaching, academic politics, behaviours towards political instances or the military), as well as changes within the period between 1933 and 1945.

Der Internist Richard SIEBECK (1883–1965), Leopoldina-Mitglied (ML) ab 1938, war zusammen mit seinem Lehrer Ludolf VON KREHL (1861–1937, ML 1926) sowie mit Viktor VON WEIZSÄCKER (1886–1957, ML 1942) einer der Hauptvertreter der sogenannten „Heidelberger Schule“ der anthropologischen Medizin. In Teilen der heutigen psychosomatischen Medizin wird er als einer der Gründungsväter der Psychosomatik verehrt. So wurde er 1949 bei der Gründung der Deutschen Gesellschaft für Psychoanalyse, Psychotherapie, Psychosomatische Medizin und Tiefenpsychologie (DGPT) von deren Vorstand zum Ehrenmitglied ernannt. Seit den letzten etwa 10 Jahren gibt es in dieser Fachgesellschaft allerdings eine bis heute anhaltende kontroverse Diskussion um SIEBECKS Vergangenheit im Nationalsozialismus.[1]

Für die Fragestellung des vorliegenden Bandes nach der „Belastung" von Wissenschaftlern im Nationalsozialismus ist SIEBECK interessant, weil er in kein einfaches Täter-Opfer-Raster passt und sich in verschiedenen Handlungskontexten durchaus unterschiedlich zu den Erwartungen der verschiedenen Machtinstanzen des nationalsozialistischen Regimes, zu dessen Herrschaftspraxis und zu den damit verbundenen Wertehierarchien verhielt.[2] Um dies zu dokumentieren, sollen hier die folgenden Leitfragen adressiert werden: Was war Richard SIEBECKS Haltung gegenüber dem nationalsozialistischen Regime und den diversen staatlichen und Parteiinstitutionen? Was war sein Verhalten gegenüber der Hochschulpolitik des Regimes? Wie verhielt sich SIEBECK gegenüber der „Volksgesundheitspflege" des nationalsozialistischen Staates und der damit verbundenen Wertehierarchie? Welche Position vertrat er gegenüber der Eugenik bzw. Rassenhygiene sowie der „Erbgesundheitspolitik" des Regimes und den damit verbundenen Zwangssterilisationen? Wie verhielt sich SIEBECK zur „Vernichtung lebensunwerten Lebens" („Euthanasie"), zur erzwungenen Forschung an Menschen und zur „Wehrmedizin"? Gibt es Anzeichen aus der Nachkriegszeit, dass bei SIEBECK eine Bereitschaft zur Selbstreflexion in Bezug auf potenzielles eigenes Fehlverhalten oder in Bezug auf das Fehlverhalten und die Verbrechen von Mitgliedern der deutschen Ärzteschaft existierte? Gab es bei ihm eine Unterstützung von Aufklärungsversuchen zur Medizin im Nationalsozialismus oder Überlegungen zu einer Bitte um Entschuldigung gegenüber Opfern der Medizinverbrechen oder ihren Repräsentanten?

Eine umfassende Biografie von SIEBECK ist im vorliegenden Kontext nicht beabsichtigt.

1. Eckdaten zu Siebecks Biografie

SIEBECK war ein Schüler des Heidelberger Ordinarius für Innere Medizin Ludolf VON KREHL.[3] Nach dem Studium der Medizin war SIEBECK ab 1908 Assistent an der Medizinischen Klinik der Universität Heidelberg, wo er sich 1912 habilitierte. 1924 wurde er als Professor und Direktor der medizinischen Poliklinik an die Universität Bonn berufen, im April 1931 kehrte er nach Heidelberg zurück, wo er Amtsnachfolger seines Lehrers KREHL als Professor für Innere Medizin und Direktor der Medizinischen Klinik wurde. Im April 1934 folgte er einem Ruf als Professor und Direktor der I. Medizinischen Klinik der Charité in Berlin, im Oktober 1936 wurde er zum Dekan der Berliner Medizinischen Fakultät ernannt. 1938 wurde er in die

1 Zu SIEBECK als Mitbegründer und Protagonist der „Heidelberger Schule" der anthropologischen Medizin vgl. CHRISTIAN 1965, ENGELHARDT 2005, BRÖER und ECKART 1993; zur Bedeutung der „Heidelberger Schule" für die psychosomatische Medizin vgl. EICH 1996; zur Ehrenmitgliedschaft von SIEBECK in der DGPT: https://dgpt.de/ueber-uns/ehrenpraesidium/ehrenmitglieder (zuletzt eingesehen am 12. 10. 2022); die Kontroverse in der DGPT zu SIEBECKS „NS-Belastung" veranlasste die Fachgesellschaft, einen Forschungsbericht zu dieser Frage in Auftrag zu geben, vgl. ROELCKE 2016; der vorliegende Beitrag ist eine gekürzte und aktualisierte Version dieses Forschungsberichts.

2 Zur Vielschichtigkeit des Begriffs „Täter" und der Kategorie „Täterschaft" im Kontext der Medizin im Nationalsozialismus vgl. ROELCKE 2022.

3 Zu den Eckdaten VON SIEBECKS Biografie vgl. CHRISTIAN 1965, BÜTTNER 2010.

Leopoldina aufgenommen. Zum 1. Oktober 1941 folgte SIEBECK einem Ruf zurück auf den Heidelberger Lehrstuhl für Innere Medizin, verbunden mit der Direktion der Medizinischen Klinik; dort war er bis zu seiner Emeritierung 1951 tätig. Er starb 1965.

2. Verhalten gegenüber dem nationalsozialistischen Regime und NS-Organisationen

Im November 1945 machte SIEBECK die folgende Aussage gegenüber dem Dekan der Heidelberger Medizinischen Fakultät, offenbar im Kontext eines Rundschreibens der amerikanischen Besatzungsbehörden mit der Frage nach NS-Aktivitäten von Lehrenden:

„Politisch habe ich mich weder vor noch nach 1933 irgendwie aktiv betätigt. [...] Nachdem der Nazismus zur Macht gelangt war und die Staatsgewalt übernommen hatte, war mein ganzes Bestreben darauf gerichtet, das Gute der akademischen, klinischen, rein sachlichen und wissenschaftlichen Tradition festzuhalten. Nur was ich in dieser Verpflichtung für notwendig hielt, habe ich auf mich genommen. In diesem Sinne habe ich mich auch im Frühjahr 1938 bereitgefunden, der dringenden Aufforderung des Reichsgesundheitsführers entsprechend mich zur Aufnahme in die Partei anzumelden. Meine Beziehungen zur Partei bestanden nie in irgendetwas anderem als in der Bezahlung der obligatorischen Beiträge.“[4]

Und im Fragebogen zur Entnazifizierung, den SIEBECK mit Datum vom 27.4.1946 ausgefüllt und unterschrieben hatte, finden sich folgende Eintragungen von ihm:

„*1.b. Allg. SS*: ‚vorübergehend förderndes Mitglied, dann ausgetreten‘ [...]
14. Bemerkungen: ‚Meine Stellung in Berlin wurde durch Widerstand gegen parteipolitische Eingriffe in die Fakultät unmöglich‘“.[5]

Diese Aussagen decken sich nur teilweise mit den historischen Fakten aus der Zeit bis Mai 1945, teilweise widersprechen sie explizit der historischen Evidenz, die sich aus den Quellen rekonstruieren lässt: SIEBECK war ab 1933 „Förderndes Mitglied“ der SS, der von SIEBECK behauptete Austritt lässt sich nicht dokumentieren. Weiter war er Mitglied im NS-Ärztebund und im NS-Lehrerbund (ab 1935: NS-Dozentenbund),[6] ebenso in der NS-Volkswohlfahrt,[7] im NS-Studentenkampfbund[8] sowie im NS-Altherrenbund der Deutschen Studenten.[9]

Der Eintritt von SIEBECK in die NSDAP erfolgte, wie SIEBECK selbst im Jahr 1938 gegenüber dem Rektor der Berliner Universität mitteilte, zum 1. Mai 1937, also nicht, wie von ihm in der Nachkriegszeit behauptet, erst 1938.[10] Der Partei-Eintritt geschah damit – wie für zahlreiche andere Ärzte und ebenso Nicht-Ärzte – zu dem Datum, an dem die NSDAP wieder neue Mitglieder aufnahm, nachdem es seit April 1933 wegen der enorm hohen Zahl von

4 Universitätsarchiv Heidelberg, Personalakte Richard SIEBECK (im Folgenden UAHD PAS), SIEBECK an Dekan, 5. 11. 1945.

5 Generallandesarchiv Karlsruhe, Bestand Spruchkammer Heidelberg, Akte zu Richard SIEBECK, GLA 465 Q, Nr. 14445 (im Folgenden GLA KA RS), Meldebogen vom 27. 4. 1946.

6 UAHD PAS, Selbstauskunft SIEBECK gegenüber dem Universitätskurator in Berlin, 8. 5. 1937; ebenso Bundesarchiv Berlin, Bestand BDC, Eintrag SIEBECK (im Folgenden BAB BDC), Karte NSLB.

7 BAB BDC, Parteistatistische Erhebung, Stand 1. Juli 1939, ausgefüllt/unterschrieben von SIEBECK am 4. 7. 1939.

8 Universitätsarchiv der Humboldt Universität Berlin, Personalakte SIEBECK (im Folgenden UAHUB PAS), SIEBECK an Rektor der Universität Berlin, o. D. (ca. Okt. 1938).

9 BAB BDC (wie Anm. 5).

10 UAHUB PAS, SIEBECK an Rektor der Universität Berlin, undatiert [Eingangsstempel 22. 10. 1938]; vgl. ebenso die von SIEBECK selbst unterschriebene parteistatistische Erhebung von 1939: BAB BDC, Fragebogen zur parteistatistischen Erhebung, von SIEBECK unterschrieben und datiert 4. 7. 1939; die Aufnahme in die NSDAP-Gaukartei erfolgte am 15. 11. 1937: ebenda, NSDAP-Gaukarteikarte; in der Sekundärliteratur wird z. T. die Nachkriegsbehauptung von SIEBECK zum Datum des Parteieintritts unkritisch übernommen, vgl. BAUER 2006, S. 748.

Partei-Eintritten und dem von Seiten der Parteiführung in diesem Zusammenhang vermuteten Opportunismus eine vierjährige Aufnahmesperre gegeben hatte. Aufgenommen wurden im Mai 1937 allerdings nur „Anwärter", d.h., diejenigen, die sich seit der Machtübernahme der Nationalsozialisten in den der Partei angeschlossenen Organisationen und Gliederungen „bewährt" hatten.[11] Für die von SIEBECK in der Nachkriegszeit gemachte Aussage, er sei vom Reichsgesundheitsführer „dringend" zum Eintritt in die Partei aufgefordert worden (siehe oben), finden sich keinerlei Belege. Vielmehr legt das Eintrittsdatum nahe, dass SIEBECK als „Anwärter", also auf eigene Initiative, der Partei beigetreten ist.

Nach SIEBECKS eigenen Angaben im Jahr 1937 (siehe oben, Anm. 6) trat er 1933 in den Nationalsozialistischen Deutschen Ärztebund (NSDÄB) ein. Dies geschah drei Jahre vor der endgültigen „Gleichschaltung" der ärztlichen Berufsverbände 1935/36. Im Kontext der „Gleichschaltung" wurden die Mitglieder des „Verbands der Ärzte Deutschlands (Hartmannbund)", des größten deutschen Ärzteverbands, durch Überführung des Mitgliederstamms ohne eigene Initiative Mitglieder des NS-Ärztebundes.[12] SIEBECKS Mitgliedschaft im NS-Ärztebund im Jahr des Regierungsantritts der Nationalsozialisten 1933 kann also nicht durch diese „Gleichschaltung" der Ärzteverbände 1935/36 erklärt werden, sondern muss unabhängig davon auf eigene Initiative zustande gekommen sein. Ähnliches gilt für SIEBECKS Eintritt in den NS-Lehrerbund 1933 (aus dessen Unterorganisation für Hochschuldozenten 1935 der NS-Dozentenbund entstand): Auch dieser Eintritt direkt nach dem Beginn der nationalsozialistischen Herrschaft kann nicht durch eine quasi „automatische" Mitgliedschaft in Folge der „Gleichschaltung" früher existierender Hochschullehrervereinigungen erklärt werden.[13]

Zur Bewertung von SIEBECKS Mitgliedschaft in der NSDAP ist zu sagen, dass 1937 zwischen 50 und 65 % der Ärztinnen und Ärzte Mitglied der NSDAP oder einer der ihr angeschlossenen Organisationen (SA, SS) waren.[14] Das bedeutet, dass zwischen 35 und 50 % der Mediziner *keine* Mitglieder waren, was sehr deutlich einen Handlungsspielraum in dieser Frage belegt – einen Zwang zur Parteimitgliedschaft gab es also nicht. Auch dokumentiert SIEBECKS eigener Werdegang, dass man nicht Parteimitglied sein musste, um beruflich Karriere zu machen: Die Berufung auf das Ordinariat in Berlin erfolgte im Jahr 1934, die Ernennung zum Dekan der Medizinischen Fakultät 1936.[15] Im September 1936 erhielt SIEBECK außerdem mit Zustimmung des Reichsministers für Wissenschaft, Erziehung und Volksbildung einen Ruf auf den Lehrstuhl für Innere Medizin der Universität Leipzig, verbunden mit dem Direktorat der damals größten Medizinischen Klinik des Deutschen Reichs (SIEBECK lehnte diesen Ruf jedoch ab);[16] schließlich wurde er 1936 auch zum Präsidenten („Führer") der Deutschen Gesellschaft für Innere Medizin für das Jahr 1937 ernannt[17] – all dies geschah vor SIEBECKS Eintritt in die NSDAP im Mai 1937.

11 KATER 1985.

12 Ebenda, S. 20–21.

13 Zur Geschichte des NS-Dozentenbundes vgl. NAGEL 2008; zur Geschichte des NS-Lehrerbundes FEITEN 1981.

14 KATER 1985; ähnliche neuere Berechnungen bei FORSBACH 2006, S. 39–40; zu den Handlungsspielräumen in Bezug auf Parteimitgliedschaften etc. vgl. ROELCKE 2012a, S. 39–40.

15 Bundesarchiv Berlin, BDC, Karte Reichserziehungsministerium/REM.

16 Bundesarchiv Berlin, BDC, Karte REM; ebenso in UAHUB PAS, SIEBECK an Dekan der Heidelberger Fakultät Ernst ENGELKING (1886–1974), 5. 11. 1945. Dafür, dass mit dem Ruf nach Leipzig eine disziplinarische Absicht gegenüber SIEBECK verbunden gewesen sein könnte, gibt es keinerlei Anhaltspunkte: vgl. BAB BDC, Brief Werner JANSEN (1890–1943) an den Reichsminister für Wissenschaft, Erziehung und Volksbildung, 23. 7. 1936.

17 FORSBACH und HOFER 2015, S. 104–107.

Zur Bewertung von SIEBECKS Parteieintritt ist auch zu berücksichtigen, dass andere Professoren der Berliner Fakultät (z. B. der Pharmakologe Wolfgang HEUBNER [1877–1957, ML 1936], der Chirurg Ferdinand SAUERBRUCH [1875–1951, ML 1933]) nie in die NSDAP eintraten – ein weiterer Beleg für die in dieser Frage existierenden Handlungsspielräume.[18] Insgesamt lässt sich also festhalten, dass SIEBECK weder aus Gründen der persönlichen Sicherheit noch aus Gründen des beruflichen Fortkommens genötigt war, in die Partei einzutreten, ebenso gibt es, entgegen der Behauptung von SIEBECK in der Nachkriegszeit, keinerlei Anhalt für eine entsprechende Aufforderung von Seiten des Reichsgesundheitsführers.

Für das Jahr 1937 fungierte SIEBECK – wie bereits erwähnt – als Vorsitzender der Deutschen Gesellschaft für Innere Medizin. Die Ernennung zum Vorsitzenden bzw. „Führer“ von medizinischen Fachgesellschaften erfolgte durch den Präsidenten des Reichsgesundheitsamtes, Hans REITER (1881–1969, ML 1935), der gleichzeitig Mitglied des Reichsausschuss für Volksgesundheit war, sowie durch dessen Vorgesetzten, den Reichsärzteführer.[19] Im Jahr 1938 wurde SIEBECK auch in die Leopoldina – Deutsche Akademie der Naturforscher in Halle (Saale), 1942 dann in die Heidelberger Akademie der Wissenschaften aufgenommen. Die Aufnahme in diese Institutionen erfolgte in der Zeit des Nationalsozialismus nach Vorschlag durch die Akademien und Bestätigung durch das Reichsministerium für Wissenschaft, Erziehung und Volksbildung.[20] Diese Ernennungen zum Vorsitzenden der internistischen Fachgesellschaft sowie als Mitglied der Wissenschaftsakademien dokumentieren, dass SIEBECK zumindest bis 1942 (also deutlich nach seinem Wechsel nach Heidelberg) keiner der involvierten Machtinstanzen im nationalsozialistischen Staat in irgendeiner Weise als politisch problematisch oder gar widerständig erschienen ist. Auch dies steht, ebenso wie SIEBECKS Aussage zum Zeitpunkt des Parteieintritts, im Widerspruch zu seinen Behauptungen in der Nachkriegszeit. Neben den dazu bereits genannten Indizien gibt es hierfür weitere Belege: So verfasste SIEBECK 1939 einen Beitrag zur Festschrift von Seiten der Wissenschaften zum 50. Geburtstag des „Führers“ Adolf HITLER (1889–1945), was aus der Sicht des Regimes einer Auszeichnung gleichkam.[21] Auch bot ihm das Regime die Möglichkeit zu Auslandsreisen (z. B. 1939 nach Paris, 1940 nach Sofia, 1942 nach Bukarest, 1943 nach Basel), was jeweils nur nach Prüfung der „politischen Zuverlässigkeit“ geschah.[22] Im März 1939 wurde SIEBECK sogar zum „Führer“ der deutschen Wissenschaftler-Delegation bei der 50-Jahr-Feier des Institut Pasteur in Paris ernannt.[23] SIEBECK erfüllte mit diesen Auslandsreisen eine Funktion im Kontext der deutschen auswärtigen Kulturpolitik: Dies zeigt sich etwa in der Ansprache von SIEBECK „im Namen der deutschen Wissenschaft“ beim Jubiläum des Institut Pasteur in

18 Zu HEUBNER vgl. SCHAGEN 2008; zu SAUERBRUCH DEWEY et al. 2006.

19 Zur Rolle des Reichsgesundheitsamtes und des Reichsärzteführers bei der Ernennung von Vorständen medizinischer Fachgesellschaften vgl. MAITRA 2001, S. 379–384; SCHMUHL 2016, S. 95–96.

20 Die Aufnahme in die Leopoldina wurde von Friedrich VON MÜLLER mit ausführlichen Kommentaren zu SIEBECKS Tätigkeit als Forscher und akademischer Lehrer begründet; abgesehen von der Erwähnung von SIEBECKS ärztlicher Tätigkeit im 1. Weltkrieg finden sich in dieser Stellungnahme keine Hinweise auf politisches Engagement von SIEBECK oder auf äußere politische Einflussnahme; vgl. LA, Matrikelakte Richard SIEBECK; zum Procedere bei der Aufnahme neuer Mitglieder in die Wissenschaftsakademien vgl. GERSTENGARBE 2016.

21 SIEBECK 1939.

22 UAHD PAS, RMEV an Universitätskurator in Berlin, 17. 6. 1940; ebenda, SIEBECK an RMWEV, 6.2.1942; ebenda, SIEBECK an RMEV, 3. 12. 1943; zum formalen Procedere bei Auslandsreisen von Wissenschaftlern vgl. WEISS 2005.

23 Weitere Teilnehmer waren die Professoren LAUBENHEIMER/Frankfurt (Main), MÜHLENS/Hamburg, SCHLOSSBERGER/Berlin, UHLENHUTH/Freiburg); vgl. UAHUB PAS, RMWEV an SIEBECK, 7. 3. 1939; SIEBECK an RMWEV, 17. 3. 1939; SIEBECK an RMWEV, 9. 5. 1939.

Anwesenheit des französischen Präsidenten und mehrerer Minister[24] oder durch die explizite Anerkennung des Auswärtigen Amtes und des Reichsministeriums für Wissenschaft, Erziehung und Volksbildung (RMWEV), als diese Institutionen SIEBECK im Mai 1943 gemeinsam die Urkunde über die Ehrenpromotion durch die Universität Bukarest überreichten.[25]

Im Oktober 1941 kehrte SIEBECK auf seine frühere Position in Heidelberg zurück.[26] Dieser Wechsel von der Metropole Berlin mit der reichsweit renommiertesten Medizinischen Fakultät zurück nach Heidelberg wurde schon zu diesem Zeitpunkt (1941) und auch noch sehr viel später von verschiedenen Seiten als überraschend empfunden.[27] SIEBECK selbst benutzte, wie eingangs bereits kurz erwähnt, im Kontext der Entnazifizierungsverfahren in der unmittelbaren Nachkriegszeit Formulierungen, die zu der Interpretation verleiten konnten, dass dieser Wechsel im Zusammenhang mit Widerstandshandlungen von seiner Seite gestanden hätte, und dass er motiviert gewesen sei durch den Wunsch, der besonders starken Einflussnahme von Seiten politischer Instanzen auf die Berliner Medizinische Fakultät auszuweichen: „Meine Stellung in Berlin wurde durch Widerstand gegen parteipolitische Eingriffe in die Fakultät unmöglich“, sowie „zum 1.10.41 wurde ich nach Heidelberg berufen und nahm den Ruf an, da die Verhältnisse in der Berliner Fakultät sich durch parteipolitische Eingriffe sehr unerfreulich entwickelt hatten“.[28]

Die nur teilweise erhaltenen Quellen aus der Zeit bis 1945 zu dem Wechsel nach Heidelberg lassen leider keine vollständige Rekonstruktion dieses Vorgangs zu. Wie oben dargelegt, gibt es allerdings keinerlei Hinweise dafür, dass SIEBECK während seiner Berliner Tätigkeit bis Oktober 1941 in irgendeiner Weise „Widerstand“ gegen Einflussnahme äußerer politischer Instanzen auf inner-universitäre Vorgänge geleistet hätte, vielmehr wurde er noch nach seinem Wechsel nach Heidelberg von den zuständigen politischen Instanzen sehr geschätzt und gewürdigt. Es liegen zudem einige konkrete Indizien dafür vor, dass die Initiative zum Wechsel nach Heidelberg gar nicht von SIEBECK selbst ausging, sondern dass die Berufung durch persönliche Konflikte mit dem Berliner Ordinarius für Psychiatrie Max DE CRINIS (1889–1945, ML 1943) verursacht war, und dass dieser den Wechsel SIEBECKS initiierte. Eine gewisse politische Dimension spielte hier zwar eine Rolle (siehe unten), sie war allerdings weitgehend auf die Person des Fakultätskollegen DE CRINIS beschränkt, während sich für ein systematisches Handeln von SIEBECK gegen Universitäts-externe politische Instanzen keinerlei Anhaltspunkte finden:

DE CRINIS war nicht nur Ordinarius für Psychiatrie und Neurologie, sondern auch Ministerialreferent für medizinische Sachfragen im RMWEV, mit Zuständigkeit für Berufungsangelegenheiten an den medizinischen Fakultäten im gesamten Reichsgebiet. Vor seiner Berliner Amtszeit war er als Ordinarius in Köln tätig, 1938 war er vom RMWEV nach Berlin berufen worden, und zwar gegen das ausdrückliche Votum der Berliner Medizinischen Fakultät, die von SIEBECK in seiner Funktion als Dekan vertreten wurde.[29] Von zeitgenössischen Fachkol-

24 UAHUB, PAS I, RMWEV an SIEBECK, 7. 3. 1939; sowie ebenda, SIEBECK an RMWEV, 17. 3. 1939 und die dortige weitere Korrespondenz zu diesem Jubiläum, dazu auch FORSBACH und HOFER 2018, S. 96–97.

25 UAHD, PA 5883, [Rektor der Universität Heidelberg] an SIEBECK, 12. 5. 1943.

26 FORSBACH und HOFER 2015, S. 104, FORSBACH und HOFER 2018, S. 96.

27 Vgl. für eine unmittelbare Reaktion von internistischen Kollegen auf die Nachricht des Wechsels UAHUB PAS, VOLHARD an VON BERGMANN, 12. 8. 1941; für eine Kommentierung mehr als zwanzig Jahre später die Ansprache des Dekans der Heidelberger Fakultät anlässlich der Beisetzung von SIEBECK: UAHD, PAS 1185, Ansprache am 18. 5. 1965.

28 GLA KA RS, Meldebogen vom 27. 4. 1946; UAHD, PAS 1185, SIEBECK an Dekan, 5. 11. 1945.

29 JASPER 1991; BEDDIES 2005, S. 62–65.

legen war DE CRINIS im Rahmen der üblichen Vorabumfrage im Kontext von Berufungsverfahren als wissenschaftlich eher durchschnittlich qualifizierter Psychiater eingeschätzt worden, er galt gleichzeitig aber als besonders engagierter Nationalsozialist.[30] SIEBECK äußerte sich nach Vorliegen der Einschätzungen der psychiatrischen Fachvertreter in seinem Votum zu DE CRINIS an das Ministerium Anfang 1938 wie folgt:

„Seiner vorbildlichen Persönlichkeit und seinem politischen Einsatz entsprechen offenbar nicht seine Leistungen auf dem Gebiete der Psychiatrie. Er hat sich überwiegend mit physiologisch-chemischen und rein hirnanatomischen Untersuchungen beschäftigt, auf dem eigentlichen Gebiet der Psychiatrie aber kaum betätigt [...] So sehr ich de Crinis persönlich schätze, so kann ich mich nach eingehenden Erkundigungen doch nicht davon überzeugen, dass er als Psychiater den Anforderungen der hiesigen Klinik gewachsen wäre.“[31]

Mit dieser Art von vorsichtig formulierten Vorbehalten gegenüber Berufungsvorschlägen des Ministeriums zu wissenschaftlich eher durchschnittlich qualifizierten Kandidaten für Professuren stand SIEBECK keineswegs allein, sie findet sich immer wieder in unterschiedlichen Konfigurationen an vielen medizinischen Fakultäten.[32] Diese eine Stellungnahme von SIEBECK zur Eignung von DE CRINIS, der keine weiteren Handlungen in ähnlich gelagerten weiteren Fällen oder allgemeinere Äußerungen zur Problematik einer politischen Einflussnahme auf inneruniversitäre Abläufe folgten, kann kaum als „Widerstand“ bezeichnet werden. Diese Stellungnahme wurde auch von den relevanten politischen Instanzen (wie aus den oben genannten Belegen hervorgeht) ganz offensichtlich nicht als „Widerstand“ gegen politische Einflussnahme wahrgenommen.

Im Oktober 1939 kam DE CRINIS (inzwischen seit etwa einem Jahr Inhaber des Berliner Ordinariats) in einem Brief an SIEBECK direkt auf diesen Berufungsvorgang zu sprechen: Bei einer fakultätsinternen Diskussion zur Einrichtung einer neurochirurgischen Abteilung der Medizinischen Fakultät in der bisherigen Neurologischen Klinik am Hansaplatz (Berlin) hatte SIEBECK offenbar auf das Berufungsverfahren Bezug genommen. DE CRINIS reagierte umgehend:

„Sehr geehrter Herr Siebeck, Sie haben gestern in der Wechselrede über die neurologische Klinik am Hansaplatz die Äußerung getan, die Fakultät sei gegen meine Berufung gewesen. Da [...] ein Zusammenhang dieser Frage mit dem Thema ‚Neurologische Klinik am Hansaplatz‘ nicht verständlich war, habe ich diese Äußerung als taktlos empfunden.“[33]

DE CRINIS fühlte sich offensichtlich durch SIEBECKS Bemerkung am Vortag und die dort mitgeteilten Vorbehalte der Fakultät gegen seine Berufung gekränkt. Dieser Vorgang könnte ein Grund dafür gewesen sein, dass DE CRINIS in seiner Funktion als Ministerialrat im Reichs-Wissenschaftsministerium die Rückberufung von SIEBECK auf den Heidelberger Lehrstuhl betrieb. Dafür sprechen insbesondere einige Indizien aus dem Briefwechsel zwischen DE CRINIS in seiner Funktion als Ministerialrat und dem Heidelberger Prodekan Johann ACHELIS (1898–1963, ML 1941), über den die Vorbereitungen zur Berufung SIEBECKS ebenso wie dann die Berufungsverhandlungen liefen. ACHELIS war selbst bis zu seiner Berufung auf den Lehrstuhl für Physiologie in Heidelberg 1934 auf der gleichen Ministerialrats-Stelle in Berlin tätig gewesen, die ab 1938 von DE CRINIS ausgefüllt wurde. Am 26. Mai 1941 schrieb ACHELIS an DE CRINIS:

30 Ebenda.
31 Zitiert in BEDDIES 2005, S. 63.
32 Vgl. etwa HESS 2005, FORSBACH 2006, OEHLER-KLEIN 2007.
33 Zitiert in BEDDIES 2005, S. 65.

„Haben Sie vielen Dank für die prompte Berufung von Siebeck und Vogel, die inzwischen beide hier in Heidelberg waren und sich die Kliniken angesehen haben. Die Verhandlungen liefen glatt, so dass wir hoffen können, dass auch in Berlin alles zum Abschluss kommt. Vielleicht könnten Sie da bei Siebeck notfalls noch etwas nachhelfen. Ich habe den Eindruck, dass sich in diesem Falle unsere Interessen durchaus begegnen."[34]

Das Heidelberger Interesse an SIEBECK als einem außerordentlich renommierten Internisten ist leicht nachvollziehbar, das von ACHELIS jedoch ebenfalls angedeutete Interesse von DE CRINIS an SIEBECKS Wechsel lässt sich mangels anderer plausibler Gründe am ehesten durch das angespannte persönliche Verhältnis zwischen beiden erklären. Weitere Quellen aus diesem Berufungskontext belegen, dass SIEBECK offenbar keineswegs ohne Zögern der Berufung folgte (wie seine Behauptung aus der Nachkriegszeit nahelegt), und dass sowohl DE CRINIS als auch ACHELIS nicht sicher waren, ob SIEBECK auf das Rufangebot eingehen würde.[35] Andererseits existiert auch ein Beleg dafür, dass für SIEBECK während der Berufungsverhandlungen nicht weiter konkretisierte Schwierigkeiten in der Berliner Fakultät durchaus relevant waren: In Reaktion auf einen archivalisch nicht erhaltenen Brief von SIEBECK schrieb ACHELIS am Rande seines Antwortbriefs (der sich ansonsten mit Details von SIEBECKS Berufungswünschen beschäftigte): „Die Dinge, die Sie mir von Berlin erzählen, beschäftigen mich immer noch. Das ist doch wenig erfreulich!"[36] Ob SIEBECK gegenüber ACHELIS hier wirklich kritisch über politische Interventionen von außen in den Berliner Fakultätsbetrieb gesprochen hat oder ob es eventuell lediglich um persönliche Spannungen (z. B. auch mit DE CRINIS) ging, lässt sich im Nachhinein nicht eindeutig klären. ACHELIS war allerdings als strikter Nationalsozialist bekannt, der in seiner Zeit als Ministerialrat im Preußischen und dann im Reichs-Wissenschaftsministerium u. a. wesentlich für die Massenentlassungen von als „jüdisch" oder „politisch unzuverlässig" klassifizierten Wissenschaftlern an den Universitäten verantwortlich gewesen war. Dieser Umstand dürfte SIEBECK bewusst gewesen sein, da er während der Amtszeit von ACHELIS im Wissenschaftsministerium zunächst als Dekan in Heidelberg fungierte und dann den Ruf an die Berliner Fakultät erhielt.[37] Insofern erscheint eine kritische allgemeine Äußerung von SIEBECK gegenüber ACHELIS über unerwünschte äußere Einflussnahme politischer Instanzen auf die Fakultät wenig plausibel. Ebenso wenig glaubhaft erscheint es, dass der überzeugte Nationalsozialist und in Parteikreisen gut vernetzte ACHELIS im Jahr 1941 eine Berufung von SIEBECK unterstützt haben sollte, wenn er der Auffassung gewesen wäre, dass bei SIEBECK mit irgendeiner Form von Widerstand gegen äußere politische Einflussnahme auf inneruniversitäre Abläufe gerechnet werden müsse.[38]

Zusammenfassend lässt sich festhalten, dass die persönliche Irritation und offensichtliche Kränkung auf Seiten von DE CRINIS nach einer kritischen Bemerkung von SIEBECK mit einiger Wahrscheinlichkeit dazu führte, dass DE CRINIS die Entfernung von SIEBECK aus der Berliner Fakultät durch eine Rückberufung nach Heidelberg betrieb. Für SIEBECK waren offenbar Schwierigkeiten *innerhalb* der Berliner Fakultät – möglicherweise politischer, wahrscheinlich eher persönlicher Art, oder auch eine Kombination von beidem – durchaus ein Faktor

34 UAHD, PAS 1185, ACHELIS an DE CRINIS, 26. 5. 1941.

35 UAHD, PAS 1185, Reichsminister für Erziehung, Wissenschaft und Volksbildung/DE CRINIS an ACHELIS, 21. 6. 1941; ebenso ein Brief von ACHELIS an den Direktor des Heidelberger Kaiser-Wilhelm-Instituts für medizinische Forschung und Nobelpreisträger Richard KUHN, ebenda, 1. 7. 1941.

36 UAHD PAS, ACHELIS an SIEBECK, 1. 7. 1941.

37 JASCH 2005.

38 Die nachhaltige Unterstützung von ACHELIS für die Berufung SIEBECKS nach Heidelberg ist auch dokumentiert in BAUER 2006, S. 748–749.

bei der Entscheidung zur Rückkehr nach Heidelberg. Anhaltspunkte für ein von SIEBECK in der Nachkriegszeit behauptetes widerständiges Verhalten gegenüber *äußerer* politischer Einflussnahme auf die Fakultät finden sich jedoch in diesem Kontext nicht.

3. Siebecks Haltung zur Hochschulpolitik des NS-Staates

In der bisherigen Forschung wurde wiederholt mit sehr positiver Bewertung darauf hingewiesen, dass SIEBECK sich als Dekan der Heidelberger Fakultät deutlich kritisch gegenüber staatlichen Eingriffen in die Hochschulen und gegenüber den antisemitischen „Säuberungen" in den deutschen Universitäten ausgesprochen habe.[39] Dieser Vorgang soll im Folgenden genauer beleuchtet werden.

Nach der Machtübernahme der Nationalsozialisten Anfang 1933 hatte SIEBECK wenige Wochen später in seiner Funktion als Dekan im Namen der Heidelberger Fakultät und „im Einvernehmen mit dem Herrn Rektor" in einem Brief an den Kultusminister von Baden die enge Verbundenheit der Ärzte und der universitären Medizin mit dem „neuen Staat" betont:[40]

> „Die umwälzenden Ereignisse, die wir erleben, verpflichten uns, zu einigen Punkten Stellung zu nehmen. Es handelt sich für uns hier um die Grundeinstellung zu den Erfordernissen der Zeit, nicht um Vorschläge zu einzelnen Reformen. […] Die medizinische Fakultät dient der Ausbildung zum ärztlichen Berufe. Die Grundpfeiler dieser Ausbildung müssen sein: lebendige Wissenschaft und ärztliche Betätigung am Kranken, ihr Ziel die Entwicklung einer Generation von Ärzten, die in Volk und Staat verwurzelt, den umfassenden Aufgaben des Berufes voll und ganz gewachsen sind. […] Lebendige Wissenschaft ist der Zeit und dem Volkstum verhaftet, ist eng verwachsen mit dem Boden, der sie trägt, gebunden an geschichtliche Generation, an die kulturelle, wirtschaftliche und gesellschaftliche Gesamtlage der Epoche […]."[41]

Es ließe sich zwar argumentieren, dass diese Ergebenheitsadresse von SIEBECK gegenüber dem „neuen Staat" im Frühjahr 1933 aus seiner Sicht ein notwendiges Zugeständnis war, um ansonsten unbehelligt tätig sein zu können. Tatsächlich gab es in diesem Kontext direkt nach dem Regierungsantritt der Nationalsozialisten viele solcher Äußerungen von medizinischen Funktionsträgern; allerdings ist auch eine ganze Reihe von Gegenbeispielen dokumentiert. Ein konkretes solches Gegenbeispiel aus der Berliner Fakultät war Wolfgang HEUBNER, Direktor des Pharmakologischen Instituts: In einem Brief vom 31. Oktober 1933 an Wissenschaftsminister Bernhard RUST (1883–1945) bekannte sich HEUBNER zu einer liberalen und pazifistischen Gesinnung und formulierte explizit, dass es ihm „niemals möglich sein [würde], den Nationalsozialismus innerlich (und natürlich äußerlich) zu bejahen". Er wolle dies dem Minister zur Kenntnis geben, damit dieser frei entscheiden könne, ob er (HEUBNER) unter diesen Umständen weiter im Amt bleiben könne.[42] HEUBNER wurde trotz dieser klaren und gegenüber der nationalsozialistischen Hochschulpolitik sehr kritischen Aussage im Amt belassen.

Gleichzeitig mit seiner Verbundenheitsadresse formulierte SIEBECK jedoch in der genannten Stellungnahme von 1933 eine sehr deutlich kritische Position zur Anwendung des

39 Zum Beispiel WOLGAST 1986, S. 146–147; BRÖER und ECKART 1993, S. 7–8; REMY 2002; HESS 2005, S. 44; SELLIN 2006, S. 6–7.

40 Die genauen Abläufe sind rekonstruiert in SELLIN 2006, S. 6–7.

41 Erklärung von SIEBECK als Dekan der Heidelberger Medizinischen Fakultät, 5. 4. 1933, vgl. WOLGAST 1986, S. 146–147.

42 Der Brief ist ausführlich zitiert in JASCH 2005, S. 77.

Führerprinzips und zu damit verknüpften staatlichen Eingriffen in die Universitäten und die akademische Medizin:

„Die Universitäten sind dem Volkstum und dem Staate verpflichtet. Sie leben nicht isoliert, sondern einbezogen in die Gemeinschaft, sie leben von den gleichen Kräften der Kultur, von denen auch der Staat lebt, und sie sind mit dem Staate nicht nur durch die Begründung, sondern auch in ihrem innersten Wesen aufs engste verwachsen. Durch ihre besondere Aufgabe und besondere Verpflichtung haben sie aber in diesem gegebenen Raume ein gewisses Eigenleben. Das ergibt sich schon daraus, dass zu Führern nur solche geeignet sind, die in Selbständigkeit eigene Meinungen und Urteile sich bilden, und denen es ermöglicht ist, das Feld ihrer Betätigung in den Grenzen ihrer Verpflichtung nach eigenem Ermessen zu bestellen. Deshalb muss auch die Selbstverwaltung der Universitäten im Rahmen der staatlichen Notwendigkeiten erhalten bleiben. Vor allem gilt das für das Mitbestimmungsrecht bei der Auswahl der Lehrkräfte. [...] Aus der Verantwortung und Verpflichtung der Universität ergibt sich ihre positive Einstellung zum Staate. In ihrer Eigenschaft als öffentliche Institution hat sie aber nicht die Aufgabe, in die öffentliche Diskussion politischer Tagesfragen einzugreifen [...].“[43]

Das ist ein klares Plädoyer für eine relative Autonomie der Universitäten gegenüber Eingriffen des Staates bei gleichzeitig „positiver Einstellung“ zu diesem. Siebeck fügte auch noch deutliche Aussagen zur Situation jüdischer Hochschullehrer hinzu:

„Auch die Universität ist vor die Judenfrage gestellt. Wir erkennen die Notwendigkeit und die innere Verpflichtung, dass das deutsche Volkstum in ernster Einsicht und im Bewusstsein vieler Versäumnisse sich auf sich selbst besinnt, und dass jeder akademischer [!] Lehrer deutscher Art und deutschen Wesens ist; wir sehen die großen Gefahren, die durch das Überhandnehmen nur zersetzender Geistesrichtungen entstanden sind, aber wir können nicht übersehen, dass das deutsche Judentum Teil hat an großen Leistungen der Wissenschaft, und dass aus ihm große ärztliche Persönlichkeiten hervorgegangen sind [...] Wir müssen darauf hinweisen, wie dringend es ist, dass das Rechtsbewusstsein erhalten bleibe und die Stellung des Beamtentums geschützt werde. Insbesondere ist es unser Anliegen, dass da, wo es notwendig erscheint, ungeeignete Elemente von den Universitäten auszuschalten, das Urteil der Sachverständigen gehört werde.“[44]

Siebeck argumentiert hier ambivalent: Einerseits verwendet er ohne einschränkende Kommentierung, und ohne dazu gezwungen zu sein, die antisemitische Terminologie und Argumentation der Nationalsozialisten, wie insbesondere „die Judenfrage“ oder „zersetzende Geistesrichtungen“, die den Juden zugeschrieben wurden, sowie die vermeintliche Bedrohung durch deren „Überhandnehmen“. Er akzeptiert auch, dass „jeder akademische Lehrer deutscher Art und deutschen Wesens“ sein sollte, und dass es „ungeeignete Elemente“ unter den Hochschullehrern geben könnte, die „von den Universitäten auszuschalten“ seien. Andererseits insistiert er, dass „das deutsche Judentum“ an großen Leistungen der Wissenschaft teilhat, „und dass aus ihm große ärztliche Persönlichkeiten hervorgegangen sind“. Seine Schlussfolgerung ist, dass die vom Staat initiierten Beurlaubungen bzw. Entlassungen zwar prinzipiell sinnvoll sind, aber im konkreten Fall „verantwortungsbewusst“ und unter Hinzuziehung des „Urteils von [universitären] Sachverständigen“ stattfinden sollten.

Trotz dieser Ambivalenz und letztlich einer Zustimmung zu antisemitisch motivierten personellen Veränderungen in den Universitäten ist Siebecks Plädoyer im zeitgenössischen Kontext viel deutlicher als etwa das Verhalten der Dekane der Heidelberger Juristischen und Philosophischen Fakultät: Diese bedauerten zwar gegenüber individuellen Professoren deren Entlassung oder versicherten ihnen Unterstützung, machten aber keine allgemeinen Aussagen über die Grenzen von staatlichen Interventionen in akademische Abläufe.[45] Für eine Bewertung des von Siebeck im Namen der Fakultät formulierten Plädoyers ist schließlich zu

43 Erklärung von Siebeck, 5. 3. 1933, zitiert in Wolgast 1986, S. 146–147.
44 Zitiert nach Wolgast 1986, S. 146–147.
45 Vgl. Wolgast 1986, S. 147.

bedenken, dass er mit diesem Plädoyer nicht allein stand: Auch ein im gleichen zeitlichen Kontext abgefasstes Schreiben des engeren Senats der Universität Heidelberg machte dem badischen Kultusministerium deutlich, dass die Universität den Beurlaubungserlass für jüdische Hochschullehrer ablehnte:

„Eine zwangsläufige Beurlaubung von Kollegen, für deren Anstellung die Universität selbst die Mitverantwortung trägt, widerstreitet unserem Rechtsempfinden. Weiterhin muss ausgesprochen werden, dass eine solche Beurlaubung der Universität unabsehbaren Schaden zufügen würde.“[46]

In der Forschung existiert eine weitere Aussage zu SIEBECKS Tätigkeit als Dekan, allerdings in Berlin. Demnach „pflegte [Siebeck] enge Kontakte zum Reichsministerium für Wissenschaft, Erziehung und Volksbildung und zur Wehrmacht. Diese Kontakte führten dazu, dass – wie es im Januar 1945 in einem Aktenvermerk heißt – ‚unter Siebeck seit dem Jahr ’39 sieben Ordinariate für Wehrmedizin bei der Medizinischen Fakultät in Berlin geschaffen wurden‘“.[47] Es entsteht damit der Eindruck, dass SIEBECK in seiner Funktion als Dekan der Wehrmacht (konkret: der Heeressanitätsinspektion) bei der Einrichtung von Professuren in umfangreicher Weise entgegengekommen sei. In der zugehörigen Quelle, einem Aktenvermerk aus den Unterlagen der Notgemeinschaft der Deutschen Wissenschaften/Deutsche Forschungsgemeinschaft (DFG), heißt es jedoch korrekt:

„Der Standpunkt der Fakultät ist vollkommen gerechtfertigt, da ihr erst im Jahr 1943 bekannt wurde, dass seit dem Jahr ’39 sieben Ordinariate für Wehrmedizin bei der Medizinischen Fakultät in Berlin geschaffen wurden. Der damalige Dekan, Professor Siebeck, hat anscheinend Verhandlungen gepflogen, von denen die Fakultät nicht rechtzeitig erfuhr und daher auch nicht Stellung nehmen konnte. Es ist daher begreiflich, dass sich die Medizinische Fakultät Berlin nicht ohne Weiteres 7 Lehrstühle aufnötigen lassen will. Der Vermittlungsvorschlag, die Lehrstühle als planmäßige Extraordinariate zu führen mit der Möglichkeit, in besonders gelagerten Fällen die Inhaber zu persönlichen Ordinarien zu machen, scheint mir den Verhältnissen am ehesten zu entsprechen […].“[48]

Es handelt sich bei dem Inhalt des Aktenvermerks also nicht um eine Faktenaussage, sondern eine Vermutung über SIEBECK. Der unbekannte Autor dieses Aktenvermerks, wohl ein Mitarbeiter in der Notgemeinschaft der Deutschen Wissenschaften/DFG, solidarisiert sich offenbar mit einer Kritik daran, dass an der Berliner Medizinischen Fakultät ab 1939 (und bis 1943) insgesamt sieben neue Ordinariate speziell für das Themenfeld Wehrmedizin in den Stellenplan aufgenommen wurden – eine budgetäre Belastung, die der Autor durch eine Herunterstufung der Stellen auf Extraordinariate etwas reduzieren will. Die Verantwortung für die Einrichtung dieser Stellen weist er wesentlich dem „damaligen Dekan“ SIEBECK zu.

Diese Zuschreibung zeigt sich jedoch bei genauerer Kenntnis der Chronologie als weitgehend unzutreffend, der Autor des Aktenvermerks war offenbar nicht ausreichend über die Interna der Berliner Fakultät informiert: SIEBECK übte das Amt des Dekans lediglich vom Oktober 1936 bis September 1939 aus, außerdem war er im Jahr 1941 an die Universität Heidelberg gewechselt. Er kann also allenfalls in den ersten Monaten des insgesamt zur Debatte stehenden vierjährigen Zeitraums ab 1939 im genannten Sinn tätig gewesen sein – und dies wäre noch vor Beginn des Krieges gewesen, also vor der Kernzeit ab September 1939, in der die akademische Etablierung der Wehrmedizin massiv gefördert wurde.[49]

46 Zitiert in WOLGAST 1986, S. 147.

47 FORSBACH und HOFER 2015, S. 104.

48 Bundesarchiv Berlin, Bestand Notgemeinschaft der Deutschen Wissenschaften (R73/14744), Aktenvermerk WP 2559 [ohne Namen/Unterschrift], 5. 1. 1945.

49 NEUMANN 2005.

4. Siebecks Verhalten zu Eugenik, „Erbgesundheitspolitik“ und Zwangssterilisationen

In seiner Berliner Antrittsvorlesung im Sommersemester 1934 formulierte SIEBECK:

„Das ist in der Tat unser [...] Thema [in der heutigen Zeit]: Die Krankheit in der kranken Persönlichkeit zu erfassen, aber die Persönlichkeit als Glied von Stamm und Volksgemeinschaft zu verstehen [...] Wie sollte es anders sein, da ja die Medizin, wenn sie lebensnahe und bodenständig ist, nur leben kann von dem gemeinsamen Schicksal der Nation [...] der Mensch [...] ist gebunden durch Blut und Boden, sein Erbe ist sein Schicksal, seine Erdenlast. [...] Die Reaktionsfähigkeit des Menschen und seiner Organe [...] ist weitgehend in der *Erbanlage* begründet. Mit gutem Recht wird gefordert, dass die Erblehre in der Klinik sehr viel gründlicher und nachdrücklicher bearbeitet werde. [...] Es ist gewiss wichtig, die Erscheinungen der typischen Erbkrankheiten und die Wege ihrer Vererbung möglichst zu ergründen, damit wir schadhaftes Erbgut immer mehr erkennen und ausschalten lernen. [...] Aber es ist damit nicht genug. Wenn die Erbforschung nur auf die typischen Erbkrankheiten, nur auf Krankheitseinheiten gerichtet ist, so bleibt sie ein Torso. Nur dann kann sie ihre Aufgabe erfüllen, wenn sie auch geringfügige Zeichen bei Kranken und Gesunden, nur angedeutete Abwegigkeiten, wenn sie jedes Symptom, jede Anlage, Gestaltung und Verlauf der verschiedensten Krankheiten in ihrer Erbbedingtheit betrachtet. [...].“[50]

SIEBECK betont hier also die große Bedeutung der „Erblehre“/Humangenetik auch für die klinische Medizin und formuliert ein starkes Plädoyer für die „Erbforschung“ – wie sich in seinen weiteren Ausführungen zeigt, motiviert durch eugenische Programmatik und in Übereinstimmung mit der „Erbgesundheitspolitik“ des nationalsozialistischen Staates (siehe unten).

In seinen weiteren Ausführungen im Kontext der Antrittsvorlesung machte SIEBECK dann die Wertehierarchie deutlich, innerhalb derer nach seiner Auffassung die ärztliche Tätigkeit stattfinden sollte:

„Ziel unserer Behandlung [ist] nicht etwa nur das, dass die Organe normal funktionieren [...]. Vielmehr ist gesund, wer in seiner Stellung, in der Gemeinschaft und für sie leistet, was ihm aufgetragen ist, wer in Mühe und Arbeit seine Pflicht erfüllt. [...] Es ist ja der größte Segen, dass nun endlich wieder die Arbeit als lebenswichtigste Funktion des Einzelnen wie des Volkes anerkannt ist. Wir können dem Führer gar nicht dankbar genug dafür sein, dass dieses Bewusstsein im deutschen Volke wieder lebendig wurde.“[51]

Die Behandlung Herzkranker könne in „drei Akte“ gegliedert werden:

„Im ersten soll durch *Schonung* ein Ausgleich der gestörten Funktion erreicht, im zweiten durch *angepasste Belastung* die Funktion geübt und im dritten die Persönlichkeit in die ihr angemessenen und natürlichen *Lebensbedingungen* eingeführt werden. [... Im dritten Akt ist das Wesentliche die] Arbeitstherapie, Therapie durch Arbeit zur Arbeit. Die Arbeit soll keine ziellose und spielerische, sondern soll nutzbringend und ersprießlich sein, nur dann ist sie wirkliche Arbeit. [...].“[52]

Die offensichtliche Verschiebung des Fokus für die ärztliche Tätigkeit beschreibt SIEBECK selbst folgendermaßen: „Aus der Medizin der Organe wurde die der Persönlichkeit, die der Persönlichkeit in der Gemeinschaft und schließlich die Medizin der Gemeinschaft.“ Seine Ausführungen münden in den sehr eindeutigen Satz: „Die Aufgabe, die uns gestellt ist, ist die Sorge für die kranke Persönlichkeit und die Sorge für eine gesunde, leistungsfähige Volksgemeinschaft. Das zweite muss das erste umfassen.“[53]

Damit formulierte SIEBECK eine konkrete Wertehierarchie, in der das Wohl der „Volksgemeinschaft“ dem Wohl des Individuums übergeordnet ist,[54] ganz in Übereinstimmung mit der Gesundheitspolitik des nationalsozialistischen Regimes. Diese Art von Wertehierarchie ist

50 SIEBECK 1934, S. 886–887.
51 Ebenda, S. 887.
52 Ebenda, S. 888–889; Hervorhebungen im Original.
53 Ebenda.
54 So auch BRÖER und ECKART 1993, S. 8.

zwar nicht spezifisch für die Zeit des Nationalsozialismus, sie koexistierte schon deutlich vor 1933 neben einer eher „traditionellen“ Hierarchie mit dem Wohl des individuellen kranken Menschen als oberster Priorität. Gleiches gilt für den Begriff der „Volksgemeinschaft“: Auch dieser wurde bereits im Kontext des Ersten Weltkriegs geprägt. Die Rede von der „Volksgemeinschaft“ und die Überordnung des Volkswohls über das Individualwohl erhielten aber in der Zeit des Nationalsozialismus eine besonders extreme Ausformung und innerhalb von Medizin und Gesundheitspolitik eine weitgehend hegemoniale Position.[55]

Entsprechend seinen allgemeineren Ausführungen über die Bedeutung der Volksgemeinschaft betonte SIEBECK auch explizit die große Bedeutung der Eugenik, in welcher ebenfalls die Förderung der biologischen Qualität einer Bevölkerung (hier konkret des deutschen Volks) dem Individualwohl übergeordnet wird.[56] Da die Reaktionsfähigkeit des Körpers „weitgehend in der Erbanlage begründet“ sei, müssten durch Zwillings- und Familienforschung die notwendigen Grundlagen für „das wichtige Gebiet der Eugenik“ geliefert werden. Auch reduzierte SIEBECK Gesundheit auf Leistungsfähigkeit im Kontext von Arbeitsanforderungen, wiederum in Übereinstimmung mit der offiziellen Gesundheits- und Sozialpolitik des Regimes: „Vielmehr ist gesund, wer in seiner Stellung, in der Gemeinschaft und für sie leistet, was ihm aufgetragen ist, wer in Mühe und Arbeit seine Pflicht erfüllt.“[57]

Dass diese Haltung und Wertehierarchie nicht etwa nur ein Lippenbekenntnis und der Situation der Antrittsvorlesung geschuldet war, zeigt sich in weiteren Publikationen von SIEBECK aus späteren Jahren. So formulierte SIEBECK beispielsweise in einem Vortrag über die Behandlung der Herzschwäche beim Kongress der Deutschen Gesellschaft für Innere Medizin 1936 und in der daraus hervorgegangenen Publikation:

„Unsere ärztliche Aufgabe ist ja nicht damit erfüllt, dass der Kranke in unserer Behandlung, etwa im Krankenhaus, frei von Beschwerden und frei von krankhaften Symptomen ist, das Ziel ist vielmehr, dass er in seinem natürlichen Leben tätig ist, dass er seine, wenn auch beschränkten Kräfte wirklich einsetzt. […] wie Organe, die nicht funktionieren, atrophieren, so verkümmert der Mensch, der nicht arbeitet. Arbeit ist zum Leben so notwendig wie das tägliche Brot. Wer das nicht gewusst hat, der hat in den vergangenen Jahren in Deutschland wirklich die Gelegenheit gehabt, es zu lernen.“[58]

In einer weiteren Publikation aus dem Jahr 1936 finden sich ebenfalls Passagen, in denen der Kontext des nationalsozialistischen Staates und die Prioritäten seiner Gesundheits- und Sozialpolitik positiv thematisiert werden:

„Heilkunde kann nur richtig verstehen, wer sieht, wie sie von Zeit und Volk immer wieder neu geschaffen wird. […] Mit neuer Wissenschaft und neuen Sitten und Überzeugungen, mit jeder neuen Ordnung der Gemeinschaft und jeder politischen Tat erwachsen der Heilkunde neue Aufgaben […] die Entwicklung der Heilkunde kommt nicht durch theoretische Programme [zustande], sondern durch die Arbeit der Ärzte, die sich, ihrer Verpflichtung und Verbundenheit bewusst, für die Kranken und darüber hinaus für die Volksgesundheit einsetzen […].“[59]

Auch hier benennt SIEBECK die Prioritäten des ärztlichen Handelns:

„Der Arzt soll dem Kranken dienen, aber zugleich damit und darüber hinaus seinem Volke […] wir können nicht dankbar genug dafür sein, dass im deutschen Volke neues Leben und neue Kräfte erwachsen sind. Uns Ärzten entsteht damit die Aufgabe, mitzuwirken an der Gesundung der Gemeinschaft, an der Besserung der Lebensbedingungen, an den Ordnungen der Arbeit, und nicht zuletzt an der Pflege eines guten und kräftigen Erbgutes.“[60]

55 Vgl. VERHEY 2000, SÜSS 2003, ROELCKE 2012a.
56 SIEBECK 1934, S. 889; zu Zielen und Wertehierarchie der Eugenik bis und ab 1933 vgl. ROELCKE 2020.
57 SIEBECK 1934, S. 887.
58 SIEBECK 1936b, S. 69.
59 SIEBECK 1936a, S. 5.
60 SIEBECK 1936a, S. 33; zur fehlenden Distanz SIEBECKS gegenüber der spezifischen Ethik in der Medizin des Nationalsozialismus auch FORSBACH und HOFER 2018, S. 97.

Die Idee der Eugenik bzw. Rassenhygiene, definiert als Programm zur Verbesserung der biologischen Qualität des „Erbguts" der (eigenen) Population bzw. der „Rasse", entstand im ausgehenden 19. Jahrhundert, ausgehend von dem Statistiker Francis GALTON (1822–1911) in England und dem Arzt Alfred PLOETZ (1860–1940, ML 1937) in Deutschland. Eugenik und Rassenhygiene waren in den ersten Jahrzenten dieser Bewegung weitgehend synonyme Begriffe, wobei der letztere Terminus im deutschen und skandinavischen Kontext bevorzugt, aber nicht ausschließlich benutzt wurde, komplementär zum anglo-amerikanischen Kontext.[61] Eugenik bzw. Rassenhygiene wurde von den zeitgenössischen wissenschaftlichen Akteuren als angewandte Wissenschaft verstanden, die zur Grundlagenwissenschaft Genetik ein analoges Verhältnis hatte wie die Hygiene zur Bakteriologie/Mikrobiologie.

Die deutschen Eugeniker begrüßten die Regierungsübernahme der Nationalsozialisten 1933 ausdrücklich und kooperierten eng mit dem „neuen Staat": Sie erhofften sich neue Gelder, Stellen und eine Ausweitung und Aufwertung ihres Forschungsfeldes durch staatliche Instanzen, komplementär erhoffte sich der NS-Staat von den Eugenikern eine wissenschaftliche Autorisierung und Legitimation der eigenen Gesundheits-, Bevölkerungs- und Sozialpolitik. Im Juli 1933 wurde von der neuen Regierung das eugenisch motivierte „Gesetz zur Verhütung erbkranken Nachwuchses" verabschiedet, das am 1. Januar 1934 in Kraft trat. Es handelte sich um ein Gesetz zur Zwangssterilisation von Menschen, bei denen von Ärzten eine (vorwiegende) Erb-Bedingtheit, also genetische Ursache ihrer Erkrankung bzw. Behinderung diagnostiziert worden war. Das 1933 verabschiedete deutsche Sterilisationsgesetz unterschied sich in der Intention und Begründung nicht wesentlich von international bereits existierenden Gesetzen, etwa in den USA, Kanada oder Dänemark, es war allerdings in der Umsetzung radikaler. Für die Anwendung des Gesetzes wurde vom NS-Staat in Kooperation mit der Ärzteschaft mit großem Aufwand eine Infrastruktur geschaffen, mit flächendeckender Einrichtung von Gesundheitsämtern, „Erbgesundheitsgerichten", „Erbgesundheitsobergerichten", einer reichsweiten „erbbiologischen Bestandsaufnahme" (*de facto* einer epidemiologischen Datensammlung) sowie massivem Ausbau der eugenisch motivierten „erbpathologischen"/humangenetischen Forschung. Von 1934 bis 1945 wurden über 360 000 Menschen auf der Grundlage des Gesetzes sterilisiert, die weit überwiegende Mehrzahl in den Jahren bis 1939.[62]

Dies war der Kontext, in dem SIEBECK und sein langjähriger Mitarbeiter und Oberarzt Friedrich CURTIUS (1896–1975) eigene umfangreiche Aktivitäten im Themenfeld „Erbpathologie"/Humangenetik internistischer und auch neurologischer Erkrankungen entwickelten. Wie bereits erwähnt, hatte SIEBECK in einer Reihe allgemeinerer Vorträge und Publikationen bereits auf die große Wichtigkeit der Erbanlagen, der „Erblehre"/Genetik und auch auf die Notwendigkeit der Ausweitung der „Erbforschung" hingewiesen. In einer Rede im Jahr 1938 aus Anlass des Gründungsjubiläums der Berliner Universität fasste SIEBECK kurz seine Sicht der Geschichte und Bedeutung der Eugenik bzw. „Erbpflege" zusammen:

„Familiäre Zusammenhänge bei Krankheiten waren schon den alten Ärzten bekannt, und in der zweiten Hälfte des vorigen Jahrhunderts wurden durch Galton in England und Charcot in Frankreich geniale Anregungen gegeben – aber erst seit der Wiederentdeckung der Mendel'schen Erbregeln durch Correns und de Vries hat im neuen Jahrhundert eine großartige neue Wissenschaft, die Erbbiologie, tragfähige Grundlagen geschaffen [...] Der Boden

61 Vgl. zum Folgenden ROELCKE 2020.

62 Zum Verhältnis von internationaler und deutscher Eugenik sowie den diversen eugenischen Gesetzgebungen, vgl. ROELCKE 2020; zur Praxis der deutschen Sterilisationsgesetzes LEY 2004.

war bereitet, als im neuen Deutschland die wahre Bedeutung der Sippe erkannt und mit dem großen Aufschwung in unserem Volke ein mächtiger Anstoß gegeben wurde. Nun liegt die Aufgabe klar vor uns […].“[63]

Mit dem Wechsel SIEBECKS von Heidelberg nach Berlin war auf Wunsch SIEBECKS an der I. Medizinischen Universitätsklinik der Charité eine Erbpathologische Abteilung zur Erforschung der „notwendigen Grundlagen“ für die Eugenik eingerichtet worden, geleitet von CURTIUS.[64] CURTIUS war über 15 Jahre SIEBECKS wohl engster Mitarbeiter: Er war bereits seit Mitte der 1920er Jahre wissenschaftlicher Assistent an der von SIEBECK geleiteten Bonner Medizinischen Poliklinik. Von 1927 bis 1928 war er für ein Jahr an das neu gegründete Kaiser-Wilhelm-Institut für Anthropologie, menschliche Erblehre und Eugenik beurlaubt, bevor er sich – wieder zurück in Bonn – bei SIEBECK habilitierte. Zusammen mit SIEBECK wechselte er 1931, nun als Oberarzt, an die Medizinische Klinik der Universität Heidelberg, ebenfalls zusammen mit SIEBECK ging CURTIUS 1934 nach Berlin, nun als Leiter der neu geschaffenen Erbpathologischen Abteilung in SIEBECKS Klinik. In Berlin war CURTIUS ab 1936 Mitglied am Erbgesundheitsgericht, dann ab 1937 am Erbgesundheitsobergericht, wo er – wie er selbst schrieb – „häufig schwierig zu lösende erbpathologische und rassenhygienische Fragen für die genannten Behörden“ bearbeiten musste.[65] Er war damit direkt in die Praxis der nationalsozialistische „Erbgesundheitspolitik“ involviert.

Wie aus einer Reihe der von CURTIUS formulierten, von SIEBECK jeweils mit einem unterstützenden Votum ergänzten Anträge bei der DFG hervorgeht, erhielt CURTIUS von 1933 durchgehend bis mindestens 1941 von dieser Institution umfangreiche Mittel für rassenhygienisch motivierte „erbpathologisch“-humangenetische Forschungen in der Inneren Medizin und Neurologie.[66] Im März 1935 etwa schrieb CURTIUS in einem Verlängerungsantrag:

„Herr Professor Siebeck, der meine erbpathologischen Bestrebungen schon seit vielen Jahren in verständnisvoller Weise unterstützt, hat sich dafür eingesetzt, dass an der Abteilung mehrere jüngere Ärzte tätig sein können […] Es braucht wohl kaum besonders hervorgehoben zu werden, dass unsere ganze erbpathologische Arbeit letzten Endes dem einen hohen Ziel der rassenhygienischen Gesundung unseres Volkes dient. Wie jedem, der sich mit erbpathologischen Fragen eingehender beschäftigt, ist auch mir die unbedingte Notwendigkeit rassenhygienischer Arbeit im Verlauf meiner Studien zur festen Überzeugung geworden. […] So darf ich also guten Gewissens sagen, dass die zur Verfügung gestellten Mittel in fruchtbarer Weise für das Volksganze verwandt werden […].“[67]

Zentrale Motivation und Zielsetzung der von CURTIUS beantragten, von SIEBECK ausdrücklich unterstützten Forschungen war demnach, eine wissenschaftliche Fundierung für die Selektion zur eugenischen Zwangssterilisation zu erarbeiten. Der insgesamt sechsseitige Antrag von CURTIUS mit detaillierten Fragestellungen und methodischen Ansätzen zur „Erbpathologie“/Genetik einzelner Krankheitsbilder wurde durch das folgende Votum von SIEBECK unterstützt: „Vorstehendes Gesuch des Herrn Dr. Curtius befürworte ich wärmstens. Die Untersuchungen von Dr. Curtius sind außerordentlich wertvoll.“[68]

63 SIEBECK 1938, S. 14.
64 SIEBECK verweist in seiner Berliner Antrittsvorlesung stolz auf diese neue Abteilung: SIEBECK 1934, S. 889.
65 BAB, Bestand Notgemeinschaft der Deutschen Wissenschaften/Deutsche Forschungsgemeinschaft, Förderakte F. CURTIUS (R 73/10641) (im Folgenden BAB DFG CURTIUS), CURTIUS an Deutsche Forschungsgemeinschaft, 4. 1. 1937.
66 Der letzte archivalisch überlieferte Bewilligungsbescheid von Seiten der DFG ist datiert auf den 6. Mai 1941: BAB DFG CURTIUS, Präsident der DFG und Leiter der Fachgliederung Bevölkerungspolitik, Erb- und Rassenpflege an CURTIUS, 6. 5. 1941; dazu allgemein COTTEBRUNE 2008, S. 89–90, 108–109, 137–139.
67 BAB DFG CURTIUS (R 73/10641), CURTIUS an Notgemeinschaft der Deutschen Wissenschaft, 26. 3. 1935.
68 Ebenda.

Innerhalb der DFG war für die Förderung eugenisch-erbpathologischer Forschungsprojekte die „Fachgliederung Bevölkerungspolitik, Erb- und Rassenpflege" zuständig.[69] Der wichtigste Gutachter für Anträge in dieser „Fachgliederung" war der Psychiater, Humangenetiker und Rassenhygieniker Ernst RÜDIN (1874–1952), seit 1932 ebenfalls ein Mitglied der Leopoldina, der eine ganz Reihe der Projektanträge von CURTIUS positiv bewertete.[70] Für RÜDIN war bei seiner Begutachtung ein wichtiges Anliegen, dass auch die erbpathologisch-humangenetischen Forschungen zu internistischen Erkrankungen (wie diejenigen zu psychiatrischen Störungen)

„besonders jene Fragen einer Lösung zuzuführen versuchen, welche sich auf spätere Ergänzungen und Vervollkommnungen des deutschen Sterilisationsgesetzes beziehen, und auf solche, welche uns beständig in der Eheberatung entgegentreten, ohne dass wir dafür noch wissenschaftlich ausreichend begründete Antworten heute zu geben vermögen."[71]

RÜDIN war es also bei seiner Begutachtung wichtig, dass Forschungen zur Erblichkeit von internistischen Erkrankungen durchgeführt wurden, die bis zu diesem Zeitpunkt nicht im „Gesetz zur Verhütung erbkranken Nachwuchses" aufgeführt waren – mit dem Ziel, dieses Gesetz bei zukünftigen Revisionen um erblich bedingte internistische Zustände zu ergänzen.

In einer umfangreichen gemeinsamen Buchpublikation aus dem Jahr 1935 gaben CURTIUS und SIEBECK eine Übersicht der zeitgenössischen Kenntnisse zur Vererbung internistischer Erkrankungen. Die Publikation war Teil der von Günther JUST (1892–1950) herausgegebenen Reihe *Schriften zur Erblehre und Rassenhygiene*. JUST war Direktor des Instituts für menschliche Erblehre und Eugenik in Greifswald und ab 1937 Mitarbeiter in der Abteilung Erbmedizin des Reichsgesundheitsamtes, damit im Zentrum der „Erbgesundheitspolitik" des NS-Staates tätig. CURTIUS und SIEBECK schrieben in ihrer Publikation:

„Die Eugenik hat das Ziel, die Rasse rein zu halten und krankhafte Erbanlagen in der Bevölkerung möglichst auszuschalten. Hier sind der deutschen Medizin durch das Gesetz zur Verhütung erbkranken Nachwuchses neue Wege gewiesen und ganz neue Möglichkeiten erschlossen. [...] Damit wächst die Medizin über den Dienst am kranken Menschen hinaus zur Fürsorge für ein gesundes und starkes Volkstum."[72]

Das rassenhygienisch motivierte nationalsozialistische Gesetz zur Zwangssterilisation wird hier also von CURTIUS und SIEBECK ausdrücklich begrüßt.

Im Januar 1937 stellte CURTIUS einen weiteren Verlängerungsantrag bei der DFG, in dem er einleitend die große Unterstützung von SIEBECK für seine Forschungen ausführte:

„Dank dem Entgegenkommen von Herrn Prof. Dr. Siebeck, der unseren Forschungen nach wie vor starkes Interesse und lebhafte Förderung entgegenbringt [...,] war es möglich, die von der Forschungsgemeinschaft zur Verfügung gestellten Mittel in möglichst sparsamer Weise zu verwenden [...]. Unsere Untersuchungen schafften [...] die Grundlage zu Vorträgen, welche ich auf Aufforderung des Vorstandes in der staatsmedizinischen Akademie Berlin gehalten habe. Auf Wunsch des Herrn Staatsrat Conti [ab 1939 „Reichsgesundheitsführer" und damit höchster NS-Ärztefunktionär, V. R.] wurde einer dieser Vorträge (Stoffwechselkrankheiten und Vererbung) im Verlage Barth, 1936, veröffentlicht. Dass unseren erbbiologischen Forschungen auch eine erhebliche rassenhygienische Bedeutung zukommt, dürfte sich u. a. auch daraus ergeben, dass ich nach einjähriger Tätigkeit am Erbgesundheitsgericht Berlin in das Erbgesundheitsobergericht Berlin berufen wurde und häufig schwierig zu lösende erbpathologische und ras-

69 Vgl. etwa BAB DFG CURTIUS, Präsident der DFG und Leiter der Fachgliederung Bevölkerungspolitik, Erb- und Rassenpflege an CURTIUS, 6. 5. 1941.

70 Vgl. etwa BAB DFG CURTIUS, RÜDIN an DFG, 24. 4. 1935; ebenda, RÜDIN an DFG, 26. 1. 1937. Zu RÜDIN und seiner Bedeutung für das Arbeitsfeld der psychiatrischen Genetik sowie der Rassenhygiene vgl. ROELCKE 2006, 2012c.

71 BAB DFG CURTIUS, RÜDIN an DFG, 26. 1. 1937.

72 CURTIUS und SIEBECK 1935, S. 14; vgl. ähnlich auch S. 66–67, 71.

senhygienische Fragen für die genannten Behörden bearbeite […]. Wenn ich unsere Forschungsziele noch einmal im Wesentlichen zusammenfasse, so sind es diese: […] unsere Kenntnisse über die spezielle Erbpathologie von inneren und Nervenkrankheiten auszubauen und damit klinische, rassenhygienische und sonstige staatsmedizinische Fragen zu klären […].“[73]

Im Februar 1939 beantragte Curtius eine Ausweitung seines bisherigen Forschungsprogramms zur „klinischen Erbpathologie“. Auch dieser Antrag wurde durch ein nachdrückliches Votum von Siebeck ergänzt[74] und nach Begutachtung in der „Fachgliederung Bevölkerungspolitik, Erb- und Rassenpflege“ der DFG bewilligt, ebenso die Verlängerungsanträge 1941 und 1943.[75]

Siebecks engster Mitarbeiter Curtius war demnach in den Jahren 1934 bis zum Ende von Siebecks Amtszeit in Berlin 1941 mit Hilfe von Siebecks ausdrücklicher und anhaltender Unterstützung einer der führenden rassenhygienisch motivierten Erbforscher in der Inneren Medizin und gleichzeitig intensiv involviert in die „Erbgesundheitspolitik“ des nationalsozialistischen Staates – beide Tätigkeitsfelder ergänzten sich in der Perspektive von Curtius und Siebeck gegenseitig.[76] Aus den hier genannten Forschungsanträgen von Curtius wird auch deutlich, dass Siebeck die rassenhygienisch motivierten humangenetischen Forschungen von Curtius nicht nur ideell, sondern auch in erheblicher Weise praktisch unterstützte. Ebenso ist sehr deutlich, dass die Ergebnisse solcher Untersuchungen durch die umfangreiche Begutachtungspraxis von Curtius direkt Eingang in die „Erbgesundheitspolitik“ des NS-Staates fanden, bis hin zu Entscheidungen über die (Zwangs-)Sterilisation derjenigen, die von ärztlicher Seite als „erbkrank“ diagnostiziert wurden.

5. „Vernichtung lebensunwerten Lebens“, erzwungene Forschung am Menschen, Militärmedizin

5.1 „Vernichtung lebensunwerten Lebens“ („Euthanasie“)

In der Sekundärliteratur wurde wiederholt am Rande erwähnt, dass Siebeck sich in der Zeit des Nationalsozialismus gegen die Euthanasie ausgesprochen habe.[77] Tatsächlich handelte es sich bei dieser einmaligen Äußerung von Siebeck allerdings nicht um eine Kritik am Programm der systematischen Krankentötungen („Euthanasie“), das von 1939 bis 1945 durchgeführt wurde,[78] sondern um einen anderen Kontext: Im Jahr 1936 formulierten Siebeck und eine Reihe von weiteren Ärzten sowie ein Jurist Kritik an dem im gleichen Jahr veröffentlichten Roman *Sendung und Gewissen* des Schriftsteller-Arztes Hellmuth Unger (1891–1953).[79] In

73 BAB DFG Curtius, Curtius an Deutsche Forschungsgemeinschaft, 4. 1. 1937.

74 Ebenda.

75 Vgl. dazu auch Cottebrune 2008, S. 274.

76 Vgl. neben den bisher bereits genannten Belegstellen auch die folgende Formulierung von Curtius: „Bei allen unseren Untersuchungen waren vor allem auch rassenhygienische Gesichtspunkte für uns maßgebend. Unsere diesbezüglichen Erfahrungen konnten in zahlreichen Gutachten ausgewertet werden“: BAB DFG Curtius, Curtius an DFG, 21. 6. 1941.

77 Schmuhl 1987, S. 17; Bröer und Eckart 1993, S. 8, dort allerdings ohne Quellenangabe.

78 Schmuhl 1987, Faulstich 1995, Hohendorf 2013.

79 Unger 1936; die Kritik der Ärzte findet sich in der Berliner Illustrierten, Nachtausgabe, 21. November 1936, Beilage 1 (*N. N.* 1936); Neukamp 1937; dieser Kontext ist thematisiert in Schmuhl 1987, S. 179; sowie in Kiessling 1999, S. 75–76.

diesem Roman diskutiert ein Arzt mit seinem Freund und Kollegen ausführlich über die aktive Sterbehilfe, befürwortet sie detailliert und wendet sie auch selbst an. Dieser Roman kann zwar als implizites Plädoyer für ein umfassenderes Programm zur „Vernichtung lebensunwerten Lebens" (Binding und Hoche 1920) interpretiert werden. Der Roman selbst und die kritischen Reaktionen darauf stellten aber lediglich eine öffentliche Diskussion im Jahr 1936 zur medizinethischen Frage der Zulässigkeit von aktiver Sterbehilfe/Euthanasie dar. Für Kritiker des Buchs bestand keine Gefahr der Bestrafung, was schon die unterschiedlichen Stellungnahmen zu dem Roman in mehreren regionalen Ärzteblättern belegen.[80] Bei den ärztlichen Kritikern im Jahr 1936 handelte es sich neben Siebeck um Ferdinand Sauerbruch und Walter Unverricht (1887–1970) in Berlin, den NS-Ärztefunktionär Kurt Klare (1885–1954) in Scheidegg (Allgäu), sowie Autoren in mehreren regionalen Ärzteblättern. Der Jurist unter den Kritikern war Franz Neukamp (1889–1954) aus Bielefeld. Tatsächlich gab es in der Zeit zwischen 1933 und 1939 gar keine offizielle politische Linie oder gar Propaganda zur Befürwortung der Euthanasie.[81] Kurt Klare etwa, im Jahr 1936 neben Siebeck einer der Kritiker des Romans von Unger, war schon in den 1920er Jahren Mitglied der NSDAP gewesen, er war einer der Mitbegründer des Nationalsozialistischen Deutschen Ärztebundes (NSDÄB) und ab 1933 „Beauftragter des Reichsärzteführers für die Gleichschaltung der medizinischen Presse" sowie Leiter der „Hauptstelle des Sachverständigenbeirats für Volksgesundheit der NSDAP-Reichsleitung"[82] – ein deutliches Indiz dafür, dass es auch innerhalb des nationalsozialistischen Machtapparats und der NS-Gesundheitspolitik im Jahr 1936 durchaus möglich war, eine Position gegen die „Vernichtung lebensunwerten Lebens" einzunehmen.

Anhaltspunkte dafür, dass Siebeck bei der Planung oder der konkreten Durchführung der systematischen Tötungsprogramme („Euthanasie") zwischen 1939 und 1945 beteiligt gewesen sein könnte, ergeben sich weder aus der relevanten Forschungsliteratur[83] noch aus archivalischen Quellenbeständen zu Siebeck. Dies wäre auch überraschend, da die Zielgruppen der Tötungsprogramme behinderte Kinder sowie die Insassen von psychiatrischen Anstalten und Heimen waren, also Gruppen, die in den Zuständigkeitsbereich der Pädiatrie und Psychiatrie fielen. Kritische Äußerungen oder konkrete Aktivitäten von Siebeck gegen das Programm der systematischen Krankentötungen sind für die Zeit zwischen 1939 und 1945 nicht dokumentiert, obgleich es durchaus einige (wenngleich wenige) Ärzte und Theologen gab, für die solche Äußerungen oder Handlungen bekannt sind.[84]

5.2 *Erzwungene Forschung an Menschen*

Aus den Publikationen von Siebeck ebenso wie aus den Förderakten der Notgemeinschaft der Deutschen Wissenschaften/DFG lässt sich rekonstruieren, dass die wichtigsten Forschungsfelder Siebecks in den Jahren zwischen 1933 und 1945 die physiologische Herz-Kreislauf-Regulation sowie Herz-Kreislauf-Erkrankungen waren.[85] In diesen Kontext gehört auch ein Forschungsprojekt „über die Einflüsse verschiedenartiger Belastungen auf den Kreislauf Gesunder und Herzkranker". Dabei sollte untersucht werden, „was auch solchen [Menschen],

80 Schmuhl 1987, S. 115–125; Hohendorf 2013.
81 Schmuhl 1987, S. 178–181; Hohendorf 2013, S. 64–65.
82 Maitra 2001, S. 259–260.
83 Schmuhl 1987, Burleigh 1994; Faulstich 1998, Rotzoll et al. 2010, Hohendorf 2013.
84 Vgl. etwa Stobäus 2000, Roelcke 2013 sowie die bei Schmuhl 2016 beschriebenen Fälle.
85 Vgl. etwa Siebeck 1935 (2., verbesserte und ergänzte Auflage 1942), Siebeck 1936.

die eine geringfügige Schädigung davongetragen haben, noch zugemutet, d. h., wie die ihnen verbliebenen Kräfte eingesetzt werden können“. SIEBECK beantragte für dieses Projekt Anfang 1938 Fördergelder bei dem „Leiter der Fachgruppe Wehrmedizin“ im Reichsforschungsrat, einer Institution, die in weitgehender organisatorischer Einheit mit der Notgemeinschaft der Deutschen Wissenschaften/DFG alle diejenigen Forschungsbemühungen koordinieren sollte, die für einen bevorstehenden Krieg relevant sein konnten.[86] Das Projekt von SIEBECK fügte sich nahtlos in sein oben beschriebene Verständnis zu Krankheit, Gesundheit und Therapie ein: Krankheit als Verlust der Leistungsfähigkeit, Gesundheit als Arbeitsfähigkeit, Therapie als Wiederherstellung der Arbeits- und Leistungsfähigkeit für die Volksgemeinschaft. Die beantragten Gelder wurden im September 1938 bewilligt.[87] Ob bei der Durchführung der beantragten Versuche die vom Reichs-Innenministerium erlassenen *Richtlinien für neuartige Heilbehandlung und zur Vornahme wissenschaftlicher Versuche am Menschen* eingehalten wurden, lässt sich heute nicht mehr rekonstruieren – in den Publikationen von SIEBECK findet sich jedenfalls kein Hinweis auf dieses Regelwerk. Diese Richtlinien waren bereits 1931 in Kraft getreten und hatten durch die gesamte Zeit des Nationalsozialismus hindurch Gültigkeit. Sie forderten die Information und Einwilligung der Probanden über Ziel und Risiko von „neuartigen Heilbehandlungen“.[88]

Das Anfang 1938 von SIEBECK beantragte Projekt zu Kreislaufbelastungen wurde – wie generell alle vom Reichsforschungsrat geförderten Projekte – mit Beginn des Krieges im September 1939 nochmals auf „Kriegs- oder Staatswichtigkeit“ hin überprüft und dann „für nicht kriegs- oder staatwichtig“ erklärt, was zur Folge hatte, dass die weitere Finanzierung eingestellt wurde.[89] Auch dieser Vorgang und die folgende Entscheidung ist nicht spezifisch für SIEBECK: Entsprechende Entscheidungen galten für eine Vielzahl von medizinischen und nicht-medizinischen Forschungsprojekten, u. a. auch für die bis zum Kriegsbeginn vom NS-Staat massiv geförderte eugenisch-rassenhygienische Erbforschung, die als im Krieg eher nachrangig und daher weniger förderungswürdig klassifiziert wurde.[90]

Neben den genannten Forschungsthemen von SIEBECK gibt es auch Hinweise darauf, dass in der Heidelberger Klinik in den Kriegsjahren eine neue chemische Substanz an Patienten getestet wurde, deren Anwendung primär auf Hepatitis-erkrankte Soldaten der Wehrmacht zielte: Ein Mitarbeiter des Chemie-Nobelpreisträgers Richard KUHN (1900–1967, ML 1936), Direktor einer Abteilung am Heidelberger Kaiser-Wilhelm-Institut für medizinische Forschung, hatte zunächst im Tierversuch einen „Leberschutzstoff“ entwickelt, dessen Weiterentwicklung zur Behandlung von Hepatitis-erkrankten Soldaten der Wehrmacht von der DFG finanziert wurde. Wie der Mitarbeiter von KUHN der DFG mitteilte, erfolgte eine erste Erprobung der therapeutischen Wirkung allerdings zunächst nicht an Soldaten, sondern an Patienten mit „parenchymatösen Leberschäden“ aus der Medizinischen Klinik der Universität Heidelberg unter der Leitung von SIEBECK.[91] In einem zweiten Schritt kam es dann offenbar zur klinischen Testung an der Ostfront in Stalingrad sowie an Gelbsucht-kranken Soldaten

86 Zum Reichsforschungsrat, vgl. FLACHOWSKY 2008; der Antrag SIEBECKS findet sich in BAB DFG SIEBECK (R 73/14744), SIEBECK an Leiter der Fachgruppe Wehrmedizin, 5. 2. 1938.

87 Ebenda, Leiter der Fachgliederung Wehrmedizin an SIEBECK, 15. 9. 1938; ebenda, Firma Albert Dargatz an DFG, Abteilung Wehrmedizin, 24. 7. 1939.

88 Vgl. ROELCKE 2017.

89 BAB DFG SIEBECK, Deutsche Forschungsgemeinschaft an Siemens-Reininger, 31. 10. 1939.

90 Dazu ausführlich COTTEBRUNE 2008.

91 BAB DFG SCHWARZ (R 73/14657), SCHWARZ an FISCHER /DFG, 17. 12. 1942; Anlage: Klaus SCHWARZ, Bericht.

in einem Reservelazarett in Helinko bei Athen.[92] Auch hier lässt sich nicht mehr rekonstruieren, ob die zeitgenössisch geltenden juristisch-ethischen Anforderungen der Richtlinien des Reichs-Innenministeriums eingehalten wurden.

Für eine direkte Beteiligung von SIEBECK oder den Mitarbeitern seiner Klinik an erzwungener Forschung in *de facto* rechtsfreien Räumen (wie psychiatrischen Anstalten, Konzentrationslagern, Krankenhäusern der besetzten Territorien) finden sich keine Anhaltspunkte. Erste Untersuchungen zu medizinischen Dissertationen aus der Zeit des Nationalsozialismus etwa an der medizinischen Fakultät der Universität Gießen zeigen allerdings, dass es durchaus auch im Kontext universitärer Forschung zu erzwungenen Versuchen an Menschen kommen konnte.[93] Eine genaue Auswertung der von SIEBECK initiierten und betreuten medizinischen Dissertationen in Berlin und Heidelberg auf die Frage nach der Rekrutierung der konkret untersuchten Probanden sowie deren Information und Einwilligung vor Beginn der Forschungen ist ein Forschungsdesiderat.

5.3 Militärmedizinische Kontexte

Ab Beginn des Zweiten Weltkriegs war SIEBECK als „Beratender Internist" für die Heeressanitätsinspektion tätig. Die „Beratenden Ärzte" waren Zivilisten, meist reaktivierte Reserveoffiziere, die mit offiziersäquivalenten Dienstgraden in alle Rechte und Pflichten der Militärhierarchie eingebunden waren.[94] SIEBECK war ab 22. Oktober 1939 als „Oberstabsarzt" (entspricht im allgemeinen Militär dem Dienstgrad Major) bei den Lazaretten des III. Armeekorps/Wehrkreis III eingezogen.[95] Am 1. September 1942 wurde er zum „Oberfeldarzt" befördert,[96] am 1. November 1944 zum „Oberstarzt" (eine hierarchische Stufe unter dem „Generalarzt", entspricht dem militärischen Dienstgrad Oberst).[97]

In seiner Funktion als „Beratender Internist" verfasste SIEBECK regelmäßig Berichte an die Heeressanitätsinspektion, aus denen sich ein Teil seiner Tätigkeit in diesem Kontext rekonstruieren lässt.[98] So schrieb er im Mai 1943, dass er im vorangegangenen Monat eine Serie von Reservelazaretten im südwestdeutschen Raum besucht habe. Zu den einzelnen Lazaretten finden sich jeweils einige Stichpunkte über dort aktuell bestehende Entwicklungen und organisatorische oder medizinische Fragen.[99] In einem Bericht vom 13. Juli 1943 äußerte sich SIEBECK zu psychosomatischen Zuständen, die sich möglicherweise zu Lasten der betroffenen Soldaten ausgewirkt haben könnten: „Mehrfach wurden Erkrankungen an sog. Ischias gefunden, die sich als rein neurotisch fixiert erwiesen." Die Diagnose von Symptomen, die von den Betroffenen als somatisch präsentiert worden waren, als „neurotisch" oder psychogen implizierte, dass für diese Soldaten keine weitere organmedizinische Behandlung

92 Vgl. dazu SCHMALTZ 2005, S. 573.

93 Vgl. dazu ROELCKE und DUCKHEIM 2014.

94 Zur Heeressanitätsinspektion: NEUMANN 2005; zur Funktion der „Beratenden Ärzte"/„Beratenden Internisten": ELSNER und STUBY 2012.

95 UAHD, PA 5883, SIEBECK an Universitätskasse Berlin, 10. 11. 1939; zur Hierarchie der Dienstgrade NEUMANN 2005, S. 413.

96 Ebenda, SIEBECK an Dekan, 1. 9. 1942.

97 UAHD, PA 5883, tabellarische Auflistung zur Tätigkeit im öffentlichen Dienst zur Errechnung des 50. Dienstjubiläums, 1. 4. 1954.

98 Bundesarchiv – Militärarchiv Freiburg, Bestand Heeressanitätsinspektion (im Folgenden BA MA), RH 12/23–101, Briefe sind erhalten vom 25. 10. 1939, 31. 1. 1940, 5. 5. 1943, 13. 7. 1943, 11. 10. 1944.

99 Ebenda, Brief SIEBECK v. 5. 5. 1943.

nötig war. Solche Patienten galten üblicherweise als wieder an der Front einsatzfähig, bei besonders hartnäckiger Symptomatik konnte auch eine Kombination aus Suggestiv-Therapie und Anwendung schmerzhafter galvanischer Ströme zur Behandlung der „Kriegsneurosen“ eingesetzt werden (das sogenannte „Pansen“, benannt nach dem Psychiater Friedrich PANSE [1899–1973]) – eine Therapie, die u. a. das Ziel hatte, den sekundären Krankheitsgewinn zu reduzieren.[100]

Eine ähnliche Problematik wird von SIEBECK explizit in seinem Bericht an die Heeressanitätsinspektion vom 11. Oktober 1944 in Bezug auf Patienten mit Herzbeschwerden angesprochen: „Bei völlig negativem Organbefund, bei von Infektionskrankheiten freier Anamnese und beim Fehlen wirklich greifbarer Anhaltspunkte für früheres Versagen des Kreislaufes haben wir auch bei erheblicher Labilität des Kreislaufes das Urteil k. v. [kriegsverwendungsfähig, V. R.], allenfalls bedingt k. v. Feld ausgesprochen, obwohl wir nicht ausschließen können, dass in einem Teil der Fälle bei der Truppe, besonders bei größeren Anstrengungen, ein Versagen des Kreislaufs eintreten kann“.[101] Die Kampfbereitschaft der Truppe wurde hier von SIEBECK offenbar als Priorität betrachtet, der gegenüber eine endgültige Abklärung des Beschwerdebildes oder auch eine eventuell indizierte Psychotherapie (im Falle einer „neurotischen“ Genese) als nachrangig gesehen wurde.

Bereits 1935 war SIEBECK als außerordentliches Mitglied in den Wissenschaftlichen Senat des Heeressanitätsdienstes berufen worden,[102] ab 1939 war er ordentliches Mitglied dieser Institution – eine sehr prominente Position, da diesem höchsten militärärztlichen Gremium insgesamt nur 17 ordentliche Mitglieder angehörten, darunter HITLERS „Begleitarzt“ Prof. Karl BRANDT (1904–1948) sowie der Staatssekretär und Reichsärzteführer Dr. Leonardo CONTI (1900–1945).[103] Dieses Gremium war verantwortlich für alle medizinischen Versuche, die von Seiten der Wehrmacht initiiert und durchgeführt wurden, wie etwa die Hepatitis-Experimente, die 1942/43 an KZ-Häftlingen und Psychiatrie-Patienten durchgeführt wurden.[104] SIEBECKS konkrete Tätigkeit in diesem Kontext lässt sich aufgrund der verfügbaren Quellenbestände allenfalls in Ansätzen rekonstruieren. Eindeutig belegt ist allerdings, dass er im Rahmen dieser Funktion u. a. auch Teilnehmer der jährlichen Tagungen der „Beratenden Fachärzte“ (laut Teilnehmerlisten zumindest 1940, 1943, 1944), teilweise auch Vortragender war.[105]

Relevant ist im vorliegenden Kontext insbesondere die „3. Arbeitstagung [= 2. Arbeitstagung Ost] der Beratenden Fachärzte“ der Heeressanitätsinspektion im Mai 1943, bei der SIEBECK – ebenso wie etwa SAUERBRUCH – Teilnehmer (oder zumindest auf der Teilnehmerliste) war.[106] Im Rahmen dieser Tagung referierte Prof. Karl GEBHARDT (1897–1948), stellvertretender Leiter des ärztlichen Dienstes der SS und Leibarzt von Heinrich HIMMLER (1900–1945), zusammen mit seinem Assistenten Dr. Fritz FISCHER (1912–2003) über die Forschungen an Häftlingen (polnischen Widerstandskämpferinnen) im Konzentrationslager

100 Ebenda, Brief SIEBECK v. 13. 7. 1943. Zur Behandlung der „Kriegsneurotiker“ und zum „Pansen“, vgl. RIEDESSER und VERDERBER 1996, 126–174.

101 Ebenda, Brief SIEBECK v. 11. 10. 1944.

102 UAHUB PAS, Reichsminister für Erziehung, Wissenschaft und Volksbildung (im Folgenden RMWEV) an den Dekan der Medizinischen Fakultät Berlin, 30. 11. 1935.

103 UAHUB PAS, RMWEV an SIEBECK, 23. 2. 1939; ebenso Bundesarchiv Berlin, BDC, Karte Reichserziehungsministerium/REM. Zur Größe und Zusammensetzung des Gremiums vgl. KLEE 1997, S. 197.

104 Vgl. dazu WEINDLING 2015. S. 64–65, 74.

105 BA MA, RH 12/23-2070 sowie RH 12/23-1834; dazu ELSNER und STUBY 2012, S. 94–98, 120; KLEE 1997, S. 203.

106 Zur Teilnehmerliste der „3. Arbeitstagung Ost der Beratenden Fachärzte“ vgl. KLEE 1997, S. 203.

Ravensbrück zur Erprobung von Sulfonamid-Präparaten bei infizierten Kriegswunden.[107] Die Durchführung der Versuche in einem Konzentrationslager und die grausamen Umstände wurden von GEBHARDT und FISCHER explizit erwähnt, sie waren damit den anwesenden Zuhörern unmittelbar klar, jedoch gab es bei der Diskussion („Aussprache") keinerlei kritische Kommentare von Seiten der anwesenden Ordinarien oder den weiteren Beratenden Fachärzten.[108] In der Nachkriegszeit gab es von weniger prominenten Teilnehmern der Tagung, ebenso etwa von Alexander MITSCHERLICH (1908–1982) und Fred MIELKE (1922–1959) im Kontext ihrer Dokumentationen des Nürnberger Ärzteprozesses heftige Kritik insbesondere am Verhalten von SAUERBRUCH, dem akademischen Lehrer von GEBHARDT, der sich zwar an der Diskussion beteiligte, aber die Grausamkeit oder auch Unzulässigkeit der Experimente nicht thematisierte. Durch seine Prominenz und seinen direkten Zugang zur nationalsozialistischen Führungsspitze inklusive HITLER hätte SAUERBRUCH vermutlich durchaus Kritik äußern können.[109] Auch von SIEBECK ist weder aus dem unmittelbaren zeitlichen Kontext der Tagung 1943 noch aus der Nachkriegszeit eine kritische Stellungnahme zu diesen Experimenten nachweisbar.

6. Nachkriegszeit

6.1 Entnazifizierung

Ab Sommer 1945 verfolgten die alliierten Besatzungsmächte eine Politik der „Entnazifizierung" in Deutschland. Wie in der historischen Forschung breit dokumentiert wurde, erfolgte die Entnazifizierung entgegen den ursprünglichen Intentionen auf Seiten der Alliierten meistens sehr schematisch und bei Abwesenheit von strafrechtlich relevanten Anzeigen und Ermittlungen im Wesentlichen auf der Grundlage von formalen Kriterien wie Mitgliedschaft in der NSDAP und weiteren Partei-Organisationen, auch wurden Entlastungszeugnisse („Persilscheine") aus dem Ausland und/oder von Emigranten weitgehend unkritisch in die Bewertung mit einbezogen. Insbesondere für Funktionseliten wie Ärzte, Juristen oder hohe Verwaltungsbeamte, deren Tätigkeit den Besatzungsbehörden für die Aufrechterhaltung der öffentlichen Ordnung und Gesundheit wichtig erschien, wurden relativ großzügige Maßstäbe angelegt.[110]

SIEBECK unterzeichnete den von ihm selbst ausgefüllten Meldebogen zur Entnazifizierung am 27. April 1946.[111] Am 25. Februar 1947 wurde er von der Spruchkammer Heidelberg in die Gruppe 4 („Mitläufer") eingestuft. Als Kriterien für die Grundlage der Beurteilung wurden auf diesem Spruchkammer-Entscheid genannt:

„*NSDAP*: Mai 1938 bis Ende, Monatsbeiträge, kein Rang
Allg. SS: vorübergehend förd. Mitglied, dann ausgetreten, keine Unterlagen
NSDo[zenten]*B*: seit Jahren kein Beitrag bezahlt, kein Rang.

107 Diese Forschungen sind rekonstruiert in ROELCKE 2012b; zur Tagung vgl. die Dokumentation in MITSCHERLICH und MIELKE 1949, S. 150–153.

108 Dieses Schweigen u. a. der renommierten Ordinarien war Thema beim Nürnberger Ärzteprozess 1946/47, dokumentiert in MITSCHERLICH und MIELKE 1949, S. 151–153; vgl. dazu auch KLEE 1997, S. 199–205.

109 DEWEY et al. 2006.

110 Zum hier skizzierten Kontext der „Entnazifizierung" vgl. allgemein VOLLNHALS 1991; FREI 1996; speziell für die Hochschulen REMY 2002, zur Hochschulmedizin OEHLER-KLEIN und ROELCKE 2007; zur Bedeutung von ärztlichen Funktionseliten für die Entnazifizierung im Bereich der Hochschulmedizin vgl. exemplarisch GRUNDMANN 2007.

111 GLA KA SIEBECK, Meldebogen datiert 27. 4. 1946.

Lt. [Frage]*14* [besondere Bemerkungen]: Stellung in Berlin wurde durch Widerstand gegen parteipolit. Eingriffe in die Fakultät unmöglich.“[112]

Diese Angaben als Grundlage der Beurteilung entsprechen genau den Eintragungen, die SIEBECK zuvor auf dem Meldebogen gemacht hatte. Die Eintragungen von SIEBECK verschweigen allerdings wesentliche Sachverhalte, weiter findet sich eine massive Umdeutung eines relevanten Sachverhalts, und zumindest in einem Punkt sind die Angaben direkt falsch: Verschwiegen wurden von SIEBECK die oben (Abschnitt 2) bereits genannten Mitgliedschaften im NS-Studentenkampfbund[113] sowie im NS-Altherrenbund der Deutschen Studenten.[114] Bei den Fragen nach Mitgliedschaften im NS-Ärztebund und in der NS-Volkswohlfahrt trug SIEBECK im Meldebogen jeweils ein Fragezeichen ein, die Mitgliedschaft von SIEBECK in diesen NS-Organisationen ist jedoch klar dokumentiert.[115] Eindeutig falsch und gegen besseres Wissen erfolgt ist, wie eingangs bereits erwähnt, SIEBECKS Eintrag zur Frage der Parteimitgliedschaft: SIEBECK selbst hatte im Kontext einer „parteistatistischen Erhebung“ im Juli 1939 mitgeteilt, dass er am 1. Mai 1937 in die NSDAP eingetreten sei.[116] Durch die zusätzliche Angabe der Mitgliedsnummer (Nr. 5377 069) im Fragebogen war die Überprüfung der Korrektheit dieser Auskunft von Seiten der Partei leicht möglich, so dass SIEBECK hier kaum eine falsche Auskunft gegeben haben dürfte. Die gleiche Auskunft (Eintritt zum 1. Mai 1937) gab SIEBECK im Oktober 1938 auch gegenüber dem Rektor der Universität Berlin.[117]

Die wissentlich falsche Auskunft von SIEBECK 1946 zum Eintritt in die NSDAP war tatsächlich relevant für die Beurteilung im Kontext der Entnazifizierungsverfahren: Während ein Eintritt bis zum 1. Mai 1937 von den Besatzungsbehörden als Resultat eigener Initiative des Betroffenen gewertet wurde, galt ein späterer Eintritt tendenziell als Resultat von äußerem Zwang. SIEBECKS falsche Behauptung von einer Mitgliedschaft erst ab 1938 dürfte daher sehr wahrscheinlich den Zweck gehabt haben, die eigene Entscheidung zum Parteieintritt zu verschleiern und diesen Schritt als Folge von äußerem Zwang darzustellen.

Für SIEBECKS Eintrag in den Entnazifizierungs-Meldebogen, wonach er nur „vorübergehend“ förderndes Mitglied der SS gewesen und dann ausgetreten sei, gibt es keinerlei Belege aus der Zeit bis 1945. Vielmehr hatte SIEBECK während der Zeit des Nationalsozialismus wiederholt und zuletzt im Fragebogen zur parteistatistischen Erhebung vom Juli 1939 angegeben, dass er seit 1933 förderndes Mitglied der SS sei[118] – also bis dahin bereits über einen Zeitraum von ca. sechs Jahren. Dass SIEBECK nach Juli 1939 aus dieser Fördermitgliedschaft tatsächlich ausgetreten sein soll, erscheint nicht plausibel; außer der Behauptung im Kontext des Entnazifizierungsverfahrens gibt es dazu keinerlei Anhaltspunkte.

Die Aussage von SIEBECK, wonach er „Widerstand in Berlin gegen parteipolitische Eingriffe in die Fakultät“ geleistet hätte und daher zurück nach Heidelberg gegangen sei, stellt – wie oben ausführlicher beschrieben – eine massive Umdeutung des realen Sachverhalts dar: Belegbar ist lediglich eine vorsichtig kritische Kommentierung zur fachlichen Eignung des

112 GLA KA SIEBECK, Spruchkammer Heidelberg, 25. 2. 1947.

113 Universitätsarchiv der Humboldt Universität Berlin, Personalakte SIEBECK (im Folgenden UAHUB PAS), SIEBECK an Rektor der Universität Berlin, o. D. (ca. Okt. 1938).

114 BAB BDC (wie Anm. 3).

115 GLA KA SIEBECK, Meldebogen datiert 27.4.1946, dort Fragen 2 a + b.

116 BAB BDC, Fragebogen zur parteistatistischen Erhebung, unterschrieben von SIEBECK, datiert 4. 7. 1939.

117 UAHUB PAS, Bd. 1, Extraheftung S. 12: SIEBECK an Rektor der Universität Berlin, undatiert [Eingangsstempel vom 22. 10. 1938].

118 BAB BDC, Fragebogen zur parteistatistischen Erhebung, unterschrieben von SIEBECK, datiert 4. 7. 1939.

Psychiaters und späteren Berliner Fakultätskollegen de Crinis im Kontext von dessen Berufungsverfahren 1938 und Anzeichen für daraus folgende Irritationen in der Beziehung zwischen de Crinis und Siebeck. Zwar erscheint ein Unbehagen von Seiten Siebecks an den durchaus offenen politischen Aktivitäten von de Crinis in der Berliner Fakultät plausibel, jedoch lassen sich keinerlei Belege für eine über die Person de Crinis hinausgehende explizite Kritik von Siebeck an äußeren politischen Eingriffen in die Fakultätsabläufe finden, erst recht keine Anhaltspunkte für Widerstandshandlungen irgendeiner Art. Auch erfolgte die Initiative zur Rückberufung nach Heidelberg sehr wahrscheinlich nicht durch Siebeck, sondern durch de Crinis, und Siebeck zeigte sich im Verlauf des im Resultat durchaus offenen Berufungsverfahrens zögerlich, ob er das Rufangebot annehmen sollte. Gegen Widerstandshandlungen irgendeiner Art sprechen auch die vielfältigen Indikatoren für eine hohe Wertschätzung Siebecks durch verschiedenste politische Instanzen, wie etwa die bereits dargestellte anhaltend prominente Rolle von Siebeck im Kontext der auswärtigen Kultur- und Wissenschaftspolitik, ebenso die Aufnahme als ordentliches Mitglied in den Wissenschaftlichen Senat der Heeressanitätsinspektion (zusammen mit Hitlers Begleitarzt Karl Brandt und Reichsgesundheitsführer Leonardo Conti) und die Beförderungen 1942 und 1944 innerhalb der militärischen Hierarchie dieser Institution (vgl. oben, Abschnitt 5.3).

Die Klassifizierung von Siebeck als „Mitläufer“ im Entnazifizierungsverfahren kann also nicht als quasi „objektiver“ Beleg dafür gelten, dass er nur minimal in relevante Aktivitäten des nationalsozialistischen Staates involviert war. Diese Klassifizierung beruht einerseits auf zum Teil wissentlich falschen, zum Teil geschönten Angaben von Siebeck selbst; andererseits ist diese Bewertung Resultat einer laxen, gegenüber den Angaben der Befragten oft unkritischen und inkonsequenten Verfahrensweise der Spruchkammern. Dies ist klar dokumentiert durch die Tatsache, dass u. a. auch prominente Verantwortliche für Medizinverbrechen in die gleiche Kategorie der „Mitläufer“ eingestuft wurden: Beispiele hierfür wären etwa Otmar von Verschuer (1896–1969, ML 1934), einer der führenden Rassenhygieniker in der Zeit des Nationalsozialismus, Herausgeber der Zeitschrift *Der Erbarzt* und Projektleiter von Experimenten, die Josef Mengele (1911–1979) im Konzentrationslager Auschwitz durchführte,[119] ebenso der bereits oben mehrfach genannte Ernst Rüdin, einer der zentralen Protagonisten der nationalsozialistischen „Erbgesundheitspolitik“, Vorsitzender der Deutschen Gesellschaft für Rassenhygiene und Mit-Verantwortlicher für das Programm der systematischen Krankentötungen.[120] Der Pädiater Werner Catel (1894–1981, ML 1937), einer der Hauptverantwortlichen für die „Kinder-Euthanasie“, wurde sogar als „Entlasteter“ (Gruppe 5) klassifiziert.[121]

6.2 Selbstreflexion und kritische Thematisierung der Medizin im Nationalsozialismus

Nach dem Ende der Krieges und damit auch des nationalsozialistischen Regimes gab es für eine kurze Zeit, etwa bis Ende der 1940er Jahre, erhebliche öffentliche Debatten über die Verbrechen im Kontext der Medizin im Nationalsozialismus, nicht zuletzt durch die große öffentliche Aufmerksamkeit für den Nürnberger Ärzteprozess 1946/47.[122] Während schon in diesen ersten Nachkriegsjahren, erst recht dann in der „Ära Adenauer“, die weit überwiegen-

119 Schmuhl 2005.
120 Roelcke 2012c, Schmuhl 2016.
121 Petersen und Zankel 2003, S. 150.
122 Weindling 2004, Roelcke 2007, Roelcke et al. 2014.

de Mehrheit der Mediziner über die nationalsozialistische Vergangenheit schwieg oder bei direkter Befragung alle Unrechtstaten im Wesentlichen auf äußeren Druck politischer Akteure gegenüber der im Kern unschuldigen Medizin zurückführte,[123] gab es insbesondere in den ersten Jahren unmittelbar nach Kriegsende doch eine Reihe von Ärzten, die sich selbstkritisch mit der Rolle der Medizin (und nicht nur einzelner, fanatischer Nazi-Ärzte) auseinandersetzten. Hierzu zählten neben MITSCHERLICH als Leiter der Beobachterdelegation der westdeutschen Ärztekammern beim Nürnberger Ärzteprozess und Mitherausgeber der resultierenden Dokumentationen u. a. die Psychiaterin Alice VON PLATEN-HALLERMUND (1910–2008), die Psychiater Gerhard SCHMIDT (1904–1991) und Werner LEIBBRAND (1896–1974) sowie der Internist und spätere Psychosomatiker Thure VON UEXKÜLL (1908–2004).[124]

SIEBECK verfasste im Juni 1946 in der Tageszeitung *Neue Zeit*, herausgegeben von der Christlich-Demokratischen Union Deutschlands, eine Kolumne mit dem Titel „Jenseits des Lebens“. Dort heißt es:

> „Der Blick in die Zukunft ist uns wie der in die letzte Tiefe verborgen. […] Und niemals steht uns das Recht zu, ein Leben, das uns sinnlos vorkommt, für lebensunwert zu halten. Es fehlen uns alle Voraussetzungen für ein solches Urteil. Unsere Einsicht muss sich nicht zuletzt in der sozialen Fürsorge auswirken. Nicht aus Angst vor dem Ansturm der Masse, nicht aus einem maßlosen Hunger nach Macht, nicht aus dem Willen, alle Kräfte des Volkers auszuschöpfen, kann echte soziale Fürsorge erwachsen, sondern nur aus vollem mitleidenden und mittragenden Verständnis für die, die so bittere Not leiden. […] Jeder hat seinen Anteil an der Schuld, aus der so viel Kummer und Elend entstanden ist. Nur offene Einsicht und Einkehr kann den Weg in einen neuen Aufbau frei machen.“[125]

Hier wird von SIEBECK eine explizite Kritik an einer Kategorisierung von terminal kranken oder behinderten Menschen als „lebensunwert“ formuliert – eine Kategorisierung, welche die zentrale Rechtfertigung für die „Vernichtung“ von Menschen schon in den 1920er Jahren war (etwa bei BINDING und HOCHE 1920) und die auch zum Kern des Selbstverständnisses für das nationalsozialistische Programm der Krankentötungen gehörte.[126] Die Zeit des Nationalsozialismus und die systematischen Krankentötungen werden jedoch von SIEBECK nicht explizit angesprochen, ebenso nicht die Rolle von Ärzten bei der Planung, Rechtfertigung und Durchführung des Tötungsprogramms. Auch die Passagen zur „sozialen Fürsorge“ können möglicherweise als verklausulierte Kritik an der Eugenik und nationalsozialistischen „Erbgesundheitspolitik“ gelesen werden (der „Wille, alle Kräfte des Volkes auszuschöpfen“), wiederum benennen sie diese Politik und die Rolle der Ärzte, auch SIEBECKS eigenes Engagement dabei nicht explizit.

Deutlicher wurde SIEBECK dann offenbar in einem öffentlichen Vortrag vor der Evangelischen Akademie Mannheim zum Thema „Der Arzt in der Not unserer Zeit“ im November 1946. In einem Bericht über diesen Vortrag in der Heidelberger Lokalzeitung heißt es:

> „Prof. Siebeck kennzeichnete einleitend die Einseitigkeit und Maßlosigkeit, die aus der Überschätzung der medizinischen und biologischen Erkenntnisse erwuchs, als den Sündenfall des ärztlichen Standes. […] Auch den Unheilbaren muss der Arzt in der Not seiner Krankheit seelisch führen,[127] indem er sich zur Bejahung des auch vom Tod nicht

123 ROELCKE 2007; ROELCKE et al. 2014.

124 MITSCHERLICH und MIELKE 1947 und 1949; VON PLATEN-HALLERMUND 1948, ROELCKE 2019.

125 SIEBECK 1946, S. 2.

126 Vgl. für die Geschichte der Zuschreibung „lebensunwerten Lebens“, deren Verwendung in der Schrift von BINDING und HOCHE 1920 sowie deren Bezug zu den systematischen Krankentötungen („Euthanasie“) im Nationalsozialismus HOHENDORF 2013.

127 Der Begriff der „seelischen Gesundheitsführung“ stammt aus dem Kontext der nationalsozialistischen Programmatik der „Gesundheitsführung“, die explizit eine „seelische Gesundheitsführung“ als nationalsozialistische Variante von Psychotherapie und psychischer Hygiene propagierte; vgl. ROELCKE 1996.

zerstörbaren Lebens hilft. Dazu muss er selbst Ehrfurcht vor dem verborgenen, scheinbar verlorenen Leben haben. Das umso mehr, als es die schwere Schuld der hinter uns liegenden Zeit ist, dass sie diese Ehrfurcht zerstörte und sich anmaßte, Leben, das lebensunwert schien, eigenmächtig beenden zu dürfen. Der Geist der Selbstüberhebung und der Maßlosigkeit war der Ungeist der Gottlosigkeit [...] Ohne ärztliches und seelsorgerliches Handeln unsachlich vermengen zu wollen, appellierte der Vortragende an die priesterliche Verpflichtung seines Standes zur Barmherzigkeit und Liebe.“ [128]

Hier thematisierte Siebeck nun – folgt man dem Zeitungsbericht – das Programm der Krankentötungen im Nationalsozialismus ausdrücklich, auch erfolgte jetzt – im Gegensatz zur früheren Kolumne – eine klare zeitliche Einordnung. Allerdings wurde die Rolle der Ärzteschaft dabei von ihm mit der vagen Formulierung von der „schweren Schuld der hinter uns liegenden Zeit“ wiederum verschleiert. Auch Eugenik, Zwangssterilisationen oder erzwungene Versuche am Menschen waren erneut kein Thema.

Im Jahr 1947 hielt Siebeck einen Vortrag an der Evangelischen Akademie in Bad Boll, der im Anschluss auch in einer kleinen Broschüre publiziert wurde. Der Titel *Die Medizin in der Verantwortung* könnte nahelegen, dass Siebeck die Gelegenheit nutzte, um sich kritisch mit dem ärztlichen Fehlverhalten und den medizinischen Verbrechen der unmittelbaren Vergangenheit auseinanderzusetzen. Der 20-seitige Text befasst sich allerdings praktisch ausschließlich mit allgemeinen und oft abstrakten Ausführungen über das Wesen der Krankheit, die Krankheitsentstehung und -behandlung, die hierdurch gegebenen Aufgaben des Arztes, die Grenzen wissenschaftlich-medizinischer Erkenntnis sowie die Notwendigkeit, den Kranken als Subjekt wahrzunehmen. Durchgängig wird auf die Bedeutung der Kreatürlichkeit des Menschen und eines metaphysischen Jenseits verwiesen, das den menschlichen Verstand übersteigt und auf die Notwendigkeit des Glaubens verweist. Nur in den letzten Zeilen des Textes gibt es einen vagen Hinweis auf die Folgen von Nationalsozialismus und Krieg:

„Wenn wir bereit sind, das [die Verheißungen des Glaubens, V. R.] zu hören, dann mag es uns gegeben werden, dass wir auch in dieser so schweren und dunklen Zeit aufrecht unseren Weg gehen, dass wir mit Hingabe und Opfer den Kranken, unseren Nächsten, dienen und ihnen mit unserer ärztlichen Hilfe beistehen [...]; dann mag es geschehen, dass wir, Kranke und Ärzte, getrost sind, auch wenn wir doch verzweifeln müssten.“[129]

Konkreter wird der Text nicht. Die Zeit des Nationalsozialismus und die zentrale Rolle von Ärzten im Herrschaftssystem des Regimes sowie die massiven Medizinverbrechen werden nicht thematisiert. Für einen Text, der beansprucht, die Verantwortung der Medizin zu erörtern, muss das angesichts der unmittelbar zurückliegenden Ereignisse als Armutszeugnis bewertet werden. Fast unverändert finden sich diese vagen Sätze, in denen jegliche Selbstreflexion zu ärztlichem Fehlverhalten und medizinischen Verbrechen fehlt, auch in den Schlusspassagen des Buchs, das oft als Siebecks *Opus magnum* und Vermächtnis gesehen wird, der *Medizin in Bewegung* (1949).

1950 nahm Siebeck in zwei Rezensionen in einer theologischen Zeitschrift etwas konkreter Stellung zu den von Medizinern begangenen Verbrechen: Die erste Rezension bezieht sich auf einen Essay von Viktor von Weizsäcker über „‚Euthanasie‘ und Menschenversuche“, der 1947 aus Anlass des Nürnberger Ärzteprozesses in der Zeitschrift *Psyche* publiziert worden war. Weizsäcker formulierte dort, dass „der Geist der Medizin“ zur Anklage stünde, einer Medizin, für die der Mensch nur ein „Naturobjekt“, kein „Wertobjekt“ sei. Eine angemessene

128 Rhein-Neckar-Zeitung vom 21. 11. 1946: Bericht über die Rede von Siebeck in der Evangelischen Akademie der Christuskirche in Mannheim zum Thema „Der Arzt in der Not unserer Zeit“; Zeitungs-Ausschnitt im UA HD, PAS (5883), zitiert in Bauer 2006, S. 754.

129 Siebeck 1947, S. 25.

Berufsethik könne jedoch nur „auf der Grundlage der Gegenseitigkeit und Solidarität des Arztes und des Kranken, der Menschen untereinander“ gewonnen werden. SIEBECK grenzte sich in seiner Rezension sehr deutlich ab von dieser fundamentalen Kritik WEIZSÄCKERS an der modernen Medizin, einer Kritik, welche die Medizin zur Zeit des Nationalsozialismus in einen breiteren Kontext stellte:

> „Es ist gewiss wahr, dass die materialistische Medizin zu den schlimmen Verirrungen und Verfehlungen führen konnte, aber es muss auch betont werden, dass die großen Ärzte, die diese Richtung vertraten – ich denke etwa an Bernhard Naunyn –, niemals sich in dieser Weise vergangen hätten, viel zu ernst und gewissenhaft verstanden sie ihre Aufgabe am kranken Menschen. Es ist nicht nur der Geist dieser Medizin, es ist der Geist dieser Zeit, vielmehr der Ungeist des Übermuts, der Entseelung und Vermassung, der auf der Anklagebank sitzt.“[130]

SIEBECK nimmt hier – anders als WEIZSÄCKER – eine Form der Medizin in Schutz, die den Menschen zum Objekt der Naturwissenschaften reduziert. Obwohl er eine Mitverursachung dieser Form der Medizin für die Gräueltaten als Möglichkeit einräumt, sieht er doch die wesentliche Ursache außerhalb der Medizin im „Geist der Zeit“, den er wiederum durch „Übermut, Entseelung und Vermassung“ charakterisiert. Er argumentiert damit in der Tradition einer konservativen und elitären Kulturkritik, welche die Verantwortung für alle Übel der Moderne den „Massen“ und der Selbstermächtigung des Menschen („Übermut“) gegenüber religiöser Autorität zuweist.[131]

Die zweite Rezension bezieht sich auf eine kleine Publikation des Juristen Karl ENGISCH (1899–1990) mit dem Titel *Euthanasie und Vernichtung lebensunwerten Lebens in strafrechtlicher Beleuchtung*. SIEBECK referierte hier zunächst ENGISCHS Differenzierung von drei verschiedenen Typen der „Euthanasie“. Mit ENGISCH verurteilt SIEBECK eine „soziale Indikation zur Vernichtung lebensunwerten Lebens“, bei der anstelle des Mitleids mit dem Kranken das Mitleid mit sich selbst tritt. Dies gelte auch für einen „Notstand“: Der Arzt habe immer „Hüter und Helfer des Kranken“ zu sein.[132]

Damit hatte SIEBECK offensichtlich eine klare, letztlich theologisch begründete kritische Position zur aktiven Euthanasie und auch zum Programm der systematischen Krankentötungen gefunden – auch wenn wiederum eine konkrete Benennung der Tötungsprogramme im Nationalsozialismus sowie der ärztlichen Beteiligung daran fehlt.

7. Schluss

Insgesamt zeigt sich, dass SIEBECK in verschiedenen Handlungsfeldern während des Nationalsozialismus ein unterschiedliches Verhalten zeigte. Insbesondere im Bereich der Eugenik, der damit verbundenen „Erbgesundheitspflege“ und in militärmedizinischen Kontexten war SIEBECK sehr deutlich engagiert, wobei seine eigenen programmatischen Äußerungen und die in der historischen Literatur inzwischen breit dokumentierten Handlungsspielräume von ärztlichen Akteuren deutlich machen, dass SIEBECKS Handeln hier in keiner Weise als Resultat von äußerem Zwang gedeutet werden kann.

In der Nachkriegszeit war SIEBECK damit erfolgreich, sein Engagement durch beschönigende und punktuell falsche Aussagen gegenüber den Behörden zu verschleiern. Inhaltlich

130 SIEBECK 1950a, S. 622.
131 Vgl. dazu BOLLENBECK 2007.
132 SIEBECK 1950b.

gab Siebeck im neuen politischen Kontext ab 1945 den in der Zeit des Nationalsozialismus für ihn fundamentalen Rekurs auf die Bedeutung der Arbeit und Leistungsfähigkeit des Kranken sowie letztlich auf das übergeordnete Wohl der „Volksgemeinschaft“ gegenüber dem Wohl des Individuums völlig auf. Stattdessen wurde der christliche Glaube mit den zentralen Geboten der Fürsorge für den individuellen Kranken sowie des unbedingten Lebensschutzes zur Grundlage der Wertehierarchie für ärztliches Handeln. In der Zeit des Nationalsozialismus wiederum lässt sich in Siebecks Schriften und seinen praktischen Aktivitäten keinerlei christliche Werteorientierung identifizieren, anders als von ihm in der Nachkriegszeit nahegelegt.

In Siebecks vagen Thematisierungen der Medizin im Nationalsozialismus in der Nachkriegszeit werden die konkreten Verbrechen von Medizinern in der unmittelbar vorausgegangenen Zeit von ihm ebenso wenig benannt wie verantwortliche Akteure. Auch fehlen umfassendere allgemeinere Reflexionen zum Verhalten von Medizinern im Nationalsozialismus oder zu seiner eigenen Rolle im nationalsozialistischen Herrschaftsapparat, insbesondere zu seinem erheblichen Engagement im Kontext von Eugenik, „Erbgesundheitspflege“ und militärmedizinischen Kontexten. Schließlich findet sich keinerlei Hinweis darauf, dass Siebeck eine Notwendigkeit sah, dass die Ärzteschaft allgemein oder er als Individuum auf die Opfer von Unrecht und Verbrechen in der Medizin zur Zeit des Nationalsozialismus zugehen und diese um Entschuldigung bitten sollte.

Der genaue Blick auf das Beispiel von Richard Siebeck im Nationalsozialismus illustriert, dass die Einstellungen, konkreten Verhaltensweisen und auch Handlungsbegründungen von wissenschaftlichen Akteuren in diesem zeitlichen Rahmen nicht pauschal durch Kategorien wie „Täter“, „Mitläufer“, „Opfer“ oder „Gegner“ charakterisiert werden können, sondern dass eine angemessene Beschreibung sowohl unterschiedliche spezifische Handlungskontexte (z. B. Forschung, Lehre, Hochschulpolitik) als auch Veränderungen über die Zeit zwischen 1933 und 1945 berücksichtigen muss. Ebenso zeigt sich bei Betrachtung von Einstellungen und Handeln der historischen Akteure in der Zeit ab 1945, ob und in welchem Umfang bei den Betroffenen ein Bewusstsein von der Problematik oder gar dem Unrechtscharakter des eigenen Verhaltens existierte, und ob sich eine Bereitschaft zur kritischen Selbstreflexion sowohl in Bezug auf das eigene Handeln, aber auch mit Blick auf das prekäre Verhältnis von Wissenschaft und Politik feststellen lässt.

Archivalische Quellen

Bundesarchiv Berlin (BAB): Bestand Berlin Document Center/BDC (Personen-bezogene Daten aus NS-Organisationen)

Bundesarchiv Berlin (BAB): Bestand Notgemeinschaft der Deutschen Wissenschaften/Deutsche Forschungsgemeinschaft/DFG, Förderakten Friedrich Curtius (R 73/10641), Klaus Schwarz (R 73/14657), Richard Siebeck (R 73/14744)

Bundesarchiv – Militärarchiv Freiburg/Br. (BA MA): Bestand Heeressanitätsinspektion

Generallandesarchiv Karlsruhe (GLA KA): Bestand Spruchkammer-Verfahren, Spruchkammer Heidelberg, Akte Richard Siebeck (GLA 465, Nr. 14445)

Leopoldina Archiv, Halle / Saale (LA): Matrikelakte Richard Siebeck

Universitätsarchiv der Humboldt Universität Berlin (UAHUB): Akten des Dekanats der Medizinischen Fakultät

Universitätsarchiv der Humboldt Universität Berlin (UAHUB): Personalakte Siebeck

Universitätsarchiv Heidelberg (UAHD): Personalakte Siebeck (Dekanat)

Universitätsarchiv Heidelberg (UAHD): Personalakte Siebeck (Quästur)

Universitätsarchiv Heidelberg (UAHD): Vorlesungsverzeichnisse 1930–1934, 1940–1944

Literatur

BAUER, Axel: Innere Medizin, Neurologie und Dermatologie. In: ECKART, Wolfgang U., SELLIN, Volker, und WOLGAST, Eike (Hrsg.): Die Universität Heidelberg im Nationalsozialismus. S. 719–810. Berlin, Heidelberg: Springer 2006

BEDDIES, Thomas: Universitätspsychiatrie im Dritten Reich. Die Nervenklinik der Charité unter Karl Bonhoeffer und Maximinian de Crinis. In: VOM BRUCH, Rüdiger (Hrsg.): Die Berliner Universität in der NS-Zeit. Bd. *II*: Fachbereiche und Fakultäten. S. 55–72. Stuttgart: Steiner 2005

BINDING, Karl, und HOCHE, Alfred: Über die Freigabe der Vernichtung lebensunwerten Lebens. Leipzig: Meiner 1920

BOLLENBECK, Georg: Eine Geschichte der Kulturkritik. München: Beck 2007

BRÖER, Ralf, und ECKART, Wolfgang U.: Schiffbruch und Rettung der modernen Medizin. Die Heidelberger Psychosomatik vor 1945. Ein umstrittenes Kapitel der Medizingeschichte. Ruperto Carola *2*, 4–9 (1993)

BURLEIGH, Michael: Death and Deliverance. Euthanasia in Germany, c. 1900–1945. Cambridge: Cambridge University Press 1994

BÜTTNER, Stefan: Richard Siebeck. Neue Deutsche Biographie *24*, 317–318 (2010)

CHRISTIAN, Paul: Richard Siebeck. Ruperto Carola *17*/37, 153–154 (1965)

COTTEBRUNE, Anne: Der planbare Mensch. Die Deutsche Forschungsgemeinschaft und die menschliche Vererbungswissenschaft, 1920–1970. Stuttgart: Steiner 2008

CURTIUS, Friedrich, und SIEBECK, Richard: Konstitution und Vererbung in der klinischen Medizin. Berlin: Metzner 1935

DEWEY, Marc, SCHAGEN, Udo, ECKART, Wolfgang U., und SCHÖNENBERGER, Eva: Ernst Ferdinand Sauerbruch and his ambiguous role in the period of National Socialism. Annals of Surgery *244*/2, 315–321 (2006)

EICH, Wolfgang: Psychosomatische Medizin als anthropologische Medizin. Die Heidelberger Tradition. In: SCHOTT, Heinz (Hrsg.): Meilensteine der Medizin. S. 540–546. Dortmund: Harenberg 1996

ELSNER, Gine, und STUBY, Gerhard: Wehrmachtsmedizin und Militärjustiz. Sachverständige im Zweiten Weltkrieg: Beratende Ärzte und Gutachter für Kriegsgerichte der Wehrmacht. Hamburg: VSA 2012

ENGELHARDT, Karl: Richard Siebeck – ein Exponent der „Heidelberger Schule“. Deutsche Medizinische Wochenschrift *130*, 1227–1229 (2005)

FAULSTICH, Heinz: Hungersterben in der Psychiatrie 1914–1949. Mit einer Topographie der NS-Psychiatrie. Freiburg (i. B.): Lambertus 1998

FEITEN, Willi: Der Nationalsozialistische Lehrerbund. Entwicklung und Organisation. Ein Beitrag zum Aufbau und zur Organisationsstruktur des nationalsozialistischen Herrschaftssystems. (Studien und Dokumentationen zur deutschen Bildungsgeschichte *19*). Weinheim, Basel: Beltz 1981

FLACHOWSKY, Sören: Von der Notgemeinschaft zum Reichsforschungsrat. Wissenschaftspolitik im Kontext von Autarkie, Aufrüstung und Krieg. Stuttgart: Steiner 2008

FORSBACH, Ralf: Die Medizinische Fakultät der Universität Bonn im „Dritten Reich“. München: Oldenbourg 2006

FORSBACH, Ralf, und HOFER, Hans-Georg: Die Deutsche Gesellschaft für Innere Medizin im Nationalsozialismus. Wiesbaden: Deutsche Gesellschaft für Innere Medizin 2015

FORSBACH, Ralf, und HOFER, Hans-Georg: Internisten in Diktatur und junger Demokratie. Die Deutsche Gesellschaft für Innere Medizin 1933–1970. Berlin: Medizinisch-Wissenschaftliche Fachgesellschaft 2018

FREI, Norbert: Vergangenheitspolitik. Die Anfänge der Bundesrepublik und die NS-Vergangenheit. München: Beck 1996

GERSTENGARBE, Sybille: Die Leopoldina im „Dritten Reich“. In: THIEL, Jens, VOM BRUCH, Rüdiger, und GERSTENGARBE, Sibylle (Hrsg.): Die Leopoldina. Die Deutsche Akademie der Naturforscher zwischen Kaiserreich und DDR. S. 231–427. Berlin-Brandenburg: Bebra 2016

GRUNDMANN, Kornelia: Die gesundheitliche Versorgung in Hessen unter amerikanischer Besatzung und ihr Einfluss auf die Entnazifizierung des medizinischen Personals. Das Beispiel der Marburger Universitätskliniken. In: OEHLER-KLEIN, Sigrid, und ROELCKE, Volker (Hrsg.): Vergangenheitspolitik in der universitären Medizin. S. 169–188. Stuttgart: Steiner 2007

HESS, Volker: Die medizinische Fakultät im Zeichen der „Führeruniversität“. In: JAHR, Christoph, und VOM BRUCH, Rüdiger (Hrsg.): Die Berliner Universität in der NS-Zeit. Bd. *1*, S. 37–47. Stuttgart: Steiner 2005

HOHENDORF, Gerrit: Der Tod als Erlösung vom Leiden. Geschichte und Ethik der Sterbehilfe seit dem Ende des 19. Jahrhunderts in Deutschland. Göttingen: Wallstein 2013

JASCH, Hans-Christian: Das preußische Kultusministerium und die „Ausschaltung“ von „nichtarischen“ und politisch missliebigen Professoren an der Berliner Universität in den Jahren 1933 bis 1934 aufgrund des Gesetzes zur Wiederherstellung des Berufsbeamtentums vom 7. April 1933. Forum Historiae Iuris 2005. https://forhistiur.net/2005-08-jasch/?l=de (zuletzt eingesehen am 26. 5. 2024)

Jasper, Hinrich: Maximinian de Crinis (1889–1945). Eine Studie zur Psychiatrie im Nationalsozialismus. Husum: Matthiesen 1991

Kater, Michael: Doctors under Hitler. Chapel Hill: University of North Carolina Press 1985

Kiessling, Claudia S.: Dr. med. Hellmuth Unger (1891–1953). Dichterarzt und ärztlicher Pressepolitiker in der Weimarer Republik und im Nationalsozialismus. Husum: Matthiesen 1999

Klee, Ernst: Auschwitz, die NS-Medizin und ihre Opfer. Frankfurt (Main): S. Fischer 1997

Ley, Astrid: Zwangssterilisation und Ärzteschaft. Hintergründe und Ziele ärztlichen Handelns 1934–1945. Frankfurt (Main) 2004

Maitra, Robin: „... wer imstande und gewillt ist, dem Staate mit Höchstleistungen zu dienen!“ Hans Reiter und der Wandel der Gesundheitskonzeption im Spiegel der Lehr- und Handbücher der Hygiene zwischen 1920 und 1960. Husum: Matthiesen 2001

Mitscherlich, Alexander, und Mielke, Fred: Das Diktat der Menschenverachtung. Heidelberg: Lambert Schneider 1947

Mitscherlich, Alexander, und Mielke, Fred: Wissenschaft ohne Menschlichkeit. Dokumente des Nürnberger Ärzteprozesses. Heidelberg: Lambert Schneider 1949 (Neuauflage 1960)

Nagel, Anne: „Er ist der Schrecken überhaupt der Hochschule“: Der Nationalsozialistische Deutsche Studentenbund in der Wissenschaftspolitik des Dritten Reiches. In: Scholtyseck, Joachim, und Studt, Christoph (Hrsg.): Universitäten und Studenten im Dritten Reich. Bejahung, Anpassung, Widerstand. (Schriftenreihe der Forschungsgemeinschaft 20. Juli 1944 e. V. Bd. *9*). S. 115–132. Berlin: Lit 2008

Neukamp, Franz: Zum Problem der Euthanasie. Zeitschrift für psychische Hygiene *10*, 161–167 (1937)

Neumann, Alexander: „Arzttum ist immer Kämpfertum“. Die Heeressanitätsinspektion und das Amt „Chef des Heeressanitätswesens“ im Zweiten Weltkrieg (1939–1945). Düsseldorf: Droste 2005

N.N.: Berliner Illustrierte Nachtausgabe. Beilage *1* (21. November 1936)

Oehler-Klein, Sigrid (Hrsg.): Die Medizinische Fakultät der Universität Gießen im Nationalsozialismus und in der Nachkriegszeit. Stuttgart: Steiner 2007

Oehler-Klein, Sigrid, und Roelcke, Volker (Hrsg.): Vergangenheitspolitik in der universitären Medizin. Stuttgart: Steiner 2007

Petersen, Hans-Christian, und Zankel, Sören: Werner Catel – ein Protagonist der NS-„Kindereuthanasie“ und seine Nachkriegskarriere. Medizinhistorisches Journal *38,* 139–173 (2003)

Platen-von Hallermund, Alice: Die Tötung Geisteskranker in Deutschland. Frankfurt (Main): Verlag der Frankfurter Hefte 1948

Remy, Steven: The Heidelberg Myth. The Nazification and Denazification of a German University. Cambridge, MA: Harvard University Press 2002

Riedesser, Peter, und Verderber, Axel: „Maschinengewehre hinter der Front“: Zur Geschichte der deutschen Militärpsychiatrie. Frankfurt (Main): S. Fischer 1996

Roelcke, Volker: „Zivilisationsschäden am Menschen“ und ihre Bekämpfung: Das Projekt einer „seelischen Gesundheitsführung“ im Nationalsozialismus. Medizinhistorisches Journal *31*, 3–48 (1996)

Roelcke, Volker: Funding the scientific foundations of race policies: Ernst Rüdin and the impact of career resources on psychiatric genetics, ca. 1910–1945. In: Eckart, Wolfgang (Ed.): Man, Medicine, and the State: The Human Body as an Object of Government Sponsored Medical Research in the 20th Century; pp. 73–87. Stuttgart: Steiner 2006

Roelcke, Volker: Trauma or responsibility? Memories and historiographies of Nazi psychiatry in postwar Germany. In: Sarat, Austin, Davidovitch, Nadav, and Alberstein, Michal (Eds.): Trauma and Memory. Reading, Healing, and Making Law; pp. 225–242. Stanford: Stanford University Press 2007

Roelcke, Volker: Medizin im Nationalsozialismus – radikale Manifestation latenter Potentiale moderner Gesellschaften? Historische Kenntnisse, aktuelle Implikationen. In: Fangerau, Heiner, und Polianski, Igor (Hrsg.): Medizin im Spiegel ihrer Geschichte. Theorie und Ethik. S. 35–50. Stuttgart: Steiner 2012a

Roelcke, Volker: Fortschritt ohne Rücksicht: Menschen als Versuchskaninchen bei den Sulfonamid-Experimenten im Konzentrationslager Ravensbrück. In: Eschebach, Insa, und Ley, Astrid (Hrsg.): Geschlecht und „Rasse“ in der NS-Medizin. S. 101–114. Berlin: Metropol 2012b

Roelcke, Volker: Ernst Rüdin: Renommierter Wissenschaftler – radikaler Rassenhygieniker. Der Nervenarzt *83*, 303–310 (2012c)

Roelcke, Volker: Hans Roemer (1878–1947): Überzeugter Eugeniker, Kritiker der Krankentötungen. Der Nervenarzt *84*, 1064–1068 (2013)

Roelcke, Volker: Richard Siebeck und die Medizin im Nationalsozialismus. Haltung und Handeln bis 1945 und in der Nachkriegszeit. Forschungsbericht im Auftrag der Deutschen Gesellschaft für Psychoanalyse, Psychotherapie,

Psychosomatik und Tiefenpsychologie. Gießen, Berlin 2016. https://www.uni-giessen.de/fbz/fb11/institute/histor/mitarbeiter/Roelcke/Roelcke2016Siebeck (zuletzt eingesehen am 14.10.2022)
ROELCKE, Volker: The use and abuse of medical research ethics. The German *Richtlinien*/Guidelines for Human Subject Research as an instrument for the protection of research subjects – and of medical science, ca. 1931–1961/64. In: WEINDLING, Paul (Ed.): From Clinic to Concentration Camp. Reassessing Nazi Medical and Racial Research, 1933–1945; pp. 33–56. London: Routledge 2017
ROELCKE, Volker: Thure von Uexküll oder wie führt man einen Paradigmenwechsel in der Medizin herbei? In: GEISTHÖVEL, Alexandra, und HITZER, Bettina (Hrsg.): Auf der Suche nach einer anderen Medizin. Psychosomatik im 20. Jahrhundert. S. 289–299. Berlin: Suhrkamp 2019
ROELCKE, Volker: International and German Eugenics from ca. 1880 up to the post-World War II period. Medical expertise – Political ambition – Relations to euthanasia in the Nazi context. In: RUBENFELD, Sheldon, and SULMASY, Daniel P. (Eds.): Physician-Assisted Suicide and Euthanasia. Before, During, and After the Holocaust; pp. 45–58. Lanham, MD: Lexington Books 2020
ROELCKE, Volker: „Täterschaft“ und Täter in der Medizin zur Zeit des Nationalsozialismus. Umrisse einer Typologie unter Berücksichtigung konkreter Handlungskontexte. In: RAUH, Philipp, VOGGENREITER, Marion, UDE-KOELLER, Susanne, und LEVEN, Karl-Heinz (Hrsg.): Medizintäter. Ärzte und Ärztinnen im Spiegel der NS-Täterforschung. S. 135–164. Köln: Böhlau 2022
ROELCKE, Volker, und DUCKHEIM, Simon: Medizinische Dissertationen aus der Zeit des Nationalsozialismus. Potential eines Quellenbestands und erste Ergebnisse zu „Alltag“, Ethik und Mentalität der universitären medizinischen Forschung bis (und ab) 1945. Medizinhistorisches Journal *49*, 260–271 (2014)
ROELCKE, Volker, TOPP, Sascha, and LEPICARD, Etienne (Eds.): Silence, Scapegoats, Self-Reflection: The Shadow of Nazi Medical Crimes on Medicine and Bioethics. Göttingen: Vandenhoeck & Ruprecht 2014
ROTZOLL, Maike, HOHENDORF, Gerrit, FUCHS, Petra, RICHTER, Paul, MUNDT, Christoph, und ECKART, Wolfgang U. (Hrsg.): Die nationalsozialistische Euthanasie-Aktion T4 und ihre Opfer. Paderborn: Schöningh 2010
SCHAGEN, Udo: Von der Freiheit – und den Spielräumen – der Wissenschaft(ler) im Nationalsozialismus. In: SCHLEIERMACHER, Sabine, und SCHAGEN, Udo (Hrsg.): Die Charité im Dritten Reich. Zur Dienstbarkeit medizinischer Wissenschaft im Nationalsozialismus. S. 207–227. Paderborn: Schöningh 2008
SCHMALTZ, Florian: Kampstoff-Forschung im Nationalsozialismus. Zur Kooperation von Kaiser-Wilhelm-Instituten, Militär und Industrie. Göttingen: Wallstein 2005
SCHMUHL, Hans-Walter: Rassenhygiene, Nationalsozialismus, Euthanasie. Von der Verhütung zur Vernichtung „lebensunwerten Lebens“. Göttingen: Vandenhoeck & Ruprecht 1987
SCHMUHL, Hans-Walter: Grenzüberschreitungen. Das Kaiser-Wilhelm-Institut für Anthropologie, menschliche Erblehre und Eugenik. Göttingen: Wallstein 2005
SCHMUHL, Hans-Walter: Die Gesellschaft Deutscher Neurologen und Psychiater im Nationalsozialismus. Berlin, Heidelberg: Springer 2016
SELLIN, Volker: Die Rektorate Andreas, Groh und Krieck 1933–1938. In: ECKART, Wolfgang, SELLIN, Volker, und WOLGAST, Eike (Hrsg.): Die Universität Heidelberg im Nationalsozialismus. S. 5–22. Berlin, Heidelberg: Springer 2006
SIEBECK, Richard: Aufgaben der klinischen Medizin in der Gegenwart. Deutsche Medizinische Wochenschrift *60*, 885–889 (1934)
SIEBECK, Richard: Die Beurteilung und Behandlung Herzkranker. München: J. F. Lehmanns 1935, 2. Aufl. 1942
SIEBECK, Richard: Altes und Neues aus der Heilkunde. München: J. F. Lehmanns 1936a
SIEBECK, Richard: Die Behandlung der Herzschwäche. Verhandlungen der Deutschen Gesellschaft für Innere Medizin *48*. Kongress 1936, 57–71 (1936b)
SIEBECK, Richard: Persönlichkeit und Gemeinschaft in der ärztlichen Aufgabe. Berlin: F. Weber 1938
SIEBECK, Richard: Innere Medizin. In: Deutsche Wissenschaft – Arbeit und Aufgabe. Dem Führer und Reichskanzler Adolf Hitler zu seinem 50. Geburtstage. S. 112–113. Leipzig: Hirzel 1939
SIEBECK, Richard: Jenseits des Lebens. „Neue Zeit“. Tageszeitung der Christlich-Demokratischen Union Deutschlands vom 23. Juni 1946, 1–2 (1946)
SIEBECK, Richard: Die Medizin in der Verantwortung. In: SIEBECK, Richard, und VON WEIZSÄCKER, Viktor (Hrsg.): Die Medizin in der Verantwortung. S. 5–25. Tübingen: Furche 1947
SIEBECK, Richard: Medizin in Bewegung: klinische Erkenntnisse und ärztliche Aufgabe. Stuttgart: Thieme 1949
SIEBECK, Richard: [Rezension zu] Weizsäcker, Viktor VON: „Euthanasie“ und Menschenversuche. Theologische Literaturzeitung – Monatsschrift für das gesamte Gebiet der Theologie und Religionswissenschaft *75*, 622 (1950a)
SIEBECK, Richard: [Rezension zu] Engisch, Karl: Euthanasie und Vernichtung lebensunwerten Lebens in strafrechtlicher Betrachtung (Stuttgart 1948). Theologische Literaturzeitung – Monatsschrift für das gesamte Gebiet der Theologie und Religionswissenschaft *75*, 622 (1950b)

Stobäus, Ricarda: „Euthanasie" im Nationalsozialismus. Gottfried Ewald und der Protest gegen die „Aktion T4". In: Frewer, Andreas, und Eickhoff, Clemens (Hrsg.): Euthanasie und die aktuelle Sterbehilfe-Debatte. Die historischen Hintergründe medizinischer Ethik. S. 177–182. Frankfurt (Main): Campus 2000

Süss, Winfried: Der Volkskörper im Krieg, München: Oldenbourg 2003

Unger, Hellmuth: Sendung und Gewissen. Berlin: Brunnen 1936

Verhey, Jeffrey: Der „Geist von 1914" und die Erfindung der Volksgemeinschaft. Hamburg: Hamburger Edtion 2000

Vollnhals, Clemens (Hrsg.): Entnazifizierung. Politische Säuberung und Rehabilitierung in den vier Besatzungszonen 1945–1949. München: Deutscher Taschenbuchverlag 1991

Weindling, Paul: Nazi Medicine and the Nuremberg Medical Trial. Oxford: Oxford University Press 2004

Weindling, Paul: Victims and Survivors of Nazi Human Experiments. Science and Suffering in the Holocaust. London: Bloomsbury 2015

Weiss, Sheila Faith: The "Sword of our Science" as a Foreign Policy Weapon. The Political Function of German Geneticists in the International Arena during the Third Reich. (Ergebnisse Forschungsprogramm „Geschichte der Kaiser Wilhelm Gesellschaft im Nationalsozialismus" *22*). Berlin: Max-Planck-Gesellschaft zur Förderung der Wissenschaften e. V. 2005

Wolgast, Eike (Hrsg.): Die Universität Heidelberg 1386–1986. Berlin, Heidelberg: Springer 1986

Prof. Dr. Volker Roelcke
Justus-Liebig-Universität Gießen
Institut für Geschichte, Theorie und Ethik der Medizin
Leihgesterner Weg 52
35392 Gießen
Bundesrepublik Deutschland
Tel.: +49 641 9947700
E-Mail: Volker.Roelcke@histor.med.uni-giessen.de

Personenregister

Vorträge und Abhandlungen zur Wissenschaftsgeschichte

Acta Historica Leopoldina Nr. 80
Herausgegeben von:
Dieter Hoffmann (Berlin), Joachim Kaasch und Michael Kaasch (Halle/Saale)
(2021, 226 Seiten, 29 Abbildungen, 1 Tabelle, 22,95 Euro, ISBN: 978-3-8047-4115-7)

Der Band versammelt Beiträge aus den wissenschaftshistorischen Seminaren des Leopoldina-Studienzentrums für Wissenschaftsforschung und weitere Untersuchungen. Einen besonderen Schwerpunkt bilden Ausführungen zur Akademiehistorie und zur Wissenschaftsgeschichte in der Zeit des Nationalsozialismus. Analysiert werden u. a. die Anatomie in der NS-Zeit, die Arbeit der Deutschen Bücherei Leipzig in den NS-Jahren und die Positionierung der Göttinger Akademie der Wissenschaften nach dem Zweiten Weltkrieg. Weiterhin werden biographische Ansätze zum Mathematiker Richard von Mises und zum Chemiker Julius Lothar Meyer verfolgt. Die Geschichte der Deutschen Sammlung von Mikroorganismen und die Entwicklung der Kernphysik im 20. und 21. Jahrhundert liefern weitere Schwerpunkte. Ergänzt wird der Band durch eine Abhandlung über das Wissen zur Milchstraße im arabischen Kulturraum des 8.–13. Jahrhunderts.

Wissenschaftliche Verlagsgesellschaft Stuttgart

„Wir und die ‚Anderen'": Intergruppenbeziehungen in interdisziplinärer Perspektive

NAL-historica Nr. 85
(vormals Abhandlungen der Deutschen Akademie der Naturforscher Leopoldina: Acta Historica Leopoldina)
Herausgegeben von: Gereon WOLTERS (Konstanz)
(2024, 136 Seiten, 13 Abbildungen, 22,00 Euro, ISBN: 978-3-8047-4543-8)

„Identität" und „Andersheit" bilden in ihren verschiedenen Ausprägungen zentrale Themen der gegenwärtigen westlichen Kultur. Daraus lassen sich zahlreiche transdisziplinäre Fragestellungen ableiten. Der vorliegende Band behandelt eine breite Palette von Zugängen zu diesem Problemkreis, beginnend mit Gruppenwechsel, Migration und sozialer Integration bei nichtmenschlichen Primaten über die Verhältnisse in menschlichen Gruppen aus anthropologischer und völkerkundlicher Perspektive bis hin zu Aspekten der Bewertung von „Eigenem" und „Fremdem" auf den verschiedenen Diskursebenen. Er umfasst in weiterführenden Betrachtungen zudem philosophische Vergleiche der Verfasstheit unterschiedlicher religiöser Gruppen und deren Beziehungen untereinander sowie historische Beispiele von Abgrenzung, Duldung, Gewalt und Toleranz im Umgang der christlichen Konfessionen miteinander.

Wissenschaftliche Verlagsgesellschaft Stuttgart